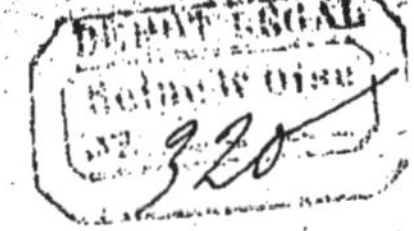

CAMILLE FLAMMARION

L'ATMOSPHÈRE

ET LES GRANDS PHÉNOMÈNES

DE LA NATURE

OUVRAGE

CONTENANT CENT CINQUANTE-SEPT FIGURES INSÉRÉES DANS LE TEXTE

PARIS

LIBRAIRIE HACHETTE ET CIE

79, BOULEVARD SAINT-GERMAIN, 79

L'ATMOSPHÈRE

ET LES GRANDS PHÉNOMÈNES

DE LA NATURE

CAMILLE FLAMMARION

L'ATMOSPHÈRE

ET LES GRANDS PHÉNOMÈNES DE LA NATURE

OUVRAGE

CONTENANT CENT CINQUANTE-SEPT FIGURES INSÉRÉES DANS LE TEXTE

PARIS

LIBRAIRIE HACHETTE ET CIE

79, BOULEVARD SAINT-GERMAIN, 79

1911

L'ATMOSPHÈRE

MÉTEOROLOGIE POPULAIRE

CHAPITRE PRÉLIMINAIRE

« In eâ vivimus, movemur et sumus. »

DE tous les sujets qui peuvent solliciter notre attention studieuse, serait-il possible d'en trouver un qui fût d'un intérêt plus direct, plus perpétuel, plus important, que celui dont nous allons nous occuper? L'Atmosphère fait vivre la Terre. Océans, mers, fleuves, ruisseaux, paysages, forêts, plantes, animaux, hommes, tout vit dans l'Atmosphère et par elle. Mer aérienne répandue sur le monde, ses vagues baignent les montagnes et les vallées, et nous vivons au fond de cette mer, pénétrés par elle. C'est elle qui glisse en vivifiant fluide à travers nos poumons qui respirent, ouvre la frêle existence de l'enfant qui vient de naître et reçoit le dernier soupir du moribond étendu sur son lit de douleur. C'est elle qui répand la verdure sur les riantes prairies, nourrissant les petites fleurs endormies comme les grands arbres qui travaillent à emmagasiner les rayons solaires pour nous les livrer plus tard. C'est elle qui décore d'une voûte d'azur la planète où nous vivons, et nous fait une demeure au milieu de laquelle nous agissons comme si nous étions les seuls locataires de l'infini, les maîtres de l'univers. C'est elle qui illumine la nue des doux flamboiements du crépuscule, des splendeurs ondoyantes de l'aurore boréale, des palpitations de l'éclair, des multiples phénomènes aériens. Tantôt elle nous inonde de lumière et de chaleur ; tantôt elle nous couvre d'un ciel sombre. Tantôt elle dessine des nuages de toute forme et de toute couleur ; tantôt elle verse la pluie à torrents sur les campagnes altérées. Elle est le véhicule des suaves parfums qui descendent des collines, du son qui permet aux êtres vivants de communiquer entre eux, du chant des oiseaux, des soupirs de la forêt, des plaintes de la vague écumante. Sans elle, la planète serait inerte et aride, silencieuse et sans vie. Par elle, le globe est peuplé d'habitants de toutes formes.

Elle enveloppe la Terre d'un fluide transparent, à travers lequel passent les doux rayons de la lumière, à travers lequel notre vue plonge jusqu'aux astres de l'infini, heureuse transparence qu'un rien eût pu troubler pour toujours, et sans laquelle l'Astronomie n'ayant pu naître, nous serions restés à jamais ignorants de notre situation dans l'immense univers. Nous aurions vécu au milieu d'un perpétuel brouillard, comme des aveugles-nés, comme des plantes. Puissante et bienfaisante Atmosphère, elle fait vivre la pensée et elle fait vivre les corps. Ses atomes indestructibles composent tour à tour les organismes vivants ; nos corps, ceux des animaux, ceux des plantes, ne sont pour ainsi dire que de l'air solidifié ; la molécule qui s'échappe de notre respiration va se fixer dans une cellule végétale, et, par un long voyage, revenir à d'autres corps humains ; les mêmes éléments forment successivement les êtres divers ; ce que nous respirons, buvons et mangeons, a été déjà respiré, bu, mangé, des millions de fois : morts et vivants, c'est la même substance qui nous constitue à travers l'éternelle métamorphose des êtres et des choses... L'Atmosphère, c'est la Vie ! Plantes, fleurs, animaux, hommes, tout respire. Mais si elle entretient la flamme sans cesse renaissante de la vie universelle, elle transporte aussi dans ses vagues invisibles les germes de la mort, les infiniment petits qui se jouent des grandeurs, les microbes microscopiques dont la science étudie actuellement avec un soin si scrupuleux l'action sur la santé et la maladie.... Quel sujet d'étude serait d'un intérêt plus vaste et plus direct que celui du fluide vital auquel nous devons la manière d'être et l'entretien de notre vie !

Oui, nous ne sommes nous-mêmes que de l'air solidifié, nous ainsi que tous les êtres vivants, animaux et végétaux. Notre sang, notre chair viennent de l'Atmosphère et y retournent. Par la respiration, par l'alimentation, nous transformons incessamment la constitution physique de notre corps, composé de molécules qui se renouvellent sans cesse, molécules qui sont en elles-mêmes invisibles à l'œil nu, comme celles du gaz, et qui ne se touchent pas. De même que l'eau liquide a d'abord été gazeuse, quand le Soleil l'éleva dans les hauteurs de l'Atmosphère d'où elle est redescendue à l'état de gouttes de pluie, ainsi tous les atomes qui nous constituent, oxygène, hydrogène, azote, carbone, etc., passent par l'état aérien pour former les plantes, les animaux et

Fig. 1. — L'Atmosphère ouvre la frêle existence de l'enfant et reçoit le dernier soupir du moribond.

les hommes. Au surplus il n'y a rien de solide : le bois, le plomb, le fer, l'acier, le platine sont, comme notre chair elle-même, composés de molécules invisibles qui ne se touchent pas et circulent les unes autour des autres.

La connaissance de l'Atmosphère, de son état physique, de ses mouvements, de son œuvre dans la vie, des forces déployées dans son sein, des lois qui régissent ses phénomènes, forme une branche spéciale des connaissances humaines. Cette science que l'on désigne depuis Aristote sous le nom de *Météorologie* touche d'une part à l'Astronomie, qui fait connaître les mouvements de la planète autour du Soleil, mouvements auxquels nous devons le jour et la nuit, les saisons, les climats, l'action solaire, en un mot la base de la Météorologie. Elle touche d'autre part à la Physique et à la Mécanique, qui expliquent et mesurent les forces déployées, et à la Physiologie, qui expose son action dans la vie de tous les êtres. Estimée en elle-même et dans son ensemble, la *Météorologie* constitue une science nouvelle, déjà considérable et très importante, à laquelle les gouvernements de tous les pays consacrent désormais chaque année des budgets dont l'ensemble s'élève à plusieurs millions.

C'est depuis un demi-siècle seulement que se sont fondées les Sociétés météorologiques des diverses nations de l'Europe, et que des Observatoires spéciaux se sont établis pour l'étude exclusive des problèmes de l'Atmosphère. C'est également en notre ère d'investigations et de conquêtes scientifiques que l'exploration de l'océan aérien a été faite par des aéronautes qui l'ont parcouru dans tous les sens et jusqu'aux plus grandes hauteurs qu'il soit possible d'atteindre. L'analyse des climats, des saisons, des courants, des périodicités est à peine terminée. L'examen des perturbations atmosphériques, des mouvements tempétueux, des orages vient d'être fait sous nos yeux pour ainsi dire. La science de l'Atmosphère est la science à l'ordre du jour. Nous sommes aujourd'hui sur ce point dans une situation analogue à celle où se trouvait l'Astronomie moderne du temps de Képler. L'Astronomie a été fondée au dix-septième siècle, sur les bases inébranlables de l'observation directe. Nous pouvons espérer que la Météorologie sera l'œuvre du vingtième.

J'ai voulu réunir dans cet ouvrage tout ce que l'on sait actuellement de positif sur ce grand sujet ; j'ai voulu représenter aussi complètement que possible l'état actuel de nos connaissances sur l'Atmosphère et son œuvre, c'est-à-dire sur l'air, la température, les saisons, les climats, les vents, les nuages, les phénomènes aériens souvent si merveilleux, le ciel atmosphérique, les pluies, les ouragans, les orages, la foudre, les météores, en un mot la marche du temps. C'est ici une synthèse des travaux accomplis depuis un demi-siècle, sur les grands phénomènes de la nature et les forces qui les produisent. La plupart d'entre nous, hommes de la Terre, à quelque nation que nous appartenions, vivons ici-bas sans nous rendre compte de notre situation, sans nous demander quelle est la force qui prépare notre pain de chaque jour, qui mûrit notre vin, qui préside à la métamorphose des saisons, qui déploie sur nos têtes la beauté d'un ciel pur ou la tristesse des longues pluies et des froids sombres d'hiver. Cependant, qu'est-ce que vivre pour rester dans une telle ignorance? J'ose espérer qu'après la lecture de ce livre, on se rendra facilement compte de l'état de la vie du globe : tout ce qui se passe autour de nous est intéressant, lorsque, au lieu de rester comme des aveugles-nés, on a appris à apprécier les choses, à se tenir en communication intelligente avec la Nature.

Le Soleil est la cause première de tous les phénomènes météorologiques, température, chaleur, froid, beau ou mauvais temps, air pur, brumes, pluies, neiges, vents, ouragans, tempêtes, orages, etc., etc. La Météorologie se rattache ainsi à l'Astronomie, dont elle est pour ainsi dire la conséquence. Pourrons-nous un jour prédire longtemps à l'avance les événements de la Météorologie, comme nous prédisons ceux de l'Astronomie, connaître la marche complexe des jeux atmosphériques, comme nous connaissons le mécanisme grandiose des mouvements célestes? Les pages qui vont suivre feront apprécier exactement l'état actuel de la science dans cet ordre d'études si éminemment intéressant et si essentiellement pratique pour la vie quotidienne.

Fig. 2. — La foudre éclate et se précipite... (Éclair en chapelet observé sur Paris).

Nul poème, nulle scène, nul roman n'est aussi poétique à entendre, aussi admirable à voir, aussi agréable à lire, que le livre de la Nature.

Tout marche, tout agit, tout vit, tout se transforme, par l'air, l'eau, la chaleur, l'humidité, la respiration, la nutrition, l'échange d'éléments inorganiques ou organiques, végétaux ou animaux. Ici, le Soleil verse ses rayons sur les moissons dorées ; là-bas, la pluie féconde les vertes prairies ; ailleurs, le clair de lune déploie les ombres spectrales de la nuit silencieuse, où les étoiles scintillent et planent au-dessus de la terre endormie. Heures, jours, saisons, années se succèdent avec leurs aspects divers. Le Soleil brille, le vent souffle, le ruisseau murmure, les prés, les champs et les bois se succèdent à travers vallées et collines, l'oiseau chante, charmant la couveuse, la pluie sillonne l'atmosphère, la foudre éclate et se précipite, l'aurore boréale s'allume dans les cieux, et par la transition perpétuelle des choses et des êtres dans l'agitation comme dans le calme, par le plaisir ou par les peines, la Nature mystérieuse et énigmatique poursuit son cours vers la destinée inconnue qui nous emporte tous.

Et maintenant, mon cher lecteur, sans nous attarder plus longtemps au vestibule du sanctuaire, pénétrons dans ce monde mystérieux des météores. Voici l'*Atmosphère*, l'air lumineux, la première divinité aimée et redoutée sur la Terre, le *Dyaus* du Sanscrit, le *Zeus* des Grecs, le Θεός d'Athènes, le *Dies* et le *Deus* des Latins. C'est le père des dieux eux-mêmes, le *Zeus-pater*, ou Jupiter ! C'est l'AIR, en qui tout vit et tout respire, et dans lequel les mythologies saluaient l'Esprit créateur invisible qui régit l'univers. Il est, en effet, la manifestation, la plus voisine de nous et la plus sensible, des lois éternelles qui organisent le Cosmos. Il enveloppe le monde d'un vivifiant fluide : il annonce le jour et reconduit le soir ; il porte les nuages et distribue les pluies ; il caresse la violette et déracine le chêne ; il féconde ou stérilise ; il brûle ou gèle ; il mêle le feu du tonnerre avec la grêle glacée ; il fixe l'eau aux sommets des montagnes ; il couvre d'un manteau de neige les plaines dépouillées des paysages d'hiver ; il fond la glace, ressuscite les sources gazouillantes et ramène le printemps ; il règne enfin sur nous, avec son caractère changeant et variable, tantôt gai, tantôt triste, calme ici, furieux là, agissant partout de mille manières, et finalement entretenant, depuis le commencement des temps, la vie brillante et multipliée qui rayonne à la surface de la Terre.

LIVRE PREMIER

NOTRE PLANÈTE ET SON FLUIDE VITAL

CHAPITRE PREMIER

LE GLOBE TERRESTRE

Porté dans l'étendue par les lois mystérieuses de la gravitation universelle, notre globe vogue dans l'espace avec une rapidité que notre pensée la plus attentive peut difficilement saisir. Imaginons-nous une sphère absolument libre, isolée de toutes parts, sans point d'appui comme soutien, placée au sein du vide éternel. Si cette sphère était unique dans l'immensité, elle resterait ainsi suspendue, immobile, sans pouvoir tomber d'un côté plutôt que de l'autre. Éternellement fixe dans l'infini, elle serait à la fois le centre et la totalité de l'univers, elle serait le haut et le bas, la gauche et la droite du monde, et constituerait à elle seule la création entière ; l'astronomie comme la physique, la mécanique comme la biologie, seraient renfermées dans sa notion. Mais la Terre n'est pas le seul monde existant dans l'espace. Des millions de corps célestes ont été formés comme elle dans l'infini des cieux, et leur coexistence établit entre eux des rapports inhérents à la constitution même de la matière. La Terre en particulier appartient à un système de planètes analogues à elle, ayant la même origine et la même destinée, situées à diverses distances autour d'un même centre et régies par le même moteur. C'est le système planétaire composé essentiellement de huit mondes, emportés respectivement sur des orbites successives, dont la plus extérieure mesure vingt-huit milliards de kilomètres d'étendue. Le Soleil, astre colossal, 1.280.000 fois plus gros que la Terre et 324.000 fois plus lourd, occupe le centre de ces orbites, ou, pour parler plus exactement, l'un des foyers des ellipses presque circulaires qu'elles décrivent. C'est autour de cet astre gigantesque que s'accomplissent les révolutions des planètes, lesquelles s'effectuent avec une vitesse indescriptible, en raison de la longueur des circonférences à parcourir. Loin d'être immobile comme il nous le semble, le globe que nous habitons voyage, à la distance moyenne de 149 millions de kilomètres du Soleil, au sein de l'immensité éthérée, et sur une orbite qui ne mesure pas moins de 936 millions de kilomètres à parcourir en 365 jours 6 heures ! C'est-à-dire qu'il court, en tourbillonnant dans l'espace, avec une vitesse de 2.572.000 kilomètres par jour, de 107.000 kilomètres à l'heure.

Un train rapide, emporté par l'ardeur dévorante de la vapeur aux ailes de feu, parcourt environ 120 kilomètres à l'heure. Sur les routes invisibles du ciel, la Terre vogue avec une vitesse huit cent-quatre-vingt-onze fois supérieure. La différence est telle qu'on ne saurait l'exprimer géométriquement ici par une figure. Si l'on représentait par 1 millimètre seulement la longueur parcourue en une heure par la locomotive, il faudrait tracer à côté une ligne de 891 millimètres pour représenter le chemin comparatif parcouru par notre planète pendant le même temps. Nulle machine en mouvement ne saurait donc, même dans notre pensée, suivre ce globe dans son cours. J'ajouterai, comme point de comparaison, que la marche d'une tortue est environ mille fois moins rapide que celle d'un train express. Si donc l'on pouvait envoyer un train express courir après la Terre, c'est exactement comme si l'on envoyait une tortue courir après un train express.

Situés comme nous le sommes autour du globe, mollusques infiniment petits, collés à sa surface par son attraction centrale et emportés par son mouvement, nous ne pouvons apprécier ce mouvement ni nous en rendre compte directement. Ce n'est que par l'observation du déplacement correspondant des perspectives célestes, et par le calcul, que nous avons pu, depuis quelques siècles à peine du reste, en connaître la nature, la forme et la valeur. Sous le pont d'un navire, dans un compartiment de wagon, ou dans la nacelle d'un aérostat, nous ne pouvons pas davantage nous rendre compte du mouvement qui nous emporte, parce que nous participons à ce mouvement et qu'en fait nous sommes immobiles dans le salon du navire en marche ou du convoi rapide, aussi bien que sous l'aérostat, immobile lui-même relativement aux molécules d'air environnantes. Sans objets de comparaison étrangers au mouvement, il nous est impossible de l'apprécier. Pour nous former une idée de la puissance prodigieuse qui emporte incessamment dans l'infini la Terre que nous habitons, il faudrait nous supposer placés non plus à la surface de cette Terre, mais en dehors, dans l'espace même, non loin de la ligne éthérée le long de laquelle elle roule impétueuse.

Alors nous verrions au loin, à notre gauche, je suppose, une petite étoile brillant au milieu des autres dans la nuit de l'espace. Puis cette étoile paraîtrait grossir et s'approcher. Bientôt elle offrirait un disque sensible, semblable à celui de la Lune, sur lequel nous remarquerions aussi des taches formées par la différence optique des continents et des mers, par les neiges des pôles, par les bandes nuageuses des tropiques. Nous chercherions à reconnaître sur ce globe grossissant les principaux contours géographiques visibles à travers les vapeurs et les nuées de l'atmosphère, et vers le milieu de la masse des continents nous finirions peut-être par deviner notre petite France — qui occupe à peu près la millième partie du globe, — quand soudain, se dressant dans le ciel et couvrant l'immensité de son dôme, le globe arriverait devant notre vue terrifiée, comme un géant sorti des abîmes de l'espace ! Puis, rapidement, sans que le temps nous soit donné même de le reconnaître, le colosse passerait devant nous, énorme boulet lancé dans l'immensité, et s'enfuirait à notre droite, en diminuant rapidement de grandeur et en s'enfonçant, silencieux, dans les noires profondeurs du vide éternel !...

C'est sur ce globe que nous habitons, emportés par lui, dans une situation semblable à celle des grains de poussière qui se trouvent adhérents à la surface tourbillonnante d'un boulet de canon lancé dans l'espace.

Qu'il y a loin de cette vérité à l'antique erreur qui représentait la Terre comme le soutien du firmament ! Pendant le règne de cette illusion, si ancienne, — et si difficile à déraciner encore, à notre époque même, parmi certains esprits, — la Terre était considérée comme formant à elle seule l'univers vivant, la nature tout entière. Elle était le centre et le but de la création, et l'immensité infinie n'était qu'une vaste et silencieuse solitude. Il y avait dans l'univers une région supérieure : le Ciel, l'empyrée... et une région inférieure : la Terre, les limbes, les enfers ; le mysticisme avait

Fig. 3. — La Terre est régie par le Soleil.

créé le monde pour la seule humanité terrestre, centre des volontés divines. Aujourd'hui, nous savons que le ciel n'est autre chose que l'espace sans bornes, et que la Terre est dans le ciel, aussi bien que tout autre astre ; nous contemplons dans l'étendue des mondes pareils au nôtre ; la nuit étoilée parle à nos âmes avec une éloquence nouvelle ; et à travers les espaces insondables, ouverts par le télescope à notre curiosité studieuse, nous saluons les humanités nos sœurs, vivant comme nous à la surface des mondes.

Sublime couronnement de l'astronomie mathématique et physique, le nouvel aspect philosophique de la création développe devant nos esprits le règne universel de la vie et de la pensée ; le globe terrestre avec son humanité n'est plus qu'un atome jeté au

sein de l'infini, un des rouages innombrables qui par myriades constituent le mystérieux mécanisme du monde physique et moral. Notre système planétaire, malgré son
immensité comparative auprès du microscopique volume de cette terre, s'évanouit lui-
même avec son radieux Soleil devant l'étendue et le nombre des étoiles, — centres
solaires de systèmes différents du nôtre. L'œil étonné rencontre, dans l'infini, des
soleils lointains dont la lumière emploie des centaines et des milliers d'années à venir
jusqu'à nous, malgré sa vitesse inouïe de 300.000 kilomètres par seconde ; plus loin,
l'œil contemple de pâles amas d'étoiles qui, vus de près, seraient semblables à notre
Voie lactée et se montreraient composés de plusieurs millions de soleils et de systèmes ;
au delà, l'œil et la pensée cherchent encore à découvrir ces créations lointaines, où
résident des existences inconnues, où s'accomplissent au même titre qu'ici les mystérieuses destinées des êtres ; ... mais l'essor de nos conceptions fatiguées ne tarde pas
à s'abattre, exténué, perdu par ce vol interminable dans les régions de l'infini, et,
comme l'aigle posé sur une île lointaine, notre âme éblouie s'étonne de n'avoir jamais
devant elle que le vestibule d'une immensité sans cesse renaissante.

Astre invisible, perdu dans les myriades d'astres qui gravitent à toutes les distances imaginables dans l'étendue profonde, la Terre est emportée dans le ciel par divers
mouvements, beaucoup plus nombreux et plus singuliers que nous ne sommes généralement portés à le croire. Le plus important est celui de *translation*, qui vient de
s'offrir à nos regards, mouvement en vertu duquel elle vogue autour du Soleil en raison
de 2.572.000 kilomètres par jour, 107.000 kilomètres à l'heure ou 29.000 mètres par
seconde. — Un second mouvement, celui de la *rotation*, la fait tourner sur elle-même,
pirouetter en quelque sorte, en 24 heures : on voit immédiatement, en examinant ce
mouvement du globe sur lui-même, que les différents points de la surface terrestre
ont une vitesse différente suivant leur distance à l'axe de rotation ; notre globe
mesurant 12.742 kilomètres de diamètre, à l'équateur, où la vitesse est maximum,
la surface terrestre est forcée de parcourir quarante mille kilomètres en 24 heures
(le mètre est la dix-millionième partie du quart du grand cercle, égal par conséquent
à quarante mille kilomètres) : c'est donc 465 mètres à parcourir par seconde ; à la
latitude de Paris, où le cercle est sensiblement moins grand, la vitesse est de 305 mètres
par seconde ; au Groenland, sur le 70e degré de latitude, cette même vitesse n'est plus
que de 160 mètres ; aux pôles mêmes, elle est nulle.

Ces deux mouvements sont les principaux, mais ne sont pas les seuls dont la Terre
est animée, car nous en connaissons déjà douze différents dont on trouve l'exposé
dans mes ouvrages d'Astronomie.

Ces mouvements, qui emportent l'astre-Terre dans l'espace, sont connus grâce
au nombre colossal d'observations faites sur les étoiles depuis plus de quatre mille ans
et grâce à la rigueur des principes modernes de la mécanique céleste. Leur connaissance constitue la base essentielle de la plus haute et de la plus solide des sciences. La
Terre est désormais inscrite au rang des astres, malgré le témoignage des sens, malgré
des illusions et des erreurs séculaires, et surtout malgré la vanité humaine qui longtemps

s'était formé avec complaisance une création à son image. Sollicité par tous ces mouvements divers, dont quelques-uns sont d'une complication extrême, le globe

Fig. 4. — Ici le Soleil verse ses rayons sur les moissons dorées ; là-bas la pluie féconde les vertes prairies.

terrestre vogue dans le vide, tourbillonnant, se balançant sous des inflexions variées, saluant les planètes ses sœurs, courant avec une vitesse insaisissable vers un but qu'il ignore. Depuis le commencement du monde, la Terre n'est pas passée deux fois au même endroit, et le lieu que nous occupons à cette heure même s'enfonce avec rapidité derrière notre sillage pour ne plus jamais revenir. La surface terrestre elle-même se modifie du reste chaque siècle, chaque année, chaque jour, et les conditions de la vie changent à travers l'éternité comme à travers l'espace. C'est ainsi que la marche du monde effectue son cours mystérieux, et que les êtres comme les choses ne continuent d'exister qu'en subissant de perpétuelles métamorphoses.

Après avoir apprécié de la sorte le mouvement de l'astre-Terre dans l'espace, nous devons lui adjoindre, pour compléter sa physionomie astronomique, le mouvement que la Lune décrit en 29 jours et demi autour du centre terrestre. La Lune est 49 fois plus petite que la Terre et 81 fois moins lourde. Son action sur l'Océan et sur l'Atmosphère est cependant comparable à celle du Soleil, et même plus importante dans la production des marées ; il n'est pas moins utile de connaître son mouvement que celui de la planète terrestre autour du foyer radieux. C'est en 27 jours 7 heures que s'effectue sa translation circulaire autour de la Terre; mais, pendant ces 27 jours, la Terre n'est pas restée immobile, et s'est au contraire avancée d'une certaine quantité dans son mouvement autour du Soleil ; la Lune emploie environ deux jours de plus pour achever sa révolution et revenir au même point relativement au Soleil : ce qui donne 29 jours 12 heures pour la lunaison ou le cycle des phases. La révolution en 27 jours est nommée révolution *sidérale*, parce que l'astre revient sur la sphère céleste à une même position par rapport aux étoiles ; on voit que, pour revenir à la même position relativement au Soleil et accomplir sa révolution *synodique*, notre satellite doit faire plus d'un tour sur la sphère céleste et lui ajouter le chemin que la planète a décrit pendant le temps dont il s'agit. En supposant la Terre immobile, le mouvement de la Lune autour d'elle peut être représenté par une circonférence. En réalité, c'est une courbe toujours concave vers le Soleil, résultant de la combinaison des deux mouvements.

Trois astres commandent ainsi notre attention dans l'histoire générale de la nature : le Soleil, la Terre et la Lune. Ils sont soutenus, isolés, dans l'espace, selon leurs poids respectifs. Le Soleil pèse deux nonillions de kilogrammes (2 suivi de 30 zéros), la Terre 6.000 sextillions de kilogrammes, et la Lune 75 sextillions. Le Soleil est 324.000 fois plus lourd que la Terre, et la Terre 81 fois plus lourde que la Lune. Le Soleil tient la Terre, à bras tendu, pour ainsi dire, à 149 millions de kilomètres de distance ; la Terre tient la Lune, également sous l'influence de sa masse, à 384.000 kilomètres de distance. La Terre tourne autour du Soleil, et la Lune autour de la Terre, avec des vitesses telles qu'elles créent la force centrifuge nécessaire et suffisante pour contre-balancer exactement l'attraction et maintenir un état d'équilibre perpétuel.

En gravitant autour de l'astre lumineux, la planète terrestre, baignée constamment dans ses rayons, amène successivement ses méridiens dans la féconde effluve [1]. Le matin succède au soir et le printemps à l'automne ; la nuit comme l'hiver ne sont

---

[1] Nous écrivons *effluve* au féminin, malgré les Dictionnaires.

que transition d'une lumière à l'autre. La chaleur solaire meut sans cesse l'usine colossale de l'Atmosphère terrestre, formant les courants, les vents, les tempêtes comme les brises ; gardant l'eau liquide et l'air gazeux ; pompant les puits intarissables de l'Océan ; développant les brouillards, les nuées, les pluies, les orages; organisant, en un mot, le système permanent de la circulation vitale du globe.

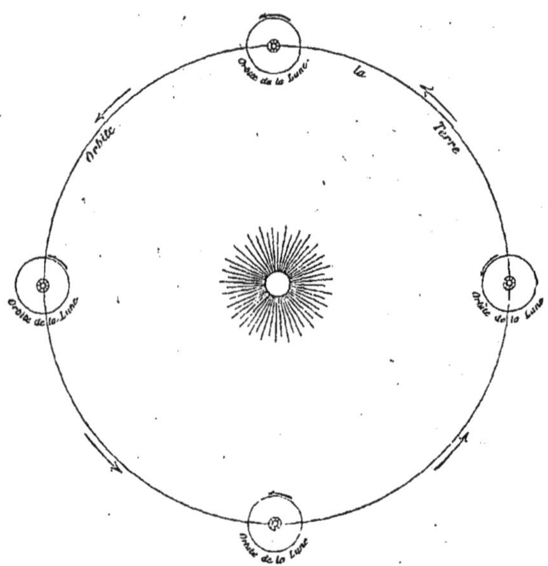

Fig. 5. — Orbites de la Terre et de la Lune.

C'est ce système de circulation que nous allons étudier dans cet ouvrage, avec les phénomènes variés qui constituent ce mode à la fois puissant et fantastique de l'Atmosphère. Il est vaste et grandiose, ce système, car c'est la vie elle-même, la vie terrestre tout entière, qui en dépend. En l'étudiant, nous apprenons donc à connaître l'organisation de LA VIE, sur cette intéressante planète dont nous sommes les citoyens temporaires.

CHAPITRE II

L'ENVELOPPE ATMOSPHÉRIQUE

L'AIR ET LES MÉTAMORPHOSES

LE globe, que nous venons de contempler circulant dans l'espace sur l'aile de la gravitation universelle, est enveloppé d'un duvet gazeux adhérant à sa surface sphérique tout entière. Cette couche aérienne est uniformément répandue autour du globe et l'environne de toutes parts. Nous avons comparé la Terre dans l'espace à un boulet de canon lancé dans le vide ; en supposant ce boulet enveloppé d'une mince couche de vapeur, qui ne mesurerait même pas 1 millimètre d'épaisseur et serait adhérente à sa surface, nous nous formerons une image de la situation de l'Atmosphère tout autour du globe. C'est précisément de cette situation que dérive le nom même de l'Atmosphère (*atmos*, vapeur, *sphaira*, sphère) ; c'est en effet comme une seconde sphère, de vapeur, concentrique à la sphère solide du globe terrestre.

On ne songe pas assez, en général, à la valeur, à l'importance de cette enveloppe atmosphérique. C'est elle qui nous fait vivre. C'est par elle que la Terre entière respire. Plantes, animaux, hommes puisent en elle leur première condition d'existence. L'organisation terrestre est ainsi construite que l'Atmosphère est la souveraine de toutes choses, et que le savant peut dire d'elle ce que le théologien disait de Dieu lui-même : « En elle nous vivons, nous nous mouvons et nous sommes ». Condition suprême des existences terrestres, elle ne constitue pas seulement la force virtuelle de la Terre, mais elle en est encore la parure et le parfum. Comme une caresse éternelle enveloppant notre planète voyageuse dans une affection inaltérable, elle porte doucement la Terre dans les champs glacés du ciel, la réchauffant avec une sollicitude incessante, charmant son voyage solitaire par les doux sourires de la lumière et par les fantaisies des météores. Elle n'a pas seulement pour objet de nourrir toutes les poitrines et de vivifier tous les cœurs, mais son action la plus générale est encore de garder précieusement à la surface terrestre la tiède chaleur venue du lointain Soleil, de veiller à ce qu'elle ne s'éteigne jamais et de conserver à notre planète le degré normal de la vie qui lui est attribuée : fonction qui se manifeste dans les courants réguliers, dans les vents, les pluies, les orages et les tempêtes. Ce travail infatigable, elle le voile ordinairement sous un air de fête, sous une coquetterie, qui ne laissent point deviner sa puissance. Ici, les merveilles optiques de l'air décèlent les préparatifs de la vapeur d'eau et produisent les plus singuliers effets de lumière ; là, les magnificences d'un coucher de soleil captivent le regard étonné ; plus loin, les palpitations électriques de l'aurore boréale animent les nuits polaires, ou les étoiles filantes glissent à travers l'espace silencieux ; et, au-dessus de toutes ces broderies, domine la mystérieuse et indescriptible transparence d'une belle nuit étoilée. Si quelque loi suprême nous privait un jour de cette douce atmosphère, la Terre roulerait bientôt glacée dans les déserts de l'immensité, n'emportant désormais avec elle que des cadavres immobiles et des

Fig. 6. — Les plus singuliers effets de lumière... (D'après un croquis de M. Schweinfurth.)

paysages muets, un sépulcre immense tombant silencieusement dans le lugubre espace.

L'air est le premier lien des sociétés. Si l'Atmosphère s'évanouissait dans l'espace, un silence éternel planant sur un sinistre séjour d'inaltérable immobilité, tel serait le sort de la surface terrestre décorée aujourd'hui de l'activité luxuriante de la vie. Nous n'y songeons pas, dans notre oubli de la nature, mais l'air est le grand médium du son, le milieu fluide où voyagent nos paroles, le véhicule du langage, des idées, des relations sociales. Que serait le monde s'il demeurait éternellement sans bruits, sans voix, sans paroles ? N'eût-elle que le chant de l'oiseau, le cri du grillon caché dans l'herbe, ou même seulement le bruit du vent dans le feuillage, la Terre ne serait déjà plus sans vie et semblerait préparée pour l'intelligence contemplative.

L'air est aussi le premier élément du tissu de nos corps. Nous sommes de l'air organisé. La respiration nous nourrit aux trois quarts ; le dernier quart, nous le puisons dans les aliments, solides ou liquides, dans lesquels dominent encore l'oxygène, la vapeur d'eau, l'azote, l'acide carbonique. De plus, telle molécule, qui est maintenant incorporée dans notre organisme, va s'en échapper par l'expiration, la transpiration, etc., appartenir à l'Atmosphère pendant un temps plus ou moins long, puis être incorporée dans un autre organisme, plante, animal ou homme. Les atomes qui constituent actuellement votre corps, ô lecteur ou lectrice qui tournez cette page, n'étaient pas tous hier intégrés à votre personne, et aucun n'y était il y a quelques mois. Où étaient-ils? — Soit dans l'air, soit dans un autre corps, tous les atomes qui forment maintenant vos tissus organiques, vos poumons, vos yeux, votre cerveau, vos jambes, etc., ont déjà servi à former d'autres tissus organiques... Nous sommes tous des morts ressuscités, fabriqués de la poussière de nos ancêtres. Si tous les hommes qui ont vécu jusqu'à cette année ressuscitaient, il y en aurait cinq par pied carré, sur toute la surface des continents, obligés pour se tenir de monter sur les épaules les uns des autres ; mais ils ne pourraient ressusciter tous intégralement, car bien des molécules ont successivement servi à plusieurs corps. De même nos organes actuels, divisés un jour en leurs dernières particules, se trouveront incorporés dans nos successeurs, et je sais que ma main droite, qui écrit en ce moment ces lignes, sera dans une époque prochaine absolument dissoute, et que les éléments qui la constituent fleuriront dans la plante, voleront dans l'oiseau, agiront dans un nouvel homme. Véhicule sans cesse renouvelé des émigrations des atomes terrestres, l'air établit ainsi une fraternité universelle et indissoluble entre tous les hommes, entre tous les êtres.

Métamorphose incessante des êtres et des choses : entre les produits de la nature et les flots mobiles de l'Atmosphère, il s'opère incessamment un échange, en vertu duquel les gaz de l'air se fixent dans l'animal, la plante ou la pierre, tandis que les éléments primitifs, un instant incorporés dans un organisme ou dans les couches terrestres, se dégagent et recomposent le fluide aérien. Chaque atome d'air passe donc éternellement de vie en vie et s'en échappe de mort en mort ; tour à tour vent, flot, terre, animal ou fleur, il est successivement incorporé à la substance des innombrables organismes. Source inépuisable où tout ce qui vit prend son haleine, l'air est encore un réservoir immense où tout ce qui meurt verse son dernier souffle : sous son absorption, végétaux et animaux, organismes divers naissent, puis dépérissent. La vie, la mort sont également dans l'air que nous respirons et se succèdent perpétuellement l'une à l'autre par l'échange des molécules gazeuses ; l'atome d'oxygène qui s'exhale de ce vieux chêne va s'envoler aux poumons de l'enfant au berceau ; les derniers soupirs d'un mourant vont tisser la brillante corolle de la fleur, ou se répandre comme un sourire sur la verdoyante prairie. La brise qui caresse doucement les tiges des herbes va plus loin se transformer en tempête, déraciner les arbres séculaires, donner naissance à des trombes fantastiques, soulever les flots et faire sombrer les navires ; et ainsi, par un enchaînement infini de morts partielles, l'Atmosphère alimente incessamment la vie universelle déployée à la surface de la Terre.

C'est l'incessante activité de l'enveloppe gazeuse aérienne qui forme, nourrit et entretient le tapis végétal déployé à la surface des continents. Du brin d'herbe au colossal baobab, ce tapis riche et varié puise dans l'air ses conditions d'existence, et enveloppe d'une parure sans cesse renouvelée le squelette géologique du globe, qui resterait dans sa froide et rude nudité, comme on le voit sur certaines roches dépouillées, sans l'humus végétal formé de saisons en saisons par l'action de l'Atmosphère. Tout en entretenant la circulation vitale de la Terre par les échanges incessants

Fig. 7. — Les palpitations électriques de l'aurore boréale animent les nuits polaires.

dont elle est le véhicule, l'Atmosphère est encore le laboratoire aérien et léger du monde splendide des couleurs qui égayent la surface de notre planète. C'est grâce à la réflexion des rayons bleus que le ciel et les hauteurs lointaines de l'horizon prennent cette belle parure azurée, qui varie avec l'altitude des lieux, l'abondance de la vapeur d'eau, le contraste des nuages ; c'est à cause de la réfraction, subie par les rayons lumineux en passant obliquement à travers les couches aériennes, que le Soleil se fait annoncer chaque matin par la mélodie suave et pure de l'aurore grandissante, et se montre lui-même avant l'heure astronomique de son lever ; c'est à un phénomène analogue qu'il doit, le soir, de ralentir en apparence sa descente au-dessous de l'horizon, puis, lorsqu'il a disparu, de laisser flotter dans les hauteurs du couchant les lambeaux fantastiques de sa couche incendiée.

Sans l'enveloppe gazeuse de notre planète, nous n'aurions jamais ces jeux de lumière si variés, ces harmonies changeantes de couleur, ces transformations graduelles de nuances délicates qui éclairent le monde, depuis l'ardeur étincelante du soleil d'été jusqu'à l'ombre dont les voiles discrets s'étendent au fond des bois silencieux. Nous en avons dans l'astronomie des exemples variés, qui nous offrent autant de types d'illuminations atmosphériques différentes. Tandis que sur Mars, par exemple, nous distinguons facilement, sur les méridiens du levant ou du couchant, l'aube et le déclin du jour suivant la rotation de cette planète dont la journée est presque égale à la nôtre, sur la Lune, au contraire, nous ne voyons ni crépuscules ni pénombres, car le ciel de ce monde voisin est constamment noir, étoilé de jour comme de nuit, et dépourvu, aussi bien que le sol lunaire, des colorations vaporeuses qui sont la beauté de nos paysages.

L'étude de l'Atmosphère embrasse donc, comme on le devine dès ces premières pages, l'ensemble des conditions de la vie terrestre. La notion de la vie est tellement unie, dans toutes nos conceptions, à celle des forces que nous voyons incessamment à l'œuvre dans la nature, soit pour créer, soit pour détruire, que les mythes des peuples primitifs ont toujours attribué à ces forces l'engendrement des plantes et des animaux, et présenté l'époque antérieure à la vie comme celle du chaos primitif et de la lutte des éléments. «Si l'on ne considère pas l'étude des phènomènes physiques dans ses rapports avec nos besoins matériels, dit A. de Humboldt, mais dans son influence générale sur les progrès intellectuels de l'humanité, on trouve, comme résultat le plus élevé et le plus important de cette investigation, la connaissance de la connexité des forces de la nature, le sentiment intime de leur dépendance mutuelle. C'est l'intuition de ces rapports qui agrandit les vues et ennoblit nos jouissances. Cet agrandissement des vues est l'œuvre de l'observation, de la méditation et de l'esprit du temps dans lequel se concentrent toutes les directions de la pensée. L'histoire révèle à quiconque sait remonter, à travers les couches des siècles antérieurs, jusqu'aux racines profondes de nos connaissances, comment depuis des milliers d'années le genre humain a travaillé à saisir, dans des mutations sans cesse renaissantes, l'invariabilité des lois de la nature, et à conquérir progressivement une grande partie du monde physique par la force de l'intelligence. »

Nous pouvons maintenant contempler notre planète voguant dans l'espace en gardant autour d'elle l'enveloppe aérienne qui lui est adhérente. Notre pensée voit clairement la forme générale de cette sphère gazeuse enveloppant le globe solide, et

Fig. 8. — La brise se transforme en tempête et donne naissance à des trombes fantastiques...
(D'après un croquis pris sur nature par M. Coffinières de Nordeck.)

relativement mince et légère. Des auditeurs de cours d'astronomie et de conférences m'ont souvent confié qu'à leur idée, avant d'être éclairés sur ce point, la Terre s'appuyait sur l'air remplissant l'espace, était portée par lui. Il n'en est rien. C'est l'Atmosphère, au contraire, qui est supportée par le globe. Le globe est soutenu dans l'immensité par la puissance invisible de la gravitation universelle.

La surface extérieure de l'Atmosphère est donc courbe, comme celle de la mer ; car, de même que l'eau, l'air tend sans cesse à être de niveau, à égale distance du centre. Aux yeux des commençants dans la géométrie, il paraît difficile de concilier l'idée de surface sphérique avec celle de niveau ; l'idée que l'air a un niveau horizontal comme l'eau, et que, semblable à un océan aérien, ce niveau tend sans cesse à s'équilibrer, semble d'abord un peu obscure. Cependant, non seulement l'air possède toutes les propriétés d'élasticité et de mobilité, à un degré illimité, comme fluide tendant vers l'équilibre, mais encore il est au plus haut degré compressible, et proportionnellement susceptible d'une extrême expansion. Ce sont là des faits qu'il faut avoir constamment présents à l'esprit, car ils aideront à l'intelligence d'un grand nombre de conditions atmosphériques étudiées dans les chapitres suivants.

Quelle est l'épaisseur de cette couche gazeuse qui enveloppe notre globe de douze mille kilomètres de diamètre ? A mesure que l'on s'élève, l'air devient plus rare, et arrivé aux dernières couches rien ne presse sur celles-ci ; cependant, l'Atmosphère étant limitée, il est nécessaire que ces couches ne se perdent pas dans l'espace, et que, vu leur raréfaction et leur grand abaissement de température, leur état physique soit modifié de telle sorte que la force élastique soit nulle. Laplace a indiqué cette condition indispensable ; Poisson l'a spécifiée, en montrant que l'équilibre serait encore possible avec une densité limite très considérable, pourvu que le fluide ne fût pas expansible ; enfin J.-B. Biot, qui a résumé ces conditions, indique très bien cet état des dernières couches atmosphériques non expansibles, en disant qu'elles doivent être comme un « liquide non évaporable ». Nous allons, dans le chapitre suivant, examiner les conditions mécaniques et physiques de cette enveloppe aérienne, apprécier sa forme extérieure et mesurer sa hauteur.

CHAPITRE III

HAUTEUR DE L'ATMOSPHÈRE

Puisque la Terre, astre rapide, vogue dans l'immensité, emportée par une vitesse vertigineuse, et entraîne adhérente à sa surface la couche gazeuse qui l'enveloppe, il en résulte que cette couche gazeuse ne s'étend pas à l'infini dans l'immensité, mais cesse d'exister à une certaine distance de la surface.

Jusqu'à quelle distance peut-elle s'étendre? La rotation du globe l'entraînant dans son mouvement diurne, nous pouvons remarquer d'abord qu'à une certaine hauteur au-dessus du sol, le mouvement de l'Atmosphère est si rapide que la force centrifuge déployée par lui jetterait dans l'espace les molécules d'air extérieures, qui cesseraient d'être adhérentes et par cela même de continuer l'Atmosphère.

Certains inventeurs de procédés de navigation aérienne s'étaient vaguement imaginé que l'Atmosphère ne tourne pas entièrement avec la Terre, qu'en s'élevant à une certaine hauteur on verrait le globe rouler sous soi, et que l'on n'aurait qu'à attendre que le méridien où l'on veut descendre passe sous la nacelle pour s'y trouver transporté par la rotation du globe.

Exposer cette hypothèse, c'est la réfuter. Tout ce qui environne la Terre lui est soumis. L'Atmosphère tourne avec le globe, jusqu'à ses dernières limites.

La force centrifuge créée par la rotation du globe s'accroît en raison du carré de la vitesse. A l'équateur, elle est le 289e de la pesanteur. Or, remarque curieuse, si la Terre tournait 17 fois plus vite, comme $17 \times 17 = 289$, les corps ne pèseraient plus rien à l'équateur! Un objet, une pierre, détaché du sol par la main, n'y retomberait plus. On serait si léger qu'en dansant à la surface on serait semblable à des sylphes aériens déplacés par le vent. Les circonférences étant entre elles comme les rayons, à 17 fois la distance d'ici au centre de la Terre, à 108.307 kilomètres du centre, ou 101.936 de hauteur, toutes choses restant égales d'ailleurs, l'Atmosphère cesserait de se tenir. Mais, d'autre part, la pesanteur diminue à mesure qu'on s'éloigne du centre d'attraction.

En combinant cette diminution avec l'accroissement de la force centrifuge, j'ai calculé que c'est à six fois et demie environ (6,64) le rayon du globe, c'est-à-dire à 42.300 kilomètres au-dessus de la surface de la Terre, que l'attraction égale la pesanteur, et que, par conséquent, les molécules aériennes qui pourraient encore se trouver dans ces espaces doivent forcément s'échapper. C'est la distance à laquelle graviterait un satellite précisément en 23 heures 56, durée de la rotation de notre planète. C'est la *limite théorique maximum* de l'Atmosphère à l'équateur. Elle est bien loin de s'étendre jusque-là, comme nous allons le voir, mais mathématiquement elle le pourrait, et ce n'est qu'à cette énorme distance que la force centrifuge serait assez grande pour s'opposer à l'existence d'une atmosphère.

Peut-être, dans ces régions élevées, aux limites mêmes des sphères d'attraction des astres, s'opère-t-il un échange de leurs molécules gazeuses.

Telle est la limite extrême maximum de l'Atmosphère ; mais c'est à une hauteur incomparablement moindre que s'arrête le fluide respirable pour l'homme. Ainsi, à la hauteur de 3.300 mètres, que j'ai souvent atteinte en ballon (c'est la hauteur de l'Etna), on a déjà sous les pieds près du tiers de la masse aérienne ; à 5.500 mètres, hauteur au-dessus de laquelle un grand nombre de montagnes élèvent encore leurs cimes, la colonne d'air qui pèse sur le sol a perdu la moitié de son poids ; par conséquent, toute la masse gazeuse qui s'étend au loin dans le ciel, jusqu'à des distances immesurées, est simplement égale aux couches aériennes comprimées au-dessous dans les régions inférieures.

En vertu de la pesanteur et de la force centrifuge, la forme de l'Atmosphère n'est pas absolument sphérique, mais gonflée à l'équateur, où elle est plus élevée qu'aux pôles. La limite maximum de cette figure, dans le cas où l'aplatissement est le plus grand, a été donnée par Laplace : le diamètre de l'Atmosphère dans le sens de l'équateur est d'un tiers plus grand que le diamètre dans le sens du pôle. Mais elle n'a pas cette forme exagérée, quoique en réalité elle soit sensiblement plus épaisse à l'équateur qu'aux pôles. Ajoutons que l'état moyen d'équilibre varie constamment par suite des marées atmosphériques, dues à l'attraction variable de la Lune et du Soleil, et par suite des variations de température et des courants.

Le poids décroissant des couches atmosphériques nous offre le premier procédé pour calculer une limite minimum de la hauteur de l'Atmosphère ; de même que tout à l'heure la mécanique vient de nous présenter une limite maximum, ici c'est la physique qui va nous servir.

Chaque molécule de l'air exerce, en vertu de son poids, une pression sur les molécules situées au-dessous d'elle ; de haut en bas, cette pression s'ajoute au poids de chaque couche successive et contribue, en se combinant avec l'attraction du globe terrestre, à les retenir autour de lui. Dans une colonne d'air verticale, on trouve près du sol les couches les plus denses ; cette densité diminue à mesure qu'on s'élève, parce que la portion d'atmosphère placée au-dessous de l'observateur n'exerce plus aucune pression sur celles qui sont placées à son niveau. Le baromètre, qui mesure cette pression, se tient plus bas au sommet qu'au pied d'une montagne ; et le rapport qui existe entre la pression et la hauteur est tellement intime qu'on peut déduire la différence de niveau de deux points de la différence de longueur des colonnes barométriques observées simultanément à ces deux stations. Le baromètre descend (en

Fig. 9. — L'aurore annonce longtemps à l'avance le retour du Soleil.

moyenne dans les régions inférieures de l'Atmosphère) de 1 millimètre par 10 mètres et demi d'ascension : un observateur exercé peut, à l'aide d'un instrument bien cons-

truit, mesurer une hauteur de mètre en mètre, par dixièmes de millimètre d'abaissement barométrique.

Par ce procédé, le minimum a été fixé à 48 kilomètres, et le maximum est de 423.000.
Voilà deux limites certaines, mais bien écartées l'une de l'autre. N'existe-t-il pas
d'autres méthodes d'approcher davantage de la réalité?

En effet, on a essayé de mesurer optiquement la hauteur de l'Atmosphère, en
étudiant la durée des crépuscules, le temps que les rayons
solaires continuent à atteindre les régions aériennes pendant
que l'astre lui-même est descendu sous l'horizon.

Si l'Atmosphère terrestre était illimitée, le phénomène de
la nuit nous serait complètement inconnu : la lumière du Soleil,
en atteignant à des couches d'air suffisamment éloignées de la
Terre, pourrait toujours nous être renvoyée par la réflexion que
ces couches lui feraient subir. D'un autre côté, l'absence de
toute enveloppe aérienne aurait pour résultat de nous donner
une nuit succédant brusquement au coucher du Soleil, et la

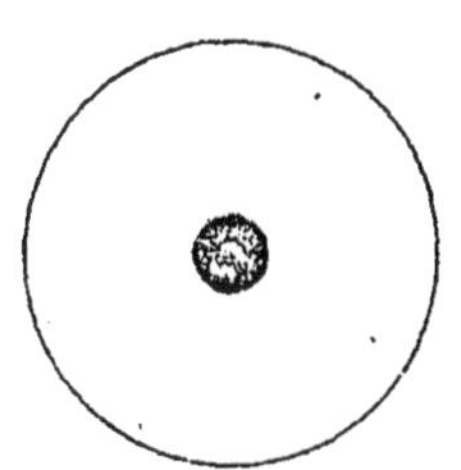

Fig. 10. — Limite théo-
rique maximum de l'At-
mosphère.

lumière du jour se déployant à l'instant même du lever. Or tout le monde sait que
le crépuscule du soir et l'aurore du matin allongent la durée du temps pendant
lequel on est éclairé par la lumière solaire. L'aurore annonce longtemps d'avance le
retour du Soleil et le crépuscule prolonge le jour dans les hauteurs de l'Atmosphère
à l'heure où les silhouettes se détachent dans la clarté crépusculaire. On conçoit
que l'observation de ces phénomènes a dû faire naître de bonne heure l'idée d'y
chercher la mesure de la hauteur de l'Atmosphère.

Dans nos climats, on aperçoit difficilement avec netteté la limite de séparation
entre la partie de l'Atmosphère éclairée par le Soleil et
celle qui ne reçoit pas ses rayons directs. Cependant cette
courbe crépusculaire est visible pendant nos soirées d'été.
Sous les tropiques cette observation est fréquente. Au
xviiie siècle, Lacaille, dans son voyage au cap de Bonne-
Espérance, a constaté toutes les phases du phénomène.
« Les 16 et 17 avril 1751, écrit-il, étant en mer et en
calme, par un ciel extrêmement calme et serein, où je
distinguais Vénus à l'horizon comme une étoile de
seconde grandeur, je vis la lumière crépusculaire terminée

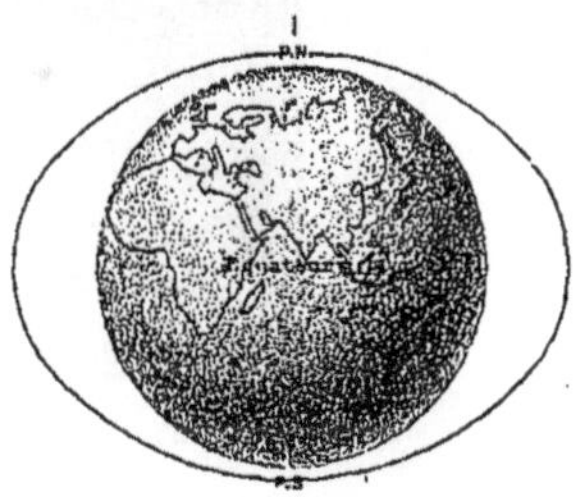

Fig. 11. — Limite mathématique de
la figure de l'Atmosphère.

en arc de cercle, aussi régulièrement que possible. Ayant réglé ma montre à l'heure
vraie, au coucher du Soleil, je vis cet arc confondu avec l'horizon ; et je calculai, par
l'heure où je fis cette observation, que le Soleil était abaissé le 16 avril de 16°38' ;
le 17, de 17°13'. » D'autres observations ont été faites depuis, comme nous le verrons
plus loin.

On comprend que, connaissant le cercle diurne apparent décrit par le Soleil un
jour donné et la position de l'observateur sur la Terre, on puisse calculer, par le
temps écoulé entre l'heure du coucher et celle de la disparition de l'arc crépusculaire,

l'angle parcouru par l'astre radieux au-dessous de l'horizon. Or, le temps pendant lequel le Soleil, après être descendu au-dessous de l'horizon d'un lieu, continue à éclairer directement une partie de l'Atmosphère visible de ce lieu, dépend de l'épaisseur des couches aériennes qui enveloppent la Terre.

Telle est la méthode imaginée par Képler pour conclure des phénomènes crépusculaires la hauteur de l'Atmosphère. Les résultats qu'elle a fournis diffèrent selon les observations.

En étudiant au sommet du Faulhorn, dans les Alpes, la marche des arcs crépus-

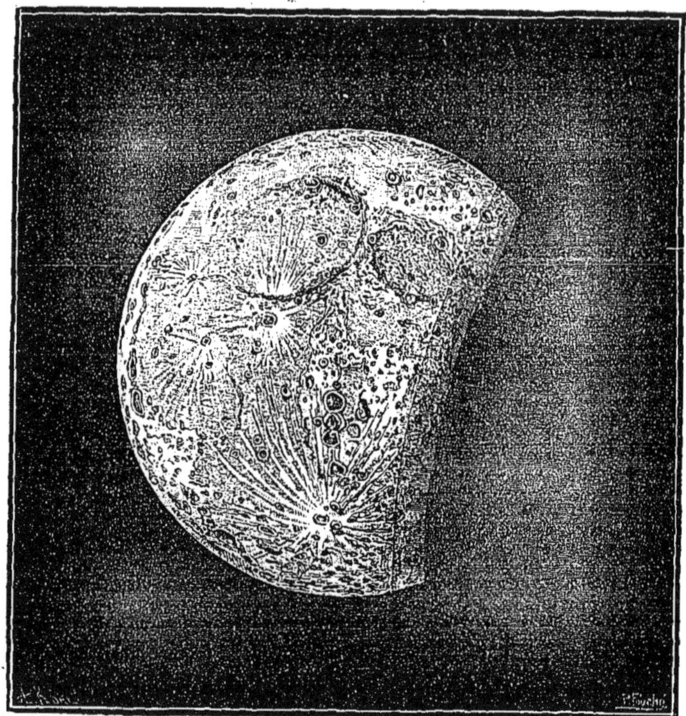

Fig. 12. — Ombre transparente, bordant l'ombre de la Terre, observée pendant les éclipses de Lune.

culaires, l'habile météorologiste Bravais a obtenu pour résultat 115 kilomètres.

Par l'observation de la durée du crépuscule et de la courbe crépusculaire qui colore le ciel de cette ravissante teinte rose si remarquable surtout dans les pays du Sud, études faites d'une part sur l'Atlantique dans une traversée de France à Rio de Janeiro, d'autre part dans la baie de cette capitale, M. Liais a trouvé le chiffre, presque trois fois plus élevé, de 330 kilomètres. D'après ces observations, les particules atmosphériques situées à cette hauteur seraient encore assez denses pour réfléchir la lumière solaire.

Signalons encore une autre méthode, celle-ci astronomique plutôt que météorologique, qui me paraît pouvoir être demandée à l'aspect de l'ombre de l'Atmosphère terrestre pendant les éclipses de Lune. Notre satellite traverse alors le cône d'ombre que la Terre forme constamment derrière elle, à l'opposé du Soleil. Ce cône d'ombre varie en longueur, suivant la distance de la Terre au Soleil, depuis 1.357.000 jusqu'à 1.400.000 kilomètres, du périhélie à l'aphélie, et à sa base, tout près de la Terre, il a naturellement pour largeur le diamètre même de notre planète, c'est-à-dire 12.742 kilomètres ; il se termine en pointe à son extrémité.

Cette ombre de la Terre est entourée par une *pénombre* très large, due au diamètre du Soleil. Tous les points qui, autour de l'ombre totale produite par la Terre, voient une partie du Soleil, sont dans cette pénombre, dont la largeur égale presque le tiers du diamètre de l'ombre, et qui va s'épaississant graduellement depuis le bord, insensible, jusqu'à l'ombre. Dans une éclipse totale de Lune qui dure, par exemple, trois ou quatre heures, le passage à travers la pénombre ne dure pas moins d'une heure, avant et après l'éclipse totale.

Si l'on examine avec soin l'*ombre* de la Terre à mesure qu'elle s'avance sur le disque lunaire, on s'aperçoit que cette ombre se termine par une bordure moins foncée que l'ensemble de l'ombre, bordure vaporeuse, transparente et d'une faible largeur. Cette *ombre transparente* ne serait-elle pas celle de l'Atmosphère terrestre? Le 4 octobre 1884, observant l'éclipse totale de Lune à mon observatoire de Juvisy, près de Paris, j'ai trouvé la largeur de cette bordure d'ombre égale à 2 minutes d'arc. Or, à la distance de la Lune (384.000 kilomètres), l'ombre de la Terre mesure 69 minutes d'arc environ. Une minute correspond donc à 182 kilomètres du diamètre terrestre ; si cette ombre transparente est bien celle de l'Atmosphère (et cette explication nous paraît la plus simple), nous pouvons en conclure que jusqu'à 364 kilomètres de hauteur, l'Atmosphère terrestre est assez dense pour porter ombre et former contraste avec la complète transparence de l'espace. Au surplus, le « vide » de nos machines pneumatiques est du « plein » en comparaison de l'espace interplanétaire.

La transparence de l'air le plus pur est loin d'être absolue. Nous en avons tous les jours une preuve immédiate par la différence de visibilité du Soleil à l'horizon et au méridien. Au zénith, le Soleil est éblouissant, tandis qu'à l'horizon chacun peut le regarder sans fatigue, même par l'atmosphère la plus transparente, parce que la masse d'air à travers laquelle on l'observe à son lever et à son coucher est plus épaisse et forme pour notre vue une sorte de voile protecteur.

L'éclipse totale de Lune, dont nous venons de parler, a suivi de près le cataclysme de Java et la fameuse éruption du Krakatoa qui lança jusqu'à une hauteur considérable des kilomètres cubes de vapeur d'eau et de poussière, dont l'extension dans l'Atmosphère produisit les remarquables illuminations crépusculaires qui ont frappé l'attention du monde entier pendant les derniers mois de l'année 1883 et toute l'année 1884.

Ces lueurs crépusculaires ont fourni, de leur côté, des éléments d'observation suffisants pour permettre de déterminer leur hauteur. Un observateur délicat et consciencieux, le professeur Dufour, de Morges, a trouvé, par une série concordante de calculs, que ces lueurs planaient à 70.000 mètres de hauteur. Il y avait donc à cette élévation des particules assez denses pour réfléchir fortement la lumière solaire.

Cette fantastique éruption, le plus grand phénomène géologique de l'histoire entière, arrivée le 26 août 1883, a lancé dans les airs un panache qui s'étendait à 20.000 mètres de hauteur, a bouleversé la mer de telle sorte que la commotion océanique a traversé l'Océan tout entier, a sillonné l'Atmosphère de vagues qui ont fait trois fois le tour du monde avant de s'éteindre, a projeté dans les hauteurs aériennes dix-huit kilomètres cubes (dix-huit milliards de mètres cubes) de poussière et de vapeur d'eau, trente-six milliards de kilogrammes !!... Elle a été entendue jusqu'à ses antipodes, à travers le globe terrestre tout entier ! Quoi de surprenant qu'elle ait produit ces voiles atmosphériques et ces lumières crépusculaires qui, commencées précisément le lendemain du cataclysme de Java, ont duré près de deux ans ?

Le cataclysme de la Martinique (8 mai 1902) a donné naissance à des lueurs crépusculaires analogues et à des couronnes autour du Soleil.

Les aurores boréales, les étoiles filantes et les bolides fournissent encore d'autres méthodes de mesure pour la hauteur de l'Atmosphère.

D'après les observations faites par Nordenskiold lors de l'hivernage de la *Véga* dans les mers polaires (1879), les aurores étudiées pendant cette expédition seraient dues à un anneau lumineux entourant le pôle Nord à une grande distance, anneau arrivant à 200 kilomètres au zénith du 80e parallèle de latitude boréale. Il y a des aurores plus basses, souvent à 100 kilomètres et au-dessous ; mais, d'autre part, on en a mesuré de plus élevées. Les discussions faites sur l'aurore du 25 septembre 1870 ont indiqué 250 kilomètres.

Les étoiles filantes et les bolides donnent, de leur côté, des hauteurs non moins grandes. Citons, entre autres, pour les bolides, les trois exemples suivants :

Le 5 septembre 1868, à 8 heures 30 minutes du soir, un énorme bolide, se dirigeant de l'est à l'ouest, a traversé l'Autriche et la France. D'après les calculs de M. Tissot, fondés sur de nombreuses observations, le bolide s'est trouvé à sa plus courte distance de la terre à 111 kilomètres de hauteur au zénith de Belgrade (Serbie) ; est passé une seconde après, à 112 kilomètres de là, au zénith d'Oukava (Slavonie) ; quatre secondes plus tard, à 340 kilomètres plus loin, au zénith de Laybach (Carniole), à 126 kilomètres de hauteur ; dix secondes plus tard, à 862 kilomètres, au zénith de Saulieu (Côte-d'Or), à 242 kilomètres de hauteur ; trois secondes après, à 292 kilomètres au delà, au zénith de Mettray (Indre-et-Loire), à 367 kilomètres de hauteur. On le vit encore de Clermont-Ferrand, puis il disparut à l'horizon occidental. En dix-sept secondes, le bolide avait parcouru une distance de 1.493 kilomètres, sa vitesse était de 79 kilomètres par seconde. Le bolide *arrivait de l'infini et y retournait*.

Le 14 juin 1877, à 8 heures 52 minutes du soir, un bolide non moins remarquable que le précédent est venu éclater entre Bordeaux et Angoulême, à 252 kilomètres de hauteur. Sa vitesse était de 68 kilomètres par seconde. Ce bolide, arrivant de l'infini, comme le précédent, traversait le système solaire presque en ligne droite.

Le 22 février 1909, un bolide éblouissant, accompagné d'une lumineuse traînée persistante, a frappé l'attention des habitants de l'ouest de la France et du sud de l'Angleterre. Du comté de Sussex à l'île de Jersey, au-dessus de laquelle il a éclaté, il a parcouru environ 240 kilomètres en 6 secondes, soit à raison de 40 kilomètres par seconde. Sa hauteur paraît avoir été de 100 kilomètres. C'est d'ailleurs vers cette altitude que se manifestent de temps en temps ces curieuses traînées météoriques, et il semble exister une couche bien définie de l'atmosphère, entre 80 et 100 kilomètres de hauteur, où les conditions sont favorables à la production de ces phénomènes lumineux.

La hauteur des étoiles filantes peut être déterminée par des considérations géométriques fort simples, et les indications qu'elle fournit corroborent les précédentes.

Supposons que deux observateurs, situés à 20 kilomètres l'un de l'autre par exemple, voient la même étoile filante et marquent son tracé sur une carte céleste : ce tracé ne sera pas le même pour les deux observateurs. Si l'un, par exemple, est au nord et l'autre au sud, le premier aura vu l'étoile plus au sud que le second ; la différence entre les deux positions sera d'autant plus grande que l'étoile filante sera moins éloignée. Si la distance entre les deux tracés n'était que de 1 degré (le double environ du diamètre de la Lune), il en résulterait pour la hauteur du bolide 57 fois la base, c'est-à-dire 57 fois 20 kilomètres, attendu qu'une différence de 1 degré correspond à 57 fois la distance des observateurs. Mais aucun météore n'a été vu à une telle distance. Si la différence des deux séries de positions observées était de 2 degrés, la hauteur serait de 28 fois 1/2 la base ; 3 degrés indiqueraient 19 fois cette même base ; 4 degrés, 14 fois ; 5 degrés, 11 fois 1/2 ; 6 degrés, 9 fois 1/2 ; 7 degrés, 8 fois ; 8 degrés, 7 fois ; 9 degrés, 6 fois, etc. 10 degrés de parallaxe indiquent 5,73 pour la distance ; 11 degrés, 5,21 ; 12 degrés, 4,78 et ainsi de suite. Si donc deux observateurs éloignés à 20 kilomètres l'un de l'autre trouvent 12 degrés de différence dans leurs tracés de la route d'une même étoile filante (fig. 13), c'est que cette étoile est à $4,78 \times 20$, ou 95 kilomètres de hauteur environ. 100 kilomètres produisent une parallaxe de 11° 1/2. Cette dernière hauteur a été fréquemment observée, notamment dans les expériences que j'ai instituées il y a quelques années entre Juvisy et plusieurs stations voisines.

Les premières recherches sur ce point datent de 1798. Deux jeunes étudiants de l'université de Gœttingue, Brandes et Benzenberg, constatant que l'on ne savait encore rien sur ce chapitre-là, résolurent de chercher eux-mêmes et observèrent d'abord à 9 kilomètres de distance. Comme ils n'avaient pas trouvé de parallaxes sensibles, ils s'écartèrent à 15 kilomètres et observèrent en même temps, ayant une carte du ciel, une lanterne pour s'éclairer et marquer les observations sur la carte, et leurs montres mises d'accord pour ne pas se tromper dans l'identification des météores. Ils trouvèrent des hauteurs variant depuis 52 jusqu'à 170 kilomètres.

En moyenne, les étoiles filantes s'enflamment à 120 kilomètres de hauteur et s'éteignent à 80 kilomètres. (On sait que les étoiles filantes ne brillent pas par elles-mêmes : ce sont des corpuscules cosmiques qui voyagent dans l'espace et qui, rencontrant la Terre dans leur cours, pénètrent dans notre Atmosphère et s'enflamment par suite du frottement et de la transformation de leur mouvement en chaleur. La plupart de celles qui rencontrent la Terre s'évaporent dans notre Atmosphère et tombent sur la Terre à l'état de poussières ferrugineuses impalpables. Ce sont de grands courants, analogues aux orbites cométaires, qui gravitent autour du Soleil le long d'ellipses très allongées [1].)

---

[1] Voyez notre *Astronomie populaire*.

C'est ainsi que les étoiles filantes témoignent, par le fait même de leur visibilité, que notre Atmosphère s'étend à plus de 120 kilomètres au-dessus du sol. Un observateur distingué, Heiss, a trouvé, lors de la pluie d'étoiles filantes du 10 août 1866, 290 kilomètres pour la hauteur initiale de l'une des plus remarquables et 124 kilomètres pour la disparition. On en a même signalé une, vue de Berlin et de Breslau, qui a donné

Fig. 13. — Mesure de la hauteur de l'Atmosphère par les étoiles filantes.

460 et 310 kilomètres. En 1855, des étoiles filantes observées à la fois de Paris et d'Orléans ont donné 400 kilomètres. — Un météore qui passe au zénith d'un lieu, à 100 kilomètres de hauteur, est à l'horizon pour un observateur éloigné de 1.129 kilomètres.

D'après ce qui précède, nous pouvons conclure que l'Atmosphère n'est pas encore nulle à 300, 350, 400 kilomètres de hauteur, et peut-être même davantage ; mais rien ne prouve qu'elle garde jusqu'en ces régions ultimes la même composition qu'ici-bas.

L'Atmosphère supérieure doit être *éthérée*, extrêmement rare et d'une nature différente de celle de l'Atmosphère *terrestre* dans laquelle nous vivons. C'est la région où l'on voit spécialement les étoiles filantes, qui disparaissent ensuite en pénétrant plus profondément dans l'Atmosphère dense qui les absorbe. Toute étoile filante est éteinte avant d'arriver à 12 kilomètres de hauteur. Sous un ciel couvert, lors même que la couche de nuages se trouve à 4.000 ou 5.000 mètres de hauteur, on n'en voit pas une : seuls les bolides et les uranolithes arrivent lumineux jusque dans les couches inférieures, parfois même jusqu'au sol.

Donc, l'Atmosphère supérieure serait *stable* ; l'inférieure, *instable* et sans cesse agitée. Les mouvements spéciaux, causés par l'action des vents et des tempêtes, seraient limités dans leur hauteur par l'effet des saisons, et ne paraissent pas s'étendre, du reste, au delà de 12 à 15 kilomètres d'élévation en hiver, et du double peut-être en été. Les régions aériennes situées au delà ne doivent éprouver qu'un mouvement très affaibli et à peine sensible, provenant des couches mobiles sur lesquelles elles reposent.

Quant à la base de l'Atmosphère, nous pouvons nous demander maintenant si elle s'arrête à la surface du sol et ne descend pas dans l'intérieur du globe lui-même.

Pesant sur tous les corps situés à la surface de la Terre, elle tend à pénétrer partout, entre les molécules des liquides comme dans les interstices des roches ; l'eau en contient, de même que les végétaux et tous les composés organiques ; la terre, les pierres poreuses en sont imprégnées, et cela d'autant plus que la pression est plus considérable. Ainsi l'on voit que l'air ne doit pas être limité à la portion qui est à l'état d'enveloppe gazeuse, et qu'une fraction notable de ses éléments constituants a pénétré les eaux de l'Océan et les interstices des terrains. Quelques savants ont supposé que l'air qui compose l'Atmosphère n'était qu'un prolongement d'une atmosphère intérieure ; mais l'élévation de température due à la chaleur centrale s'oppose à la condensation des gaz, et doit limiter la présence de l'air dans les couches profondes.

On peut avoir une valeur approchée de la quantité d'air qui est ainsi engagée dans les eaux de l'Océan par la mesure de l'absorption des gaz par les liquides : à la pression ordinaire, l'eau absorbe de deux à trois centièmes de son volume d'air.

Voilà donc cette Atmosphère terrestre complètement déterminée pour nous dans sa hauteur et dans sa forme. Mais quelles sont les *causes* de l'existence de cette enveloppe, respiration de la Terre entière ?

L'origine de l'Atmosphère doit être cherchée dans les périodes primitives, où le globe, encore incandescent et liquide, se couvrait lentement d'une mince pellicule solide, et développait à sa surface des quantités indescriptibles de gaz et de vapeurs se livrant des batailles incessantes. L'eau, combinaison d'oxygène et d'hydrogène, prit naissance au sein de ce gigantesque laboratoire primordial. L'air, mélange d'oxygène et d'azote, ne dut arriver qu'après mille variations à sa composition actuelle.

Qui pourrait dire les combats tumultueux livrés jadis sur ce globe par les éléments primitifs ? Qui pourrait dire à quelles conflagrations épouvantables nous devons aujourd'hui cette eau pure et souriante des ruisseaux, cet air azuré du ciel? Arrivés tard sur

Fig. 14. — L'Atmosphère s'épura.... Les premiers rayons de Soleil versèrent leur lumière céleste à travers les éclaircies des forêts.

ce globe antique, il nous est difficile de remonter à cette origine mystérieuse, à ces transformations étranges du monde antédiluvien.

5

Les pluies chaudes sur les métaux incandescents ont dû décomposer et former bien des corps.

Des précipitations chimiques, des dégagements de gaz et de vapeurs, des réactions énergiques ont commencé l'Atmosphère sous l'aspect de tourbillons immenses, de pluies universelles, d'évaporations sans fin. La Mer et l'Atmosphère n'ont pendant longtemps formé qu'un seul élément. La prédominance du sel marin donne lieu de penser que, parmi les gaz qui entraient dans la composition de ces vapeurs primitives, le chlore n'était pas le moins abondant. Ampère suppose qu'après un refroidissement nouveau, une nouvelle mer s'étant formée, elle ne recouvrit plus toute la surface du noyau solide, que des îles apparurent au-dessus des eaux, et que la surface du globe fut entourée d'une enveloppe formée, comme la nôtre, de fluides élastiques permanents, mais dans des proportions probablement fort différentes. A ces époques reculées, cette enveloppe contenait beaucoup plus d'acide carbonique qu'aujourd'hui. Elle était impropre à la respiration des animaux, mais très favorable à la végétation. Aussi la Terre se couvrit-elle de plantes qui trouvèrent dans l'air riche en carbone une nourriture abondante et féconde ; il en résulta un développement beaucoup plus considérable, que favorisait en outre un haut degré de température. C'est de cette époque que datent les houilles, immenses dépôts de végétaux carbonisés.

L'absorption et la destruction continuelles de l'acide carbonique par les végétaux purifièrent l'Atmosphère. Cependant l'enveloppe gazeuse n'était pas encore propre à entretenir la vie des animaux qui respirent l'air directement. Ce fut, en effet, dans l'eau qu'apparurent les premiers êtres appartenant au règne animal : les rayonnés et les mollusques. La première population des mers fut uniquement composée d'invertébrés ; puis vinrent les poissons, et plus tard les reptiles marins. Après l'époque des poissons, après celle des sauriens féroces et monstrueux, vinrent les mammifères ; l'Atmosphère se constitua peu à peu dans ses éléments chimiques et physiques qui la caractérisent aujourd'hui, et les organismes plus parfaits dominèrent le globe dont la conquête appartient aujourd'hui à l'espèce humaine.... Le vent qui mugissait dans ces forêts antédiluviennes, les foudres qui grondaient, les illuminations des crépuscules, les parfums des plantes sauvages et les panoramas solitaires des grands paysages n'avaient alors aucun œil humain pour les contempler, aucune oreille pour les entendre, aucune pensée pour les connaître... ; mais de siècle en siècle se préparaient les conditions de l'existence humaine sur notre planète habitée, et le jour vint, après les siècles et les siècles de tourmentes primordiales, où l'Atmosphère lourde et chaude des premiers âges s'épura et se rafraîchit, où les premiers rayons de soleil pur versèrent leur lumière céleste à travers les éclaircies des forêts, où la fleur, l'abeille, l'oiseau apparurent, où la Terre fut prête pour la contemplation, pour la raison et pour la pensée. C'était à l'époque tertiaire. L'humanité sortit de la chrysalide animale et inaugura le règne de l'intelligence sur notre planète.

CHAPITRE IV

POIDS DE L'ATMOSPHÈRE TERRESTRE

LE BAROMÈTRE ET LA PRESSION ATMOSPHÉRIQUE

En nous occupant de la hauteur de l'Atmosphère, nous venons déjà de remarquer que l'air est plus dense dans les régions inférieures de l'océan aérien, c'est-à-dire à la surface du sol où nous rampons, que dans les régions supérieures. L'air, quelque léger, transparent, fluide, qu'il nous paraisse, a donc un poids réel. Chaque mètre carré de la surface du globe supporte une pression considérable, que nous allons tout à l'heure évaluer, et qui correspond à la hauteur et à la densité de la colonne d'air d'égale section posée sur lui.

Pour les anciens, l'air intangible, impondérable, invisible, n'existait pas. Ce n'était rien ! Ils ne se doutaient pas qu'en fait on le voit dans le bleu du ciel et qu'on peut le peser aussi bien que tout autre corps. Ils n'ignoraient certainement pas les effets de la pression atmosphérique, qu'ils avaient remarqués dans les vents, les ouragans, les tempêtes ; mais cette force, que chacun éprouvait sans songer à l'apprécier, ne fut déterminée que vers le milieu du XVIIe siècle.

Le grand-duc de Toscane, ayant eu, en 1640, la fantaisie alors princière de voir des jets d'eau sur la terrasse de son palais, voulut y faire monter l'eau d'un bassin voisin à l'aide d'une pompe aspirante; mais les fontainiers de Florence trouvèrent qu'il était absolument impossible d'amener l'eau au-dessus de 32 pieds. Le duc écrivit à l'illustre Galilée, depuis longtemps persécuté et presque octogénaire, sur ce singulier refus de l'eau d'obéir aux pompes. On disait alors que, si l'eau s'élevait dans les corps de pompe, c'était parce que la nature avait « horreur du vide ». C'était un peu l'explication du médecin de Molière déclarant que si l'opium fait dormir, c'est parce qu'il y a en lui une propriété dormitive ! On s'est longtemps contenté de ces explications qui n'expliquent rien. Pourtant, il était difficile de supposer que la nature n'eût horreur du vide que jusqu'à 32 pieds ! Galilée pensa que la pression de l'air devait intervenir dans l'ascension du liquide ; mais cette explication exigeait nécessairement que l'air fût pesant. Pour vérifier le fait, il expulsa l'air d'une bouteille, en faisant bouillir dans son intérieur une petite quantité d'eau; la bouteille, hermétiquement fermée, fut pesée vide, et son poids augmenta lorsqu'en la débouchant il permit à l'air de la remplir.

Torricelli, l'élève et l'ami de Galilée, résolut entièrement le problème en établissant que la colonne d'eau de 32 pieds fait équilibre à la pression de l'Atmosphère prise dans toute sa hauteur.

C'est donc le refus de l'eau à s'élever au-dessus de dix mètres dans les corps de pompe qui révéla à Torricelli le poids de l'Atmosphère.

Le compatriote de Galilée, éloignant comme son maître toute idée de cause occulte, exposa que *le poids de l'air du réservoir force l'eau à monter dans le tube dont on soutire l'air*, et cela jusqu'à ce que le poids de l'eau élevée dans le tube équivaille à celui de l'air pesant sur une section égale du réservoir. Il arriva, par une simple conséquence de ce raisonnement, à créer le baromètre.

Pour exercer des pressions égales, les colonnes liquides doivent avoir des hauteurs qui soient en raison inverse de leur densité; donc, un liquide qui pèserait deux fois plus que l'eau ferait équilibre à l'Atmosphère avec une colonne de 16 pieds, et le mercure, qui pèse à peu près 13 fois et demie (13,6) plus que l'eau, doit faire équilibre avec une colonne égale à 32 pieds divisés par 13,6, ce qui donne 760 millimètres. C'est une conséquence facile à vérifier. On prend un tube de verre d'un mètre de longueur, fermé par un bout ; on le remplit de mercure, et ensuite, après l'avoir bouché avec le doigt (fig. 16), on le retourne verticalement pour en plonger l'extrémité dans une cuvette remplie de même liquide. Aussitôt qu'on enlève le doigt, *le mercure intérieur descend de plusieurs centimètres*, puis il s'arrête (fig. 17) ; l'équilibre est établi ; la colonne liquide qui reste suspendue dans le tube est une véritable balance, car son poids, c'est-à-dire sa hauteur, fait précisément équilibre à la pression atmosphérique. C'est le poids de l'air sur le mercure de la cuvette qui tient en équilibre la colonne.

A ce tube de mercure ainsi posé verticalement sur une cuvette de mercure, Torricelli donna le nom de *baromètre*, c'est-à-dire d'appareil indiquant le poids de l'air (du grec *baros*, poids, et *métron*, mesure).

Le baromètre se compose donc essentiellement d'un tube de mercure plongé dans une cuvette. Nous verrons plus loin quelles sont ses nombreuses applications ; ici, l'important était de définir son principe. Ce baromètre réduit à ses plus simples conditions s'appelle le *baromètre normal* (fig. 19).

L'invention du baromètre par Torricelli date de l'année 1642.

Quatre ans plus tard, en 1646, Pascal renouvela l'expérience en France par un véritable *baromètre à eau*, et même par un *baromètre à vin*. C'était à Rouen : son tube avait environ 15 m. 20 de long, et pour s'éviter la difficulté, insurmontable à cette époque, d'en épuiser l'air directement, il le fit sceller à un bout, le remplit de vin, et ferma l'autre bout par un bouchon. Alors, à l'aide de cordes et de poulies, le tube fut redressé verticalement, et l'extrémité inférieure fut plongée dans un vase d'eau. Au moment où l'on enleva le bouchon qui la tenait fermée, toute la colonne liquide s'abaissa dans le tube jusqu'à ce que son sommet fût à environ 10 m. 56 au-dessus du niveau de l'eau du vase. L'espace qui était au-dessus était privé d'air. Ainsi la colonne liquide faisait à elle seule équilibre à la pression atmosphérique : d'où il conclut qu'une colonne d'eau (ou de vin de même densité) de 10 m. 56 de hauteur pèse autant qu'une colonne d'air de même base. La surface de la Terre est pressée comme

Fig. 15. — Torricelli inventant le baromètre (1642).

si elle était recouverte d'une couche d'eau de 10 m. 56 de hauteur; et nous, qui vivons au milieu de l'océan de l'air, nous subissons la même pression.

Si c'est la pression de l'air qui cause l'élévation du mercure ou de l'eau, en s'élevant à diverses hauteurs dans l'Atmosphère, le poids de la colonne de mercure soulevée, et par conséquent la grandeur de cette colonne, doit diminuer graduellement de quantités correspondantes aux couches d'air laissées au-dessous de soi. L'expérience fut exécutée sur le puy de Dôme d'après les instructions de Pascal, par son beau-frère, Florin Périer, le 19 septembre 1648. A Clermont, au couvent des Minimes, le mercure s'arrêta à 0 m. 722, tandis qu'au sommet de la montagne, à 1.000 mètres environ au-dessus du couvent, il descendit à 0m. 637. Aujourd'hui le fait se constate tous les jours depuis qu'un observatoire a été installé au sommet du puy de Dôme. L'expérience fut répétée par Pascal même, sur la tour Saint-Jacques, à Paris. (La hauteur de cette

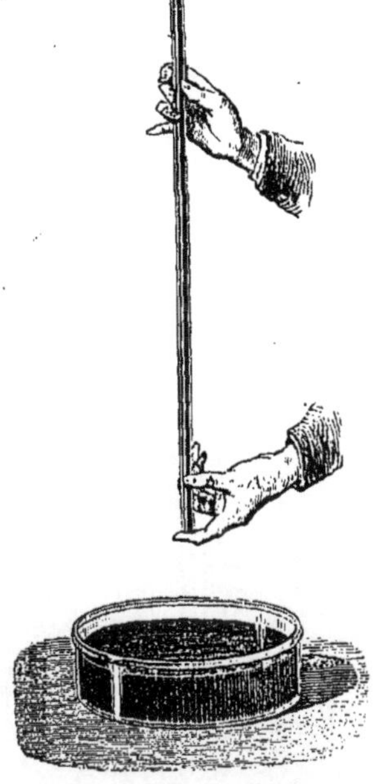

Fig. 16. — Le tube plein de mercure.

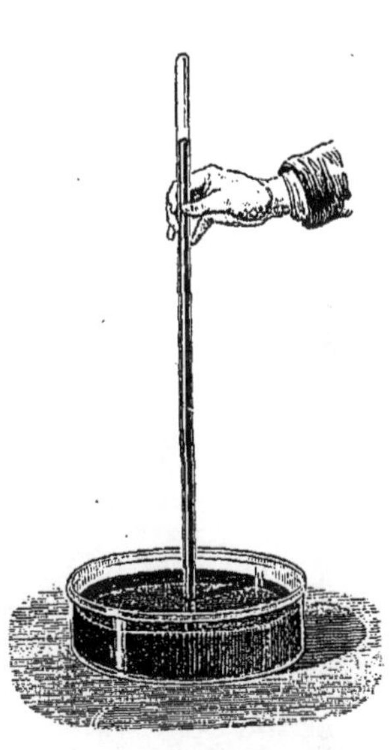

Fig. 17. — Le tube dans la cuvette.

tour étant de 52 mètres, la différence de hauteur du baromètre est d'environ 5 millimètres).

Les résultats furent décisifs, et l'on eut dans le baromètre un moyen facile et sûr de mesurer le poids total de l'Atmosphère et les variations de la pression qu'elle exerce en divers temps et en divers lieux à la surface du globe.

Ainsi, c'est de 1640 à 1648 que fut démontrée la pression atmosphérique, par la construction du baromètre et les expériences auxquelles les chercheurs se livrèrent immédiatement.

Par une coïncidence très fréquente dans l'histoire des sciences, tandis qu'on étudiait en Italie et en France les indications du baromètre, on s'occupait en Hollande de constater précisément le poids de l'air, mais par une tout autre méthode.

En 1650, Otto de Guéricke, bourgmestre de Magdebourg, invente la machine pneumatique, par laquelle on peut soutirer l'air contenu dans un récipient, et faire le *vide* presque absolu.

La même année, l'ingénieux inventeur imagine de peser un globe de verre, d'abord
en lui laissant l'air qu'il contient, puis en lui enlevant cet air par la machine pneuma-

Fig. 18. — Expérience faite à Rouen par Pascal pour constater la pression atmosphérique au moyen d'un grand
baromètre (1646).

tique. Le globe vide d'air est trouvé moins lourd que plein d'air, avec une différence
de 1 gr. 29 pour chaque litre dont se compose la capacité du globe.

Déjà Aristote avait soupçonné que l'air est pesant. Pour s'en assurer, il avait pesé une outre d'abord vide, puis gonflée d'air ; car, disait-il, si l'air est pesant, l'outre doit être plus lourde dans le second cas que dans le premier. L'expérience n'ayant pas confirmé ses prévisions, il en avait conclu que l'air n'a pas de poids. Cependant, plusieurs philosophes de l'antiquité admettaient la matérialité de l'air comme un fait. Ainsi l'école d'Épicure comparait les effets du vent à ceux de l'eau en mouvement, et regardait les éléments de l'air comme des corps invisibles ; Lucrèce en parle longue-

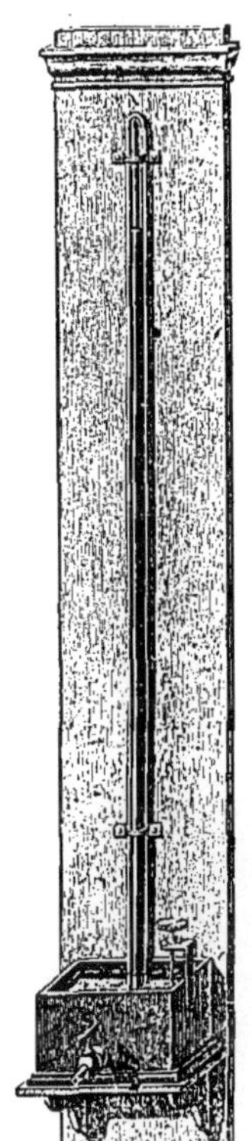

Fig. 19. — Baromètre normal.

ment. Toutefois, pendant le règne de la philosophie péripatéti-cienne, on admit que l'air était sans poids, et un petit nombre seulement de philosophes ne partagèrent pas cette erreur.

Nous venons de voir qu'en répétant d'une manière judicieuse l'expérience d'Aristote, Otto de Guéricke a prouvé le poids réel de l'air. Si Aristote avait trouvé le contraire, cela tient au change-ment de volume de l'outre dans ses deux essais ; car tout corps pesé dans un fluide perd en poids une quantité égale au poids du fluide déplacé. L'outre employée par Aristote eût été plus lourde pesée dans le vide. Supposons qu'on y introduisît par insufflation environ 30 décimètres cubes d'air, son poids augmentait de 4 gram-mes environ, mais en même temps l'outre s'était gonflée ; son vo-lume s'était accru de 30 décimètres cubes, et déplaçait un volume d'air d'un poids égal, de telle sorte que sa perte en poids était éga-lement de 4 grammes, et qu'en définitive son poids restait le même ; mais, dans l'expérience d'Otto de Guéricke, le vase avait toujours la même capacité, qu'il fût vide ou plein d'air ; et sa perte en poids par l'air déplacé étant la même dans les deux cas, on devait trou-ver une différence qui démontrât la pesanteur de l'air.

Otto de Guéricke imagina en même temps les *hémisphères de Magdebourg*, ainsi nommés de la ville où ils furent inventés, et qui consistent en deux hémisphères creux, de cuivre, de 10 à 12 centi-mètres de diamètre (fig. 21). Ils s'emboîtent hermétiquement l'un dans l'autre. L'un des hémisphères porte un robinet qui peut se visser sur la platine de la machine pneumatique, et l'autre, un anneau qui sert de poignée pour le saisir et le tirer. Tant que les deux hémisphères, étant en contact, comprennent entre eux de l'air, on les sépare sans difficulté, car il y a équilibre entre la force expansive de l'air intérieur et la pression extérieure de l'At-mosphère ; mais, une fois que le vide est fait, on ne peut plus les séparer sans un effort considérable. Dans une de ses expériences, le savant bourgmestre fit tirer chaque hémisphère par *quatre forts chevaux* (et non pas huit ou douze, comme le montrent beaucoup de figures populaires) sans parvenir à les séparer ; le diamètre était de 65 centimètres : ce qui donne le chiffre de 3.428 kilogrammes pour la pression atmosphérique exercée dans la direction de la résistance.

La pression de l'Atmosphère sur un centimètre carré de surface est équivalente

Fig. 20. — Expérience barométrique de Pascal, sur la tour Saint-Jacques, à Paris (1648).

au poids d'une colonne de mercure dont le volume est de 76 centimètres cubes, ce qui correspond à 1 kilogr. 033.

Il est facile (et curieux) d'en conclure que, la superficie du corps d'un homme de taille moyenne étant d'un mètre carré et demi, c'est-à-dire de 15.000 centimètres

6

carrés, chacun de nous porte une charge de 15.500 kilogrammes ! Si nous ne sommes pas écrasés sous cette énorme pression, c'est parce qu'elle n'agit pas seulement dans le sens de la verticale ; l'air nous entourant de tous côtés, sa pression se transmet sur notre corps dans tous les sens, et par suite se neutralise. L'air pénètre librement et avec sa pression tout entière dans les cavités les plus profondes de notre organisme ; dès lors nous supportons *du dedans au dehors* la même charge que du dehors au dedans, et par suite ces poids s'équilibrent exactement.

On démontre facilement cette pression atmosphérique par l'expérience bien connue du *crève-vessie*.

Prenons un manchon de verre fermé hermétiquement, à sa partie supérieure, par

Fig. 21. — Expérience des hémisphères de Magdebourg (1650).

une membrane de baudruche, et dont l'autre extrémité s'applique exactement (fig. 23) sur le récipient de la machine pneumatique. Aussitôt qu'on commence à faire le vide dans ce manchon, la membrane se déprime sous la pression atmosphérique qu'elle supporte, et bientôt crève avec une détonation causée par la rentrée subite de l'air.

L'inverse arrive si l'on diminue la pression extérieure. En plaçant un oiseau sous le vide de la machine pneumatique, nous voyons son corps se gonfler, le sang en jaillir avec violence, et peu après le petit être périr, boursouflé, victime d'une sorte d'explosion inverse de la précédente.

Ce fait est encore confirmé, comme nous le verrons plus loin, par les ascensions à de grandes hauteurs. Quand on atteint des régions où l'air est notablement raréfié, les membres se gonflent et le sang tend à s'échapper de l'épiderme par suite du manque d'équilibre entre sa propre tension et celle de l'air extérieur.

On s'amuse parfois à constater la pression atmosphérique par une expérience fort simple : on remplit exactement d'eau un verre, et l'on pose à la partie supérieure une feuille de papier ; en y appliquant la paume de la main, on peut le renverser sans que le liquide tombe : ce qu'il faut attribuer à la pression normale que l'Atmosphère exerce sur la feuille de papier (fig. 24). Le rôle de cette feuille est d'empêcher le mouvement individuel des molécules liquides, qui sans elles obéiraient séparément à l'action de la pesanteur, en même temps que l'air s'introduirait dans le verre. Toutefois, si l'ouverture était suffisamment petite, l'adhérence du liquide contre les parois produirait le même effet et la feuille deviendrait inutile. C'est ainsi, par exemple, que bien que l'on pratique une petite ouverture sous un tonneau plein, le liquide ne s'écoule pas, et il faut, pour que l'écoulement ait lieu, « donner

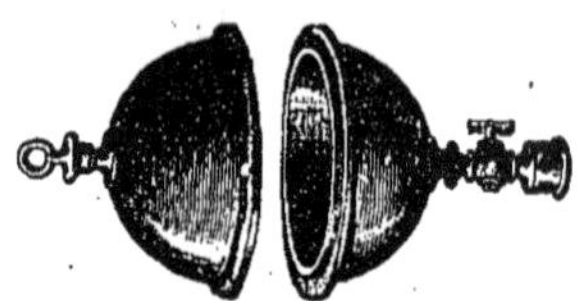

Fig. 22. — Hémisphères de Magdebourg.

de l'air » à la partie supérieure par une seconde ouverture. Le petit tube appelé « pipette », qui garde le vin tant que le doigt reste appliqué au-dessus, fonctionne par le même principe.

Nous venons de dire que, là où l'on fait le vide, la pression de l'air atmosphérique est d'environ 1 kilogr. 033 par centimètre carré. C'est cette pression qui retient aux rochers les mollusques qui ont fait le vide sous leur coquille. La mouche pompant l'air et se collant au plafond nous en fournit un autre exemple. Les ventouses appliquées sur les membres n'agissent que par le même principe, et à chaque pas l'obser-

Fig. 23. — Pression atmosphérique: rupture d'équilibre.

Fig. 24. — Pression atmosphérique sous un verre renversé.

vation peut nous montrer un fait organique fondé sur les effets de la pression atmosphérique.

Tels sont les faits généraux et les expériences qui ont démontré la réalité du poids de l'air et sa valeur numérique, et donné naissance à l'instrument destiné à la mesure permanente de ce poids : au baromètre. Il importe, maintenant, d'appliquer ces notions à l'étendue de l'Atmosphère, que déjà nous avons essayé d'apprécier dans le chapitre précédent.

Au fond de l'océan aérien, la pression soutient en moyenne la colonne barométrique à la hauteur de 760 millimètres, quel que soit d'ailleurs le diamètre du tube.

Des expériences plusieurs fois répétées par les physiciens les plus habiles, et dont on a vérifié la complète exactitude, ont montré que le poids de l'air à zéro degré de température, et sous une pression de 760 millimètres, est au poids d'un volume égal de mercure dans le rapport de l'unité à 10.509, c'est-à-dire que 10.509 millimètres cubes d'air, par exemple, pèsent autant que 1 millimètre cube de mercure. Il suit de là qu'il faut s'élever de 10.509 millimètres, ou de 10 mètres et demi, pour que le mercure s'abaisse de 1 millimètre dans le tube du baromètre. Si la densité des couches d'air était partout la même, on pourrait facilement déduire du résultat précédent, non seulement la hauteur d'un lieu quelconque dans lequel le baromètre aurait été observé, mais encore la hauteur totale de l'Atmosphère. Il est clair, en effet, que si un abaissement de 1 millimètre dans la hauteur du baromètre correspondait à un déplacement vertical de 10 m. 509, un abaissement de 760 millimètres, qui est la hauteur totale du baromètre, devrait correspondre à 10 m. 509 pris 760 fois, ou à 7.986 mètres.

Telle serait la hauteur de l'Atmosphère si la densité restait la même avec la hauteur ; mais, comme ces couches fluides pèsent les unes sur les autres, les plus basses sont les plus comprimées, les plus denses, tandis que les plus élevées, ne supportant aucune pression, peuvent s'étendre au loin. Il résulte de là qu'il faudra parcourir en hauteur, pour faire baisser le mercure du baromètre de 1 millimètre, un espace qui dépassera d'autant plus 10 m. 509 qu'on se trouvera dans une couche d'air plus rare ou plus élevée.

Pour obtenir la hauteur d'une montagne, deux personnes, munies d'instruments comparés, font au même instant, l'une au sommet et l'autre au pied, l'observation de la hauteur du baromètre ; elles ont soin d'observer en même temps les thermomètres qui sont enchâssés dans les montures de ces instruments, et ceux qui sont destinés à donner la température de l'air libre. Deux observations suffisent à la rigueur ; mais, lorsqu'on le peut, il est bon de multiplier les déterminations, parce qu'on augmente alors les chances de compensation des erreurs.

Un observateur isolé et muni de bons instruments peut aussi déterminer la différence de niveau de deux stations peu éloignées, avec une exactitude suffisante, s'il a l'attention d'observer le thermomètre et le baromètre dans la station inférieure au moment du départ et à son retour. La comparaison de ces observations lui donne, en effet, la marche horaire des deux instruments.

Nous avons vu qu'au niveau de la mer et à zéro degré de température, il faut s'élever de 10 mètres et demi pour voir le mercure s'abaisser de 1 millimètre. En s'élevant à 21 mètres, le mercure sera abaissé de 2 millimètres, et ainsi de suite, pour une faible hauteur ; mais la diminution de pression ne tarde pas à devenir rapide, et l'intervalle augmente vite pour une différence de 1 millimètre.

Nous avons essayé de représenter par une courbe et par une teinte cette décroissance si rapide du poids de l'Atmosphère. Dans la figure 25, la ligne horizontale qui forme la base représente l'état du baromètre au niveau de la mer (760 millimètres). Chaque ligne horizontale reproduit la hauteur relative du baromètre suivant l'élévation représentée elle-même par la verticale. On voit par la teinte qu'à 2.600 mètres là pression est déjà diminuée d'un quart, qu'à 5.500 elle l'est de moitié, et qu'à 9.500 elle l'est des trois quarts ! L'extrémité supérieure représente les plus grandes hauteurs atteintes en ballons par les aéronautes allemands Siering et Berson, le 31 juillet 1901 (10,500 mètres), et par les aéronautes italiens Piacenza et Mina, le 9 août 1909 (11.800 mètres).

L'Atmosphère est sans cesse en mouvement, par ses déplacements partiels, horizontaux, verticaux et obliques, à la surface du globe. Il en résulte que le poids de l'air sur un lieu donné, ou la hauteur du baromètre, varie sans cesse. La chaleur solaire donne naissance à des *variations diurnes* et à des *variations mensuelles* régulières, dont l'intensité diffère suivant les latitudes. Le déplacement des grands courants détermine des variations étendues sur d'immenses surfaces.

A propos du poids général de l'Atmosphère, nous ne pouvons clore ce chapitre sans signaler ce poids numérique lui-même.

La pression atmosphérique est de 1.033 grammes par centimètre carré, ou de 103 kilogrammes par décimètre carré, ou de 10.330 kilogrammes par mètre carré.

Une surface de 10 mètres carrés, supportant un poids d'air cent fois plus grand que le précédent, représente 1.033.000 kilogrammes. Une surface de 100 mètres carrés supporte 103.300.000 ; et une surface de 1.000 mètres carrés, 10.330.000.000 : 10 milliards 330 millions de kilogrammes d'air.

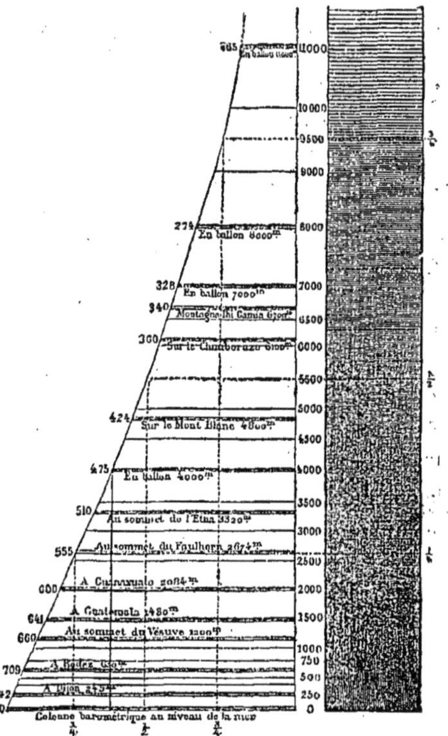

Fig. 25. — Diagramme de la décroissance rapide de la pression atmosphérique selon la hauteur. Colonnes barométriques pour diverses hauteurs.

Or la surface totale du globe est d'environ 510 millions de kilomètres carrés. En multipliant le nombre précédent par 510 millions, on obtient le poids colossal de 5 quintillions 268 quatrillions de kilogrammes. A cause des plateaux qui s'élèvent sensiblement au-dessus du niveau de la mer, nous pouvons admettre, en nombre rond, 5 quintillions (Pascal n'avait trouvé que 4 quintillions). C'est le poids réel de toute l'Atmosphère terrestre.

Le volume de la Terre est de 1.079.540 millions de kilomètres cubes. Si la Terre était un globe d'eau à sa densité maximum de 4 degrés, elle pèserait 1.079.540 quintillions de kilogrammes ; mais, comme les matériaux constitutifs du globe terrestre sont 5,56 fois plus denses que l'eau, nous devons multiplier le nombre précédent par

5,56 pour avoir le poids de la Terre, en kilogrammes. Ce poids est donc, en nombre rond, de *six mille sextillions* (6.000.000.000.000.000.000.000.000) de kilogrammes.

On voit que le poids de l'Atmosphère est à peu près la millionième partie du poids de la planète, ou, plus exactement, la onze cent millième partie.

Si toute cette masse d'air se trouvait agglomérée en une seule boule, elle pèserait autant qu'une boule de cuivre massive de près de 100 kilomètres de diamètre ! C'est le poids de 730.000 kilomètres cubes de fer. Comme 1 litre d'eau pèse précisément 1 kilogramme, le poids de l'Atmosphère est égal à celui de cinq millions de kilomètres cubes d'eau.

Le poids de l'air est donc loin d'être insignifiant, et nous nous expliquerons facilement plus tard les terribles ravages du vent et des ouragans dont nous aurons à nous entretenir.

Nous vivons au fond de cet océan aérien, supportant une pression de 15.500 kilogrammes pour la surface totale de notre corps, qui est d'environ un mètre carré et demi, pression dans laquelle nos organes sont absolument en équilibre, attendu qu'elle est la même pour toutes les molécules intérieures de notre corps. Nos organes, nos poumons, notre cœur, notre cerveau se sont formés sous cette pression et agissent en elle. Si on la diminue, comme par exemple lorsqu'on s'élève à une grande hauteur dans les airs, la pression habituelle intérieure, telle que celle du sang dans les artères et dans les veines, n'est plus contre-balancée, et elle tend à produire des congestions funestes. Il semble que l'organisme humain — qui paraît le plus résistant de tous — ne puisse guère dépasser la hauteur des cimes les plus élevées des montagnes, soit 9.000 mètres d'altitude, — qu'en certaines conditions momentanées et exceptionnelles, comme nous l'avons vu, dans quelques expériences aérostatiques très courtes.

CHAPITRE V

COMPOSITION CHIMIQUE DE L'AIR

Nombreux furent les siècles durant lesquels on ignora la véritable nature de l'air, cet aliment précieux de nos poumons dont nous nous nourrissons sans même nous en apercevoir, aussi bien en dormant qu'à l'état de veille.

Les Anciens le regardaient comme un *élément*, c'est-à-dire comme un corps simple servant à reproduire d'autres substances, mais incapable lui-même d'être divisé. Cette croyance a régné jusqu'à la fin du XVIIIe siècle.

C'est au grand chimiste français, Lavoisier, que la Science est redevable de la découverte de la composition chimique de l'air. En 1770, le jeune savant, alors âgé de vingt-sept ans, parvint à démontrer que l'air est un corps composé, et qu'on peut le séparer en deux gaz dont l'association fait merveille pour notre constitution organique, mais qui, séparés, ont des propriétés diamétralement opposées.

La plus célèbre des expériences par lesquelles l'infortuné chimiste obtint cette découverte est celle qui consiste à calciner du mercure au contact de l'air contenu dans un appareil fermé de toutes parts, mais cependant d'une capacité variable.

Voici comment il procéda :

Ayant introduit du mercure dans un matras dont le col très long communiquait avec une cloche placée sur un bain de même métal, il chauffa le mercure jusqu'au voisinage de l'ébullition et, en l'entretenant en cet état, il vit se former une poudre rouge qui finit par ne plus augmenter. Il laissa refroidir l'appareil et trouva alors que la quantité d'air avait perdu près d'un sixième de son volume. Ce qui restait sous la cloche après cette opération n'était plus propre à la respiration, ni à la combustion, car les animaux qui y furent introduits périrent rapidement, et les lumières s'y éteignirent sur-le-champ, comme si on les avait plongées dans l'eau. Ce gaz reçut plus tard le nom d'azote de deux mots grecs *a* et *zoe* signifiant « qui prive de la vie ».

Ensuite, Lavoisier chauffa jusqu'à l'incandescence, dans une très petite cornue à laquelle était adapté un appareil propre à recevoir les produits liquides et gazeux qui pourraient se séparer, 45 grains de la poudre rouge obtenue dans la première opération. Bientôt, la matière perdit de son volume ; l'immortel chimiste recueillit 41 grains et demi de mercure coulant, et observa, en même temps, un dégagement d'environ 20 centimètres cubes d'un fluide élastique, « beaucoup plus propre, dit Lavoisier, que l'air atmosphérique à entretenir les fonctions de la vie ».

Ce gaz a des propriétés bien remarquables : si l'on y plonge une bougie allumée, elle y répand un éclat éblouissant ; le charbon, au lieu de s'y consumer paisiblement comme dans l'air ordinaire, y brûle avec flamme et une sorte de décrépitation à la manière du phosphore. La vivacité de sa lumière devient telle que les yeux ont de la peine à la supporter.

Cet air, d'abord nommé air vital, a enfin reçu le nom d'*oxygène*, dérivé de deux mots grecs : *oxus*, acide et *genos*, naissance.

L'air atmosphérique se compose donc essentiellement de deux fluides élastiques de nature absolument différente. Une preuve de cette importante vérité, c'est qu'en recombinant les fluides obtenus séparément par cette expérience, on reforme de l'air en tout semblable à celui de l'Atmosphère et qui est propre à peu près au même degré à la combustion, à la calcination des métaux et à la respiration des animaux.

La composition gazeuse fondamentale de l'air était donc établie à la fin du XVIIIe siècle. Pendant cent ans on s'en tint là. Mais dans les dernières années du XIXe siècle, de 1895 à 1900, des procédés d'investigation absolument nouveaux ont permis de déceler dans l'air la présence de cinq autres gaz dont l'existence s'était confondue, jusqu'à cette époque, avec celle de l'azote. Ce sont : l'*argon*, l'*hélium*, le *néon*, le *krypton* et le *xénon*, surnommés « gaz rares », parce qu'ils se trouvent en quantités très faibles dans l'Atmosphère. Alors qu'il y a dans l'air environ 21 parties d'oxygène et plus de 78 parties d'azote, l'argon intervient pour moins d'un centième, le néon pour un soixante-millième, et l'hélium dans la proportion d'un deux cent millième.

Tandis que Lavoisier découvrit les principes essentiels de la nature de l'Atmosphère en décomposant l'air par la chaleur, c'est au contraire par l'emploi du froid, par la liquéfaction des gaz à de très basses températures, que cette analyse a été complétée. Voici comment :

Si l'on comprime un gaz sous une pression formidable, et qu'on le fasse se détendre brusquement et revenir à la pression atmosphérique normale, on produit un abaissement de température considérable, qui suffit à liquéfier un grand nombre de gaz, tels que l'acide carbonique, l'acétylène, le chlore, l'acide sulfureux, etc. D'autres, et c'est le cas des constituants de l'air, résistent désespérément aux pressions les plus fortes ! Quelque énorme que soit la pression sous laquelle on les écrase, elle est rigoureusement impuissante à les amener à l'état liquide. Pourquoi?

Parce que chaque gaz est caractérisé par une certaine température qui lui est propre, et que l'on appelle sa *température critique*. Quand le gaz est assez froid, dans son état normal, pour être au-dessous de sa température critique, la seule action de la pression peut le liquéfier ; s'il est au-dessus de sa température critique, la pression, si colossale soit-elle, est insuffisante pour produire la liquéfaction ; il faut la combiner avec un refroidissement énergique.

La science du froid ayant acquis un grand développement en ces dernières années, grâce aux machines réfrigérantes perfectionnées qui permettent de traiter des masses d'air considérables, la liquéfaction des gaz atmosphériques est devenue une opération courante et industrielle.

Pour que l'air devienne liquide et coule comme de l'eau, il faut le refroidir à 190 degrés au-dessous de zéro. Par une distillation fractionnée, on peut recueillir séparément

Fig. 26. — Lavoisier analysant l'air atmosphérique.

chacun de ces gaz liquéfiés et utiliser leurs propriétés particulières : l'oxygène sert à activer les combustions ; l'azote est utilisé dans la fabrication des engrais chimiques ; le néon, introduit en des tubes spéciaux dans lesquels on a fait le vide, devient luminescent lorsqu'il est traversé par l'étincelle électrique : il produit une belle lumière orangée et constitue un mode d'éclairage à la fois économique et agréable.

Ainsi, en même temps que dans sa condition normale l'air est par excellence l'élément vital de la Terre, le fluide alimentaire de nos poumons, il devient, par la liquéfaction, une mine industrielle d'une grande richesse.

Nous devons ajouter qu'en plus de ses principes intrinsèques constants, l'Atmosphère contient d'autres substances dont les quantités varient à chaque instant suivant les circonstances. Il y a, notamment, de l'acide carbonique, qui possède une valeur prépondérante au point de vue de la nutrition des espèces végétales et des phénomènes de la vie marine; de la vapeur d'eau, qui joue un rôle capital dans les variations de la température à la surface du globe, ainsi que dans la vie des animaux et des plantes ; de l'ozone (c'est-à-dire de l'oxygène électrisé), qui contribue activement à l'épuration de l'air. On y trouve aussi de l'iode et, suivant les lieux, des traces plus ou moins marquées d'ammoniaque, d'acide sulfureux, d'acide sulfhydrique, d'hydrogène phosphoré, d'hydrogène carboné, provenant soit de la décomposition incessante des matières d'origine organique, soit de la décomposition des produits de l'industrie ; puis des émanations radio-actives, exhalées des roches terrestres, des sources minérales, etc. ; et enfin tout un monde hétéroclite d'innombrables poussières de tous genres : les unes d'origine volcanique, d'autres venues des sables des déserts, d'autres produites par la désagrégation des étoiles filantes et des bolides, et celles-ci sont beaucoup plus fréquentes et plus nombreuses qu'on ne l'imaginerait. Nordenskiold a trouvé, en 1872 et 1879, dans ses expéditions polaires, de la neige contenant des cristaux de carbonate de chaux de 1 millimètre environ et des granules de fer, de cobalt et de nickel, qu'il attribue à des apports cosmiques.

Tout en absorbant pour nos poumons la quantité d'air qui leur est due, nous respirons souvent sans le savoir des armées d'animalcules microscopiques en suspension dans le fluide atmosphérique, et même des animaux antédiluviens, des momies et des squelettes des temps disparus !

Paris est presque entièrement bâti de carapaces et de squelettes calcaires microscopiques. Les coquilles des foraminifères, entre autres, à l'état fossile, forment à elles seules des chaînes entières de collines élevées et des bancs immenses de pierre à bâtir. Le calcaire des environs de Paris est, dans certains endroits, tellement rempli de ces dépouilles qu'un centimètre cube de pierre en renferme au moins 20.000 : ce qui donne par mètre cube le chiffre énorme de 20.000.000,000.

Quand nous passons près d'une maison en démolition ou d'un édifice que l'on construit, et que nous sommes enveloppés par un nuage de poussière qui pénètre dans notre gosier, nous avalons souvent, sans nous en douter, des centaines de ces infiniment petits.

Chaque jour, chaque heure, nous aspirons et faisons pénétrer dans notre poitrine des légions animales et végétales. Ici, ce sont des microzoaires vivants, dont plusieurs espèces sont les poissons de notre sang; là, ce sont des vibrions, qui viennent s'attacher à nos dents comme des bancs d'huîtres aux rochers ; plus loin, c'est de la poussière d'animalcules microscopiques si petits qu'il en faut 1.111.500.000 pour un gramme ; ailleurs, ce sont des grains de pollen qui vont germer sur nos poumons et répandre la vie parasite, incomparablement plus développée que la vie normale visible à nos yeux.

Les vents et les ouragans en agitant violemment l'Atmosphère, les courants ascendants dus aux inégalités de température, les volcans en émettant d'une manière incessante des gaz, des vapeurs et des cendres tellement divisées que souvent elles vont s'abattre à de prodigieuses distances, portent et maintiennent dans les plus hautes régions des corpuscules enlevés à la surface du sol ou arrachés à ses entrailles. Dans les phénomènes liés à l'organisme des plantes et des animaux, ces substances si ténues,

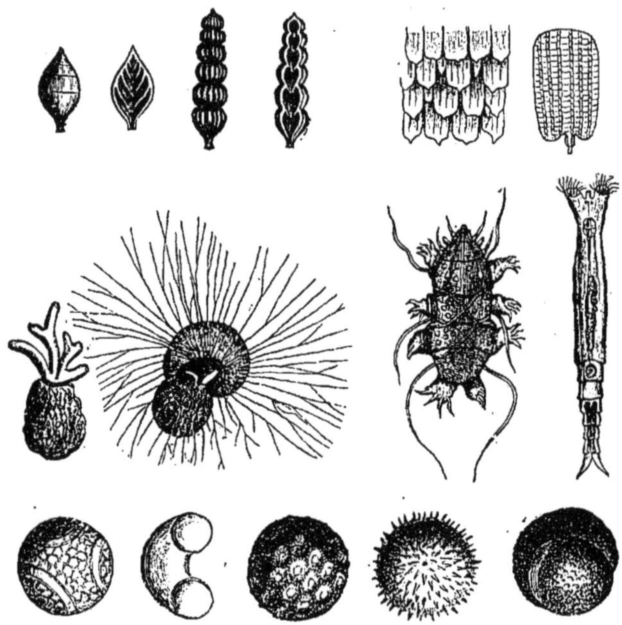

Fig. 27. — Ce que nous respirons : corpuscules en suspension dans l'air.

d'origines si diverses, dont l'air est le véhicule, exercent vraisemblablement une action bien plus prononcée qu'on n'est communément porté à le supposer. Leur permanence est d'ailleurs mise hors de doute par le seul témoignage des sens, lorsqu'un rayon de soleil pénètre dans un lieu peu éclairé ; l'imagination se figure aisément tout ce que renferment ces poussières que nous respirons sans cesse. Elles établissent en quelque sorte le contact entre les individus les plus éloignés les uns des autres, et, bien que leur proportion, leur nature, et par conséquent leurs effets, soient des plus variés, ce n'est pas s'avancer trop que de leur attribuer une partie de l'insalubrité qui se manifeste habituellement dans les grandes agglomérations d'hommes.

On aura une idée de ce que nous pouvons absorber en respirant, en jetant un coup d'œil sur la collection d'objets des figures 27 et 28. Dans la figure 27, les quatre premiers sont des foraminifères ; les deux suivants, des écailles d'ailes de papillons. Au second rang, nous voyons deux milioles, coquilles de la pierre à bâtir, et deux animalcules qui sèchent et ressuscitent sur les toits : le tardigrade et le rotifère. Le dernier rang nous représente de petits grains de pollen, comme il y en a des milliers en suspension dans l'air au printemps. Dans la figure 28, les quatre dessins représentent, d'après le docteur Miquel, les microbes, bacilles et bactéries recueillis dans l'air atmosphérique. Il est superflu d'ajouter que tous ces êtres et germes sont extrêmement grossis. Nous respirons tout cela ! Mais nous en buvons et mangeons bien d'autres.

Il y a, en moyenne, d'après les analyses du docteur Miquel, 130.000 bactériens dans *un gramme* de poussière des rues de Paris, et dix fois plus dans la poussière des appartements ! On rencontre souvent par mètre cube d'air en apparence très pur, dix, douze et *quinze mille* bactéries. Une récente statistique a permis de compter 480 germes dans l'atmosphère du parc Montsouris, 3.480 dans l'air de la rue de Rivoli (Paris), 4.500 dans un appartement neuf, 40.000 dans le nouvel Hôtel-Dieu, 80.000 dans l'hôpital de la Pitié, 220.000 dans une chambrée au moment du lever des soldats. Voilà ce que l'on peut trouver dans *un seul mètre cube* de l'air que nous respirons ! D'après cela, nous pouvons nous imaginer la quantité fantastique de bactéries, de poussières vivantes et végétales qui flottent dans l'atmosphère des grandes villes et dans l'air confiné des ateliers ! On a dit avec raison : *aer plus occidit quam gladius*, « l'air tue plus que le glaive ».

Les eaux météoriques entraînent ces poussières et ces germes en même temps qu'elles en dissolvent les matières solubles, parmi lesquelles se trouvent des sels fixes ammoniacaux, comme elles dissolvent la vapeur de carbonate d'ammoniaque et le gaz acide carbonique répandus dans l'air. Une pluie, lorsqu'elle commence, doit donc renfermer plus de principes solubles que lorsqu'elle finit ; c'est ce qu'a prouvé un patient observateur, M. Aitken. Au moyen d'une expérience fort simple mais très ingénieuse, il a trouvé que l'air extérieur contient en moyenne 32.000 poussières par centimètre cube après une pluie de quelque durée, et 130.000 par le beau temps. Au milieu d'une chambre, dans ce même volume d'air, il y en a 1.860.000 et 5.420.000 près du plafond. La pluie renferme toujours beaucoup de microbes ; en moyenne 4.000 par litre. La pluie qui tombe par an sur Paris dépose plus de quatre millions cinq cent mille germes par mètre carré de surface ! Miasmes, germes, microbes propagateurs des épidémies, sont entraînés par les courants aériens : donc il vaut mieux ne pas habiter sous les vents dominants ; toutefois les statistiques prouvent que les maladies épidémiques, le choléra, la fièvre typhoïde, se transmettent surtout *par l'eau* contaminée, que l'on boit sans se douter qu'elle apporte la mort.

L'air rapporté de 7.000 mètres de hauteur par Gay-Lussac, lors de son voyage aérostatique, avait la même composition que celui qui se trouvait à la surface de la Terre. Les expériences récentes faites dans les divers pays du monde et à toutes les hauteurs conduisent aux mêmes conclusions. Cette similitude dans les résultats provient de ce que les courants d'air et les variations continuelles de densité mélangent sans cesse les couches atmosphériques.

Nous pouvons nous demander maintenant, en terminant cette étude de la composition chimique de l'air, si cette constitution varie actuellement sur le globe terrestre.

En vertu d'une de ces grandes harmonies naturelles qui lient le règne animal et le règne végétal, tandis que les animaux fonctionnent comme des appareils de combustion, fixent l'oxygène de l'air et le rejettent à l'état d'acide carbonique dans l'Atmosphère, les végétaux jouent un rôle inverse; ils fonctionnent, en effet, comme des appareils de réduction : sous l'influence des rayons solaires, les parties vertes des plantes réagissent sur l'acide carbonique, le décomposent, fixent le carbone et restituent l'oxygène à l'air. L'Atmosphère, que les animaux tendent à vicier, est purifiée par

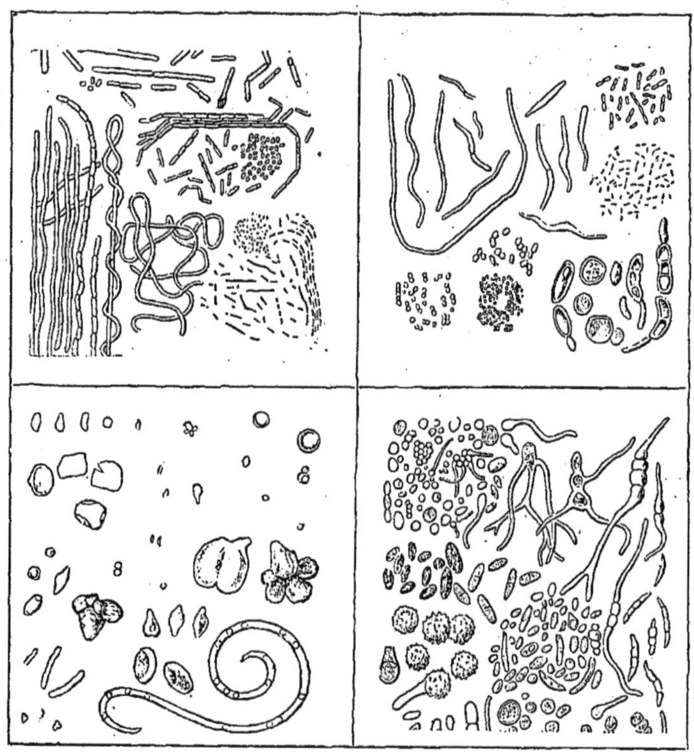

Fig. 28. — Ce que nous respirons : microbes, bacilles et bactéries.

l'action des végétaux. L'équilibre chimique de composition de l'air tend donc à se conserver en vertu de ces actions inverses exercées sur ses éléments constitutifs.

Certains phénomènes dus à la décomposition des roches par oxydation sembleraient d'abord de nature à modifier à la longue la composition de l'air ; mais une série d'actions inverses de réduction tend à restituer, sous la forme d'acide carbonique, l'oxygène disparu. Comme le fait observer Ebelmen dans son mémoire sur les altérations des roches, le jeu des réactions de la matière minérale à la surface du globe semble aussi de nature à établir une compensation pour maintenir la constance de composition chimique de l'Atmosphère.

Dans leur beau mémoire sur la véritable constitution de l'air atmosphérique, en 1841, Dumas et Boussingault ont établi que toute la respiration des hommes et des animaux n'absorbe pas, en un siècle, la millième partie de l'oxygène de l'Atmosphère.

Telle est l'Atmosphère terrestre, à la fois usine et substance de la vie à la surface de notre planète. Une combinaison chimique quelconque effectuée dans son sein pourrait la mettre en conflagration et anéantir la vie, comme on peut facilement l'imaginer en supposant, par exemple, la rencontre d'un autre corps céleste. Les astronomes ont assisté plusieurs fois à des conflagrations de mondes arrivées dans les cieux : en 1848 dans la constellation d'Ophiuchus, en 1866 dans la constellation de la Couronne boréale, en 1876 dans le Cygne, en 1885 dans Andromède, en 1892 dans le Cocher, en 1898 dans le Sagittaire, en 1901 dans Persée, en 1903 dans les Gémeaux, en 1911 dans la constellation du Lézard, pour ne citer que les cataclysmes célestes les plus remarquables observés depuis un siècle. C'est le spectacle que nous pourrions aussi donner d'un jour à l'autre aux habitants des autres planètes. Mais cet événement n'aurait pas l'importance que nous serions tentés de lui attribuer, et la destruction de la vie terrestre tout entière passerait inaperçue dans l'ensemble des mondes. Une simple modification dans la composition de notre Atmosphère pourrait causer ici la mort universelle, et peut-être préparer des conditions nouvelles à des générations inconnues. Il est probable, en effet, que, quoique l'oxygène soit sur la Terre le principe de la vie, les milliards de mondes de l'infini ne sont pas identiquement organisés de la même façon, et qu'il y a des modes d'existence divers fonctionnant en des atmosphères tout à fait différentes de la nôtre. Peut-être dans cent siècles les hommes de la Terre seront-ils tout différents de ce que nous sommes aujourd'hui, et vivront-ils eux-mêmes dans les régions aériennes, conquises et hospitalières.

CHAPITRE VI

LE SON ET LA VOIX

PARMI les œuvres de l'Atmosphère dans la vie terrestre, au milieu des heureux résultats dus à sa présence autour du globe, l'un des effets les plus importants et les plus féconds, c'est sans contredit d'être le véhicule des pensées humaines, c'est d'envelopper le monde d'une sphère d'harmonie et d'activité qui n'existerait point sans elle.

Si, ayant vécu quelques années seulement dans la Lune, nous montions un jour de l'astre-Lune à l'astre-Terre, et que nous arrivions ici au milieu de nos paysages animés ou de nos cités populeuses, nous sentirions brusquement alors quelle est l'immensité du travail opéré par le son dans la nature.

Le rivage des mers entend sans cesse l'éternelle plainte des flots et des vagues, et la voix de l'Océan trône sur les vastes falaises de granit, élevant vers les cieux son tourment sans trêve. A cette clameur solennelle des plaines liquides répondent les mille bruits de la Terre. Au sein du bois silencieux, l'oreille attentive sent s'évanouir l'apparent silence et saisit le murmure confus des mille voix de la nature : les oiseaux qui s'appellent, le ruisseau qui gazouille, le vent qui courbe les branches, la sève ardente qui s'élève et fait éclater l'épiderme des arbres, la feuille qui tombe ou l'insecte qui bruit. L'Atmosphère est pleine de voix diverses ; au soupir rêveur de la cascade qui tombe, succède le roulement de l'avalanche ; au chant du nid succède l'éclat fulgurant du tonnerre ; après la paix sereine et pure des paysages solitaires, nous retrouvons le tumulte des grandes villes, les cris, tristes ou gais, de l'humanité, puis le charme de la conversation, les douces causeries du soir, ou les bercements voluptueux de la musique aux ailes frémissantes.

L'homme dont les premières impressions n'ont pas été émoussées par la société d'un monde banal ne voit jamais sans charme les vives teintes de l'aurore et du crépuscule, les nuances gracieuses de l'arc-en-ciel, les magnificences d'une aurore boréale. Combien, si nous l'observions pour la première fois, la reproduction fidèle de notre propre image, avec les expressions les plus fines et les plus délicates de la physionomie, n'exciterait-elle pas notre surprise et notre enthousiasme ! Un phénomène plus admirable peut-être est celui de la parole. Quelle merveille de la voir se communiquer avec tant de fidélité à l'oreille de plusieurs milliers d'auditeurs, dont elle tient les cœurs et les esprits suspendus ! Comment quelques vibrations de l'air peuvent-elles donner un corps à la pensée, traduire et faire partager jusqu'aux nuances les plus subtiles des passions et des sentiments?

Qu'est-ce que le *son* ?

C'est un mouvement produit dans l'air et qui s'y transmet par des ondulations successives. Pour être perçu par l'oreille, il faut que ce mouvement vibratoire ne soit ni trop lent ni trop rapide. Lorsque l'air agité par le son vibre en raison de 60 ondulations par seconde, il donne le son le plus *sourd* que nous puissions entendre. Lorsque ces vibrations atteignent le chiffre de 40.000, c'est le son le plus aigu que notre nerf auditif puisse percevoir.

Pour apprécier la nature du mouvement sonore, supposons qu'entre les mâchoires d'un étau on fixe l'une des extrémités d'une lame élastique, qu'on écarte l'extrémité supérieure de sa position verticale, et qu'on l'abandonne à elle-même. En vertu de son élasticité, la lame reviendra à sa position primitive, mais par suite de sa vitesse acquise, la dépassera et exécutera autour de la verticale une série d'oscillations, dont l'amplitude ira graduellement en décroissant et finira par s'éteindre au bout d'un temps plus ou moins long.

Tant que la lame élastique est suffisamment longue, les vibrations s'exécutent avec assez de lenteur, et l'œil peut les suivre directement; mais, à mesure qu'on raccourcit la lame, le mouvement vibratoire devient de plus en plus rapide, et il arrive un instant où il cesse d'être perceptible à la vue. Mais, alors que cesse pour ainsi dire le rôle de l'organe de la vision, celui de l'organe de l'ouïe commence, et l'oreille entend un son parfaitement net, dont la nature dépend d'ailleurs des conditions physiques du corps vibrant.

Un autre exemple de la production du son nous est fourni par la vibration d'une corde arrêtée à ses extrémités et pincée en son milieu. Son état vibratoire est rendu sensible par la forme de fuseau allongé qu'elle présente. C'est qu'à raison de la persistance des impressions sur la rétine et la vitesse du mouvement vibratoire, l'œil voit la corde dans toutes ses positions à la fois, la durée d'une vibration étant inférieure à celle d'une impression lumineuse, qui est d'un dixième de seconde.

Le son n'est donc qu'une impression sur l'organe de l'ouïe, occasionnée par l'état vibratoire d'un corps. Mais l'existence d'un corps vibrant d'une part, et de l'oreille de l'autre, ne suffit point pour déterminer l'impression : il faut qu'un rapport s'établisse entre le corps et l'organe ; cette communication est produite par l'intermédiaire d'un milieu pondérable, liquide ou gazeux, constitué par une matière plus ou moins élastique. Si l'on suppose un corps vibrant dans un espace absolument vide ou au sein d'un milieu complètement dépourvu d'élasticité, l'oreille placée à une certaine distance ne perçoit, n'entend aucun son ; le son, dans le sens propre du mot, n'existe pas.

On peut donc, en résumé, donner la définition suivante du son :

Le son est une impression produite par les vibrations d'un corps, transmises jusqu'à l'organe de l'ouïe à l'aide d'un milieu pondérable et élastique quelconque.

Avec quelle vitesse le son se propage-t-il ?

Les premières mesures exactes ont été effectuées en 1738, par une commission de l'Académie des sciences, dans laquelle se trouvaient Lacaille et Cassini de Thury.

Des pièces de canon avaient été installées à Montlhéry et à Montmartre, et on était convenu qu'à partir d'une certaine heure des coups seraient tirés à des intervalles de temps égaux ; les observateurs mesuraient le temps écoulé entre l'apparition de la lumière et l'arrivée du bruit. Cette durée fut trouvée en moyenne d'une minute vingt-quatre secondes pour une distance de 29.000 mètres environ : ce qui donne une vitesse d'à peu près 337 mètres par seconde.

Ces expériences furent répétées en 1822 par le Bureau des Longitudes ; les observateurs étaient Arago, Gay-Lussac, de Humboldt, Prony, Bouvard et Mathieu. On choisit pour stations Montlhéry et Villejuif, distants de 18.613 mètres, et on trouva, à la température de 16 degrés, pour la vitesse de transmission, 340 mètres par seconde. A zéro degré, elle est de 332 mètres, à 10 degrés de 336, à 20 degrés de 342, à 30 degrés de 348.

Un grand nombre d'expériences du même genre ont été exécutées dans différents pays. Elles n'ont fait que confirmer les premières. Regnault s'est occupé du même sujet en utilisant toutes les ressources de la physique moderne, et particulièrement les signaux télégraphiques pour l'enregistrement de l'instant des coups de feu et de l'arrivée du son.

Le son se propage dans l'air par ondulations successives, que l'on peut comparer grossièrement aux ondes circulaires qui se produisent à la surface de l'eau autour d'un point troublé par la chute d'une pierre. Mais ce sont en réalité des phénomènes très différents. Dans les ondes liquides, les molécules sont alternativement soulevées et abaissées par rapport au niveau général, mais elles n'éprouvent aucun changement de densité ; ce changement est, au contraire, caractéristique dans les ondes sonores. Il y a toutefois dans ces deux phénomènes une circonstance commune importante à signaler. L'onde ne produit aucun mouvement véritable de transport ; ainsi, quand des ondes liquides se suivent, si l'on observe un petit corps flottant, on le voit alternativement soulevé et abaissé, mais il conserve la même place à la surface de l'eau. De même, dans les ondes sonores, les molécules d'air exécutent des mouvements alternatifs dans le sens de la propagation du son ; mais le centre de ces mouvements reste invariable.

L'éducation scientifique doit nous apprendre à voir dans la nature l'invisible aussi bien que le visible, et peindre aux yeux de notre esprit ce qui échappe aux yeux du corps. Nous pouvons, avec quelque attention, nous former une idée vraie d'une onde sonore : voir mentalement les molécules d'air pressées d'abord les unes contre les autres, puis ramenées immédiatement après cette condensation, par un effet contraire de dilatation ou de raréfaction ; nous nous représentons ainsi une onde sonore comme composée de deux parties : dans l'une l'air est condensé, tandis que dans l'autre, au contraire, il est raréfié. Une condensation et une dilatation, voilà donc ce qui constitue essentiellement une onde de son.

Mais, si l'air est nécessaire à la propagation du son, qu'arrivera-t-il lorsqu'un corps sonore, par exemple un timbre d'horloge, sera placé dans un espace vide d'air? Il arrivera qu'aucun son ne pourra sortir de l'espace vide. Le marteau frappera le timbre, mais silencieusement.

Le physicien Hawksbee démontra ce fait en 1705, par une expérience mémorable, devant la Société royale de Londres. Il plaça une cloche sous le récipient d'une machine pneumatique, de telle sorte que le choc du battant pouvait continuer à se produire après que l'air avait été épuisé. Tant que le récipient était plein d'air, on entendait le son de la cloche, mais on ne l'entendit plus, ou du moins il devint extrêmement faible aussitôt qu'on eut fait le vide.

A de grandes hauteurs dans l'Atmosphère, l'intensité du son est notablement diminuée. Suivant les estimations de Saussure, la détonation d'un coup de pistolet au sommet du mont Blanc équivaut à celle d'un simple pétard ordinaire au niveau de la plaine.

Puisqu'il est démontré qu'il n'y a pas de son dans le vide, des catastrophes épouvantables surviendraient à travers les espaces planétaires sans que le plus léger bruit pût arriver jusqu'à la surface de la Terre.

On a représenté le mouvement vibratoire de l'air comme une onde circulaire qui se propage dans tous les sens avec une égale vitesse, et va s'affaiblissant en raison de la distance. Où s'arrête, où s'éteint le son ? Il semble que ce soit dans le point de l'espace où il cesse d'être perçu par le sens le plus délicat; mais cette limite varie chez les individus suivant l'organisation et les habitudes. Il n'est pas douteux que l'onde aérienne continue à se propager au loin, alors même que l'organe le plus exercé n'en a pas la sensation. Dans les lieux couverts d'une nombreuse population, le bruit incessant entretenu dans l'air par tant de milliers de personnes établit des différences caractéristiques entre le jour et la nuit ; ces bruits se croisent, se confondent, se propagent, quoique d'une manière confuse, et dominent tout bruit particulier. Le silence est le compagnon des ténèbres et du désert. Pendant la nuit, rien ne diminue l'intensité du son, et l'oreille perçoit dans toute leur force le grondement de la tempête, le sifflement du vent, le mugissement des vagues, le cri perçant de l'oiseau sauvage et des bêtes fauves ; c'est alors aussi que naissent dans l'âme timorée les craintes pusillanimes et les terreurs superstitieuses. Traversant par une nuit profonde les plaines de la Charente en ballon, le cours d'une rivière me paraissait aussi intense que le bruit de lourdes chutes d'eau, et le coassement des grenouilles élevait sa note plaintive à près de 1 kilomètre de hauteur. Au delà de 3 kilomètres, tout bruit cesse. Je n'ai jamais éprouvé de silence plus absolu et plus solennel que dans les grandes hauteurs de l'Atmosphère, dans ces solitudes glacées où nul son terrestre n'arrive.

Le son se réfléchit comme la lumière, comme une balle élastique lancée contre un mur : l'angle de réflexion est toujours égal à l'angle d'incidence. C'est ce qui donne naissance aux échos. Pour que l'écho se produise avec netteté, il faut une distance de 17 mètres au moins entre l'observateur et la surface réfléchissante. A un trop grand rapprochement, l'écho est remplacé par une résonance confuse, qui dans certains édifices ne permet pas d'entendre la voix des orateurs.

Aigus ou graves, les sons ont une vitesse égale : ils parcourent 340 mètres par seconde, dans l'air à 16 ou 17 degrés. A la moitié de cette distance, l'écho répond à quatre syllabes répétées rapidement ; à un éloignement plus considérable, il peut réfléchir nettement un plus grand nombre de syllabes et des phrases entières. L'écho du parc de Woodstock, en Angleterre, répète dix-sept syllabes le jour et vingt la nuit. Suivant Pline, on avait construit à Olympie un portique qui rendait les sons vingt fois. J'ai visité, en 1872, l'écho du château de Simonetta, près de Milan, dont parlaient avec admiration les auteurs du xviiie siècle, notamment le P. Kircher, et dont nous reproduisons le dessin (fig. 29). On peut croire que cette cour a été construite exprès dans ce but. En se plaçant à une fenêtre du premier étage et en tirant un coup de pistolet, il est répété quarante fois. En donnant séparément les quatre notes de l'accord parfait,

Fig. 29. — L'écho de la villa Simonetta, près de Milan.

on entend le plus délicieux accord qui se puisse imaginer [1]. Les sons perceptibles se trouvent renfermés entre les limites d'environ 60 et 40.000 vibrations simples par seconde, limites qui, pour des oreilles exceptionnellement sensibles, se reculent peut-être des deux côtés. Les ondulations de l'éther qui produisent la chaleur et la lumière sont infiniment plus rapides. La chaleur obscure commence à 65 trillions de vibrations, les couleurs visibles sont comprises entre 400 et 900 trillions, les rayons chimiques

---

[1] On rapporte qu'un Anglais, ayant rencontré en Italie un écho presque aussi remarquable, acheta la maison, la fit démolir en numérotant les pierres et rebâtir en Angleterre telle qu'elle était. Puis il inaugura avec pompe sa nouvelle villa et au dessert conduisit ses invités pour les surprendre. Il tira un coup de revolver, mais l'écho ne répondit pas. Il en tira un second, sans meilleur résultat.... Il s'en tira un troisième dans la tête et tomba mort.

A Derenbourg, près de Halberstadt, existe, dit-on, un écho qui répète distinctement les vingt-sept syllabes de la baroque phrase suivante : *Conturbabantur Constantinopolitani innumerabilibus sollicitudinibus*. Il faut avouer que c'est là un écho bien complaisant.

En Bohême, près d'Aderbach, dans un cirque naturel de rochers sauvages, un écho répète trois fois une phrase de sept syllabes sans la moindre confusion.

A Paris, on peut citer, comme échos curieux, les caveaux du Panthéon, la salle des tableaux à l'Observatoire, une salle du musée des Antiques au Louvre, etc.

La théorie ne diffère point pour les échos multiples : ils résultent de surfaces réfléchissantes opposées où l'onde aérienne est renvoyée plusieurs fois de l'une à l'autre, comme un rayon de lumière entre deux glaces parallèles.

atteignent déjà au quatrillion. Que deviennent les vibrations dont le champ s'étend depuis 40.000 jusqu'à 480 trillions, qui sont trop rapides pour être sonores et trop lentes pour se faire sentir comme lumière ?

L'organisme humain est comparable à une harpe à deux cordes, qui sont le nerf auditif et le nerf optique. Le premier perçoit les mouvements vibratoires de la nature qui sont compris entre 60 et 40.000. Le second perçoit ceux qui sont compris entre 400 trillions et 900 trillions. Tous les autres mouvements ne rencontrent pas en nous de nerf susceptible de les sentir. D'où il résulte que nous ne connaissons, de la nature qui nous entoure, que deux ordres de faits très limités, et qu'il peut exister, sur la Terre même, à côté de nous, une quantité de choses qui, ne pouvant être vues ni entendues, agissent ici sans que nous puissions le savoir. La découverte des radiations invisibles, de la lumière noire, des propriétés des corps radio-actifs, etc., nous permet même de conclure que ce que nous voyons n'est rien en comparaison de ce que nous ne voyons pas. Nous frôlons constamment un monde inconnu, insaisissable pour nos moyens d'investigation actuels. Et dans l'immensité des cieux, les étoiles elles-mêmes, reines de la nuit dont elles adoucissent les ténèbres de leur pure lumière, ne sont peut-être qu'une faible minorité dans la population sidérale, car les dernières recherches semblent indiquer que les étoiles éteintes, la matière nébuleuse sombre et les astres obscurs sont plus nombreux que les soleils lumineux.

Les limites extrêmes de la voix humaine sont le dernier *fa* de 87 et l'*ut* le plus élevé de 4.200 vibrations.

L'intensité des sons émis à la surface de la Terre se propage de bas en haut bien plus facilement que dans toute autre direction, et se transmet sans s'éteindre jusqu'à de grandes hauteurs dans l'Atmosphère. Pour en citer quelques exemples pris dans mes voyages aéronautiques, je remarquerai d'abord qu'un bruit immense, colossal, indescriptible, règne constamment à quelques centaines de mètres au-dessus de Paris. En s'élevant d'un jardin relativement silencieux, comme par exemple de l'Observatoire ou du Conservatoire des Arts et Métiers, on est tout surpris de pénétrer dans un chaos de sons et de mille bruits divers.

La meilleure surface pour renvoyer l'écho est celle d'une eau tranquille. Il arrive parfois qu'un lac renvoie distinctement une première moitié de phrase, tandis que la seconde partie est difficilement achevée par la surface irrégulière du terrain de la rive.

J'ai pu, en particulier, observer la réflexion du son par diverses surfaces et étudier sa propagation dans la verticale, à travers des couches de densité différente. Lorsqu'on plane à une certaine hauteur, un son violent est renvoyé par la Terre avec un timbre si singulier qu'il ne paraît point venir d'en bas, et donne la sensation d'un accent envoyé d'un autre monde. Lorsque, à une faible hauteur (300 à 500 mètres), on lance vers la Terre un cri monosyllabique, on constate que la surface des eaux tranquilles est la meilleure pour la réflexion du son. L'eau agitée par une brise, même légère, renvoie déjà le son avec trouble. La surface des prés et des champs est encore plus mauvaise. J'ai fait ces constatations avec un soin particulier, et muni du chronomètre, notamment dans mon voyage du 18 juin 1867, en passant sur le lac de Saint-Hubert, non loin de la forêt de Rambouillet. La surface élastique d'une eau calme renvoie intégralement les ondes sonores, avec une fidélité analogue à celle d'un miroir pour la lumière.

Lorsque le son a cessé, il règne encore dans l'air un mouvement qui peut faire vibrer des membranes disposées pour recevoir et traduire cette impression. Il se produit alors des ondes silencieuses, dont la portée est plus considérable encore.

Véhicule du son, l'air est en même temps le véhicule de la pensée qui se transmet électriquement par la télégraphie ordinaire et par les ondes hertziennes tout autour du globe ; il est aussi le véhicule de toutes les radiations visibles ou invisibles que nous recevons, et c'est lui, également, qui transporte et répand les odeurs et toutes les émanations exhalées de la surface terrestre. Mais les odeurs ne sont pas constituées par un mouvement vibratoire comme le son et la lumière ; Fourcroy a le premier établi que les émanations odorantes sont dues à la volatilité, que les odeurs sont formées par de véritables molécules en suspension dans l'air, particules matérielles extrêmement ténues et volatilisées dans l'Atmosphère. Les parfums des prairies et des bois s'élèvent jusqu'à une certaine hauteur, où ils planent pour le seul plaisir des aéronautes, et non pour les sens vulgaires de ceux qui restent en bas.

Rien ne donne une idée plus exacte de la divisibilité de la matière que la diffusion des odeurs. Cinq centigrammes de musc placés dans une chambre y développent une odeur très forte pendant plusieurs années, et la boîte qui les a contenus conserve presque indéfiniment cette odeur. Haller rapporte que des papiers parfumés par un grain d'ambre gris étaient encore très odorants après quarante années. Je me souviens d'avoir acheté sur les quais, étant enfant, une brochure de Reichenbach sur l'*Od*, qui avait une odeur de musc très prononcée. Elle était restée là sans doute pendant bien des mois, exposée au soleil, au vent et à la pluie. Depuis, elle a été placée sur un rayon de bibliothèque non fermée. Je viens par hasard de la feuilleter : elle est aussi musquée que jamais.

La présence de 1 centième de millionième de milligramme d'iodoforme est facilement révélée par l'odeur, bien que ce soit là une quantité 10 millions de fois plus faible que la plus petite qui puisse être enregistrée par la balance. C'est que l'odorat est d'une sensibilité extrêmement supérieure à la balance la plus délicate : un pétale de rose du poids de 1 décigramme dégage une odeur très pénétrante, et pourtant il faut 4.000 kilogrammes de pétales de roses pour faire un kilogramme d'essence. D'ailleurs, la perte de poids éprouvée par certaines substances est extraordinairement minime. Par exemple, un gramme d'iodoforme perd seulement 1 centième de milligramme de son poids en une année, c'est-à-dire un milligramme en cent ans. Avec le musc, il faudrait 100.000 années pour la perte d'un milligramme.

Les odeurs sont transportées par l'air à des distances considérables. Un chien reconnaît de fort loin par l'odorat l'approche de son maître, et l'on assure qu'à 40 kilomètres des côtes de Ceylan, le vent transporte l'odeur délicieuse de ses forêts embaumées. Ces doux parfums, comme l'harmonie et l'activité de la surface terrestre, nous les devons à la présence de l'Atmosphère.

CHAPITRE VII

ASCENSIONS AÉRONAUTIQUES

L'AIR étant un fluide d'une certaine pesanteur, analogue à l'eau quant au principe de la pression, mais incomparablement plus léger, comme nous l'avons vu, un instant de réflexion suffit pour faire concevoir que, si l'on place dans l'air un objet plus léger que l'air lui-même, cet objet s'élèvera vers les régions supérieures, de même qu'un corps plus léger que l'eau, tel que le bois ou le liège, placé au fond de l'eau, s'élève vers la surface en raison de sa légèreté spécifique.

Si l'Atmosphère formait au-dessus de la surface du globe un océan homogène, de même densité dans toute sa profondeur, et terminé comme la mer par une surface plane définie, tout corps dont la densité serait inférieure à la densité homogène de cet océan aérien s'élèverait, lorsqu'il serait abandonné à lui-même, par la force ascensionnelle d'une poussée égale à sa différence de densité, et viendrait flotter à la surface supérieure de cette Atmosphère. C'est ce qu'avaient supposé plusieurs prédécesseurs de Montgolfier, entre autres le bon P. Galien dans son fantastique projet de navigation aérienne édité en 1755. Son fameux navire pouvait contenir « 54 fois plus de poids que l'arche de Noé » ; ses dimensions étaient celles de la ville d'Avignon, et il devait dépasser de 83 toises sa ligne de flottaison pour voguer sur l'Atmosphère en vertu des mêmes principes qu'un vaisseau de ligne flotte sur l'océan !

Mais la densité des couches atmosphériques diminuant à mesure qu'on s'élève, tout objet plus léger que les couches inférieures monte simplement jusqu'à la région de densité égale au poids du volume d'air qu'il déplace ; ce qui ne tarde pas à se présenter, attendu que les objets les plus légers que l'on ait pu construire jusqu'à aujourd'hui (aérostats gonflés à l'hydrogène pur) n'offrent avec le poids du volume d'air qu'ils déplacent qu'une différence égale à celle qui sépare de la densité des couches inférieures celles situées à une hauteur relativement faible (10 à 15.000 mètres au maximum).

Archimède a établi pour les liquides un principe que nous pouvons exactement appliquer au fluide atmosphérique, en l'énonçant ainsi : Tout corps situé dans l'Atmosphère perd une partie de son poids absolu égale au poids de l'air qu'il déplace.

Or un aérostat n'est pas autre chose qu'un corps plus léger que le poids de l'air qu'il déplace, et qui, par conséquent, va chercher son équilibre dans une région supérieure, de faible densité, où il ne déplacera plus qu'un volume d'air égal à son propre poids. On voit immédiatement que, loin d'être en opposition avec les lois de la pesanteur, l'ascension des ballons en est, au contraire, une confirmation spéciale.

Fig. 30. — Le premier ballon : Expérience de Montgolfier à Annonay, le 5 juin 1783.

Quelle que soit la substance dont on se serve pour remplir un globe de soie ou de taffetas, si l'ensemble formé par l'enveloppe, le gaz qui la gonfle, la nacelle, le filet qui la soutient, les aéronautes et les instruments, si cet ensemble, dis-je, pèse moins que l'air qu'il déplace, il constitue par là même un appareil aérostatique et s'élève dans l'Atmosphère.

Lorsque Montgolfier lança pour la première fois un ballon dans l'espace, ce ballon était seulement gonflé par de l'air chaud. La densité de l'air chauffé à 50 degrés est de 0,84, celle de l'air à zéro étant représentée par 1. La densité à 100 degrés, température de l'eau bouillante, est de 0,72 : ce qui ne donne guère qu'un tiers de différence pour la force ascensionnelle.

La densité de l'hydrogène pur est incomparablement plus faible, puisqu'elle est de 0,07, c'est-à-dire 14 fois moindre que celle de l'air. Celle de l'hydrogène protocarboné est de 0,55 ; celle du gaz d'éclairage présente la même valeur, c'est-à-dire une légèreté environ double de celle de l'air. Le plus généralement, on se sert de ce gaz d'éclairage, que l'on amène sous le ballon par un tuyau de conduite.

Par une heureuse coïncidence, le gaz hydrogène fut découvert précisément à l'époque de l'invention des aérostats. En 1782, le physicien Cavallo montra à Londres, dans l'amphithéâtre de ses cours, des bulles de savon formées à l'hydrogène, qui s'élevaient par leur légèreté spécifique jusqu'au plafond de la salle. C'est l'année suivante (5 juin 1783) que Montgolfier lança le premier aérostat. Avec un peu d'attention ou d'ingéniosité, Tibère Cavallo aurait pu ravir au fabricant d'Annonay l'immortalité de son invention.

Un ballon gonflé par l'air chaud garde le nom de *montgolfière*, en souvenir de la découverte du savant d'Annonay. Un ballon gonflé par le gaz prend le nom

Fig. 31. — Le premier voyage aérien.
Paris, 21 octobre 1783.

d'*aérostat*, adopté depuis le premier gonflement au gaz, qui fut opéré par le physicien Charles et les frères Robert, le 27 août 1783, à Paris. La première fois qu'une nacelle fut suspendue à un ballon, c'est sous les yeux de Louis XVI et de Marie-Antoinette, à Versailles, le 19 septembre 1783 ; mais les passagers d'essai étaient simplement un mouton, un coq et un canard... Le premier véritable voyage aérien fut accompli le 21 octobre suivant par Pilâtre de Rosier et le marquis d'Arlandes, qui s'élevèrent en montgolfière du château de la Muette (Bois de Boulogne), et descendirent au sud de Paris (Montrouge), après avoir traversé le ciel de la capitale.

Le moment du départ en ballon pénètre toujours l'âme d'une impression solennelle. J'ai parcouru 24.000 kilomètres dans l'Atmosphère, en douze voyages différents, dont cinq nuits passées dans ces ténébreuses hauteurs, et lorsque j'ai le plaisir de monter de nouveau dans la nacelle qui va s'élever au sein des régions aériennes, j'éprouve chaque fois une impression analogue à celle qui me domina lorsque pour la première fois je me sentis emporté dans les airs.

Se sentir emporté ne donne peut-être pas exactement l'idée de la situation particulière que l'on subit alors. Il vaut mieux dire *se voir* emporté, car on ne sent aucune espèce de mouvement, on se croirait absolument immobile, et *c'est la terre qui descend*.

Ces impressions personnelles sont sans contredit celles dont le récit peut donner l'idée la plus exacte de la réalité. Aussi me permettrai-je d'en rappeler ici quelques-unes.

Fig. 21. — L'ascension.

Ma première ascension eut lieu le jour de l'Ascension (25 mai) de l'année 1867. Une foule nombreuse était venue me souhaiter bon voyage. Quelques intimes se tenaient tout près de la nacelle et, au-dessous, car déjà elle ne touchait plus terre. Eugène Godard, ayant vérifié l'équilibre parfait du ballon, ordonne à quatre aides de laisser glisser dans leurs mains, sans les lâcher, les cordes qui retiennent la nacelle, et nous nous trouvons ainsi à quelques mètres au-dessus du niveau commun des hommes. Le ciel est pur, le vent est doux, la sphère aérostatique gonflée d'hydrogène s'impatiente et cherche à s'élever dans son lumineux domaine. Prenant alors un sac de lest, Godard ordonne de « lâcher tout », verse quelques kilogrammes de sable, et l'aérostat s'élève avec une majestueuse lenteur vers le ciel qui l'appelle. Pour moi, mes instruments installés, je salue de la main notre groupe d'amis, qui déjà se resserre et bientôt ne paraît plus qu'un point au milieu de l'immensité de Paris, ouverte pour la première fois sous mes yeux, avec ses tours, ses clochers, ses flèches, ses édifices, ses boulevards, ses jardins, son fleuve..., capitale imposante dont la voix colossale monte dans l'Atmosphère comme un brouhaha gigantesque.

L'aérostat s'élève suivant une courbe oblique, résultante de deux forces composantes : sa force ascensionnelle d'une part, et la vitesse du courant aérien d'autre part. Si, comme il convient à tous les points de vue, scientifique et esthétique, on a soin de ne mesurer à l'aérostat qu'une légère force ascensionnelle, on voit lentement se révéler sous le regard ébloui le plus magnifique des panoramas, et lentement aussi, on note les indications des instruments, qui seraient fausses si l'on n'avait la précaution de leur laisser le temps nécessaire pour se mettre au degré du milieu ambiant.

Si l'on désire voguer à une faible hauteur, comme 800, 1.000 ou 1.200 mètres, pour des études hygrométriques spéciales, on laisse l'aérostat prendre une marche horizontale dès qu'il arrive à la couche atmosphérique de densité égale à son volume.

Si l'on désire s'élever à de grandes hauteurs, on allège l'aérostat d'un lest successivement mesuré.

L'aéronaute, le météorologiste, l'astronome, qui plane ainsi dans les airs, se trouve dans la situation la plus digne d'envie pour l'homme qui veut étudier l'Atmosphère.

Fig. 33. — L'aérostat dans les airs.

Pénétrant au sein des nues, les traversant pour constater la lumière et la chaleur qui les dominent, suivant l'orage dans sa formation mystérieuse, étudiant la production de la pluie, de la neige, de la grêle, se transportant, en un mot, dans le lieu même où se passent les phénomènes à examiner, l'observateur plane véritablement là seulement au-dessus du monde, supérieur à la nature par son intelligence contemplative. En vain passera-t-on des années à imaginer des hypothèses au coin de son feu avec des livres et des appareils sous les yeux ; ici comme ailleurs, le meilleur moyen de savoir ce qui se passe, c'est d'*y aller voir*, comme le dit un vieux proverbe. Et certes, nulle tentative n'est plus féconde en résultats utiles.

Je ne veux point revenir ici sur un sujet largement et complètement exposé dans un ouvrage spécial [1]. Le but de ce chapitre n'est pas de raconter mes voyages aériens,

[1] Voyez mes *Voyages aériens*, journal de bord de douze voyages scientifiques en ballon. 1 vol. in-12, avec plans topographiques.

et les résultats scientifiques obtenus dans ces excursions se trouveront employés d'ailleurs dans les différentes études qui composent le présent ouvrage. Il importait seulement d'établir la théorie générale de l'ascension des aérostats dans ses rapports avec l'étude de l'Atmosphère et de donner une idée de ces curieuses impressions de voyage.

Si les voyages aériens peuvent être fructueusement appliqués à l'étude des forces en action dans l'Atmosphère et des lois qui président à ses mouvements si multiples, ils sont encore pour l'esprit observateur un sujet spécial d'intérêt et lui ouvrent une voie particulière de contemplation vaste et féconde. Porté dans les champs du ciel par le souffle invisible du vent et par sa légèreté spécifique, l'aérostat solitaire domine les immenses scènes de la nature, les plaines terrestres où s'accomplissent les phases de l'histoire humaine. Semblable à un planisphère, à une carte géographique déployée sur la plaine indéfinie, la Terre se présente avec tous ses caractères de topographie locale. Capitales assises au bord des fleuves, cités centrales des provinces ; villages innombrables disséminés dans la campagne, et se succédant par centaines comme ces petits châteaux dessinés en pied sur les anciennes cartes ; coteaux brunis par la vigne, sillons dorés par les blés, verdoyantes prairies, bois où gazouillent les oiseaux chanteurs, monts sourcilleux au crâne couvert de noires forêts, ruisseaux émaillés et longs fleuves descendant aux mers lointaines : toutes les beautés, souriantes ou sévères, des paysages et des perspectives se succèdent lentement sous l'œil charmé de l'aéronaute, qui, sans éprouver la secousse la plus légère, plane comme dans un rêve jusqu'au moment où il met pied à terre sur ce sol qu'il vient de contempler du haut des airs.

Une impression moins puissante, mais cependant de même ordre, nous frappe dans les ascensions de montagnes. La pureté chimique de l'air supérieur, ses qualités vives et apéritives, la variation de la pression atmosphérique sont des éléments physiques qu'il faut faire intervenir pour expliquer l'influence favorable du séjour des altitudes modérées. Quant à l'action toute morale que peut exercer sur les organisations impressionnables la contemplation des montagnes où la nature à versé à flots ce mélange du gracieux et du terrible avec lequel elle atteint si aisément le pittoresque, personne ne saurait le nier.

« C'est, dit J.-J. Rousseau, une impression générale qu'éprouvent tous les hommes, quoiqu'ils ne l'observent pas tous, que sur les montagnes, où l'air est plus pur et plus subtil, on se sent plus de facilité dans la respiration, plus de légèreté dans le corps, plus de sérénité dans l'esprit ; les plaisirs y sont moins ardents, les passions plus modérées. Les méditations prennent je ne sais quelle volupté tranquille qui n'a rien d'âcre et de sensuel. Il semble qu'en s'élevant au-dessus du séjour des hommes, on y laisse tous les sentiments bas et terrestres, et qu'à mesure qu'on approche des régions éthérées, l'âme contracte quelque chose de leur inaltérable pureté. On y est grave sans mélancolie, paisible sans indolence, content d'être et de penser. Je doute qu'aucune agitation violente, aucune maladie de vapeurs, pût tenir contre un pareil séjour prolongé, et je suis surpris que des bains de l'air salutaire des montagnes ne soient pas un des grands remèdes de la médecine. »

Cependant il est nécessaire de remarquer ici qu'au delà des altitudes modérées l'organisme humain peut subir une influence funeste du changement de pression atmosphérique, de la sécheresse de l'air et du froid. Les troubles physiologiques et les malaises qu'on ressent à de grandes hauteurs sont connus depuis longtemps. Dès le xve siècle, ils furent observés et décrits par Da Costa sous le nom de *mal de montagne*. Plus tard, tous les ascensionnistes, soit dans les Alpes, soit dans les Andes ou l'Himalaya, soit en aérostat, notèrent ces perturbations singulières de l'organisme et émirent des théories plus ou moins rationnelles pour les expliquer. La principale cause évoquée depuis de Saussure était tout simplement la raréfaction de l'air ; mais par quelle série de troubles organiques cette raréfaction agit-elle sur le corps humain ?

En septembre 1804, Gay-Lussac s'éleva jusqu'à une hauteur de 7.000 mètres. Son pouls et sa respiration étaient très accélérés, mais il déclare que sa situation n'avait rien de douloureux.

En juillet 1852, Barral et Bixio s'élevèrent jusqu'à 7.049 mètres, hauteur à laquelle ils trouvèrent un froid de 39 degrés au-dessous de zéro : ils ont été surtout incommodés par ce froid.

Dans la mémorable ascension du 17 juillet 1862, MM. Glaisher et Coxwell pensent avoir atteint l'énorme élévation de 11.000 mètres ; mais, comme le premier s'était évanoui à 8.850 mètres, et que le second ne s'occupait, en ce moment, que de la situation critique, il n'est pas sûr qu'ils aient de beaucoup dépassé 9.000 mètres. Avant le départ, le pouls de M. Coxwell était à 74 pulsations par minute ; celui de Glaisher à 76. A 5.200 mètres, le premier comptait 100 pulsations, le second 84. A 5.800 mètres, les mains et les lèvres de Glaisher étaient toutes bleues, mais non la figure. A 6.400 mètres, il entendit les battements de son cœur, et sa respiration était très gênée ; à 8.850 mètres, il tomba sans connaissance, et ne revint à lui que lorsque le ballon fut redescendu au même niveau. Au maximum de la hauteur, son aéronaute ne put plus se servir de ses mains et dut tirer la corde de la soupape avec les dents ! Quelques minutes de plus et il perdait connaissance et probablement aussi la vie. La température de l'air à ce moment était de 32 degrés au-dessous de zéro.

Rappelons aussi la terrible catastrophe du *Zénith* (15 avril 1875), dans laquelle Crocé-Spinelli et Sivel trouvèrent la mort à 8.800 mètres, et de laquelle M. Tissandier n'est revenu que par un miracle de la nature. Dès l'altitude de 7.000 mètres environ, les aéronautes étaient pris par la syncope, et la mort des deux premiers est due à une apoplexie par la pression organique intérieure cessant d'être contre-balancée par la pression extérieure : leur visage était noir, la bouche ensanglantée ; le salut du troisième ne peut être dû qu'à une différence de tempérament ; il s'en fallut de peu que lui aussi ne se réveillât pas. Une torpeur immense avait envahi ses sens, et, sur le point de mourir, il n'aurait pu lever le doigt pour empêcher la mort d'arriver. La hauteur atteinte a été constatée par des tubes barométriques scellés, que l'on n'ouvrit qu'après la descente. Suivant les conseils de Paul Bert, les aéronautes avaient cru qu'en respirant de l'oxygène ils résisteraient à cette colossale différence de pression ; il n'en fut rien. Ces lamentables expériences montrent le danger auquel l'homme s'expose en bravant ces excessivés hauteurs. Cependant deux hardis aéronautes, plus heureux que ceux dont nous venons de parler, MM. Siering et Berson, ont atteint, le 31 juillet 1901, une altitude de 10.500 mètres scientifiquement mesurée par les appareils enregistreurs. Dans ces

Fig. 34. — L'aéronaute dut tirer la corde de la soupape avec les dents.
(Glaisher et Coxwell, 17 juillet 1862.)

régions glacées, d'où ils sont revenus sains et saufs, ils ont observé une température de 40 degrés au-dessous de zéro. Comme on l'a vu dans un autre chapitre (p. 45), cette altitude a été dépassée, le 9 août 1909, par MM. Piacenza et Mina, qui se sont élevés à près de 12.000 mètres !

Ces excursions aériennes ne sont d'ailleurs pas sans périls, et le nécrologe de l'aérostation, qui commença par le premier des navigateurs aériens (Pilâtre de Rosier, 1785), compte déjà de nombreuses victimes. Quelques-unes de ces catastrophes ont été dues à d'impardonnables imprudences.

Dans les aérostats, toutefois, l'observateur reste immobile, il ne dépense guère de forces, et peut ainsi atteindre de grandes hauteurs avant d'éprouver les troubles qui arrêtent bien plus bas celui qui s'élève par la seule puissance de ses muscles sur les flancs d'une haute montagne.

De Saussure, dans son ascension au mont Blanc le 2 août 1787, a rendu compte des malaises que ses compagnons et lui-même éprouvaient déjà à une altitude assez peu élevée. Ainsi, à 3.890 mètres, sur le Petit-Plateau où il passa la nuit, les guides robustes qui l'accompagnaient, pour lesquels quelques heures de marches antérieures n'étaient absolument rien, n'avaient pas soulevé cinq ou six pelletées de neige pour établir la tente qu'ils se trouvèrent dans l'impossibilité de continuer ; il fallut qu'ils se relayassent à chaque instant ; plusieurs même se trouvèrent mal et furent obligés de s'étendre sur la neige pour ne pas perdre connaissance. « Le lendemain, dit de Saussure, en montant la dernière pente qui mène au sommet, j'étais obligé de reprendre haleine tous les quinze ou seize pas ; je le faisais le plus souvent debout, appuyé sur mon bâton ; mais à peu près de trois fois l'une il fallait m'asseoir, ce besoin de repos étant absolument invincible. Si j'essayais de le surmonter, mes jambes me refusaient leur service ; je sentais un commencement de défaillance et j'étais saisi par des éblouissements tout à fait indépendants de l'action de la lumière, puisque le crêpe double qui me couvrait le visage me garantissait parfaitement les yeux. Comme c'était avec un vif regret que je voyais ainsi passer le temps que j'espérais consacrer sur la cime à mes expériences, je fis diverses épreuves pour abréger ces repos : j'essayai, par exemple, de ne point aller au terme de mes forces et de m'arrêter un instant à tous les quatre ou cinq pas ; mais je n'y gagnais rien ; j'étais obligé, au bout de quinze ou seize pas, de prendre un repos aussi long que si je les avais faits de suite ; le plus grand malaise ne se fait même sentir que huit à dix secondes après qu'on a cessé de marcher. La seule chose qui me fît du bien et qui augmentât mes forces, c'était l'air frais du vent du nord ; lorsque, en montant, j'avais le visage tourné de ce côté et que j'*avalais* à grands traits l'air qui en venait, je pouvais sans m'arrêter faire jusqu'à vingt-cinq ou vingt-six pas. »

Bravais, Martins et Le Pileur, dans leur célèbre expédition au mont Blanc, en 1844, éprouvèrent et étudièrent les mêmes phénomènes sur le Grand-Plateau ; en déblayant la tente en partie recouverte de neige, les guides s'arrêtaient à chaque instant pour respirer. « Un secret malaise, dit Charles Martins, se traduisait sur toutes les physionomies, l'appétit était nul. Le plus fort, le plus grand, le plus vaillant des guides s'affaissa sur la neige, et faillit tomber en syncope pendant que le docteur Le Pileur lui tâtait le pouls. Tout près du sommet, Bravais voulut savoir combien de temps il pourrait marcher en montant le plus vite possible : il s'arrêta au trente-deuxième pas sans pouvoir en faire un de plus. »

La différence de 500 mètres entre 4.300 et 4.800 est énorme. En ballon, la fatigue est incomparablement moindre et l'ascension beaucoup plus facile.

Avec la locomotion aérienne, la conquête de l'Atmosphère est entrée dans une voie nouvelle, grâce aux ballons dirigeables et aux aéroplanes, et l'homme commence à prendre possession de la sphère gazeuse et transparente au fond de laquelle nous vivons, comme l'oiseau dont il a toujours rêvé d'imiter le vol, depuis la tragique aventure du jeune Icare, de la légende mythologique.

L'idée des ballons dirigeables est née après les premiers succès des montgolfières : des rames et un gouvernail, le tout mû par le moteur humain, tel est le mécanisme rudimentaire sur lequel on comptait au début. Mais bientôt on comprit que l'on ne vogue pas sur l'océan aérien de la même manière que sur les plaines liquides qui couvrent les trois quarts de la surface du globe terrestre. Alors, des esprits inventifs et ingénieux s'attachèrent à résoudre ce captivant problème : Meusnier en 1783, Robert en 1784, Lennox et Berrier en 1834 firent des essais infructueux, car il manquait à leurs appareils l'organe essentiel : le moteur !

En 1850, l'horloger Jullien adapte un mouvement mécanique dirigeable à un petit ballon d'expérience : c'est le premier pas vers la solution du problème. Deux ans plus tard, le 25 septembre 1852, l'ingénieur aéronaute Giffard s'embarquait à bord

Fig. 35. — La catastrophe du *Zénith*, 15 avril 1875. Le ballon arrivant à 8.800 mètres de hauteur.

d'un navire aérien mû par un moteur à vapeur de trois chevaux et une hélice à trois branches de 3 m. 40 de diamètre. C'était une tentative d'une belle audace que de s'enlever dans les airs avec un foyer qui risquait à tout instant d'incendier l'enveloppe sous laquelle il était placé ! Pour supprimer ce danger, les frères Tissandier songèrent à remplacer la vapeur par un moteur électrique. C'était en 1884. La même année, les capitaines Renard et Krebs construisaient leur fameux dirigeable, *la France*, dont l'enveloppe fusiforme mesurait 50 mètres de longueur sur 8 m. 4 de diamètre, et tenait en suspension une nacelle allongée de 32 mètres, le tout actionné par une dynamo de huit chevaux, à piles chloro-chromiques. Une expérience encourageante fut d'abord effectuée avec ce dirigeable le 9 août 1884. Les deux hardis pionniers de l'air s'enlevèrent de Chalais-Meudon (Seine-et-Oise), planèrent au-dessus de Villacoublay et revinrent atterrir sur la pelouse du parc d'aérostation. Quelques mois après, le 23 septembre 1885, MM. Renard et Krebs offraient pour la première fois à l'admiration des Parisiens le spectacle d'un ballon en forme de cigare décrivant une boucle au-dessus de la capitale et revenant à son point de départ, à la vitesse moyenne de 6 mètres par seconde, malgré le vent contraire. Après avoir évolué au-dessus du Champ-de-Mars, le dirigeable *la France* retourna vers son hangar de Chalais et arriva à bon port. Ce fut un vrai triomphe. On se crut enfin maître de l'air. En réalité, ce n'était qu'une modeste victoire dans l'assaut que le génie humain livrait à l'Atmosphère.

Pour surmonter les plus grosses difficultés de la locomotion aérienne, il fallait munir les ballons de moteurs à la fois légers et puissants.

On cherche, on tâtonne. Entre temps, l'industrie automobile naît, se développe avec une rapidité prodigieuse, grâce à l'invention du moteur à explosion, réalisée en 1888 par notre compatriote Forest, un simple ouvrier de génie.

Le xxᵉ siècle s'ouvre sous d'heureux augures pour la locomotion aérienne. Un aéronaute aussi ingénieux qu'intrépide, Santos-Dumont, n'hésite pas à installer un moteur à explosion à bord d'un des ballons fuselés qu'il construisait depuis quelque temps déjà, et, le 19 octobre 1901, il s'élance de Saint-Cloud, double la tour Eiffel et revient à son point de départ, accomplissant le premier voyage aérien sur un itinéraire fixé d'avance. Cette randonnée, qui eut un succès retentissant, lui valut de gagner le prix Deutsch, de 100.000 francs.

Dès lors, les routes du ciel étaient ouvertes aux dirigeables : de tous côtés, les constructeurs surgirent et s'appliquèrent à perfectionner cette œuvre éminemment française. Les types se multiplièrent : en 1902, MM. Julliot et Surcouf imaginent le ballon semi-rigide dont la base repose sur un cadre métallique horizontal auquel sont fixées les attaches du ballon et de la nacelle. L'année 1906 est celle des ballons souples dont la stabilité est assurée par des ballonnets gonflés d'hydrogène, formant à la proue empennage pneumatique cruciforme. Ces ballons font songer à quelque gigantesque poisson fantastique nageant dans l'océan aérien.

Outre ces deux types principaux, citons aussi le ballon rigide, genre « Zeppelin », propriété exclusive de l'Allemagne, à laquelle il a donné de mémorables déceptions. Celui-là est formé d'une énorme carcasse d'aluminium, sur laquelle est tendue l'enveloppe du ballon.

Jusqu'ici, ces différents aéronefs ont été construits surtout dans un but militaire ; mais leur rôle pratique de paquebots aériens devra s'affirmer et cette victoire définitive consacrera leur utilité. Actuellement, nous sommes encore dans la période d'étude, inévitablement marquée d'accidents dramatiques, tel, par exemple, le naufrage du dirigeable *la République*, qui sombra le 25 septembre 1909, au cours des grandes manœuvres. Parti de La Palisse (Allier) pour regagner par la voie des airs son port d'attache de Chalais-Meudon, il voguait dans les environs de Moulins lorsque, éventré par l'aile détachée d'une de ses hélices, il se précipita vers le sol avec une rapidité vertigineuse, écrasant, broyant dans sa chute les quatre hommes qui le montaient, le capitaine Marchal, le lieutenant Chauré, les adjudants Réau et Vincenot.

Fig. 36. — Distribution des espèces d'oiseaux selon la hauteur de leur vol.

1. Condor (a été observé volant jusqu'à 9.000 mètres). — 2. Gypaète. — 3. Vautour fauve. — 4. Sarcoromphe. — 5. Aigle. — 6. Urubu. — 7. Milan. — 8. Faucon. — 9. Epervier. — 10. Oiseau-mouche. — 11. Pigeon. — 12. Buse. — 13. Hirondelle. — 14. Héron. — 15. Grue. — 16. Canard et cygne (vivant sur les lacs jusqu'à 1.800 mètres d'altitude). — 17. Corbeau. — 18. Alouette. — 19. Caille. — 20. Perroquet. — 21. Perdrix et faisan. — 22. Pingouin.

Toutefois, malgré leurs perfectionnements et les résultats magnifiques qu'ils ont donnés, ces grands navires de l'océan atmosphérique dans lesquels les conquérants de l'espace avaient d'abord placé toute leur confiance, ont subi, en ces derniers temps, une sorte de disgrâce, et ont été détrônés de leur souveraineté aérienne par les oiseaux mécaniques ou machines volantes.

Avec l'aéroplane, plus lourd que les flots d'air sur lesquels il navigue et qui se soutient par son mouvement de translation, l'homme réalise son rêve de voler de ses propres ailes sans l'artifice de la flottaison, rêve qui hante son esprit depuis tant de siècles.

Retraçons, en quelques lignes, l'histoire de cette merveilleuse conquête.

Dès le xve siècle, un génie immortel, Léonard de Vinci, peintre, sculpteur, ingénieur, constructeur et inventeur, décrivit l'hélicoptère et le parachute, d'après ses observations sur le vol des oiseaux. A partir de cette époque, le projet est « en l'air » et attend le moment favorable de germer.

De temps à autre, quelque hardi novateur produit une machine volante; en général, c'est une sorte d'orthoptère muni d'ailes à charnières qui frappent l'air en imitant les battements de l'oiseau.

Mais, pour voler, il ne suffit pas d'avoir des ailes. L'expérience le prouva. Outre ses ailes, l'oiseau possède un cœur, qui donne la vie aux muscles, et il a aussi une précieuse connaissance instinctive de l'Atmosphère.

Ayant compris cela, sir Cayley envisage, en 1809, la possibilité d'adjoindre aux planeurs une machine à vapeur, des hélices propulsives et des voilures spéciales.

Les chercheurs qui lui succèdent étudient attentivement le vol du monde ailé, les effets de l'air sur les corps en mouvement dans l'Atmosphère et, au bout de près d'un siècle, toutes ces investigations aboutissent à la construction de l'*Avion* d'Ader, sorte de chauve-souris gigantesque, mue par un générateur à vapeur et des hélices à quatre branches, et qui, le 14 octobre 1897, réussit à promener un homme au-dessus du sol sur une distance d'environ 300 mètres.

Vers la même époque, de 1891 à 1896, l'ingénieur Lilienthal consacrait toute son habileté et sa science à des expériences qui devaient exercer une profonde influence sur l'aviation. Dans une plaine, il fit construire un petit plateau de 15 mètres de hauteur sur 75 de largeur, et, du sommet de cette petite colline artificielle, il s'élançait dans le vide, soutenu dans sa chute par des appareils dont il modifiait les dispositifs suivant les circonstances et les effets obtenus. Il périt, d'ailleurs, victime de son audace, le 9 août 1896. Mais son œuvre ne resta pas stérile, et l'on peut dire que c'est lui qui apprit aux hommes leur métier d'oiseau, et leur montra les avantages de l'aéroplane sur les autres appareils conçus jusqu'alors.

S'inspirant des résultats de ces expériences, l'ingénieur Chanute édifia le premier biplan et guida, en Amérique, les débuts des frères Wright. Ceux-ci, pendant trois années, de 1900 à 1903, poursuivirent patiemment, méthodiquement, le même problème, et se décidèrent enfin à adapter à leur biplan un moteur construit par eux-mêmes.

Alors, l'enchantement commence.... Le 17 décembre 1903, l'aéroplane Wright accomplit avec son pilote des vols de 200 à 300 mètres. En 1904, il franchit plusieurs kilomètres. En 1905, il couvre des étendues de 17 à 38 kilomètres.

Tout en rencontrant en Europe une certaine incrédulité, la nouvelle de ces exploits aériens stimule l'ardeur des chercheurs. Santos-Dumont, qui avait été le premier à adapter un moteur à explosion à un ballon dirigeable, fut aussi le premier, en Europe, à joindre à un aéroplane le moteur léger « Antoinette », construit spécialement pour l'aviation par l'ingénieur Levavasseur. Le 12 novembre 1906, Santos-Dumont put ainsi quitter le sol, s'élever dans les airs et parcourir 220 mètres en ligne droite au-dessus de la pelouse de Bagatelle (Bois de Boulogne).

A l'incrédulité des premiers temps succède, à partir de ce moment, un immense enthousiasme. L'homme vole, il peut disputer à l'oiseau le domaine de l'Atmosphère.

L'attention générale se porte sur l'aviation ; les encouragements, les dons et les concours stimulateurs affluent, et toute une phalange de brillants constructeurs, de pilotes intrépides, se forme en France, parmi lesquels on doit citer en première ligne le capitaine Ferber, l'un des plus dévoués promoteurs de l'aviation en notre pays,

Fig. 37. — ... J'ai rencontré des papillons à 3.000 mètres de hauteur.

et qui se tua au cours d'une promenade aérienne le 22 septembre 1909 ; puis les frères Voisin, Farman, Blériot, etc.

Rappelons, en quelques mots, les premières victoires de l'école française, celles qui feront date dans l'histoire de l'aviation, au temps de son enfance.

Le 13 janvier 1908, à Issy, H. Farman réussit à boucler un kilomètre ; le 6 juillet suivant, il parvient à se maintenir un quart d'heure dans l'espace et, le 30 octobre de la même année, il accomplit le premier voyage aérien, de Bouy à Reims (27 kilomètres).

L'essor est donné et ne doit plus s'arrêter. Un record bat l'autre. Toujours plus haut, toujours plus vite, toujours plus loin : telle semble être la devise des aviateurs !

Le 25 juillet 1909, Blériot traverse la Manche en 37 minutes et atterrit à Douvres (Angleterre). L'année suivante, le circuit de l'Est est parcouru sur une piste aérienne de 782 kilomètres, suivant un programme déterminé d'avance.

Le 7 mars 1911, l'aviateur Renaux, accompagné de M. Senouque, gagne le prix de 100.000 francs institué par M. Michelin, pour le premier homme-oiseau qui effectuerait, en 6 heures au maximum, le trajet de l'Aéro-Club de Saint-Cloud au sommet du puy de Dôme (1.463 mètres d'altitude), avec obligation de faire le tour de la cathédrale de Clermont-Ferrand.

A ces principaux faits, il faudrait ajouter cent autres victoires non moins intéressantes, les excursions en aérobus avec plusieurs voyageurs, les plongées dans les hauteurs de l'atmosphère, la traversée des Alpes, les courses de vitesse à 120 et même 150 kilomètres à l'heure, etc.

Mais, à côté de ces merveilleux exploits qui ont soulevé l'admiration universelle, combien de deuils ont déjà marqué les premières étapes de l'aviation !

C'est là, sans doute, l'inévitable tribut que toute science nouvelle doit payer au progrès, et il en sera ainsi jusqu'au moment de la conquête définitive de l'Atmosphère. Il ne faut pas se dissimuler que l'aviation n'est encore qu'à ses débuts, malgré ses éclatants succès. L'élégant monoplan, qui ne comprend qu'une seule surface sustentatrice tendue sur un châssis ; le biplan, composé de deux surfaces fixées sur deux cadres superposés, et dont l'ensemble a l'aspect d'une boîte ; ces deux sortes d'appareils, dont la vogue est si grande actuellement, ne sont probablement que les formes embryonnaires des futures machines volantes.

En tout cas, il est certain que l'avenir de l'aviation, et de la navigation aérienne en général, est lié étroitement aux progrès de la science météorologique. Il importe donc, avant tout, d'élucider le mystère des conditions atmosphériques, encore énigmatiques.

Cliché Branger.

Fig. 38. — Latham sur monoplan *Antoinette* et Martinet sur biplan *Farman*.

Des recherches méthodiques ont été entreprises dans ce but, avec des cerfs-volants et surtout avec des ballons-sondes, munis d'instruments enregistreurs, que l'on envoie explorer les différentes couches d'air, à diverses hauteurs. Ces sondages atmosphériques ont déjà fourni de précieuses indications, car ils peuvent atteindre des altitudes inaccessibles pour l'organisme humain. Un de ces petits ballons s'est élevé, le 5 novembre 1908, à 29.040 mètres. A cette hauteur, la pression atmosphérique, enregistrée par le baromètre, n'était plus que de 10 millimètres, et le froid était de 63°5 au-dessous de zéro. Le minimum de température, 67° 8, avait été rencontré dans une couche inférieure, à 13.500 mètres d'altitude.

Jusqu'ici, les oiseaux restent néanmoins les rois de l'air et dominent la terre de leur vol varié.

Dans les Andes, le condor, dans les Alpes, l'aigle et le vautour, peuvent planer au-dessus des cimes les plus élevées ; ces animaux, organisés pour les plus longs voyages, sont les grands voiliers de l'océan atmosphérique, de même que les pétrels et les géantes hirondelles de mer sont les grands voiliers de l'Atlantique.

Le choucas, cette espèce de corbeau d'un noir intense, qui a le bec jaune et les pattes d'un rouge vif, n'atteint pas de si grandes élévations dans l'atmosphère, mais il est par excellence l'oiseau des hautes cimes, celui de la région des neiges et des pitons stériles. On le rencontre au sommet du mont Rose et au col du Géant, à plus de 4.500 mètres.

Il est des oiseaux plus gracieux qui résident aussi dans la région des frimas et en animent quelque peu l'immobile et triste paysage. Le pinson de neige affectionne tel-lement cette froide patrie qu'il descend rarement jusqu'à la zone des bois. L'*accenteur* des Alpes le suit à ces grandes élévations ; il préfère la région pierreuse et dénudée qui sépare la zone de la végétation de celle des neiges perpétuelles ; les uns et les autres s'avancent parfois à la poursuite des insectes jusqu'à 3.400 ou 3.500 mètres de haut.

La terre a ses oiseaux comme l'air. Certaines espèces ne se servent de leurs ailes que quelques instants et quand la marche leur devient tout à fait impossible ; tels sont les gallinacés. La région des neiges a son espèce propre, comme elle a ses pas-sereaux caractéristiques. Le lagopède ou poule de neige se rencontre en Islande comme en Suisse. Il s'élève bien au-dessus des frimas perpétuels et reste cantonné à ces altitudes glacées ; il aime tant la neige qu'aux approches de l'été il remonte pour la trouver ; il y niche et s'y roule avec délices. Quelques lichens, des graines apportées par les airs suffisent à sa nourriture ; il fait la chasse aux insectes dont il nourrit ses poussins.

Les insectes sont, en effet, les seuls animaux qui pullulent encore dans ces régions déshéritées. C'est également la classe des coléoptères qui prédomine dans les hautes régions des Alpes ; ils atteignent, sur le versant méridional, 3.000 mètres, et 2.400 sur le versant opposé. Leurs ailes sont si courtes qu'ils semblent en être dépourvus ; on dirait que la nature a voulu les mettre à l'abri des grands courants d'air qui les entraîneraient infailliblement si leurs voiles n'eussent été en quelque sorte carguées. En effet, on rencontre quelquefois d'autres insectes, des névroptères et des papillons, que les vents enlèvent jusqu'à ces hauteurs, et qui vont se perdre au milieu des neiges. Les mers de glace sont couvertes de victimes qui ont ainsi péri. Cependant il est cer-taines espèces qui paraissent se porter librement jusqu'à des hauteurs de 4.000 ou 5.000 mètres.

Dans mes voyages aériens, j'ai rencontré des papillons là où je n'ai jamais rencontré d'oiseaux, jusqu'à 3.000 mètres au-dessus du sol ! M. J. D. Hooker en a observé au mont Momay, à une altitude de plus de 5.400 mètres.

Non seulement les oiseaux peuvent s'élever et planer à de très grandes hauteurs, mais encore la vitesse de leur vol surpasse, pour certains, tous les mouvements obtenus jusqu'ici par nos moyens de locomotion. Le vol de la caille égale la marche d'un train express : 17 mètres par seconde ou 61 kilomètres à l'heure. Le pigeon voyageur franchit 27 mètres en une seconde, soit 100 kilomètres à l'heure. L'aigle parcourt 31 mètres à la seconde ou 112 kilomètres à l'heure. Les ailes vives et légères de l'hirondelle la transportent à 67 mètres en une seconde ou 241 kilomètres à l'heure. Le martinet couvre 88 mètres en une seconde, soit 316 kilomètres à l'heure.

LIVRE DEUXIÈME

LA LUMIÈRE ET LES PHÉNOMÈNES OPTIQUES DE L'AIR

CHAPITRE I

LE JOUR

LA FORME DU CIEL. — LA LUMIÈRE

Si l'Atmosphère remplit sur notre planète le rôle fondamental d'organisatrice de la
vie, si tous les êtres, végétaux et animaux, sont constitués pour respirer dans son
sein et construire à l'aide de ses molécules fluides le tissu solide des organismes, nous
allons admirer maintenant que cette brillante Atmosphère est encore la grande joie
de la nature ; que non seulement le fond mais encore la forme sont dus à sa présence ;
que sans elle le monde se traînerait péniblement dans l'espace, triste et décoloré ; que
par elle il est joyeusement transporté dans les champs du ciel, au milieu des brises et
des parfums, sur une couche éthérée de pourpre et d'azur, et sous l'éclat rayonnant
d'un éternel sourire.

Voûte bleue d'un ciel calme et pur, douce coloration des aurores, magnificences
des crépuscules, beauté charmante des paysages solitaires, perspectives vaporeuses
des campagnes, et vous, miroirs limpides des lacs, qui reflétez si magnifiquement les
grands cieux d'azur et montrez l'infini dans vos profondeurs, votre existence et votre
beauté ne sont dues qu'à ce fluide léger et puissant étendu sur le globe terrestre. Sans
lui, nulle de ces perspectives, nulle de ces nuances n'existerait. Au lieu d'un ciel
d'azur, nous n'aurions qu'un espace noir insondable ; au lieu des sublimes levers et
couchers de Soleil, le jour et la nuit se succéderaient brusquement ; au lieu de ces
demi-teintes qui font régner une douce lumière partout où Phœbus ne lance pas directement ses flèches éblouissantes, il n'y aurait de clarté qu'aux points éclairés par
l'astre brillant, et l'obscurité partout ailleurs : notre planète n'offrirait aucune
demeure habitable. Mais, au contraire, la lumière répand la gaieté sur la Terre, se joue
dans les paysages, se réfléchit dans le miroir des lacs, donne à la nature sa grâce et sa
beauté.

Que le ciel soit pur ou couvert, il se présente toujours à nos yeux sous l'aspect
d'une voûte surbaissée. Loin d'offrir la forme d'une circonférence, il paraît étendu,
aplati au-dessus de nos têtes, et semble se prolonger insensiblement en descendant
peu à peu jusqu'à l'horizon. Les anciens avaient pris cette voûte bleue au sérieux.
Mais, comme le dit Voltaire, c'était aussi intelligent que si un ver à soie prenait sa
coque pour les limites de l'univers. Les astronomes grecs la représentaient comme

formée d'une substance cristalline solide, et jusqu'à Copernic un grand nombre d'astronomes l'ont considérée comme aussi matérielle que du verre fondu et durci. Les poètes latins placèrent sur cette voûte, au-dessus des planètes et des étoiles fixes, les divinités de l'Olympe et l'élégante cour mythologique. Avant de savoir que la Terre est dans le ciel et que le ciel est partout, les théologiens avaient installé dans l'empyrée la Trinité, le corps glorifié de Jésus, celui de la vierge Marie, les hiérarchies angéliques, les saints et toute la milice céleste... Un naïf missionnaire du moyen âge raconte même que, dans un de ses voyages à la recherche du Paradis terrestre, il atteignit l'horizon où le ciel et la Terre se touchent, et qu'il trouva un certain point où ils n'étaient pas soudés, où il passa en pliant les épaules sous le couvercle des cieux... Or cette belle voûte n'existe pas! Déjà je me suis élevé en ballon plus haut que l'Olympe grec, sans être jamais parvenu à toucher cette tente qui fuit à mesure qu'on la poursuit, comme les pommes de Tantale.

Mais quel est donc ce bleu qui certainement existe, et dont le voile nous cache les étoiles pendant le jour ?

Cette voûte, que nos regards contemplent, est formée par les couches atmosphériques qui, en réfléchissant la lumière émanée du Soleil, interposent entre l'espace et nous une sorte de voile fluide qui varie d'intensité et de hauteur suivant la densité variable des zones aériennes. On a été très longtemps à s'affranchir de cette illusion et à constater que la forme et les dimensions de la voûte céleste changent avec la constitution de l'Atmosphère, avec son état de transparence, avec son degré d'illumination.

Une partie des rayons lumineux envoyés par le Soleil à notre planète est absorbée par l'air, l'autre réfléchie ; l'air néanmoins n'agit pas également sur tous les rayons colorés dont se compose la lumière blanche : il se comporte comme un verre laiteux, laisse passer plutôt les rayons de l'extrémité rouge du spectre solaire et réfléchit au contraire les rayons bleus ; mais cette différence n'est sensible que lorsque la lumière traverse de grandes masses d'air. Les montagnes lointaines se nuancent d'une teinte bleuâtre due à cette réflexion des particules de l'air et surtout de la vapeur d'eau qui s'interpose entre ces montagnes et l'observateur. Une expérience de Hassenfratz prouve aussi que le rayon bleu est réfléchi avec plus de force. En effet, plus la couche atmosphérique qu'un rayon traverse est épaisse, plus les rayons bleus disparaissent pour laisser la place aux rouges ; or, quand le Soleil est près de l'horizon, le rayon parcourt une plus grande épaisseur d'air : aussi cet astre nous paraît-il rouge, pourpre ou jaune. Les rayons bleus manquent souvent aussi dans les arcs-en-ciel qui apparaissent peu de temps avant le coucher du Soleil.

Nous verrons plus loin que c'est la vapeur d'eau répandue dans l'air qui joue le rôle principal dans cette réflexion de la lumière à laquelle est dû l'azur du ciel aussi bien que la clarté diffuse du jour.

L'air atmosphérique est un des corps les plus transparents qui soient connus ; quand il n'est point chargé de brouillards ou obscurci par d'autres corps, nous pouvons voir des objets placés à une très grande distance : les montagnes ne disparaissent à nos regards que lorsqu'elles se trouvent au-dessous de l'horizon. Mais, malgré son

Fig. 39. — La lumière se joue dans les paysages et se réfléchit dans le miroir des lacs...
(Le lac du Miroir, vallée de Yosémiti, d'après une photographie.)

faible pouvoir absorbant, l'air n'est cependant pas complètement transparent. Ses molécules absorbent une portion de la lumière qu'elles reçoivent, en laissent passer une partie et réfléchissent la troisième : de là vient qu'elles donnent naissance à une voûte apparente, illuminent les objets terrestres que le Soleil n'éclaire pas directement et déterminent une transition insensible entre le jour et la nuit.

On peut s'assurer par des observations journalières de la variation de cette transparence, celle-ci étant plus grande avant et après la pluie. Si l'on considère pendant plusieurs jours un même objet situé à l'horizon, on constate qu'il est tantôt très visible, tantôt beaucoup moins. La distance à laquelle les détails disparaissent varie considérablement, suivant le mode d'éclairement des objets et avec le contraste de leur coloration. C'est là une affaire de lumière. Malgré leur imperceptible diamètre, les étoiles sont visibles sur la voûte du ciel. Il en est de même des objets terrestres : on a de la peine à distinguer un homme lorsqu'il se projette sur des champs ou des surfaces noires, mais il est très visible s'il est placé sur une élévation de manière à se projeter sur un ciel éclairé : de là, les illusions d'optique si communes dans les pays de montagne. Ainsi, tandis que la chaîne des Alpes vue de la plaine à une grande distance est nettement visible dans ses moindres contours, le spectateur placé sur un de ses sommets ne distingue presque rien dans la plaine. Tous ceux qui ont passé quelques mois sur les lacs et les montagnes de la Suisse ont fait la même observation sur la variation de la visibilité des objets. Un homme marchant est visible, pour de bons yeux, à trois kilomètres, s'il se projette avec contraste sur le fond. Parfois le mont Blanc est reconnaissable du puy de Dôme, à 303 kilomètres, et de Langres, à 240 kilomètres ; le mont Canigou est visible de Marseille, à 253 kilomètres ; l'Algérie est visible de l'Espagne, à 270 kilomètres, etc.

La contemplation seule du ciel nous prouve déjà que sa couleur n'est pas la même à tous les points d'une même verticale ; elle est ordinairement plus foncée au zénith, puis s'éclaircit vers l'horizon, où elle est souvent complètement blanche. Mais la couleur de la même partie du ciel change aussi assez régulièrement pendant le jour, en ce qu'elle devient plus foncée depuis le matin jusqu'à midi et redevient plus claire depuis ce moment jusqu'au soir. Dans nos climats, le ciel a la couleur bleue la plus foncée lorsque, après une pluie de plusieurs jours, le vent d'est épure complètement l'Atmosphère.

La couleur du ciel est modifiée par la combinaison de trois teintes : le bleu qui est réfléchi par les molécules de l'air, le noir de l'espace infini, qui forme le fond de l'Atmosphère, et enfin le blanc des vésicules de brume, des particules glacées ou des poussières diverses, qui nagent dans les hauteurs. Quand nous nous élevons assez haut, nous laissons au-dessous de nous une grande partie de la vapeur d'eau, les rayons blancs arrivent à l'œil en moindre proportion, et le ciel étant couvert de moins de particules qui réfléchissent la lumière, sa couleur devient d'un bleu plus foncé. « Au-dessus de 3.000 mètres de hauteur, le ciel paraît obscur et impénétrable, disais-je dans une communication à l'Institut (juillet 1868) sur mes Études météorologiques faites en ballon, sa nuance est un gris bleu foncé dans les régions qui avoisinent le zénith ; il est bleu azur dans la zone élevée de 40 à 50 degrés, bleu pâle et blanchissant en approchant de l'horizon. L'obscurité du ciel supérieur est ordinairement proportionnelle à la décroissance de l'humidité. Lorsque l'Atmosphère est très pure, il semble qu'un léger voile bleu transparent s'interpose au-dessous de nous, entre la nacelle et les intenses colorations de la surface terrestre. » De Saussure affirme, d'après les récits des guides, que certainement on voit parfois les étoiles pendant le jour au sommet du mont Blanc.

La nature du sol joue un rôle important dans ces effets de réflexion et de transparence atmosphérique.

Dans les régions où existent de vastes surfaces presque dénuées de végétation, comme dans une grande partie de l'Afrique, l'air est très sec et perd une partie de sa transparence, surtout à cause des poussières enlevées par les vents et de l'absence des grandes pluies pour nettoyer l'air. Dans les autres parties de la zone intertropicale, sur le continent américain, dans les îles de la mer du Sud et dans certaines régions de l'Inde, la vapeur d'eau à l'état de gaz transparent est abondamment mêlée à l'air et, au lieu de la couleur bleu grisâtre qu'il possède dans nos climats et dans les déserts sablonneux, le ciel présente une teinte d'un bleu d'azur vigoureusement accentué qui lui donne un caractère spécial.

La couleur du ciel est donc expliquée. Maintenant, quelle est la cause de la forme très sensible de *voûte* surbaissée offerte par le ciel soit couvert, soit même affranchi de tout nuage ?

Pour moi, je m'explique ce surbaissement de la voûte apparente du ciel par un simple effet de perspective.

Je suppose que nous ayons devant nous une avenue de peupliers d'égale hauteur. Tout le monde sait que cette hauteur ira en diminuant selon la distance, et que les peupliers de l'extrémité de l'avenue arriveront à se confondre même avec la surface générale du sol.

Les pieds des arbres restent sur une surface horizontale parce que nous sommes sur le sol. C'est *par la ligne de faîte* que s'opère l'inclinaison vers la terre. Si nous étions perchés sur le premier arbre, les têtes resteraient au niveau de notre œil et c'est *par le bas* que la diminution perspective s'opérerait.

Le même raisonnement peut s'appliquer aux nuages. A partir de ceux qui sont à notre zénith, perpendiculairement au-dessus de nos têtes, ils vont en s'abaissant progressivement, selon leurs distances jusqu'à l'horizon. Directement au-dessus de nos têtes, c'est une sorte de plafond horizontal ; mais ce plafond ne tarde pas à s'abaisser graduellement tout autour du zénith, et cet abaissement graduel ne peut que prendre à nos yeux la forme d'une voûte de four, puisqu'au zénith il nous paraît plat. Il n'y a ni angles ni arêtes. Au surplus, un effet analogue se produit lorsqu'on a dominé d'un kilomètre ou deux les nuages dans la nacelle de l'aérostat.

Lorsqu'on a dépassé les nuages en ballon, on ne les voit point s'abaisser comme une voûte sur la Terre, mais s'étendre comme la surface plane d'un immense océan de neige ou de laine cardée.

Lorsqu'on atteint une hauteur de quelques kilomètres au-dessus d'eux, on les voit courbés en sens contraire. Il arrive souvent que les nuages inférieurs (*cumuli*) planent

à 800 ou 1.000 mètres environ de hauteur et s'étendent sur une couche de 200 mètres
d'épaisseur, puis qu'au-dessus, à 1.500 ou 2.000 mètres, plane une seconde couche de
nuages. L'aérostat vogue alors entre deux cieux.

Par un ciel pur, la surface de la Terre, vue d'une grande hauteur, est *creuse* au-
dessous de la nacelle et se relève lentement tout autour jusqu'à l'horizon circulaire.
Loin de paraître bombée comme on pourrait s'y attendre en supposant qu'à une grande
hauteur dans l'Atmosphère on reconnaîtrait déjà la sphéricité du globe, la surface du
sol se creuse au-dessous de nous, pour s'élever jusqu'à l'horizon, qui semble rester

Fig. 40. — Entre deux cieux.

toujours à la hauteur de notre œil. Or cette illusion s'explique de la même façon que
la précédente.

Cet aspect de la Terre se creusant en cuvette m'a extraordinairement surpris la
première fois que je l'ai remarquée en ballon, car, à la hauteur où je me trouvais, j'espérais, au contraire, la voir bombée.

Ainsi, l'abaissement de la voûte apparente du ciel au-dessus de nos têtes est dû à
un effet de perspective, d'autant plus facile à justifier que nos yeux ne jugent pas du
tout les longueurs verticales de la même manière que les longueurs horizontales. Un
arbre de 15 mètres de hauteur nous paraît beaucoup plus long couché que debout. La
tour Eiffel, avec ses 300 mètres de hauteur, nous paraîtrait beaucoup plus longue
couchée sur le sol que perdue dans l'air. Ayant l'habitude de marcher et non de nous
élever, nous apprécions les longueurs à leur juste valeur, tandis que les hauteurs
restent en dehors de notre jugement direct. Les oiseaux jugent probablement les
choses autrement.

Il résulte de cette forme apparente de la voûte céleste que les constellations nous
paraissent beaucoup plus grandes vers l'horizon qu'au zénith (exemples : la Grande

Ourse quand elle rase l'horizon et Orion à son lever), et que le Soleil et la Lune offrent un disque plus large à leur lever et à leur coucher qu'au moment de leur culmination.

Il en résulte encore que nous nous trompons constamment dans l'évaluation directe de la hauteur des astres au-dessus de l'horizon.

Ainsi s'expliquent, par les jeux multiples de la lumière, l'état du jour à la surface de notre planète, l'aspect variable du ciel et la diversité optique de l'Atmosphère suivant les lieux et les heures.

Nous n'apprécions pas la beauté ni l'importance pratique de la lumière diffuse, parce que nous avons l'habitude de nous en servir sans cesse. Un séjour de quelques heures sur notre voisine la Lune serait suffisant pour nous montrer toute l'extrême distance qui sépare un jour atmosphérique d'un jour sans air.

Si l'Atmosphère n'existait pas, chaque point de la surface terrestre ne recevrait de la lumière que celle qui lui arriverait directement du Soleil. Quand on cesserait de regarder cet astre ou les objets éclairés par ses rayons, on se trouverait aussitôt dans les ténèbres: aucune demeure habitable ! monde sans villes et sans habitations ! Les rayons solaires réfléchis par la Terre iraient se perdre dans l'espace, et l'on éprouverait toujours un froid excessif. Le Soleil, quoique très près de l'horizon, brillerait de toute sa lumière ; et, immédiatement après son coucher, nous serions plongés dans une obscurité absolue. Le matin, lorsque cet astre reparaîtrait sur l'horizon, le jour succéderait à la nuit avec la même soudaineté.

L'effet étrange de l'absence d'Atmosphère serait bien plus complet et bien plus saisissant, s'il nous était donné de nous transporter sur notre satellite. Comparons le riant spectacle que nous offre la Terre, en partie couverte de son manteau humide et ondoyant, sillonnée de fleuves, comparons, dis-je, ce spectacle à l'aspect morne de la Lune, avec son sol de pierre ou de métal déchiré, crevassé et si durement bouleversé dans ses vastes déserts montagneux, avec ses volcans éteints et ses pics semblables à de gigantesques tombeaux, avec son ciel noir invariable et sans forme dans lequel règnent jour et nuit des étoiles non scintillantes, le Soleil et la Terre. Là, les jours ne sont en quelque sorte que des nuits éclairées par un soleil sans rayons. Point d'aurore le matin, point de crépuscule le soir. Les nuits sont absolument noires. Celles de l'hémisphère lunaire qui nous regarde sont éclairées par un *clair de terre* dont le premier quartier coïncide avec le coucher du Soleil, la pleine Terre avec minuit, et la nouvelle Terre avec le lever. Le jour, les rayons solaires viennent se briser, se couper aux arêtes tranchantes, aux pointes aiguës des rochers, ou s'arrêter court aux bords abrupts de ses abîmes, dessinant, çà et là, de bizarres figures noires aux contours anguleux et tranchés, et ne frappant les surfaces exposées à leur action que pour se réfléchir et se perdre aussitôt dans l'espace, ombres fantastiques dressées au milieu d'un monde sépulcral, éternellement muet et silencieux.

Il vaut encore mieux habiter la Terre que la Lune.

CHAPITRE II

LE SOIR

LA lumière, en nous formant par sa puissance et par ses jeux ce magnifique monde atmosphérique au sein duquel nous vivons, donne naissance à des variations qui sans cesse s'opposent à l'uniformité. La blancheur des rayons lumineux cache dans son sein toutes les couleurs et toutes les nuances, et l'Atmosphère non seulement baigne les paysages terrestres par la *réflexion* multiple de la lumière dans tous les sens, mais encore elle décompose cette lumière par la *réfraction* et jette sur notre planète l'ondoyante parure d'un ciel toujours changeant, d'une incessante variabilité d'aspects souriants ou sombres.

Lorsqu'un rayon de lumière passe d'un milieu transparent dans un autre, il subit une déviation causée par la différence de densité de ces milieux. En passant de l'air dans l'eau, le rayon se rapproche de la verticale, parce que l'eau est *plus dense* que l'air. Un bâton plongé dans l'eau paraît courbé à la surface du liquide, et la partie plongée semble se rapprocher de la verticale. Il en est de même d'un rayon qui passe d'une couche d'air supérieure dans une couche d'air inférieure, puisque, comme nous l'avons vu, les couches inférieures sont plus denses que les supérieures.

Cette déviation des rayons de différentes couleurs, dont l'ensemble constitue la lumière blanche, s'appelle la *réfraction*. Mais ces rayons ne sont pas tous également réfrangibles, et il résulte de cette différence qu'en pénétrant dans un prisme, ils se trouvent séparés proportionnellement à leur réfrangibilité, et qu'en sortant, la lumière blanche se trouve décomposée en ses éléments consécutifs.

En réfractant la lumière, l'air produit donc deux effets distincts. D'une part, il courbe vers la Terre les rayons venus des astres, extérieurs à l'Atmosphère, de telle sorte que nous voyons le Soleil, la Lune, les planètes, les comètes, les étoiles *plus hauts* qu'ils ne sont en réalité. D'autre part, il opère une séparation plus ou moins grande, selon son état de transparence et de densité, entre les divers rayons constitutifs de la lumière.

Le premier effet produit les crépuscules ; le second leur donne cette douce et ondoyante beauté qui flotte dans la sérénité des soirs.

La réfraction est d'autant plus forte que le rayon lumineux traverse l'Atmosphère plus obliquement. Les observations astronomiques seraient toutes fausses, quant aux positions, si on ne les corrigeait de cet effet.

Il résulte de ce relèvement que l'on peut voir en même temps le Soleil à l'ouest et la Lune à l'est au moment de la pleine Lune, et même *une éclipse totale de Lune, et le Soleil encore sur l'horizon*, quoique le globe terrestre se trouve alors exactement entre les deux astres, et qu'ils soient astronomiquement tous les deux sur une ligne passant par le centre de la Terre et tous les deux au-dessous de l'horizon. C'est la réfraction qui les relève. On a observé cette curieuse circonstance dans plusieurs éclipses de Lune. Il est rare que le fait se présente au milieu d'une éclipse totale ; mais il s'en approche assez souvent.

Par la même déviation des rayons lumineux, le Soleil et la Lune paraissent aplatis

Fig. 41. — Exemple de réfraction.

à leur lever et à leur coucher, la réfraction agissant suivant la verticale pour diminuer le diamètre apparent de l'astre dont les rayons traversent les couches atmosphériques (fig. 42).

La durée du jour se trouve donc augmentée par le relèvement du Soleil, et celle de la nuit se trouve diminuée en conséquence. C'est ainsi qu'à Paris le plus long jour de l'année est de 16 heures 7 minutes et le jour le plus court de 8 heures 11 minutes, au lieu de 15 heures 58 minutes et 8 heures 2 minutes, durée astronomique. On voit que les jours à Paris sont augmentés de 9 minutes par cette influence, à l'époque des solstices ; ils le sont seulement de 7 minutes aux équinoxes. Au pôle boréal, le Soleil paraît dans le plan de l'horizon, non pas lorsqu'il arrive à l'équinoxe du printemps, mais lorsque sa déclinaison boréale n'est plus que d'environ 33 minutes ; il reste alors visible jusqu'à l'époque où, ayant passé à l'équinoxe d'automne, il a repris une déclinaison australe supérieure à 33 minutes. Au lieu de durer six mois, la nuit dure trois mois à peine et il y a trois mois de crépuscules. A partir de la latitude de Paris, il n'y a déjà plus de nuit complète au solstice d'été, parce que le Soleil ne descend alors qu'à

17°42′ au-dessous de notre horizon et qu'il éclaire encore à minuit les hauteurs de l'Atmosphère au nord. A la latitude de Saint-Pétersbourg, on voit encore parfaitement clair ; un peu plus loin au nord, le Soleil ne se couche pas du tout ce jour-là, et on le voit à minuit glissant au-dessus de l'horizon nord.

Les phénomènes crépusculaires sont à peu près inconnus sous les tropiques ; là, le jour naît brusquement et l'obscurité succède presque sans transition à la lumière. A Cumana, dit A. de Humboldt, le crépuscule dure à peine quelques minutes, quoique pourtant l'Atmosphère soit plus haute sous les tropiques que dans les autres régions.

Fig. 42. — Le disque du Soleil vers l'horizon.

Dans les contrées chaudes, la présence de l'humidité dans l'air n'agit pas seulement pour donner au ciel pendant le jour la teinte foncée d'azur, ou pour faire développer par les rayons solaires la puissance vitale ; elle agit encore pour joindre aux mille merveilles de la nature de l'équateur des effets de lumière d'une beauté incomparable au lever et au coucher de l'astre-roi. Le coucher surtout offre des spectacles d'une magnificence impossible à décrire ; il doit la supériorité, qu'à cet égard il possède sur le lever du Soleil, à la présence de l'humidité dans l'air. Elle est plus abondante le soir, après la chaleur de la journée, que le matin, où elle est en partie condensée en rosée par l'effet du refroidissement de la nuit.

Ce n'est pas non plus sur les continents qu'on observe les plus beaux couchers de Soleil. Toutefois, sur la Terre, le bleu céleste des montagnes lointaines, les teintes roses ou violettes que montrent ensemble et suivant leur distance les collines plus rapprochées, les tons chauds du sol, s'harmonisent d'une manière merveilleuse, quand l'astre vient de disparaître sous l'horizon, avec l'or palpitant de l'occident, avec les nuages rouges ou roses qui le surmontent dans le ciel, l'azur foncé du zénith et la couleur plus sombre encore et souvent verdâtre, par effet de contraste, qui règne à l'orient. Dans les régions équinoxiales, ces teintes douces et fondues, jointes à la variété des formes du terrain, à la richesse de la végétation, donnent des images plus puissantes que celles de nos climats. Parfois des nuages roses et légers, ou des nuées

Fig. 43. — Le soir. — Campagnes de France.

plus épaisses, frangées de rouge cuivre, produisent des effets qui se rapprochent de certains couchers de Soleil de nos régions ; mais, toutes les fois que le ciel est pur, les nuances diffèrent entièrement de celles de la zone tempérée et présentent un caractère spécial. Quelquefois encore, les dentelures des montagnes situées sous l'horizon, ou des nuages invisibles interceptant une partie des rayons solaires qui, après le coucher de l'astre, atteignent encore les hautes régions atmosphériques, donnent lieu au curieux phénomène des rayons crépusculaires. On voit alors partir du point où le Soleil a disparu une série de rayons, ou plutôt de gloires divergentes, s'étendant parfois jusqu'à 90 degrés, et même dans quelques cas se prolongeant jusqu'au point antisolaire. « Sur l'Océan, dit M. Liais, quand près de l'équateur le ciel est dégagé de nuages dans la partie visible, et quand les rayons divergents se mêlent aux arcs crépusculaires, les jeux de lumière prennent des proportions et un éclat qui défient toute description et toute représentation sur un tableau. Comment, en effet, dépeindre d'une manière satisfaisante les teintes rouges et roses de l'arc frangé par les rayons crépusculaires bordant le segment encore fortement éclairé de l'occident, segment coloré lui-même d'un jaune d'or éclatant ? Comment surtout décrire la teinte d'un bleu inimitable, différent de celui du milieu du jour, et qui occupe la portion céleste comprise entre l'azur ordinaire mais foncé du zénith et l'arc crépusculaire ? A toute cette splendeur du ciel occidental, il faudrait joindre la description de ses feux réfléchis sur la surface des eaux agitées par le vent alizé, la couleur bleu noir de la mer à l'orient, l'écume blanche de la vague qui tranche sur ce fond obscur, l'arc rose pâle du ciel oriental et le segment sombre et verdâtre de l'horizon. » Sur les bords de la mer surtout, la gloire du Soleil couchant transfigure l'aspect du ciel.

Les ondoyantes splendeurs qui couronnent l'ensevelissement de l'astre-roi dans la pourpre des soirs sont parfois plus touchantes encore que la scène gigantesque du couchant lui-même.

Dans les campagnes de notre belle France, au milieu des champs ou dans les clairières des bois, lequel d'entre nous n'a pas admiré, certains soirs d'été ou d'automne, le suave spectacle du lent et silencieux coucher du Soleil? L'astre éclatant est descendu au delà de la plaine ; une brise légère transporte les parfums sauvages ; des nuées diaphanes étendent sous les cieux leurs voiles dorés ; les derniers oiseaux viennent retrouver leur abri du soir ; une ferme au milieu du paysage semble, sous cette lumière alanguie, l'asile de la paix et du bonheur. Quelque simples, quelque familiers que soient pour nous ces tableaux si souvent renouvelés, nous admirons qu'un seul effet de lumière soit capable de développer, comme une baguette magique, les plus splendides, les plus inimitables aspects dans la nature.

Parfois aussi, dans nos climats, après des journées d'une Atmosphère exceptionnellement pure, on contemple, après le coucher du Soleil, le ciel occidental vivement coloré des couleurs du spectre solaire, se succédant du rouge vif à l'orangé, au jaune, au vert et au bleu, finement dégradées, plus calmes que celles de l'arc-en-ciel, mais plus larges et plus profondes.

Mais, dans les montagnes, ces effets sont encore plus pittoresques.

Nulle description ne saurait rendre la merveilleuse beauté de certains paysages du soir dans les Alpes. C'est un monde de grandeur et de douceur, de sévérité et de tendresse, un singulier mariage du pouvoir majestueux avec la suave délicatesse, un ensemble à la fois formidable et charmant que l'œil surpris contemple fasciné sans pouvoir d'abord le bien comprendre. Nature ! ô grande Nature ! combien est petit le nombre des âmes qui savent entendre tes paroles ! Parfois les plus magnifiques spectacles passent inaperçus devant nos yeux aveugles ; parfois le moindre trait de lumière frappant nos regards nous met soudain en communication avec toi et nous fait entrevoir ta beauté à travers les fluctuations des mouvements terrestres... Un jour d'équinoxe d'automne, j'avais étudié les effets du coucher du Soleil sur les cimes éclatantes de la Jungfrau, de l'Eiger et du Monch. Derrière la chaîne de l'Abendberg (mont du soir) qui borde au sud le silencieux lac de Thun et dont les sommets lointains se découpaient sur l'horizon pâle comme de hautes dents noires, l'astre du jour était lentement descendu. Les trois montagnes de neige que je viens de nommer restaient seules éclairées derrière un premier plan sombre et déjà brumeux et, par un effet singulier, l'éclairage oblique de la Jungfrau lui donnait exactement l'aspect d'une montagne de la Lune, de ces vastes cratères blancs circulaires et bordés d'une ombre noire échancrée. Douze minutes après le coucher du Soleil pour la plaine d'Interlaken, la dernière pointe de l'Eiger perdit sa blancheur et devint rose ; une minute après, ce fut le tour du Monch, et, deux minutes plus tard, celui de la blanche Jungfrau, vierge baignée dans l'azur, qui pendant quelque temps trôna seule dans le ciel, légèrement colorée d'une douce nuance rose pâle. Quelques minutes après, les trois Alpes resplendirent de nouveau et brillèrent comme des montagnes roses sous l'illumination de l'*albe* ou second crépuscule, illumination produite par les rayons solaires infléchis, qui éclairent des nuages légers, des cirrus formés de cristaux de glace, flottant à une grande hauteur dans une zone de l'Atmosphère déjà comprise dans l'intérieur du cône d'ombre terrestre; puis, comme par le passage d'un génie malfaisant dans les hauteurs de l'Atmosphère, elles parurent mourir tristement et perdirent leurs teintes chaudes et vivantes pour s'envelopper de la sombre et verdâtre pâleur d'un cadavre.

J'avais assisté, dis-je, à ce coucher de Soleil et de mon observatoire improvisé sur une colline de sapins j'étais redescendu au lac en suivant le sentier qui mène aux ruines d'un antique castel. Un pont de bois jeté sur l'Aar traversait alors le fleuve rapide et solitaire (mais, depuis, le chemin de fer a fait évanouir tout ce grand calme). La nuit tombait. Les clochettes colossales suspendues au cou des vaches semaient dans le lointain les perles sonores de leur timbre pastoral. Le parfum sauvage des plantes alpestres descendait dans la plaine sur les ailes d'une brise imperceptible. Il semblait qu'un recueillement immense enveloppait la nature entière, et le promeneur isolé dans ces campagnes ne pouvait que songer avec mélancolie à la succession rapide et fatale des jours, des saisons et des années.

Tout à coup, au détour d'un sentier bordé de buissons et d'arbustes, ma vue, jusque-là masquée par ces haies, eut devant elle le panorama tout entier du lac, de la plaine de roseaux, des collines boisées et, dans le fond du paysage, là-bas, à plusieurs kilomètres de distance, des trois géants blancs debout dans le ciel.

Oui, comme trois géants impassibles, le Moine, l'Aigle et la Vierge étaient là, silencieux, le front baigné dans les hauteurs, la tête ceinte de glaces éternelles, regardant autour d'eux la succession des choses éphémères et dominant tout par leur âge comme par leur taille. A leur droite, le mince croissant de la Lune flottait comme un filet d'argent fluide et transparent. Les plus belles étoiles s'allumaient dans les cieux... Quelle peinture, quelle description sauraient reproduire de telles heures pour l'âme qui ne les a point senties? La musique, la suave mélodie de la pensée rêveuse ramènerait seule en notre sein l'impression disparue.

Cependant, quelque splendide que soit le coucher du Soleil dans les montagnes, il me semble qu'il est encore plus magnifique sur la mer. L'astre enflammé descend majestueusement dans la plaine liquide, et l'infini des mers semble répondre à l'infini des mouvements célestes.

La réflexion de la lumière sur les molécules atmosphériques, qui constitue la douce et variable clarté répandue dans l'espace aérien, offre à toutes nos heures un théâtre de contemplation sans cesse renouvelé, car elle donne au monde terrestre sa plus éclatante parure et sa beauté la plus profonde. Les planètes dépourvues d'Atmosphère ne connaissent point cette richesse. Mais nous passons ordinairement insensibles devant les plus magnifiques spectacles, sans laisser bercer notre pensée dans les ravissements offerts à chaque instant par la contemplation de notre monde.

Au sein des cités populeuses elles-mêmes, parmi les murs vulgaires et les rues droites des villes, il y a parfois de magnifiques effets de lumière, à deux pas des boulevards, là où l'homme n'en chercherait point, tant la nature est généreuse et féconde dans la distribution de ses richesses. J'ai parfois ressenti à Paris les mêmes impressions que dans les Alpes ou dans les nues. Quelquefois, en traversant la Seine, malgré les autobus bruyants et les passants affairés, l'œil est attiré par un rayonnement lointain du Soleil qui projette derrière les édifices des lueurs rouges palpitantes. Certains aspects ne peuvent manquer de fixer le regard. Le promeneur qui s'égare sur les bords de la Seine, à l'est de la ville agitée, sur ces quais solitaires qui avoisinent, par exemple, l'embouchure du canal, voit, au couchant, devant lui, sortant des flots, la haute, imposante et sombre silhouette de Notre-Dame, dont les tours carrées dominent royalement l'espace et dont la flèche perce le ciel. Il voit, plus au sud, exaltée des mille toits de la montagne Sainte-Geneviève, la coupole du Panthéon portée sur sa colonnade, élevant dans l'air son dôme païen qui rappelle Rome polythéiste. Le fleuve roule ses flots sur la basilique chrétienne, qu'il enserre dans son île, et, d'heure en heure, lentement transporte ses eaux, toujours renouvelées, vers le couchant, vers la mer où tout s'engloutit. Il est difficile de contempler ce panorama de Paris dans la lumière du soir, sans remarquer quelle grâce et quelle douceur répand sur toutes choses la clarté atmosphérique, dont le fluide éthéré baigne, en les caressant, les contours des vieux édifices. Il n'y a cependant, dans ce simple panorama, que deux grands objets frappants : l'église du moyen âge avec ses souvenirs historiques et le monument de la patrie, le Panthéon des hommes illustres ; mais ce revêtement général de la lumière atmosphérique, ces flots vaguement suivis par l'œil et la pensée jusqu'au Louvre, le silence de ces régions, et même le bruit monotone d'une écluse, tout cet ensemble donne, à Paris même, pour ceux qui savent le voir, un spectacle émouvant de la nature, fécond en pensées sur la durée des édifices humains en contraste avec l'éphémère durée de notre vie qui, semblable à ces molécules d'eau du fleuve, ne fait que descendre incessamment vers la mort.

Le Soleil couchant est presque toujours accompagné de nuages cumulo-cirrus, qui nous donnent à Paris, sur le pont des Arts et vers l'occident, ces aspects du ciel célèbres par leur beauté. Ces nuages rouges que nous voyons de Paris sont *sur la mer*, au delà des côtes normandes ; ils sont souvent élevés de 3.000 mètres au-dessus de l'Océan, et formés de glace et de neige, même au mois de juillet ; ce sont eux qui produisent ces figures si variées de montagnes, de poissons, d'animaux et d'êtres fantastiques que l'on contemple agréablement le soir sur un fond éclatant et enrichi de toutes les teintes que donne la diffraction de la lumière.

La nature exerce constamment sur nous une influence muette, mais irrésistible. La composition chimique de l'air, son état physique, sa transparence optique, ses variations de lumière et d'ombre, le vent, les nuages, la périodicité des matins et des soirs, des jours et des nuits, des saisons, des années changeantes et renouvelées, tout ce qui nous entoure, ce qui nous soutient, ce qui nous nourrit, la terre, l'eau, la plante, le sol, la densité des substances qui constituent et la planète et nos propres corps, la pesanteur, la chaleur, les forces diverses qui meuvent le monde, en un mot, tous les agents de la nature agissent sur nous incessamment et à notre insu. Ce sont eux qui ont composé l'organisation de la vie sur la Terre ; ce sont eux qui l'entretiennent. Nous sommes menés, troupeaux parasites disséminés à la surface de cette planète, nous sommes menés dans les champs du ciel par une main souveraine que nous ne voyons pas, par une destinée que nous ignorons. Tous ici nous nous agitons, nous courons au plus vite, nous combattons tous les combats de la vie, nous nous remuons sans cesse comme les fourmis dans les champs et les rues de leur fourmilière, et toutes les espèces animales travaillent comme l'espèce humaine, et les plantes aussi naissent, grandissent, fleurissent, fructifient et meurent, et les objets inanimés marchent aussi, le vent circule, la vapeur d'eau s'élève au nuage, la pluie tombe, le fleuve descend à la mer, et la Terre elle-même court avec une rapidité inimaginable..., vers quoi ? pour quoi ? Qu'est-ce que cette agitation universelle et infatigable ? — Nous ignorons le but et la fin de cette incompréhensible création. Mais, ce que nous savons, c'est que ce mouvement perpétuel constitue la vie et la grandeur de la nature. Il faut nous résigner à ne voir que l'actualité. Étudions-la : c'est le plus grand charme de la vie ; en étudiant cette nature dont nous sommes fils, nous apprenons à nous connaître sincèrement nous-mêmes.

CHAPITRE III

LA NUIT

LA paix profonde descend des cieux, et dans le lointain s'évanouissent les derniers bruits du jour. La nature se tait dans un attentif recueillement. Les avenues sombres du bois ne sont plus éclairées que par une vague clarté répandue dans l'Atmosphère du crépuscule. Le rossignol chante au ciel sa tendre et infatigable chanson d'amour, qui résonne dans les solitudes et s'envole en perles limpides. Un souffle parfumé caresse les collines, et la transparence du ciel ne laisse encore briller dans sa pénombre que Vénus au couchant et Jupiter sur nos têtes. C'est l'heure, charmante entre toutes, où les forces mystérieuses de la nature semblent s'endormir en invitant aux expansions intimes le jeune cœur gonflé d'une sève ardente, en qui s'éveille l'aspiration vers le beau, vers le grand, vers l'idéal. Le monde paraît un instant transformé. Plus de bruit, plus d'agitation, plus de travail guerroyant et tempétueux entre les êtres. L'Océan devient lac, et les paysages développent dans une tranquille douceur le sentier des promenades solitaires. O Nuit pensive et silencieuse, dont les vastes ailes apportent sur leur passage la rêverie ondoyante et l'oubli des préoccupations matérielles, quelle reconnaissance ne vous doivent pas les âmes que vous avez bercées dans les ravissements du ciel ! Combien de tendresses profondes et sacrées se sont communiquées et fondues ensemble sous la discrète influence de vos ombres protectrices ! Et aussi combien de peines et de douleurs le sommeil n'est-il pas venu surprendre en les assoupissant ? Combien de fatigues n'a-t-il pas fait évanouir, combien de désespoirs n'a-t-il pas su remplacer par les bienfaits du repos et par les promesses inattendues de la joyeuse espérance ?

J'aime avec passion la Nuit sublime, qui possède la singulière puissance de substituer ainsi le monde de la pensée intime au monde de la lourde matière, et d'ouvrir le panorama des cieux au regard contemplateur ambitieux de connaître les autres mondes, invisibles pendant la lumière des jours. Mais la réflexion qui me frappe le plus fortement ici, c'est de songer que, pour produire cette étonnante transformation sur la Terre, la nature n'a qu'à élever l'horizon au-dessus du lieu du Soleil, et que, par cette seule inflexion de la sphère, le monde moral subit une métamorphose non moins complète que celle du monde physique. Ce qui me frappe d'étonnement, c'est surtout de voir que, pendant la nuit silencieuse amenée par la rotation du globe, les forces incessantes de l'univers continuent d'agir, d'emporter notre globe dans le vide du désert éternel, — de le mener avec l'énergie de la sévère puissance attractive à travers les multiples mouvements dont il est le jouet, — de lui faire parcourir 107.000 kilomètres par heure..., tandis que nous dormons ou rêvons dans le bercement maternel de la nuit si douce et si tranquille.

Quel contraste ! quelle merveilleuse opposition entre l'exquise sérénité d'une nuit limpide et la force colossale qui, tout en produisant cet effet, emporte la Terre dans l'espace aveugle avec une vitesse vertigineuse !

Pendant une nuit de dix heures, notre planète a traversé dans l'immensité une

Fig. 44. — Nuits polaires éclairées par la Lune.

étendue de 1.072.000 kilomètres ! Chaque point de sa surface, emporté d'ailleurs de l'ouest à l'est par la rotation diurne, a parcouru près de la moitié de la circonférence de sa latitude. Or, pendant cette durée, le contemplateur a pu suivre lentement le mouvement apparent insensible de la sphère étoilée sur sa tête et étudier le ciel extérieur, grâce à la transparence de l'Atmosphère.

La voûte étoilée de la nuit n'existe pas plus que la voûte bleue du jour. Elles sont causées l'une et l'autre par une même propriété de l'air, agissant en sens contraire. L'enveloppe atmosphérique est, en effet, assez *transparente* pour que les étoiles lointaines soient visibles au travers ; et elle ne l'est pas absolument, car dans ce cas le ciel serait noir incolore, au lieu d'offrir ce voile aérien azuré et fluide qui est formé par la réflexion de la lumière sur les molécules aériennes non absolument transparentes.

Au sein de l'univers étoilé, notre œil rapporte vaguement à une voûte fictive dont il est le centre tous les points lumineux disséminés dans l'espace ; la sphère céleste, au milieu de laquelle on suppose la Terre, est née à la fois de la propension où nous sommes de rapporter tous ces points extérieurs à une même surface courbe, à une même distance, et de la nécessité où l'on s'est vu de tracer les constellations et de les nommer pour les reconnaître. Mais, en réalité, les étoiles — qui sont autant de soleils — sont à des distances très diverses au delà de la prétendue voûte étoilée. On peut en sentir un exemple en observant que le ciel couvert des nuages qui donnent la pluie n'est pas à plus de 1.500 mètres de hauteur (souvent moins), et que de ces nuages à la Lune il y a 256.000 fois cette étape, et en remarquant encore que la Lune, située à 384.000 kilomètres d'ici, n'est qu'à la *millionième* partie de la distance qui nous sépare de l'étoile la plus rapprochée (α du Centaure), et que les étoiles qui nous semblent voisines sont situées les unes derrière les autres à des éloignements tels que, de l'une à l'autre, chaque distance encore se compte par trillions de kilomètres !

Les philosophes de l'antiquité avaient admis la réalité de la voûte céleste ; pour un grand nombre, les étoiles n'étaient que des clous d'or, et les aérolithes des pierres détachées du firmament. En brisant le cristal des cieux, Copernic et Galilée ont développé l'univers à sa véritable grandeur.

Aussi bien au point de vue de la science qu'à celui de l'art, la clarté répandue par la Lune sur notre Atmosphère mériterait une étude spéciale, à cause de la variété qu'elle présente selon les climats.

C'est aux régions polaires qu'il faudrait nous transporter pour avoir une vue complète d'une longue nuit glacée, illuminée de la pâle clarté lunaire. Là, pendant cette nuit hibernale d'une demi-année, la Lune se lève une fois par mois et elle reste quinze jours au-dessus de l'horizon. La phase du lever est celle du premier quartier. Après son apparition, l'astre s'élève peu à peu en décrivant, pendant la moitié de la durée de sa présence, sept tours et demi autour de l'horizon. En même temps la phase augmente, la pleine Lune arrive, et le globe lunaire s'arrête à sa hauteur maximum, laquelle ne dépasse jamais 29 degrés. Il redescend alors en faisant encore sept tours et demi autour de l'horizon, et au dernier quartier se couche et disparaît pour quinze jours. Ce long séjour de la Lune sur l'horizon des pôles s'explique par l'inclinaison de la Terre sur le plan de son orbite, dont nous nous occuperons bientôt à propos des saisons et de la variation des jours et des nuits.

En arrivant vers nos latitudes tempérées, on voit la Lune se lever et se coucher tous les jours. En même temps, elle atteint des hauteurs de plus en plus grandes au-dessus de l'horizon.

La longue illumination des nuits polaires offre un caractère fantastique et bizarre. Les pâles reflets de la Lune s'y répandent sur l'épaisse couche de neige qui couvre le sol, et les masses gigantesques de glace varient seules l'uniformité de ce spectacle, avec leurs stalactites aux formes bizarres, tantôt simulant les dentelles de nos monuments gothiques, tantôt dessinant de longues colonnades. De beaux effets de lumière se jouent au milieu de cette nature morte et désolée. Fréquemment, de petits cristaux de glace flottant dans l'Atmosphère donnent lieu à de grands cercles blancs entourant la Lune et à l'immense variété des arcs, des halos et parasélènes, dont nous par-

lerons plus loin. Souvent même, la faible lueur de l'astre ne peut arriver à éteindre les
brillants reflets de l'aurore boréale, dont les rayons et les arcs alors affaiblis se joignent
aux cercles blancs ou colorés produits par la lumière de la Lune traversant les cristaux
atmosphériques. Ailleurs, sur le sol, des aiguilles de glace, situées dans l'ombre, réfléchissent comme une lueur pâle et phosphorescente les neiges éclairées, ou bien les
stalactites de cristal exposées à l'action directe des rayons lunaires en multipliant
l'image. Si, dans nos climats, nous n'avons point ces spectacles, par compensation
notre été nous donne des nuits chaudes et agréables, la présence de la Lune éclaire
des campagnes couvertes de vie, les rayons de cet astre se jouant dans le feuillage des
arbres répandent une sorte de douce mélancolie invitant à la pensée et à la méditation.
Nos clairs de Lune, dans nos régions tempérées, offrent un charme tout particulier ;
comme le disait Ossian, ils sont le divin accompagnement des nuits solitaires, voilées

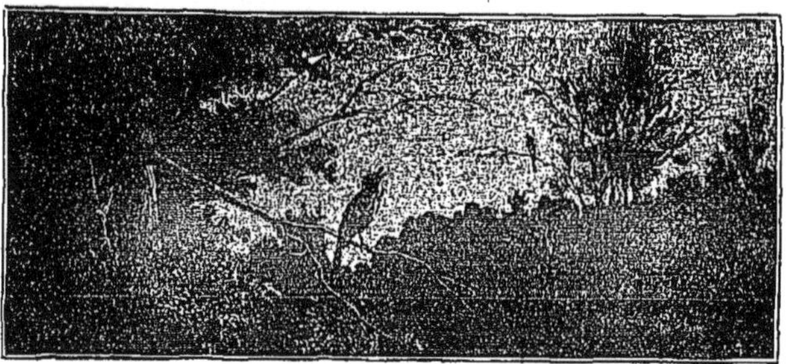

Fig. 45. — Le chant de minuit.

par les nuages légers que transporte la brise, animées par les notes mélancoliques du
« *sweet nightingale* », le doux chantre de minuit.

En Europe, comme dans toutes les zones tempérées, la Lune, à l'époque de son
plein, atteint une hauteur au-dessus de l'horizon beaucoup plus grande en hiver qu'en
été. Cela vient de ce que la route qu'elle décrit est à peu près la même que celle du
Soleil. Or, quand notre satellite nous montre sa face éclairée, il est précisément à l'opposé du Soleil, c'est-à-dire dans la partie du zodiaque où ce dernier était situé six
mois plus tôt. Ainsi, en été, la pleine Lune est dans la région du ciel occupée en hiver
par le Soleil, région qui pour nos climats descend vers l'horizon sud. En hiver, au
contraire, la pleine Lune a lieu dans la portion du zodiaque où le Soleil brille en été.

Chaque année, d'ailleurs, la hauteur de la Lune varie.

On peut dire en général que, dans nos climats, l'éclairage lunaire le moins intense
est précisément celui de la saison où nos arbres sont en feuilles. Aussi, nos clairs de
lune d'été, les seuls qui pourraient être comparés à ceux des tropiques à cause du
charme spécial répandu par la blanche clarté de notre satellite sur une nature à végétation active, sont cependant très inférieurs à ceux de la zone torride où la Lune arrive
jusqu'à lancer, du zénith même, des rayons condensés sur des paysages de verdure. La
transparence de l'Atmosphère tropicale favorise l'intensité de l'éclairage et, sous une
lumière plus que triple de celle qui existe en été dans nos climats, les formes majes-

tueuses des grands arbres se dessinent au milieu de la masse générale des feuillages avec un caractère de beauté indescriptible.

L'un des spectacles les plus curieux des nuits estivales, et qui présente une contre-partie du tableau de la voûte céleste, c'est assurément celui de la phosphorescence de la mer.

Dès que le Soleil a disparu de l'horizon, des essaims innombrables d'animalcules lumineux sont attirés à la surface du liquide par certaines circonstances météorologiques. Une nouvelle clarté surgit du sein des flots. On dirait que l'Océan essaye de rendre pendant la nuit les torrents de lumière qu'il a reçus pendant le jour. Cette lumière étrange naît çà et là par une foule de points qui, tout à coup, s'allument et scintillent.

Quand la mer est calme, on croit voir à sa surface des millions de vives étincelles qui flottent et se balancent, et, au milieu d'elles, de capricieux feux follets qui se poursuivent et se croisent. Ces soudaines apparitions se réunissent, se séparent, se rejoignent et finissent par former une vaste nappe de phosphorescence bleuâtre ou blanchâtre, pâle et vacillante, au sein de laquelle se font distinguer encore, d'espace en espace, de petits soleils éblouissants qui conservent leur éclat.

Quand la mer est très agitée, les flots semblent s'embraser. Ils s'élèvent, roulent, bouillonnent et se brisent en flocons d'écume qui brillent et disparaissent comme les étincelles d'un immense foyer. En déferlant sur les rochers du rivage, les vagues les ceignent d'une bordure lumineuse ; le moindre écueil a son cercle de feu. Chaque coup de rame fait jaillir de l'Océan des jets de lumière : ici, faibles, peu mobiles et presque contigus ; là, resplendissants, vagabonds et dispersés comme un semis de perles chatoyantes. Les roues des bateaux à vapeur agitent, soulèvent et précipitent des gerbes enflammées. Quand un vaisseau fend les ondes, il pousse devant lui deux vagues de phosphore liquide ; il trace en même temps, derrière sa poupe, un long sillon de feu qui s'efface avec lenteur, comme la queue d'une comète !

Une nuit d'août, naviguant sur les côtes de la Manche, j'étais suivi par un long sillage lumineux marquant la route de notre petit bateau à vapeur et nous enveloppant parfois d'un véritable feu d'artifice.

On avait imaginé plusieurs explications à ce brillant et curieux phénomène. On sait maintenant qu'il est dû à la présence dans les eaux d'animalcules microscopiques en nombre incalculable, qui produisent aussi de jour l'aspect de la *mer de lait* et font paraître l'Océan comme une plaine de neige ou de craie.

Celui des infusoires pélagiens qui contribue le plus à la phosphorescence de la mer paraît être la « noctiluque miliaire ». Cet animalcule a été rapproché par les naturalistes tantôt des anémones, et tantôt des méduses et des foraminifères. Il est si petit que dans 30 centimètres cubes d'eau il peut en exister 25.000 !...

Les noctiluques émaillent la surface de l'eau comme de petites constellations tombées du firmament.

Elles ne sont pas les seuls animaux producteurs de la phosphorescence. Cet état brillant de la mer est encore déterminé par des méduses, des astéries, des mollusques, des néréides, des crustacés et même des poissons. Ces animaux engendrent la lumière comme la torpille engendre l'électricité. Ils multiplient et diversifient les effets du phénomène.

La plupart paraissent maîtres de leur phosphorescence, comme les vers luisants de leur petit fanal ; car plusieurs d'entre eux en augmentent ou en diminuent l'intensité suivant les circonstances et peuvent l'éteindre tout à fait. Au cours de son voyage en Floride, en septembre 1851, M. Poussielgue a fréquemment observé ce phénomène, et voici comment il le décrit :

« Chaque vague, dit-il, roulait enveloppée dans une lumière blanche, nappé frangée et lumineuse qui s'étend comme une écharpe et ondule avec l'Océan. La goélette était plus noire que le ciel ; nous-mêmes, sur le tillac, nous ne nous apercevions point à deux pas de distance : nous voguions sur du feu ; chaque vague rebondissait en gerbes étincelantes.

« Des troupes de requins, qui flairaient la tempête et qui chassaient dans cette nuit sinistre, traçaient des traînées lumineuses dans leur puissant sillage ; on aurait dit des coins de feu se croisant autour du bâtiment ; mais, quand un de ces poissons battait l'onde de sa queue, il faisait jaillir des gerbes de flammes qui retombaient en cascades d'étincelles. Deux ou trois grands souffleurs qui flottaient dans notre voisinage, en lançant l'eau par leurs évents, produisaient des jets de feu d'un effet admirable.

« Ce n'est pas tout, voici le bouquet ! A la lumière blanche viennent se joindre les feux de couleur : le feu Saint-Elme, d'un violet chatoyant, parcourt en frissonnant

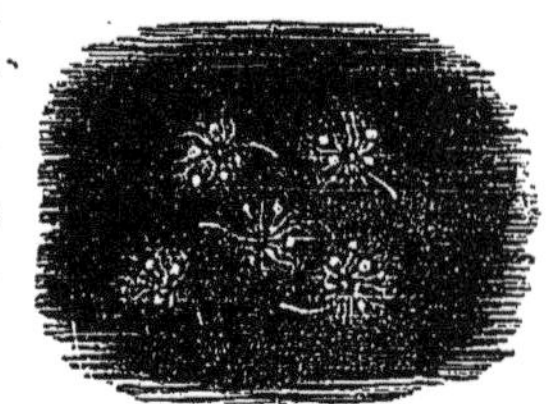

Fig. 46. — La noctiluque miliaire vue au microscope.

l'extrémité des mâts et des vergues ; l'électricité des nuages qui nous enveloppent se joue autour de notre paratonnerre, dont la pointe produit l'effet d'une pile de Volta. Mais ce n'est rien encore : à une certaine profondeur se forment des rosaces, des étoiles, des chaînes, des rubans de flamme d'une merveilleuse régularité qui ondulent avec les vagues, imitant, dans ce feu d'artifice de la mer, les guirlandes de verre qu'on suspend aux mâts pavoisés de nos fêtes nationales ! »

Ayant fait pêcher quelques-uns de ces mollusques phosphorescents, l'auteur constata que chacun de ces tubes vivants portait des ventouses leur servant à s'attacher à leurs congénères ; ainsi réunis, ils formaient des agglomérations qui comptaient plusieurs milliers d'individus et qui prenaient, en s'agrégeant, des figures géométriques parfaites.

La phosphorescence n'est pas rare sur nos côtes de France, quoique moins fréquente que dans les régions tropicales. Elle se manifeste surtout pendant la saison chaude et dans les journées orageuses. Ordinairement même, elle précède l'orage et pourrait sans contredit servir de signe précurseur au changement de temps.

Sur les plages de Bretagne, à Pornichet, j'ai souvent, pendant les soirées de mer phosphorescente, puisé de l'eau de mer dans un seau que j'apportais dans le jardin obscur de l'hôtel. A l'état de repos, l'eau était invisible ; mais, en y plongeant nos bras, l'agitation de l'eau ramenait la phosphorescence, et, en dehors, il semblait que nous nous lavions les mains avec de la lumière fluide.

La cause de la phosphorescence de la mer est permanente et le phénomène ne varie que dans son intensité. En effet, si l'on prend de l'eau de mer un jour quelconque où elle ne paraît pas phosphorescente à la plage, on trouve qu'il y a en tout temps (du moins dans la saison chaude, saison des orages) un nombre plus ou moins grand d'animalcules phosphorescents, nombre variable selon l'état de l'Atmosphère. Pour constater leur existence, il suffit, quand ils ne sont pas spontanément lumineux par légère agitation, ce qui est rare, de les éveiller en versant quelques gouttes d'un liquide excitant, d'alcool, par exemple, ou d'un acide. Alors, en agitant le vase, on aperçoit des points phosphorescents.

L'examen attentif de l'eau de la mer, sous le rapport de la phosphorescence, pourrait sans doute fournir des données utiles à la météorologie des orages. Il serait d'ailleurs facile aux marins et aux habitants des côtes de faire à ce sujet des observations variées ; on en tirerait bientôt les conséquences et les indications que comporte ce curieux phénomène.

LE MATIN

ATTIRÉE par la lumière, la Terre tourne dans le rayonnement lumineux, présentant son front au Soleil et se donnant un matin perpétuel par la succession régulière de ses méridiens sous l'astre radieux. Pour chaque région du globe, le matin arrive en relation avec le cours diurne apparent du ciel ; pour l'ensemble du globe, le Soleil se lève constamment, distribuant sans arrêt, depuis le commencement de ce monde, l'heure joyeuse de son lever à la circonférence sans cesse renaissante de notre mobile planète.

Il y a des mondes qui n'ont jamais de levers de Soleil, jamais de matins, jamais de soirs, jamais de nuits : ce sont les mondes à la surface desquels règne constamment une lumière soit diffuse et douce, soit éblouissante, et qui puisent dans leur propre Atmosphère cette permanente clarté. Il en est d'autres sur lesquels apparaissent et disparaissent des soleils de couleur, substituant les flammes de l'écarlate, du rubis ou de l'émeraude à la blanche lumière caractéristique de notre Soleil. Ces mondes éclairés par plusieurs soleils de couleurs différentes ne sont pas rares dans l'espace. Il en est d'autres encore pour lesquels le retour quotidien de la lumière et de la chaleur n'est pas régulier comme ici-bas, mais soumis à des fluctuations qui tantôt donnent des matins enflammés par des torrents de lumière, et tantôt laissent la nuit empiéter sur le domaine du jour ; d'autres, enfin, qui, tournant toujours la même face à leur céleste flambeau, ont un hémisphère constamment éclairé, tandis que l'autre reste perpétuellement dans l'ombre ou est faiblement illuminé par les pâles rayons d'une ou de plusieurs lunes : jour éternel d'un côté, nuit éternelle de l'autre ; pas de matins ni d'aurores ni de crépuscules sur ces mondes étranges.

Ainsi, ce que nous voyons sur la Terre n'est pas l'image de similitudes absolues pour les autres mondes. Nous ne saurions trop apprécier le système organique dont la nature a gratifié notre planète. Quel spectacle plus digne d'attention que celui du retour quotidien de la lumière dans l'Atmosphère de notre monde obscur, surtout lorsque, en songeant à ce retour, on embrasse en un même coup d'œil toutes ses conséquences sur le renouvellement incessant de la vie !

C'est une heure de paix et en même temps d'activité que celle du réveil de la nature à l'aurore. Tous les êtres, se levant d'un repos régénérateur, reprennent le cycle ininterrompu de leur destinée terrestre, et, comme le printemps dans l'année, le matin est dans le jour l'instant du renouvellement. Les oiseaux chantent à l'astre radieux leur cantique matinal, de leur voix aussi pure dans l'ordre du son que l'aurore dans l'ordre de la lumière. Il est remarquable, toutefois, que c'est plutôt l'aurore qu'ils célèbrent que le Soleil lui-même, car ils se taisent généralement dès que l'astre resplendit au-dessus de l'horizon. Autour des habitations champêtres, nos animaux cherchent instinctivement la liberté dans la lumière, l'activité, l'agitation, sortant avec bonheur de l'inactive léthargie. Notre espèce humaine, toutefois, par une malencontreuse exception, s'est accoutumée dans les grandes cités à faire du jour la nuit et de la nuit le jour. Minuit n'est plus le milieu du sommeil, et la « matinée » commence à Paris peu avant midi, pour s'étendre jusqu'au coucher du Soleil. C'est là une singulière transformation, que les astronomes seuls pourraient justifier, mais qui forme maintenant la règle des villes humaines, et, sans aucun doute, exerce une funeste influence sur la santé et sur la force organique générale.

Comme nous l'avons vu, la réfraction atmosphérique fait naître le jour avant le lever du Soleil et le prolonge après son coucher. Dans mes voyages scientifiques en ballon, j'ai pu faire quelques expériences spéciales sur la lumière de l'aurore.

A l'époque du solstice d'été, quand l'Atmosphère est sereine et la Lune absente, une élévation de 200 mètres, à minuit, hors de la brume inférieure, est suffisante pour observer au nord, nettement dessinée, la clarté du crépuscule.

Fig. 47. — Le chant de l'aurore.

Lorsque la Lune brille dans sa plénitude, il est facile de suivre la comparaison de sa lumière avec celle de l'aurore. C'est ce que j'ai fait, entre autres, pendant la nuit du 18 au 19 juin 1867. Comparant simultanément la lumière de la Lune, qui venait de passer au méridien, avec celle de l'aurore et suivant l'accroissement de celle-ci, j'ai reconnu que les deux clartés se sont égalées à deux heures quarante-cinq minutes du matin, une heure treize minutes avant le lever du Soleil. A partir de cet instant, la lumière de l'aurore alla en augmentant sur celle de notre satellite.

Ce qui me surprit le plus dans cette observation, ce fut de reconnaître que la blancheur légendaire de la lumière de la Lune n'est blanche que par comparaison avec nos lumières artificielles. Elle rougit devant celle de l'aurore, comme celle du gaz devant elle.

Une différence remarquable distingue également la lumière de l'aurore de celle de la pâle Phœbé. Lors même qu'elle n'a pas encore atteint l'intensité de la seconde, la première *pénètre* les objets de la nature, tandis que celle de la Lune *glisse* à leur surface et les estompe vaguement.

Même par le ciel le plus pur, les régions qui avoisinent la Terre paraissent d'en haut toujours voilées et troublées par des vapeurs. C'est en ces hauteurs qu'il serait utile d'édifier des observatoires.

Quel spectacle plus sublime que celui du lever du Soleil, observé soit des hauteurs de l'Atmosphère, soit du faîte des montagnes ? Au désert, l'astre éclatant apparaît comme un roi — un roi céleste ! — sortant de la pourpre glorieuse ; les rayons de son diadème s'élancent à travers les nuées supérieures, et, comme autrefois l'habitant des îles parfumées du Péloponèse saluait Hélios ou Phœbus-Apollon, l'Arabe salue le radieux Chems, image du grand Allah trois fois saint ! Sur la mer, son premier rayon d'or flamboie tout d'un coup, puis le disque lumineux monte solennellement au-dessus des flots. Quelle que soit la situation d'où l'on contemple ce spectacle, l'âme la plus indifférente ne peut s'empêcher de saluer sa grandeur et sa majesté.

Des divers tableaux de la nature qu'il m'a été donné d'admirer, celui dont le

Fig. 48. — La matinée.

souvenir me frappe le plus encore, c'est un rare lever de Soleil auquel j'ai assisté en ballon, par une belle matinée d'été, à 2.400 mètres de hauteur au-dessus du Rhin.

Les nuages venaient de se former, de deux heures à trois heures du matin, dans des régions aériennes inférieures à la nôtre, et parsemaient la vaste campagne. Les immenses forêts de l'Allemagne se développaient à plus de 2.000 mètres au-dessous de nous ; nous distinguions presque à notre nadir Aix-la-Chapelle ; à notre gauche, au loin, les terrains marécageux de la Hollande ; à notre droite, le duché de Luxembourg ; derrière nous, les propriétés entourées de haies de la Belgique ; devant nous, près du Soleil, la Westphalie ; au loin, le Rhin qui déroulait ses anneaux blancs et serpentiformes. Cologne approchait avec sa noire cathédrale au centre du demi-cercle. Depuis longtemps, l'aurore répandait sur la Terre une clarté toujours croissante et, par un singulier effet de mirage ou par la disposition fortuite des ombres dans les nuées situées à notre hauteur, un vaste paysage se dessinait à l'orient avec des teintes et des nuances vagues semblables à celles du marbre.

On pressentait, derrière ces décors féeriques, ces murailles, ces tours et ces clochers projetés sur cette couche lointaine de nuées, on pressentait l'arrivée prochaine du dieu de la lumière, qui par sa majesté allait faire soudain disparaître toutes les ombres du crépuscule. Un silence absolu environnait notre navire, tandis que les nuages se formaient et se déformaient au-dessous de nous.

En vérité, je ne saurais mieux comparer l'accroissement successif de la lumière orientale et les symptômes précurseurs du lever de l'astre-roi qu'à une mélodie extrêmement pure qui se laisserait d'abord deviner plutôt qu'entendre, comme venant d'une grande distance. Puis ce murmure, ce prélude, s'accentue davantage, et déjà l'on distingue les accords des diverses parties· L'oreille charmée par l'enivrante harmonie,

Fig. 49. — Le lever du Soleil en ballon.

comme l'œil baigné par la lumière céleste, cherche à discerner dans l'ensemble le motif qui se dégage de l'accompagnement sonore. Mais, à travers les frémissements des cordes basses, sous les chatoiements et les broderies de l'art musical, la pensée ne peut parvenir à distinguer la trame du mélodieux concert. A peine l'attention a-t-elle pénétré dans ce monde merveilleux de l'harmonie, que tout à coup éclate dans sa grandeur la puissante et éblouissante fanfare... : le dieu de la lumière vient d'apparaître ! L'Atmosphère est soudain pénétrée dans ses régions immenses par les feux de son rayonnement intarissable.

Ces spectacles aériens sont rares. Plus fréquente est l'observation du lever du Soleil sur les montagnes.

A mon avis, les plus beaux couchers de Soleil sont ceux de la mer, et les plus beaux levers, ceux des montagnes ou des ascensions aériennes.

Tous les touristes qui chaque année parcourent les Alpes de la Suisse sont montés une fois au moins au sommet du Righi, cette petite montagne de 1.800 mètres qui s'élève, isolée, au milieu des lacs et donne au naturaliste la succession de tous les climats jusqu'aux dernières espèces végétales. Pour permettre à ceux qui ne l'ont pas ressentie de se rendre compte de l'impression d'un lever de Soleil dans les Alpes, j'extrais

Fig. 50. — Le lever du Soleil au désert.

ici de mes notes de voyage l'observation que j'en ai faite moi-même au mois de septembre 1868 (avant le chemin de fer). C'est une description simple, qui peut donner une idée de la nature de ce beau spectacle.

... J'ai assisté ce matin au lever du Soleil, du haut de cette belle montagne qui domine par son heureuse situation le panorama de la Suisse. C'est inouï. On ne peut se former une idée de cette illumination des glaciers dans le ciel avant l'arrivée visible du Soleil sur la montagne, lorsqu'on ne l'a pas contemplée soi-même. Hier, vers une heure, nous avons commencé l'ascension — une véritable caravane : — guides porteurs de vêtements pour l'arrivée, chevaux et mulets pour les dames qui n'osent pas aventurer leurs pieds délicats sur ces rudes versants, palanquins pour les invalides ou les timides, etc., — tout cela se met en marche dans l'étroit chemin qui commence au lac de Zug, à Art, et serpente par des forêts, des broussailles, des rochers et des torrents jusqu'au Kulm, jusqu'au sommet du pic. A six heures nous étions sur ce faîte splendide, d'où l'on découvre l'immense chaîne des glaciers des Alpes de l'Oberland, les sommets successifs des plus hautes montagnes, le relief si diversifié de cette contrée morcelée, les versants des collines plus rapprochées, les pâturages et les prairies verdoyantes de ce paradis terrestre, les lacs innombrables qui réfléchissent le ciel, les villes coquettes en miniature, les villages et les chalets rouges qui sont disséminés à tous les points de ce parterre. Nous avions fait, le long de la route, quelques haltes bien nécessaires pour nos poumons, nos jambes, et même pour nos gosiers.

On admire, en montant, la belle vallée qui s'étend au pied du Righi, mais le regard et la pensée sont péniblement surpris du fameux éboulement du Rosberg, qui en 1806 engloutit tout le riant village de Goldau et combla une partie de son lac. Cette arête encore blanche de la haute montagne, ces rochers gris amoncelés dans la plaine invitent à songer aux mouvements incessants de la nature, qui s'accomplissent comme si l'homme n'était pas sur la Terre.

Quant au lever du Soleil, je ne pense pas qu'il puisse être plus magnifique en aucun lieu de la Terre, si ce n'est en ballon. C'est sublime et c'est indescriptible.

D'ailleurs la scène, l'instant, la situation, la nouveauté forment un excellent prélude à ce spectacle. Une heure avant le lever du Soleil, le chant pastoral d'une trompette de bois éveille les voyageurs. Nous étions deux cent trente ! La Lune répandait une faible clarté dans l'Atmosphère, et l'on distinguait dans le lointain les glaciers blancs éclairés par une teinte mélancolique et silencieuse. Jupiter brillait à côté de la Lune, et Vénus resplendissait à l'orient. A ce tableau particulier de la nuit succéda la toilette des montagnes. Peu à peu, lentement, elles se lèvent en quelque sorte de l'obscurité qui les environnait, et se montrent dans leurs formes et dans leur fraternité. Une lumière diffuse se manifeste et s'accroît dans l'air froid et humide du matin. A l'est, l'horizon est crénelé par les dentelures grises qui dessinent seulement sur l'espace plus lumineux la silhouette des sommets.

C'est alors que, vers le sud, les glaciers pâles, à peine visibles sous le règne de la Lune et de l'aurore, deviennent roses, d'un rose tendre et véritablement céleste : le Soleil vient de se lever pour ces sommets lointains. Les cimes argentées se dorent et se réunissent, et forment dans l'espace un paysage singulier et frappant, qu'on croirait arrangé par les nuages. Cette illumination des Alpes au lever du Soleil offre un caractère d'immensité et de puissance qui donne de la surface terrestre et de son *mouvement vers la lumière* une idée tout à fait spéciale.

Après ces glaciers, d'autres glaciers s'illuminent à leur tour. Du sommet du Righi on domine l'horizon dans toute sa circonférence. Le Finsteraarhorn, l'Aigle, le Moine, la Jungfrau, le Blakenstock, l'Uri, le Sæntis, le Gloernich, et cent autres apparaissent dans la douce splendeur. Des glaciers roses, l'œil revient aux découpures de l'horizon oriental..., lorsque, soudain, un mince rayon rouge apparaît et remplit l'espace. Alors, lentement, majestueusement, l'astre flamboyant semble sortir des cieux gris et peu à peu, distribuant la clarté matinale sur tous les points, fait surgir de l'ombre montagnes après montagnes, paysages après paysages, développant pour ainsi dire le panorama comme une série de plans qui s'écarteraient et reculeraient, de telle sorte que les glaciers primitivement apparus semblent s'éloigner de plus en plus, et laisser un immense espace à la succession des montagnes, des collines et des vallées plus rapprochées...

La lumière du Soleil donne à notre planète sa parure et sa beauté, aux campagnes le verdoyant tapis des prairies, aux sillons l'or des blonds épis, aux fleurs leurs chatoyantes couleurs, au ciel son azur et ses nuances variables. Mais, en traversant l'Atmosphère, cette lumière est en partie absorbée par les couches d'air qu'elle traverse, et c'est cette absorption qui nous donne notre ciel atmosphérique.

Par des recherches fort ingénieuses, on a pu évaluer cette absorption. Les rayons les plus réfrangibles de la lumière sont absorbés en plus grande proportion par l'Atmosphère que les rayons les moins réfrangibles. L'air garde, emploie, réfléchit, fait jouer et travailler les deux tiers de la force lumineuse que le Soleil nous envoie ; il n'absorbe au contraire qu'un tiers de la chaleur que nous recevons du même astre. Il semble donc que la lumière ait une fonction plus grande que la chaleur dans l'Atmosphère. Nous verrons du reste bientôt quelle immense importance joue la lumière dans la vie terrestre, végétale et animale.

Nous analyserons aussi les radiations lumineuses, calorifiques et chimiques dont le Soleil inonde constamment les planètes qui gravitent autour de lui. Qu'il nous suffise ici de sentir l'importance du rôle de la lumière dans la nature. L'astre gigantesque, le Soleil, 1.280.000 fois plus gros que la Terre, est un globe incandescent, gazeux. Les flots considérables de lumière et de chaleur qu'il verse dans l'espace entretiennent sur notre planète la vie immense et multipliée qui pullule à sa surface. Bientôt nous apprécierons directement toute la grandeur de la radiation solaire. Nous venons d'admirer le lever du Soleil et de prendre une idée de l'action mécanique de la lumière. Pénétrons tout à fait dans les œuvres du jour, étudions les manifestations diverses de la lumière, et continuons notre panorama de la nature par l'étude des phénomènes optiques que cet agent admirable crée incessamment dans notre Atmosphère.

CHAPITRE V

L'ARC-EN-CIEL

L'ACTION générale de la lumière dans la nature vient de se présenter à nos yeux par le cours régulier de son œuvre permanente. Ses jeux, dans l'Atmosphère, sont divers et produisent mille phénomènes optiques toujours curieux, parfois bizarres, aujourd'hui expliqués par les lois de la physique. Nous consacrerons ce chapitre et les suivants à l'examen des phénomènes exclusivement dus à cet agent, à la fois si puissant et si délicat, si doux et si fort.

Le plus fréquent de ces phénomènes, celui dont l'explication simple nous aidera à saisir les autres, c'est la production de l'*arc-en-ciel*.

Parmi nos lecteurs, il en est bien peu sans doute qui n'aient remarqué dans la pluie d'un jet d'eau ou d'une cascade la production d'un petit arc-en-ciel en miniature, analogue à l'arche grandiose qui se projette dans l'espace aérien. Toutes les fois que ces petits arcs se présentent, nous pouvons observer trois circonstances : 1º des gouttes de pluie ; 2º la présence du Soleil ; 3º la situation précise de l'observateur entre les gouttes d'eau et le Soleil.

Ces trois conditions de la production de l'arc-en-ciel vont nous fournir elles-mêmes l'explication de ce gracieux phénomène, dans lequel la religion juive salua la protection de Jéhovah, et la mythologie grecque l'influence agréable de la déesse Iris. Pour voir un arc-en-ciel, soit dans une pluie artificielle, soit dans l'Atmosphère, il faut toujours tourner le dos au Soleil. Dans cette situation, les rayons solaires qui éclairent les gouttes d'eau sont réfléchis et réfractés par elles. Voici comment : soit, je suppose, le cercle ci-dessous (fig. 51), une goutte d'eau dans l'Atmosphère. Un rayon solaire arrive sur cette goutte en I, pénètre dans son intérieur en déviant de la ligne droite, puisque tout rayon lumineux subit cette déviation en passant dans une substance transparente plus dense que l'air. Arrivé au fond A de la petite sphère liquide qui constitue la goutte, il est réfléchi par ce fond et revient vers le côté du Soleil avec une déviation nouvelle I'M qui le rapproche de la Terre.

Ce rayon, qui était blanc en arrivant sur la goutte, est décomposé, à sa sortie, en ses couleurs constitutives, parce que les couleurs dont se compose la lumière blanche ont des réfrangibilités différentes : *elles se séparent en traversant un prisme ou une goutte d'eau telle que celle-ci.* Les rayons de l'extrémité rouge du spectre solaire sont

peu déviés de la réflexion directe, les jaunes s'écartent davantage, les verts encore
plus, etc. L'inclinaison va en croissant du rouge au violet, de sorte que, si le rayon
rouge atteint l'œil, les autres rayons venus de la même goutte ne peuvent l'atteindre,
mais une goutte moins élevée pourra lui envoyer un rayon violet. L'observateur voit
donc dans la direction de ces gouttes un endroit rouge en haut, un violet en bas. Les
gouttes intermédiaires envoient semblablement à l'œil les rayons compris entre le
rouge et le violet. On a ainsi un spectre solaire dont les couleurs sont, en partant du
point le plus bas, *violet, indigo, bleu, vert, jaune, orangé, rouge.*

Imaginons maintenant une surface en forme de cône, ou de cornet, ayant pour axe
une ligne menée de l'œil de l'observateur au Soleil et passant par la goutte. Chacune
des gouttes d'eau qui se trouvent sur cette surface produit le même effet, puisqu'elle
forme le même angle avec le Soleil et l'observateur ; on a donc un ensemble de spectres

formant une bande *circulaire*, irisée, dans laquelle
les couleurs simples se succèdent suivant l'ordre
indiqué, le violet étant en dedans et le rouge
en dehors. Le phénomène se reproduit tant que
les gouttes d'eau se succèdent dans la même région de l'espace ; l'apparence lumineuse se renou-
velle en même temps que le passage de ces gouttes, et l'on voit l'arc persister.

L'arc-en-ciel constate donc l'existence de petites sphères d'eau liquide tombant en pluie au sein
de l'Atmosphère. L'arc est d'autant plus brillant
que leur grosseur est plus grande. Il faut qu'elles

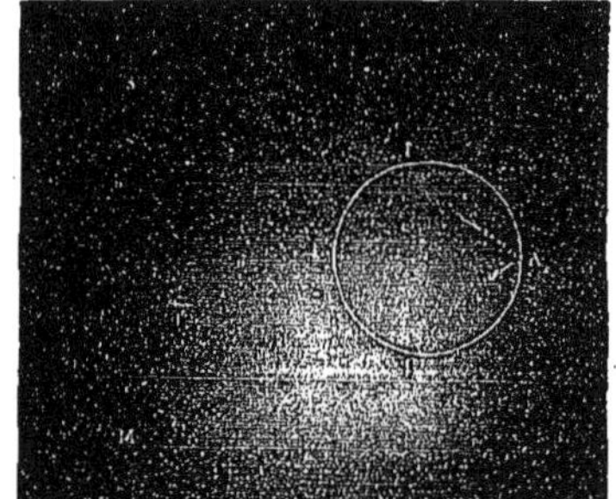

Fig. 51. — Réflexion simple des rayons dans
une goutte de pluie.

soient beaucoup plus grosses que les vésicules qui forment les nuages pour que l'œil
puisse distinguer les couleurs. Voilà pourquoi les brouillards et les nuages ne produisent pas d'arc-en-ciel.

Sachant que l'arc-en-ciel a pour cause la réfraction des rayons du Soleil par les
gouttes de pluie qui tombent, nous pouvons en déduire non seulement la grandeur de
cet arc, mais aussi les conditions sans lesquelles il ne saurait avoir lieu. Si le Soleil
était à l'horizon, l'ombre de la tête du spectateur y arriverait aussi ; et, comme l'axe
du cône serait horizontal, il s'ensuit que nous verrions une demi-circonférence complète d'un demi-diamètre apparent de 41 degrés. Dès que le Soleil s'élève, l'axe du
cône s'abaisse et l'arc devient plus petit ; enfin, si le Soleil atteint une hauteur de
41 degrés, l'axe du cône forme le même angle avec le plan de l'horizon, et l'arc devient
tangent à ce plan. C'est pourquoi on ne saurait voir d'arc-en-ciel à midi en été. Si le
Soleil était encore plus élevé, l'arc se projetterait sur la Terre. On voit rarement le
phénomène quand il se présente ainsi. Le second arc, dont nous allons parler, disparaît
quand le Soleil atteint 52 degrés. De la surface du sol, l'observateur ne peut donc jamais
voir plus d'une demi-circonférence (Soleil à l'horizon), et ordinairement ce n'est qu'un
arc de 100 à 150 degrés. Quand la terre ne s'oppose pas à la production de la partie
inférieure, on peut voir plus d'une demi-circonférence et même une circonférence

complète. C'est ce qui m'est arrivé une fois en ballon : par une circonstance curieuse, la partie supérieure se trouvant cachée, je voyais un *arc-en-ciel à l'envers*, dans lequel le violet était intérieur.

On remarque souvent, au-dessus de l'arc-en-ciel, un *second arc* dans lequel les couleurs sont disposées dans un ordre inverse du précédent.

La zone comprise entre l'arc principal et l'arc secondaire est ordinairement plus foncée que le reste du ciel et, d'après un grand nombre d'observations, me paraît être une région d'absorption pour les rayons lumineux. Elle présente généralement une teinte plate, grise.

Telle est l'explication de l'arc-en-ciel ordinaire, telle est aussi celle du deuxième arc. Un plus grand nombre de réflexions peuvent se produire, et d'autres arcs, de

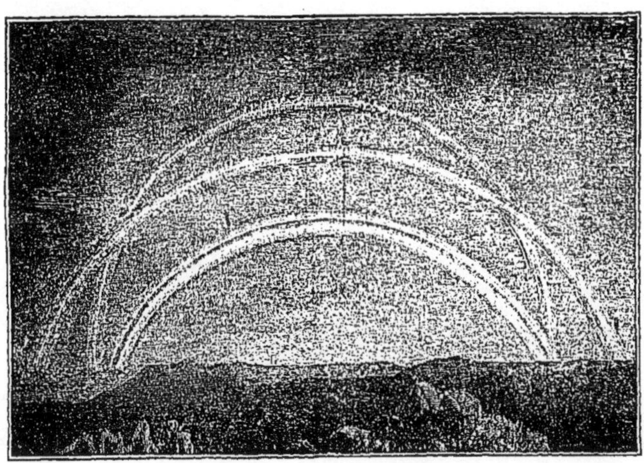

Fig. 52. — Arc-en-ciel en triple.

plus en plus pâles, peuvent exister. Mais la lumière diffuse empêche de les voir. On a cependant remarqué parfois le troisième, et parfois aussi le quatrième et le cinquième.

En faisant tomber dans une pièce obscure les rayons solaires sur un jet d'eau, on a observé jusqu'au dix-septième arc !

Il peut arriver que le Soleil soit réfléchi vers un nuage par la surface d'une eau tranquille, et que cette réflexion engendre aussi un arc-en-ciel. Le calcul montre qu'alors cet arc doit couper l'arc formé directement à une hauteur qui dépend de celle de l'astre. Si les deux phénomènes produisent l'arc secondaire, les quatre courbes entrelacées présentent un très beau spectacle. Une circonstance où elles se trouvaient complètes et parfaitement distinctes est citée par Monge. Halley a observé trois arcs, dont l'un était formé par les rayons réfléchis sur une rivière. Le Soleil peut du reste produire, après s'être réfléchi sur une nappe d'eau, un cercle complet. Quelquefois la partie supérieure manque, et il reste le singulier phénomène de l'arc-en-ciel renversé.

Les académiciens envoyés au cercle polaire pour la mesure du méridien obser-

vèrent, le 17 juillet 1736, sur la montagne de Ketima, un *arc-en-ciel triple* analogue
à celui dont parle Halley. Dans celui du bas, le violet était à l'intérieur, le rouge en
dehors comme toujours : c'est l'arc principal. Le second, qui lui est parallèle, est l'arc
secondaire, chez lequel le rouge est en bas et le violet en haut. Le troisième arc, partant des pieds du premier, traversait le second et avait, comme le principal, le violet
en dedans et le rouge en dehors. C'est cette observation que nous reproduisons figure 52.

Le 11 septembre 1874, à cinq heures quarante minutes du soir, M. Tait a observé
en Angleterre un arc-en-ciel de ce genre, dans lequel on voyait l'arc-en-ciel ordinaire

Fig. 53. — Arc-en-ciel double, dont l'un est produit par la réflexion du Soleil dans la mer.

et une branche de l'arc produit par la réflexion du Soleil dans les eaux de la mer
(fig. 53).

Nous pourrions encore signaler d'autres observations d'arcs-en-ciel irréguliers,
entre autres celle qui a été faite en Écosse, le 20 octobre 1879, par M. Garloch, à huit
heures du soir (fig. 54).

Quelques nuages à grain, chassés par un vent de sud-ouest, arrivaient de l'embouchure de la Clyde, mais la baie était très calme et la mer unie comme un miroir. L'arc
habituel était accompagné de deux autres, irréguliers, formés par la réflexion de
l'eau.

Puisque l'arc-en-ciel est dû à la réfraction et à la réflexion des rayons solaires sur
des gouttelettes d'eau tombant dans l'air, on conçoit que la lumière de la Lune puisse
donner naissance à une apparition analogue, quoique moins intense. C'est ce qui m'a été
donné de constater un soir de printemps, à Compiègne. C'était le 9 mai 1865, à dix
heures trente minutes du soir. Le principal du collège eut l'obligeance de venir me
prévenir de l'apparition qu'il venait de remarquer, et nous pûmes l'étudier à loisir.

C'était la veille de la pleine Lune. L'astre était élevé de 60 degrés au-dessus de l'horizon oriental. L'*arc-en-ciel lunaire* se déployait à l'ouest avec une grande netteté de teintes. On distinguait les sept couleurs prismatiques dans leur ordre normal. Au-dessus de l'arc principal, on remarquait l'arc secondaire, plus faible, mais encore nettement dessiné. Ce phénomène météorologique qui ne laissait rien à désirer est d'autant plus rare que sa visibilité réunit plus de conditions difficiles à trouver réunies. La journée avait été orageuse et une petite averse venait tout récemment d'arroser le parc : ce qui

Fig. 54. — Arcs irréguliers dus à la réflexion du Soleil dans l'eau.

avait élevé dans l'Atmosphère les parfums des lilas et des giroflées et donnait un charme particulier à cette douce soirée du mois de Maïa.

Brandes, Dyonis Duséjour, Sennert, de Tessan, Rozier, Bravais ont observé et décrit l'arc-en-ciel nocturne. Je lis aussi dans Améric Vespuce (1501) qu'il a observé plusieurs fois « l'iris pendant la nuit » et des météores rares dans l'ancien continent. Il croit que le rouge de l'arc vient du feu, le vert de la terre, le blanc de l'air et le bleu de l'eau ; et il ajoute : « Ce signe cessera de paraître quand les éléments seront usés, quarante ans avant la fin du monde. »

On peut voir dans un ancien traité de météorologie, celui du P. Cotte, qu'en outre de l'arc-en-ciel ordinaire, de l'arc secondaire, des arcs réfléchis et de l'arc-en-ciel lunaire, on a mentionné une autre sorte d'effet optique nommé « arc-en-ciel marin » formé à la surface de la mer, composé d'un grand nombre de zones et apparaissant parfois sur les prairies humides à l'opposite du Soleil. Ce cinquième aspect est une espèce d'anthélie, que nous étudierons plus loin, à la fin du chapitre suivant. On a aussi donné le nom d'arc-en-ciel « blanc » au cercle anthélique dont il sera question dans le même chapitre.

J'ai quelquefois observé un arc-en-ciel entièrement visible sur le ciel *resté bleu*. Les couleurs sont dans ce cas plus légères et plus aériennes encore que dans l'état ordinaire. Le fait s'explique en remarquant que la pluie rare qui tombe alors n'est pas assez épaisse pour modifier l'azur du ciel situé derrière elle, et que les nuages passagers d'où viennent ces gouttelettes ne s'étendent pas jusqu'à la région sur laquelle l'arc se projette.

Le premier qui ait tenté d'expliquer le phénomène de l'arc-en-ciel par une réflexion de la lumière à l'intérieur des gouttes de pluie est un moine allemand nommé Théodoric; le second est un archevêque, A. de Dominis (1611). Mais la véritable théorie a été donnée pour la première fois par Descartes, sauf la séparation des couleurs, qui ne fut déterminée que par la découverte de Newton sur l'inégale réfrangibilité des rayons du spectre solaire [1].

[1] Avant que la science eût donné l'explication de ce simple phénomène optique, on l'interprétait comme un signe céleste et il n'est pas sans intérêt de revoir ce qu'on en pensait alors.

L'arc-en-ciel était, aux yeux des Hébreux, le gage de l'alliance que Jéhovah avait contractée avec les hommes, suivant la promesse faite à Noé après le déluge.

Ayant paru comme un signe d'alliance entre Dieu et les hommes, il semblait conséquent d'admettre que ce phénomène ne pouvait être antérieur au déluge. Les théologiens ont sérieusement discuté ce point de dogme. Luther n'hésita pas à déclarer que l'arc-en-ciel parut miraculeusement après le déluge. Fromond, au contraire, admet que, du jour où Dieu eut créé le Soleil et l'eau, l'arc-en-ciel dut exister, mais qu'il devint seulement après le déluge un signe du pacte conclu entre Dieu et les hommes.

Chez les Grecs, *Iris* (ἶρις, arc) était fille de *Thaumas* (merveille) et d'*Electre* (splendeur du Soleil); elle était sœur des *Harpies* et d'*Aello* (tempête). Ce symbole rappelait que, pour faire naître l'arc-en-ciel il faut que le Soleil brille et que le temps soit pluvieux. Bien que messagère de Junon, on voit par l'*Iliade* que le maître des dieux avait parfois aussi recours à Iris. Les divinités ne pouvaient, en effet, avoir de plus gracieux envoyé. Elle servait de ceinture au ciel; les poètes la représentaient ornée des plus belles couleurs. On lui attribuait la formation des nuages pluvieux.

Les théologiens, saint Basile entre autres, voyaient dans les trois couleurs de l'iris un symbole de la Trinité. Plusieurs n'y reconnaissaient cependant que deux couleurs, le bleu et le rouge, qui étaient, pour eux, emblématiques des deux natures du Christ, etc. On conçoit que toutes ces imaginations n'étaient pas faites pour amener la théorie scientifique.

L'importante découverte de Newton, en 1666, de la décomposition de la lumière blanche en sept couleurs que nous voyons se dérouler dans la banderole irisée de l'arc-en-ciel, a été l'origine des merveilleuses recherches qui ont abouti à la création d'une science nouvelle, la *Chimie du Ciel*, basée sur l'analyse spectroscopique de la lumière du Soleil, des étoiles et des différents astres.

CHAPITRE VI

ANTHÉLIES

LES traités de Météorologie n'ont pas, jusqu'à ce jour, mis l'ordre nécessaire dans
la classification des divers phénomènes optiques de l'air. Quelques-uns de ces
phénomènes n'ont d'ailleurs été vus que rarement, et leur étude avait été insuffisante pour cette classification. Cependant la méthode de description scientifique
est assez importante pour que nous nous arrêtions un instant à nous en rendre
compte, car c'est la condition même de toute clarté dans un sujet aussi complexe.

Nous venons d'examiner le phénomène si fréquent de la production de l'arc-en-ciel,
et nous avons vu qu'il est dû à la réfraction et à la réflexion de la lumière dans des
gouttes d'eau, et qu'il se produit à l'*opposé* du Soleil ou de l'astre éclairant. Nous allons
maintenant aborder un ordre de phénomènes plus rares, mais qui offrent avec l'arc-
en-ciel le lien commun de se produire également à l'opposé du Soleil. Je réunirai ici
ces divers effets optiques sous le nom d'*anthélies* (de *anti*, à l'opposé, et *Hélios*, Soleil).

Avant d'arriver aux anthélies proprement dits ou aux cercles colorés qui apparaissent autour d'une ombre, il est bon de signaler d'abord les effets produits à l'opposite du Soleil, sur les nuages ou les vapeurs, au lever ou au coucher de l'astre du jour.

Si l'on observe d'un sommet, on voit assez souvent l'ombre de la montagne se
dessiner soit sur la nappe des brouillards inférieurs, soit sur les monts voisins, projetée
à l'opposé du Soleil presque horizontal. J'ai vu distinctement l'*ombre du Righi* se dessiner nettement sur le mont Pilate situé à l'ouest du Righi, de l'autre côté du lac de
Lucerne. Ce phénomène se produit quelques minutes après le lever du Soleil, et la
forme triangulaire du Righi est indiquée dans une esquisse très facile à reconnaître.

L'*ombre du mont Blanc* se voit plus facilement au coucher du Soleil.

Parmi les phénomènes naturels qui s'offrent à nos regards, il s'en rencontre quelquefois qui possèdent les caractères d'une intervention surnaturelle et excitent au
plus haut point notre surprise. Les noms qu'ils ont reçus témoignent encore de la terreur qu'ils inspiraient ; et même aujourd'hui que la science les a dépouillés de leur
origine merveilleuse et a expliqué les causes de leur production, ces phénomènes ont

conservé une partie de leur importance primitive et sont accueillis par le savant avec

Fig. 55. — Le spectre du Brocken.

autant d'intérêt que lorsqu'on les considérait comme des effets immédiats de la puissance divine.

Dans leur multitude assez variée, nous signalerons d'abord ici le *Spectre du Brocken*.

Le *Brocken* est le nom de la montagne la plus élevée de la chaîne pittoresque du Hartz, dans le royaume de Hanovre. Il est élevé d'environ 1.100 mètres au-dessus du niveau de la mer, et de son sommet on découvre une plaine de 280 kilomètres d'étendue, occupant presque la vingtième partie de l'Europe[1].

L'une des meilleures descriptions de ce phénomène est celle qu'en a donnée le voyageur Hane, qui en fut témoin le 23 mai 1797. Après être monté plus de trente fois au sommet de la montagne, il eut le bonheur de contempler l'objet de sa curiosité. Le Soleil se levait à environ quatre heures du matin, par un temps serein ; le vent chassait devant lui, à l'ouest, des vapeurs transparentes qui n'avaient pas encore eu le temps de se condenser en nuages. Vers quatre heures un quart, le voyageur aperçut dans cette direction une figure humaine de dimensions monstrueuses. Un coup de vent ayant failli emporter le chapeau du touriste, il y porta la main, et la figure colossale fit le même geste. Hane fit immédiatement un autre mouvement en se baissant, et cette action fut reproduite par le spectre. Le voyageur appela alors une autre personne. Celle-ci vint le rejoindre ; et tous deux s'étant placés sur le lieu même d'où l'apparition avait été vue d'abord, ils dirigèrent leurs regards vers l'Achtermannshohe, mais ils ne virent plus rien. Peu après, deux figures colossales parurent dans la même direction, reproduisirent les gestes des deux spectateurs, puis disparurent.

Pendant l'été de 1862, un artiste français, M. Stroobant, a pu observer et dessiner avec soin ce phénomène. C'est ce dessin que l'on voit ici. L'observateur était allé coucher à l'auberge du Brocken, et, s'étant fait éveiller vers deux heures du matin, il parcourut le sommet du plateau en compagnie d'un guide. Ils arrivèrent au bord d'un point culminant au moment où les premières lueurs du Soleil levant permettaient de distinguer avec netteté les objets qui se trouvaient à une assez grande distance. « Mon guide, dit M. Stroobant, qui depuis quelque temps marchait le nez au vent, regardant tantôt à droite, tantôt à gauche, m'entraîna tout à coup sur une élévation, d'où j'eus le rare bonheur de contempler pendant quelques instants ce magnifique effet de mirage que l'on appelle le Spectre du Brocken. L'effet en est saisissant ; un brouillard épais, qui semblait sortir des nuages comme un immense rideau, s'éleva tout à coup à l'ouest de la montagne ; un arc-en-ciel se forma, puis certaines formes indécises se dessinèrent. C'était d'abord la grande tour de l'auberge qui s'y trouvait reproduite dans des proportions gigantesques, puis nos deux silhouettes plus vagues et moins correctes ; toutes ces ombres portées étaient entourées des couleurs de l'arc-en-ciel servant de cadre à ce tableau féerique. Quelques touristes qui se trouvaient à l'hôtel avaient vu, de leur fenêtre, apparaître l'astre à l'horizon, mais personne n'avait aperçu la grande scène qui se passait de l'autre côté de la montagne. »

---

[1] Dès les époques historiques les plus reculées, le Brocken a été le théâtre du merveilleux. On voit encore sur son sommet des blocs de granit, désignés sous les noms de *siège* et d'*autel de la sorcière* ; une source d'eau limpide s'appelle la *fontaine magique*, et l'anémone du Brocken est pour le peuple la *fleur de la sorcière*. On peut présumer que ces dénominations doivent leur origine aux rites de la grande idole que les Saxons adoraient en secret au sommet du Brocken, lorsque le christianisme était déjà dominant dans la plaine. Comme le lieu où se célébrait ce culte doit avoir été très fréquenté, il n'est pas douteux que le spectre, qui aujourd'hui le hante si souvent au lever du Soleil, ne se soit montré également à ces époques reculées. Aussi la tradition annonce-t-elle que ce spectre avait sa part des tributs d'une idolâtre superstition.

Comme on le voit, ces spectres curieux se montrent parfois entourés d'arcs colorés concentriques. En d'autres cas, ils sont enveloppés d'un arc extérieur pâle auquel on a donné le nom d'« arc-en-ciel blanc », lequel enveloppe souvent une série d'arcs colorés intérieurs. Le voyageur espagnol Ulloa a été l'un des premiers observateurs de cet effet d'optique.

Ulloa se trouvait au point du jour sur le Pambamarca, avec six compagnons de voyage ; le sommet de la montagne était entièrement couvert de nuages épais ; le Soleil, en se levant, dissipa ces nuages, et il ne resta à leur place que des vapeurs légères qu'il était presque impossible de distinguer. Tout à coup, au côté opposé à celui où se levait le Soleil, chacun des voyageurs aperçut, « à une vingtaine de mètres de la place qu'il occupait », son image réfléchie dans l'air comme dans un miroir ; l'image était au centre de trois arcs-en-ciel nuancés de diverses couleurs et encerclés à une certaine distance par un quatrième arc d'une seule couleur. La couleur la plus intérieure de chaque arc était incarnat ou rouge ; la nuance voisine était orangée, la troisième était jaune, la quatrième paille, la dernière verte. Tous ces arcs étaient perpendiculaires à l'horizon ; ils se mouvaient et suivaient dans toutes les directions la personne dont ils enveloppaient l'image comme une gloire. Ce qu'il y avait de plus remarquable, c'est que, bien que les sept voyageurs fussent réunis en un seul groupe, chacun d'eux ne voyait le phénomène que relativement à lui et était disposé à nier qu'il fût répété pour les autres. L'étendue des arcs augmenta progressivement en proportion avec la hauteur du Soleil ; en même temps leurs couleurs s'évanouirent, les spectres devinrent de plus en plus pâles et vagues, et enfin le phénomène disparut entièrement. Au commencement de l'apparition, la figure des arcs était ovale ; vers la fin, elle était parfaitement circulaire. La même apparition a été observée dans les régions polaires par Scoresby, et décrite par lui.

Quand une couche de brouillard peu épaisse s'élève sur la mer, un observateur, placé sur le mât de misaine, aperçoit un ou plusieurs cercles sur le brouillard. Ces cercles sont concentriques, et leur centre commun se trouve sur une ligne droite qui va de l'œil de l'observateur au brouillard, du côté opposé au Soleil. Le nombre des cercles varie d'un à cinq ; ils sont surtout nombreux et bien colorés quand le Soleil est très brillant et le brouillard épais et bas. Le 23 juillet 1821, Scoresby vit quatre cercles concentriques autour de sa tête. Les couleurs du premier et du second étaient très vives ; celles du troisième, visibles seulement par intervalles, étaient très faibles, et le quatrième n'offrait qu'une légère teinte de vert.

Le météorologiste Kaemtz a souvent observé le même fait dans les Alpes. Dès que son ombre était portée sur un nuage, sa tête se montrait entourée d'une auréole lumineuse.

Du reste, ce phénomène se montre chaque fois qu'il y a simultanément du brouillard et du soleil, et la constatation n'en est pas rare sur les montagnes. Dès que notre ombre est projetée sur un brouillard, notre tête dessine une silhouette d'ombre entourée d'une auréole lumineuse.

Le 4 avril 1883, un groupe de membres de la Société scientifique Flammarion, de

Jaen (Espagne), a observé le curieux phénomène reproduit ici (fig. 56). Ce jour-là, à six heures vingt minutes du matin, M. Ildefonse Rincon se trouvait, accompagné d'un garde et d'un domestique, au sommet de la Sierra de Valdepegnas, à 15 kilomètres au sud de Jaen. Un brouillard très épais cachait entièrement aux regards la vallée et le ciel du côté de l'ouest, tandis qu'à l'est de légères vapeurs laissaient percer les rayons solaires et permettaient d'admirer le plus splendide lever de Soleil.

Fig. 56. — Spectre aérien observé en Andalousie, le 4 avril 1883.

En se retournant du côté de l'ouest, l'observateur fut tout surpris d'avoir exactement sous les yeux le spectacle ci-dessus. Son spectre, celui de ses deux compagnons, celui du chien, leurs silhouettes précises, leurs moindres gestes étaient fidèlement reproduits. Un cercle blanc, dont le diamètre apparent semblait être de trois mètres, enveloppait d'une même auréole la tête des trois spectres, puis quatre anneaux concentriques, nuancés des plus brillantes couleurs de l'arc-en-ciel, complétaient cet admirable tableau : le rouge dominait dans le cercle intérieur, le jaune dans le second, le bleu dans le troisième, et le violet dans le plus grand. L'observateur s'empressa de dessiner le croquis de ce curieux spectacle, qui ne tarda pas à s'évanouir lorsque le brouillard se dissipa, et c'est à regret, nous écrivait-il, qu'il s'éloigna des lieux où il lui avait été donné d'observer un aussi merveilleux phénomène.

Le 8 septembre 1881, je me trouvais sur les hauteurs de l'Abendberg (Oberland

Fig. 57. — Phénomène d'optique observé en Suisse, le 8 septembre 1881.

bernois), à 1.140 mètres d'altitude. La matinée avait été belle, mais vers deux heures le temps s'était mis à la pluie et pendant trois heures elle n'avait cessé de tomber, fine et serrée. La plaine d'Interlaken, qui s'étend comme une nappe à 570 mètres au-dessous de la station d'où j'observais, avait entièrement disparu derrière le voile brumeux de la pluie, ainsi que le lac de Brienz qui la continue à l'orient, et les hautes montagnes qui encadrent de toutes parts ce charmant paysage si connu des touristes. Mais, vers cinq heures et demie, le ciel s'éclaircit et la pluie diminua par gradations entremêlées de légères reprises.

Tandis que la pluie tombait encore, de légers nuages se formèrent au-dessous de nous, s'élevant de la plaine et de quelques vallées, vapeurs produites par l'évaporation de l'eau même qui venait de tomber sur les tièdes prairies. La campagne étendue à nos pieds reparut graduellement, avec ses tons variés de verdure et son damier multicolore, à mesure que la pluie s'éclaircit ; les nouveaux nuages suspendus dans l'air flottèrent comme des flocons sur les prés et les bois, en se déchiquetant et se métamorphosant en mille formes imprévues.

Aucun souffle d'air, aucun bruit, à peine un léger bruissement produit par l'agitation du feuillage des hêtres de la forêt voisine. Tout à coup nous vîmes se dresser devant nous une colonne géante, droite et mince, formée dans l'air, colorée des nuances translucides de l'arc-en-ciel, transparente, laissant voir derrière elle les prairies, les jardins, les bouquets d'arbres, les habitations et la plaine, et, plus loin, les rives du lac, et, plus loin encore, le lac lui-même, et, plus loin encore, le village de Brienz éclairé par le soleil et dominé par les montagnes.

Au premier aspect, cette colonne paraissait bien droite ; mais, en l'examinant avec attention, on reconnaissait qu'elle était légèrement courbée au-dessus et au-dessous d'une ligne un peu inférieure à notre ligne d'horizon. Il n'y avait aucun doute : c'était le côté gauche d'un arc-en-ciel immense et, au lieu de s'arrêter comme d'habitude sur un terrain solide devant nous, ce côté gauche continuait de descendre sous notre horizon ; mais la courbure était à peine sensible et la colonne était presque droite.

Devant nous, à l'est, et à notre gauche, au nord, l'Atmosphère s'illuminait de plus en plus, et le panorama s'égayait de toutes les tendres colorations du paysage et des montagnes, rehaussées par cette arche aérienne dont les nuances devenaient de plus en plus vives ; mais, à notre droite, au sud, d'épais nuages, des cumulus, formés dans la froide vallée de la Lutschine, s'élevaient gris, sombres, s'entassaient et se dirigeaient lentement vers l'arc-en-ciel. Ils ne l'avaient pas encore atteint, quand de nos quatre poitrines s'échappa à la fois le même cri : « Regardez ! » Et mille exclamations. Là, à notre droite, devant nous, dans les nuages sombres, apparaissait un étrange foyer de lumière, ovale, jaune orange, vaguement bordé de violet, d'une intensité lumineuse égale à celle de la pleine Lune enveloppée de légers nuages. En traçant par la pensée le cercle immense de l'arc-en-ciel, continué au-dessus et au-dessous de nous et à droite, ce foyer de lumière en occupait juste le centre.

Le Soleil était derrière nous, masqué par l'hôtel de l'Abendberg et par les arbres. Le foyer de lumière occupait précisément la place de notre ombre. Il pouvait être à 4 ou 500 mètres devant nous, sur les nuages qui se condensaient là, en avant du massif de montagnes de la Scheinige-Platte (2.100 mètres d'altitude).

Nous avions sous les yeux un double phénomène atmosphérique : une branche d'arc-en-ciel plongeant sous notre horizon, et un anthélie brillant au centre sur des nuées sombres. C'est là un spectacle que, pour ma part, je n'avais jamais vu, et dont je ne connais non plus aucune description. Il faut, du reste, pour en être témoin, se trouver après la pluie, vers le coucher du Soleil, sur une montagne élevée et escarpée, avoir alors à l'est, devant soi, un horizon assez lointain, et, vers le centre de l'arc-en-ciel, des nuages disposés pour donner naissance à un anthélie.

L'apparition a été si soudaine et si merveilleuse, et les tableaux qui l'ont suivie ont été si bizarres, si captivants, que je ne songeai pas à regarder ma montre et à noter l'heure. Il pouvait être environ six heures.

Bientôt toute l'Atmosphère à notre droite (sud) s'assombrit, tandis qu'à notre gauche le Soleil continuait d'illuminer les montagnes et la coquette petite ville d'Interlaken. Alors, des profondes et froides vallées de Saxeten, de Lauterbrunnen, de Grindelwald, arrivèrent en bataillons serrés des nuages énormes qui se précipitèrent vers nous en roulant silencieusement leurs dômes ; tantôt ils s'élevaient plus haut que nous et nous cachaient entièrement le ciel et la terre ; tantôt ils n'arrivaient pas à notre hauteur et développaient au-dessous de nos pieds leurs collines de neige, en laissant apparaître au loin les montagnes rougies par les feux du Soleil couchant, le ciel bleu marbré de cirrus et le clair miroir du lac calme et tranquille. Pendant une demi-heure, ils passèrent ainsi devant nos yeux émerveillés, comme une toile fantastique déroulée par la fée Morgane, avec mille fantasmagories de formes, d'aspects et de couleurs, transformant ciel, terre, lac, montagnes, chalets, villages, prairies ; ils passaient silencieux, parfois formidables, parfois si légers qu'ils se dissolvaient en fumée au moindre souffle d'air, se levant de l'abîme comme des fantômes, étendant leurs ailes plus vastes que les glaciers de la Jungfrau, et tout d'un coup disparaissant comme dans une trappe, au moment même où de nouveaux venus semblaient se précipiter sur eux pour les terrasser. On se serait cru dans un rêve, et dans un *rêve ultra-terrestre*, en quelque monde imaginaire. Pourtant, en bas, au casino d'Interlaken, personne ne se doutait de ce qui se passait là. Le vent s'éleva ; les nuages arrivèrent plus nombreux, plus denses, plus froids, et posèrent devant nous une muraille impénétrable, tandis que l'Atmosphère restait absolument pure derrière nous, à 10 mètres de cette muraille, et que le Soleil se couchait dans un beau ciel d'été, environné de gloire et de splendeur. Vers huit heures, la Lune apparut dans un halo au sommet des Alpes, les vents du sud et du nord se livrèrent un violent combat et pendant toute la nuit la tempête sévit sur la montagne.

Un mois dans les Alpes vaut des années. L'air qu'on y respire, le calme et la sérénité des hauteurs, l'étendue des horizons, la grandeur des spectacles et surtout l'étonnante variété des phénomènes météorologiques développent là, sous nos yeux, les plus belles pages du livre de la nature, ouvertes devant nous dans les meilleures conditions d'étude et d'appréciation.

Il est impossible de séjourner quelque temps dans les montagnes, au-dessus de la hauteur moyenne des nuages, à 1.500 ou 2.000 mètres d'altitude par exemple, sans être témoin de ce genre particulier de phénomènes optiques, dont l'imagination la moins vive ne peut s'empêcher d'être plus ou moins profondément frappée.

L'un des plus beaux spectacles observés de ces hauteurs est, sans contredit, celui que nous reproduisons ici (fig. 58), d'après un dessin fait par M. Albert Tissandier.

Du côté du midi, écrivait cet habile artiste, l'immense panorama des montagnes se voyait dans une resplendissante lumière, tandis que, du côté du nord, les plaines de Pau et de Tarbes étaient complètement voilées par une mer de nuages d'un blanc éclatant et par les vapeurs lumineuses qui s'en détachaient pour se perdre ensuite dans le ciel bleu. Vers trois heures et demie, ces vapeurs commençaient à entourer fréquemment le pic, passant au-dessus des terrasses de l'Observatoire ou allant s'engouffrer dans le ravin d'Étrises. Je dessinais en ce moment dans les rochers, lorsque je fus tout à coup émerveillé par l'aspect lumineux que prirent les brumes qui venaient de me voiler une partie de la vue dont je désirais prendre le croquis. Un arc-en-ciel d'un blanc pâle se forma au-dessus de ma tête, puis deux halos aux teintes éblouissantes se montrèrent dans le fond du ravin d'Étrises; enfin je vis mon ombre tout entière se découper dans le centre même de ces halos. Mon ombre était entourée d'une auréole jaune pâle, puis de lueurs blanches, ensuite de teintes éblouissantes nettement marquées, rougeâtres, orangées et violettes.

J'appelai à ce moment un de mes compagnons de voyage, qui vint admirer avec moi ce curieux effet de spectre du Brocken vu au pic du Midi; en nous approchant l'un contre l'autre, les ombres de nos têtes se trouvèrent dans la même auréole : elles semblaient surmontées de rayons sombres qui venaient couper les lueurs d'arc-en-ciel de nos halos. Nous remuons les bras et, sur l'ombre, nos doigts semblent jeter aussi un rayon plus sombre qui se meut suivant notre volonté comme les ailes d'un moulin.

On peut ranger ces spectres aériens dans la classe des anthélies, ils se produisent juste à l'opposé du Soleil, dans la direction de l'ombre même de l'observateur. Chacun voit son spectre et les effets optiques qui l'accompagnent, comme au surplus, lors de la production d'un arc-en-ciel, chaque spectateur voit le sien, chacun se trouvant au centre de l'arc qu'il observe. Mais, tandis que les couleurs de l'arc-en-ciel s'expliquent par la réflexion et la réfraction de la lumière sur les gouttelettes limpides de la pluie, les auréoles, rayons ou cercles lumineux qui accompagnent les anthélies sont produits par la *diffraction* de la lumière sur des molécules de brouillard ou même parfois simplement sur la rosée.

A quel jeu de la lumière ce phénomène est-il dû?

Sur les montagnes, comme on ne peut s'assurer directement du fait en s'envolant dans le nuage, on en est réduit à des conjectures. Il faudrait pouvoir se transporter en ballon au milieu de la nuée. L'aérostat traversant les nuages de part en part, résidant au milieu d'eux et passant sur les points mêmes où l'apparition se montre, on peut facilement se rendre compte de l'état du nuage. C'est l'observation qu'il m'a été donné de faire et qui m'a permis d'avoir l'explication du phénomène.

En même temps que le ballon vogue emporté par le vent, son ombre voyage soit sur la campagne, soit sur les nuages. Cette ombre est ordinairement noire, comme toute ombre. Mais il arrive fréquemment aussi qu'elle se détache en clair sur le fond de la campagne et paraît ainsi lumineuse.

En examinant cette ombre à l'aide d'une lunette, j'ai remarqué que très souvent elle se compose d'un noyau foncé et d'une pénombre en forme d'auréole. Cette auréole, souvent très large relativement au diamètre du noyau central, l'éclipse à la simple vue, de sorte que l'ombre tout entière paraît comme une nébuleuse circulaire se projetant en jaune sur le fond vert des bois et des prés.

Dès mon deuxième voyage aérien, le 9 juin 1867, j'ai remarqué l'ombre du ballon que nous voyions gracieusement glisser sur les prairies, entourée d'une auréole lumineuse plus claire que le fond de la campagne. Le lendemain, de cinq heures du matin jusqu'à sept heures, j'ai pu constater que cette auréole, passant sur des villages, par exemple sur celui de Milly (Seine-et-Oise), occupait un espace plus grand que ce

village tout entier. Mais cette ombre encadrée d'une auréole n'est qu'un diminutif du
magnifique phénomène qui se présente lorsque l'ombre du ballon tombe sur des nuages

Fig. 58. — Spectre aérien observé au pic du Midi, le 17 juillet 1882.

placés à une faible distance et formés de vapeurs disposées en cumulus. Là, le spectacle
est véritablement merveilleux. Il m'a été donné de l'admirer et de l'étudier complètement pendant mon voyage aérien du 15 avril 1868.

Ce jour-là, à quatre heures de l'après-midi, l'aérostat arrivant au niveau supérieur des nuages, à 1.415 mètres de hauteur, nous voyons sortir du nuage devant nous, à l'opposé du Soleil, un ballon presque aussi gros que le nôtre, soutenant une nacelle comme la nôtre, dans laquelle nous voyons aussi deux voyageurs aériens si faciles à distinguer qu'on aurait pu les reconnaître sans peine à leurs silhouettes caractéristiques.

Cette ombre du ballon était environnée de cercles concentriques colorés, dont la nacelle formait le centre. Celle-ci se détachait admirablement sur un fond jaune blanc. Un premier cercle bleu pâle ceignait ce fond et la nacelle en forme d'anneau. Autour de cet anneau, s'en dessinait un second, jaunâtre ; puis une zone rouge gris, et enfin, comme circonférence extérieure, un quatrième cercle violet et se fondant insensiblement avec la tonalité grise des nuages. On distinguait les plus petits détails : filet, cordes de la nacelle, instruments. Chacun de nos gestes était instantanément reproduit par les sosies du spectre aérien. Je lève le bras par surprise : l'un des spectres aériens lève le sien. Mon aéronaute agite le drapeau français : le pilote de l'autre aérostat nous présente le même étendard... L'anthélie resta sur les nuages, assez nettement dessiné et assez longtemps pour que j'aie pu en prendre un croquis sur mon journal de bord et étudier l'état physique des nuages sur lesquels il se produisit. La figure ci-contre (fig. 59) représente cette ombre et ces cercles tels que je les ai observés ce jour-là.

J'ai pu déterminer directement les circonstances de sa production. En effet, comme ce brillant phénomène optique se produisait sur les nuages mêmes au milieu desquels je naviguais, il m'a été facile de constater que ces nuages n'étaient point formés de particules glacées ; le thermomètre marquait 2 degrés au-dessus de zéro. L'hygromètre avait indiqué un maximum d'humidité (77) à 1.150 mètres, et l'aérostat planait alors à 1.400 mètres, où l'humidité n'était plus que de 73. Il est donc certain que c'est là un phénomène de *diffraction* de la lumière, produit simplement *sur les vésicules des nuages*.

On donne le nom de diffraction à l'ensemble des modifications qu'éprouvent les rayons lumineux lorsqu'ils viennent à raser la surface des corps. La lumière éprouve dans ces circonstances une sorte de déviation, en même temps qu'elle est décomposée, d'où résultent dans l'ombre des corps des apparences fort curieuses, qui ont été observées pour la première fois par Grimaldi et Newton.

Quoique assez rares, ces curieux phénomènes d'optique ont pu être maintenant étudiés par un certain nombre d'observateurs. Si le Soleil est près de l'horizon et que l'ombre de l'observateur tombe sur de l'herbe, un champ de céréales ou une autre surface couverte de rosée, alors on observe une auréole dont la lueur est vive surtout dans le voisinage de la tête, mais qui va en diminuant à partir de ce centre. Cette lueur est due à la réflexion de la lumière par les chaumes mouillés et les gouttes de rosée ; elle est plus vive autour de la tête, parce que les chaumes situés dans le voisinage de l'ombre de la tête lui montrent toute leur portion éclairée, tandis que ceux qui sont plus éloignés lui montrent des parties éclairées et d'autres qui ne le sont pas : ce qui diminue leur clarté proportionnellement à leur distance de la tête.

D'autres apparences optiques analogues se manifestent en d'autres conditions. Ainsi, par exemple, si, tournant le dos au Soleil, on regarde dans l'eau, on aperçoit très bien l'ombre de sa tête, ombre très déformée toutefois ; mais on voit, en même temps, partir de cette ombre comme des faisceaux lumineux assez intenses qui dardent,

Fig. 59. — Spectre aérien observé en ballon, le 15 avril 1868.

en rayonnant dans tous les sens, avec une très grande rapidité et jusqu'à une très grande distance. Ces faisceaux lumineux auréolaires ont, outre le mouvement dans le sens des rayons, un mouvement de rotation rapide autour de l'ombre de la tête, et le sens de rotation est inverse des deux côtés de l'ombre.

Nous allons arriver maintenant à un ordre de phénomènes optiques plus curieux encore, et surtout plus compliqués que les précédents.

CHAPITRE VII

LES HALOS

PARHÉLIES, PARASÉLÈNES, CERCLES ENTOURANT ET TRAVERSANT LE SOLEIL ET LA LUNE. COURONNES ; COLONNES ; CROIX ; PHÉNOMÈNES DIVERS.

L E panorama des phénomènes optiques de l'air nous amène maintenant à l'un des effets les plus singuliers et les plus compliqués de la réflexion de la lumière dans le monde atmosphérique.

On désigne sous le nom de *halo* (*halôs*, *area*, aire) un cercle brillant qui, dans certaines conditions atmosphériques, entoure le Soleil de toutes parts, à une distance de 22 degrés ; et l'on nomme *parhélies* ou *faux soleils* (*para*, auprès, *hêlios*, soleil) des taches lumineuses ordinairement colorées en rouge, en jaune et en verdâtre, qui se montrent à sa droite et à sa gauche, à la même distance de 22 degrés environ, simulant une ressemblance, généralement assez grossière, avec l'astre lui-même. Les mêmes apparitions peuvent se produire autour de la Lune ; il est même plus facile de les y observer, la douceur tempérée de la lumière lunaire permettant d'examiner sans fatigue les zones qui l'environnent : ces taches lumineuses prennent alors le nom de *parasélènes* (*para*, auprès, *sélèné*, lune) ou de *fausses lunes*. Ces deux cas ne diffèrent entre eux que par l'intensité de l'astre qui leur donne naissance ; c'est une différence analogue à celle que l'on peut observer entre les arcs-en-ciel ordinaires et ceux qui se produisent à la lumière de la Lune.

Outre le halo et les deux parhélies, il peut encore se former sur le ciel une multitude d'autres cercles, arcs, bandes ou taches lumineuses, d'un éclat plus ou moins considérable et qui accompagnent le halo.

Tout le monde sait que, lorsqu'on présente un prisme triangulaire de verre à l'action des rayons du Soleil, une partie de la lumière incidente se réfléchit sur les faces du prisme comme sur un miroir, et qu'une autre partie pénètre dans son intérieur et en sort suivant une direction différente de sa direction primitive, en produisant une image colorée.

C'est sur ce fait que Mariotte, physicien du XVII siècle, a basé l'explication du phénomène qui va nous occuper.

La cause des halos réside dans des filaments de neige ou des cristaux de glace en forme de prismes triangulaires équilatéraux. Ces prismes peuvent être orientés de toutes les manières possibles dans l'Atmosphère : parmi eux, il s'en trouve un certain nombre tournés de manière à produire le minimum absolu de déviation sur les rayons qui, pénétrant par une des trois faces latérales des prismes, sortent en traversant l'une des deux autres. Mariotte a démontré qu'à une distance angulaire du Soleil égale à cette déviation minimum, qui est de 22 degrés, il doit se former un cercle brillant : c'est le halo ordinaire. Si, par suite d'une cause quelconque, tous les prismes deviennent verticaux, le halo n'a plus lieu, mais il est remplacé par les deux parhélies.

Les arcs tangents qui se voient près du halo ordinaire, le halo de 46 degrés de rayon et le cercle parhélique, ont été expliqués par Young, en admettant que, dans certains cas, les prismes peuvent se placer de telle sorte que leurs axes soient horizontaux. L'aspect des arcs tangents varie beaucoup avec la hauteur du Soleil.

Lorsqu'un halo se dessine sur le ciel, on aperçoit ordinairement de légers nuages, appelés cirrus (avec lesquels nous ferons bientôt connaissance), et c'est sur eux que semble se peindre le météore. Quelquefois aussi ces cirrus sont tellement fondus en une seule masse que l'œil ne peut en saisir les contours ; une *vapeur blanchâtre* occupe le ciel, principalement dans la partie qui avoisine l'astre du jour ; la teinte bleue de l'Atmosphère a disparu et se trouve remplacée par une sorte de léger brouillard, dont l'éclat est parfois intolérable pour l'œil. Mais ces nuages filamenteux de neige disséminée dans les hauteurs de l'air sont fort éloignés de nous, de sorte qu'il était assez difficile de se prononcer sur leur véritable nature : d'où l'on voit que l'on a pu ignorer pendant longtemps le mode de production du météore, et c'est là certainement l'une des causes pour lesquelles les halos et parhélies ont été réputés autrefois des phénomènes merveilleux, signes de la colère céleste, présages de catastrophes politiques, etc.

Il ne suffit pas que les nuées des hautes couches de l'Atmosphère soient formées de particules neigeuses pour que le phénomène du halo se présente ; il faut encore les deux conditions suivantes. Le nuage doit avoir une épaisseur convenable : trop faible, le halo ne se produirait pas ; trop grande, la lumière serait interceptée. De plus, il faut que la cristallisation de l'eau se soit opérée avec lenteur, et que le vent ne l'ait pas troublée ; avec une cristallisation rapide et par conséquent confuse, les aiguilles perdent leur transparence, les angles des faces la constance de leurs valeurs, les surfaces d'entrée et de sortie leur poli. D'ailleurs cette apparition n'est pas très rare. On peut estimer que, dans nos climats, le nombre des journées qui présentent le phénomène, au moins à l'état rudimentaire, est supérieur à cent par an, et dans le nord de l'Europe ce nombre est plus considérable encore.

Ainsi les halos, avec tous leurs aspects, s'expliquent en admettant que de minuscules cristaux de neige ou de glace tombent lentement dans une Atmosphère calme. Ils sont dus à la réfraction des rayons solaires sur ces cristallisations de glace. La disposition des prismes est la cause de la diversité des apparences.

Nous venons de dire qu'on peut observer annuellement plus d'une centaine de cercles solaires ou lunaires de cet ordre, la plupart du temps pâles et incolores.

En voici quelques exemples :

Le 17 janvier 1885, à Orléans, M. D. Luzet a été témoin du phénomène reproduit ici (fig. 60). A midi quarante minutes, on pouvait voir autour du Soleil un cercle de 20 degrés de rayon, très brillant. Aux deux extrémités du diamètre horizontal de ce cercle se formèrent deux taches blanches qui, pendant un quart d'heure, augmentèrent graduellement d'intensité, jusqu'à devenir éblouissantes à midi cinquante-cinq minutes. Il y avait alors *trois soleils*, le vrai au centre du halo, et les deux faux de chaque côté. Puis l'éclat diminua, et les deux faux soleils s'irisèrent d'une teinte jaunâtre dans leur moitié opposée au Soleil.

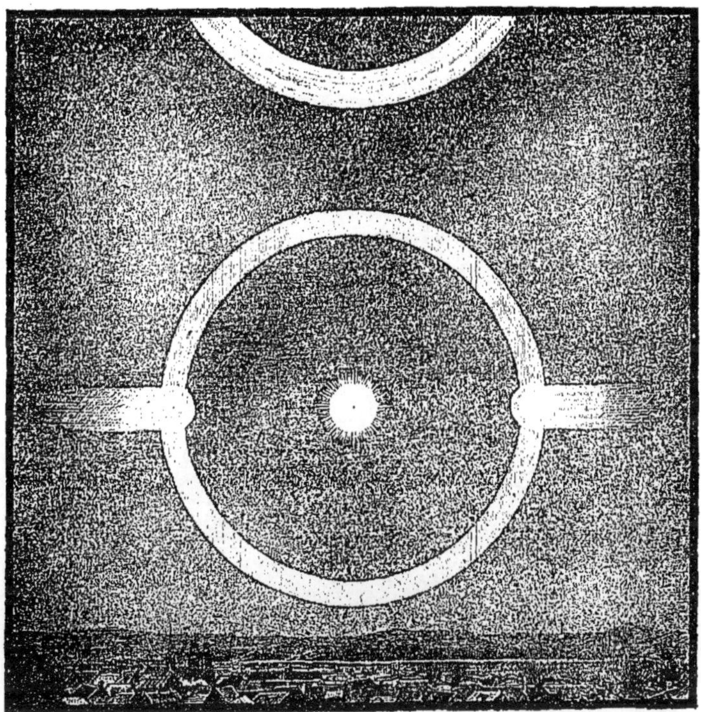

Fig. 60. — Halo et parhélies observés à Orléans le 17 janvier 1885 (halo ordinaire de 22 degrés, parhélies et cercle circumzénithal).

Dans le ciel, pas un nuage, seulement une brume légère (précisément la brume glaciale qui donne naissance aux halos et parhélies). Le thermomètre était à 1 degré au-dessus de zéro.

Un arc-en-ciel non tangent au halo fut visible pendant toute la durée du phénomène, et cet arc-en-ciel était à cheval sur le méridien, ses extrémités s'éteignant dans l'azur du ciel, suivant une ligne passant par le zénith. On voyait ainsi les couleurs de l'arc-en-ciel, à midi, au-dessus de sa tête. Dans toute son étendue, cet arc semblait limiter la brume, cause du halo.

Ce dernier arc est fort rare. C'est l'arc circumzénithal qui est tangent au halo de 46 degrés quand celui-ci est formé. La vivacité de ses teintes, la netteté avec laquelle ses bords se détachent dans le ciel en font un véritable arc-en-ciel. Le rouge est en dehors, le violet en dedans. Cet arc ne peut se produire que lorsque la hauteur du Soleil est comprise entre 20 et 31 degrés.

Un magnifique halo solaire a été observé le 3 mai 1886 dans tout le nord de la France, rappelant par sa complexité et sa beauté les phénomènes météorologiques que les anciens avaient coutume de relater et de conserver dans leurs chroniques sous le titre de prodiges. Nous en avons reçu un grand nombre de relations, parmi lesquelles nous signalons la suivante, due à M. Vimont, directeur de la Société scientifique Flammarion, d'Argentan.

Ce halo remarquable a réuni, pour ainsi dire, suivant les lieux et les heures, tous les aspects caractéristiques. Il est rare que les halos soient à la fois aussi brillants et aussi riches que celui-ci, et visibles d'une aussi vaste étendue de pays. Il a fallu pour cela que les hauteurs de l'Atmosphère fussent dans la même

Fig. 61. — Halo multiple observé à Argentan, le 3 mai 1886.

condition sur tout le nord et le centre de la France, car chaque observateur voit son halo, comme chacun voit son arc-en-ciel. Sans nos yeux, ces phénomènes n'existeraient pas.

On a constaté : 1º le halo ordinaire de 22 degrés de rayon autour du Soleil, offrant les vives couleurs de l'arc-en-ciel, le rouge à l'intérieur (l'intérieur du cercle entre le halo et le Soleil était de teinte violacée blafarde) ; 2º le grand halo de 46 degrés ; 3º les deux parhélies ou faux Soleils situés horizontalement, de chaque côté du Soleil, sur le halo de 22 degrés ; 4º le cercle horizontal (blanc) passant par le Soleil et par la position de ces parhélies visibles ou non ; 5º le halo circonscrit presque tangentiellement au halo de 22 degrés (ce halo est une ellipse qui touche le premier halo en haut et en bas et s'en écarte à gauche et à droite, halo violet) ; 6º les arcs tangents infralatéraux du halo de 46 degrés qui se montrent en bas, à gauche et à droite de la verticale passant par le Soleil; 7º un arc tangent inférieur au halo circonscrit ; 8º un arc tangent supérieur à ce même halo. Cependant l'arc circumzénithal tangent au halo de 46 degrés ne s'est pas produit.

La figure 61 reproduit ce qui a été observé à Argentan. On a, en face de soi, le Soleil, autour duquel se montre le petit halo de 22 degrés et son halo elliptique circonscrit. Contigu à celui-ci, et au-dessous, se voient l'arc tangent (nº 7), et, plus bas, les deux halos circonscrits au halo (invisible d'ici) de 46 degrés. Un cercle horizontal, faisant le tour de l'horizon, et passant par conséquent derrière l'observateur, est dessiné dans sa partie visible. Certains journaux illustrés ont représenté ce cercle comme s'il était vu verticalement ; c'est une erreur : il est horizontal et passe derrière l'observateur.

Ces phénomènes n'ont pas été sans causer une assez vive émotion dans les rangs populaires, notamment en Basse-Normandie : on les considérait unanimement comme annonçant quelque catastrophe politique prochaine. Cependant tout le monde doit savoir aujourd'hui que les hommes ne peuvent s'en prendre qu'à eux-mêmes de ce qui arrive dans les événements de l'histoire contemporaine, et qu'en général on récolte ce qu'on a semé.

Le 6 juin 1885, on a observé un singulier halo en Angleterre. En voici la description par M. Alex. Hodgkinson.

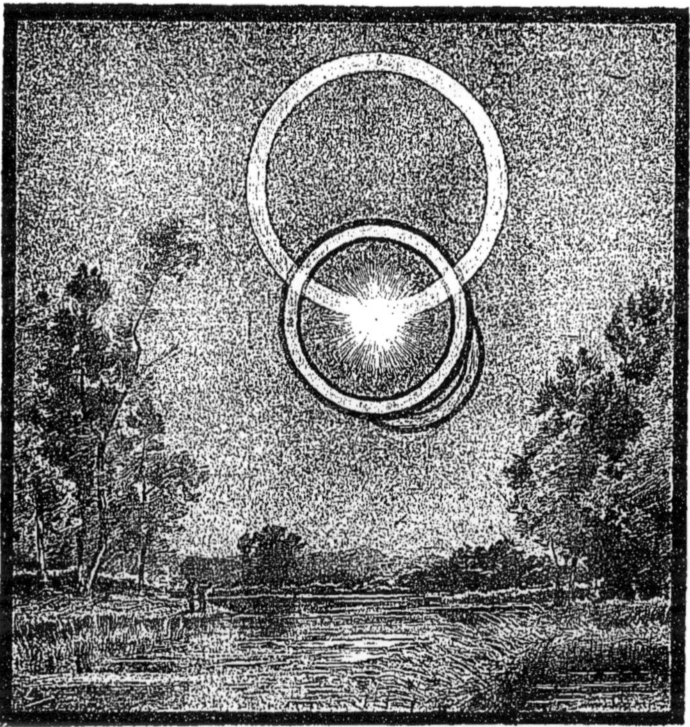

Fig. 62. — Remarquable halo observé au-dessus d'un lac d'Irlande.

Il faisait chaud, une légère brise soufflait de l'est, le ciel était sans nuage, à l'exception de quelques cirrus et cirro-stratus réunis à l'horizon septentrional. Occupé à pêcher en bateau sur l'un des lacs de l'Irlande, je fus surpris d'un changement dans le caractère de la lumière réfléchie par la surface de l'eau et par les objets éloignés. Ayant dirigé mes regards vers le Soleil, je remarquai qu'il était entouré d'un halo extrêmement brillant d'environ 48 degrés de diamètre ; l'espace intérieur était rempli d'une vapeur d'un aspect lourd et d'une couleur bleu sombre qui, en obscurcissant les rayons du Soleil, produisait vraisemblablement l'effet de lumière particulier qui avait d'abord attiré mon attention. Il était alors une heure trente minutes de l'après-midi. Je fis remarquer le phénomène à l'un de mes amis, le docteur Simpson, et voici le détail des apparences dont nous nous sommes souvenus. Le cercle principal a (fig. 62) était formé d'une bande brillante et bien définie d'environ 8 degrés de largeur où les couleurs du spectre se succédaient dans leur ordre habituel, le rouge à l'intérieur et le plus près du Soleil ; toute la bande était parfaitement nette, mais la partie boréale était la plus brillante. Vers deux heures, je remarquai une sorte de protubérance en forme de croissant due aux vapeurs de couleur sombre de l'intérieur du halo principal, et s'étendant sur une largeur de 6 à 7 degrés, dans le quadrant sud-ouest de celui-ci. Cette protubérance était d'abord limitée extérieurement par une frange faiblement colorée, mais bientôt elle fut bordée d'un arc e, au moins aussi brillant que la région la plus brillante du halo principal. Les portions adjacentes de celui-ci, soit par comparaison, soit par l'effet des vapeurs de la protubérance qui en obscurcissaient l'éclat, me parurent beaucoup plus pâles que le reste du cercle. En même temps que se formait cet arc secondaire c, un large anneau blanc b se dessinait lentement autour d'un centre situé au nord du Soleil et ne tardait pas à prendre un contour bien défini : son diamètre était de 72 degrés. S'il eût été complet, sa portion australe aurait passé devant le disque solaire ; mais, après avoir coupé le halo primitif en deux endroits qu'il rendait par cela même plus terne, il s'éteignait graduellement avant d'atteindre le Soleil. Ce dernier anneau commença à disparaître environ un quart d'heure après la première remarque que j'en avais faite, la portion nord-ouest s'affaiblissant la première. Je ne remarquai pas de faux soleils aux points d'intersection des anneaux excentriques avec le cercle principal, et comme je n'étais malheureusement pas muni de mon petit polariscope de poche, je ne pus savoir jusqu'à quel point le phénomène était dû à la double réfraction. L'arc e pouvait bien avoir une pareille origine ; mais, en tout cas, il appartenait à un cercle de rayon *plus petit* que celui de a. Le Rév. T.-G. Beaumont, qui observa aussi ce spectacle, assure qu'il vit d'abord à la place du cercle principal un anneau beaucoup plus petit autour du Soleil, lequel aurait pour ainsi dire *sauté* de sa première position à celle de l'anneau a. La figure 62, quoique faite d'après un dessin pris assez rapidement sur nature, représente le phénomène aussi bien que cela a été possible en l'absence de tout instrument de mesure.

Signalons encore les phénomènes suivants :

La journée du 5 avril 1899 restera célèbre dans les annales météorologiques par la beauté d'un très remarquable halo solaire visible à Paris et dans les environs.

A l'Observatoire de Montsouris, ce curieux phénomène a pu être observé dans toutes ses phases successives, depuis le début de l'apparition.

Le halo ordinaire de 22 degrés, très brillant, était accompagné de deux parhélies d'un blanc éblouissant. On a observé aussi le halo elliptique tangent au halo de 22 degrés ; le cercle parhélique horizontal absolument blanc, et de temps en temps presque complet autour du Soleil ; une portion du halo de 46 degrés et enfin, par moment, on remarquait un arc tangent latéral au halo de 46 degrés.

Lors du mémorable passage de la comète de Halley dans le voisinage de la Terre, le 19 mai 1910, passage qui a causé une vive désillusion aux astronomes désireux d'assister à un spectacle nouveau, et au moment où une partie de l'humanité attendait avec anxiété le résultat de cette fameuse rencontre dans la crainte d'une intoxication générale produite par les gaz cométaires, plusieurs observateurs privilégiés ont pu voir de curieux phénomènes atmosphériques et notamment de superbes halos autour du Soleil. M. Barnard, de l'Observatoire Yerkes (États-Unis), a décrit particulièrement un magnifique halo de 22 degrés de diamètre, coloré des nuances de l'arc-en-ciel, qui entourait le Soleil dans l'après-midi du 19 mai.

La Lune produit parfois aussi des halos. J'en ai notamment observé un d'un éclat remarquable, à Paris, le 12 mai 1870, vers dix heures du soir, la Lune étant au méridien. C'était le grand cercle de 46 degrés, mais on n'y distinguait pas de couleurs, et il n'y avait pas non plus de parasélènes. L'apparition dura jusqu'à onze heures. Le ciel était pur, aucun nuage apparent ne s'y montrait ; seulement les étoiles étaient peu brillantes et, lors même que la production du halo n'aurait pas démontré l'existence d'une couche de vapeurs étendue dans l'Atmosphère, ce voile eût été rendu sensible par l'opacité relative de l'air. Le lendemain, une pluie fine tomba à Paris et le ciel resta pluvieux pendant quelques jours.

L'étude que nous venons de faire du phénomène général des halos nous amène à parler maintenant d'autres effets optiques dont l'explication se rapproche plus ou moins des précédentes.

Les *colonnes* de lumière blanche ou rouge, les *croix*, les divers aspects lumineux qui se montrent parfois au lever et au coucher du Soleil, sont dus à la réflexion de la lumière sur une nappe de cristaux d'eau glacée située dans les hauteurs de l'Atmosphère. Tout le monde a pu remarquer que, lorsqu'on regarde l'image d'un flambeau (le Soleil, la Lune, un réverbère) se formant obliquement sur une nappe d'eau légère-

Fig. 63. — Croix formée dans l'atmosphère
par la réflexion.

Fig. 64. — Phénomène atmosphérique
dû à la réflexion.

ment agitée, l'image s'étend beaucoup dans le sens de la verticale : la mobilité de l'eau donne naissance à une multitude de petites faces planes, dont les normales se balancent sans cesse autour de la verticale, dans toutes les directions possibles. Un effet analogue peut se produire dans les particules d'eau glacée formant certaines brumes flottantes dans l'Atmosphère. Telle est l'origine de ces colonnes de lumière que l'on voit quelquefois apparaître au moment du coucher du Soleil, et grandir à mesure que l'astre s'abaisse de plus en plus. Il est à peine nécessaire d'ajouter que, lorsque le Soleil est descendu au-dessous de l'horizon, la réflexion de sa lumière s'opère sur les bases inférieures des particules prismatiques.

Le 22 avril 1847, avant le coucher du Soleil, on a observé à Paris quatre colonnes lumineuses d'une étendue d'environ 15 degrés chacune, offrant l'aspect d'une croix dont l'astre du jour occupait le centre. Après le coucher du Soleil, une des quatre colonnes, bien entendu la supérieure, persista encore quelque temps.

Le 22 avril 1900, M. Gheury, lieutenant au long cours, a observé, dans les parages de l'île d'Ouessant, une colonne verticale de lumière rouge, un peu avant le coucher du Soleil. A l'horizon traînait un banc de brume et, plus haut dans le ciel, deux ou trois cirro-stratus parallèles.

Le coucher de Soleil eut lieu à 6 h. 56 m. La colonne se fit de plus en plus courte tout en augmentant d'éclat et s'évanouit au bout de 40 minutes. Ce phénomène était accompagné d'une faible apparence de halo.

Leur base est quelquefois assez large pour leur donner des formes bizarres. Ainsi, en 1816, mon ami regretté Coulvier-Gravier, se trouvant près de Festieux, à 8 kilomètres de Laon, entendit les habitants de ce pays, qui regardaient le lever du Soleil (on était au mois de septembre), trouver que le phénomène représentait tout à fait un tricorne. Ces braves gens ajoutaient même à ce propos, dans leur simplicité : «Vous voyez bien que Napoléon reviendra, puisque le Soleil nous montre son chapeau. » (Voy. fig. 64.)

Cassini avait déjà signalé ce genre de phénomènes, à l'Observatoire de Paris, en 1672 et 1692. Depuis, les annales de la météorologie en ont conservé un certain nombre d'observations.

Roth avait vu et décrit un spectacle de ce genre plus complet encore, le 2 janvier 1586, à Cassel. Avant le lever du Soleil, une colonne lumineuse verticale, d'un diamètre égal à celui de l'astre, s'éleva au point où l'astre allait paraître ; elle ressemblait à une flamme brillante : seulement son éclat était uniforme dans toute sa hauteur. Bientôt on vit se former une image du Soleil tellement lumineuse qu'on la prit pour l'astre lui-même ; à peine ce parhélie eut-il quitté l'horizon que le Soleil se leva immédiatement au-dessous, suivi d'une répétition de la colonne supérieure. Cette colonne avec ses trois soleils resta toujours verticale ; les trois soleils étaient parfaitement semblables ; seulement le véritable avait plus d'éclat. Le phénomène dura environ une heure.

Si le Soleil, au lieu d'être à l'horizon, est à quelques degrés au-dessus de son plan, la colonne lumineuse qui s'élève du pseudhélie, alors situé au-dessous de ce plan et par conséquent invisible, peut atteindre le centre de l'astre, sans le dépasser sensiblement. On a alors l'apparence d'une colonne lumineuse ascendante, qui semble supporter le disque solaire à sa partie supérieure.

Ces colonnes de lumière, qui succèdent parfois au coucher du Soleil, sont souvent très brillantes. Le 12 juillet 1877, revenant le soir de Fontaine-Française à Vaux-sous-Aubigny (Haute-Marne) en compagnie de plusieurs amis, nous en observâmes une (fig. 65), qui ne s'effaça que trois quarts d'heure après le coucher du Soleil. Remarque assez curieuse, en même temps cette colonne de lumière était vue d'Orsay, près de Paris, par mon savant ami, Amédée Guillemin.

La combinaison du cercle parhélique avec la strie verticale passant par le centre de l'astre donne le phénomène des croix solaires ou lunaires, que l'on aperçoit souvent sans que le halo de 22 degrés soit visible. Il peut arriver que les bras de la croix soient sensiblement égaux, mais souvent aussi la longueur des branches horizontales est plus considérable que celle des branches verticales.

Mais, de tous les phénomènes de ce genre, le plus étrange et le plus bizarre encore est, sans contredit, celui dont M. Whymper a été témoin sur le Cervin, le 14 juillet 1865, surtout à cause des dramatiques circonstances au milieu desquelles l'apparition s'est produite. Après une ascension fort heureuse, les périls de la descente s'ouvrirent tout d'un coup sous les pas des infortunés touristes, et deux compagnons de M. Whymper

furent précipités dans les abîmes de la montagne. Les survivants reprenaient, au milieu
du silence et de l'effroi, le chemin de la descente lorsque, en levant les yeux, ils aperçurent devant eux, dans le ciel, un halo partagé en deux par une colonne verticale,
et, dans chaque compartiment aérien ainsi formé, une croix gigantesque (fig. 68). Ces
deux croix aériennes semblaient planer dans le ciel au-dessus de l'abîme où les deux
infortunés venaient de rendre le dernier soupir. Elles étaient sans doute dessinées par
l'intersection de cercles dont le reste était invisible, et leur formation s'explique par
la théorie des halos. Le hasard seul, sans contredit, a fait coïncider ces deux croix
avec ces deux morts, et nous serions mal fondés à laisser courir notre imagination

Fig. 65. — Colonne de lumière observée après le coucher du Soleil, le 12 juillet 1877.

à travers le surnaturel pour justifier la coïncidence. Mais le fait n'en est pas moins
remarquable en lui-même.

Les colonnes verticales, les croix solaires ou lunaires se voient surtout dans les
contrées boréales, pendant les longs hivers qui enveloppent ces régions de neiges et
de frimas.

  Mes lecteurs ont sans doute entendu parler du «Rayon vert» dont la beauté mérite
bien un mot d'admiration.

Ce phénomène d'optique, dû à la réfraction des rayons solaires, se produit soit au
lever, soit au coucher de l'astre du jour, et non seulement au bord de la mer, mais
aussi dans les pays montagneux ou boisés. C'est un effet de dispersion atmosphérique.

Au moment où le Soleil disparaît sous l'horizon, on voit, instantanément, éclater
un foyer de lumière couleur vert émeraude, projetant dans toutes les directions des
rayons qui se détachent sur une Atmosphère vert pâle.

C'est là un spectacle féerique et beaucoup plus fréquent qu'on ne le pense.

Les *couronnes*, qui apparaissent autour du Soleil et de la Lune lorsque l'air n'est
pas pur, et que des gouttelettes de vapeur vésiculaire ou des nuages légers viennent

à passer devant ces astres, ne doivent pas leur origine à la réfraction, mais bien à la diffraction ; ils ont le rouge en dehors et le violet en dedans comme le premier arc-en-ciel, et leurs couleurs sont inverses de celles des deux halos concentriques aux astres.

Il est nécessaire, pour que le phénomène ait lieu, qu'il y ait un certain nombre de globules de même diamètre, et même un beaucoup plus grand nombre de ce diamètre que de tout autre. Si les diamètres des sphérules des nuages étaient tous différents, la couronne ne se produirait pas.

On observe un effet absolument semblable lorsqu'on examine un objet lumineux à travers une lame de verre sur laquelle on a répandu du lycopode, ou bien, à un degré

Fig. 66. — Couronne formée autour de la Lune par la diffraction.

moins marqué, lorsque, avec l'haleine, on a simplement recouvert cette lame d'une légère couche d'humidité.

Parmi les phénomènes de *diffraction*, signalons aussi le *cercle de Bishop*. C'est une couronne circumsolaire formée de deux parties : immédiatement autour du Soleil est un limbe d'argent bleuté, éclatant, avec un rayon de 10 degrés environ ; il est bordé extérieurement par un cercle rouge cuivré, de 20 degrés de largeur ; le rayon moyen du cercle rouge est de 15 degrés environ. Le cercle cuivré se fond en dedans avec l'argent du limbe, en dehors avec le bleu du ciel ; mais les contours sont mal limités, l'extérieur spécialement, et cette décroissance donne à l'azur une teinte étrange. Le nom donné à ce cercle vient de ce qu'il a été décrit pour la première fois par Sereno Bishop, à Honolulu (île Sandwich), le 5 septembre 1883, neuf jours après l'éruption du Krakatoa. Il est produit par la diffraction des rayons solaires traversant de fines poussières répandues dans la haute Atmosphère. Il a été réobservé en 1902, après la formidable éruption de la Martinique, et dans la soirée du 19 mai 1910, après le passage de la comète de Halley, notamment par le savant directeur de l'Observatoire d'Heidelberg, M. Max Wolf.

Les bases horizontales des cristaux de glace réfléchissent aussi la lumière solaire, mais en renvoyant ses rayons vers le haut, dans une direction qui ne permet pas à l'observateur de les recevoir. Il faudrait pour cela que celui-ci fût placé au sommet d'une montagne escarpée, ou dans la nacelle d'un aérostat, et que, de là, il dominât le nuage à particules glacées. On accordera sans peine que ces conditions doivent se trouver bien rarement réunies. Elles se sont réalisées pour MM. Barral et Bixio, le 27 juillet 1850. L'image du Soleil ainsi réfléchie paraissait presque aussi lumineuse que le Soleil lui-même (fig. 67). Bravais a proposé de désigner ce remarquable et si rare phénomène sous le nom de *pseudhélie*.

A ces différents aspects, dus à la réfraction, à la diffraction et à la réflexion de la lumière dans les couches atmosphériques, ajoutons enfin la déformation du Soleil à l'horizon, qui présente parfois les apparences les plus bizarres par suite du défaut d'homogénéité des couches inférieures et des jeux singuliers de la réfraction.

Fig. 67. — Le soleil réfléchi par les nuages, ou pseudhélie.

Tous ces brillants météores n'étaient pas inconnus aux anciens.

De tous les phénomènes optiques, ce sont ces halos, parhélies, croix, couronnes, apparences fantastiques, qui ont le plus frappé les populations et qui occupent le plus de place dans les annales météorologiques superstitieuses, dans l'histoire des phénomènes célestes. Effrayés par ces aspects insolites, comme par les mirages, pluies d'étoiles, tremblements de terre, etc., les hommes, dont l'ignorante vanité se représentait Dieu sous la forme d'un vieil empereur assis sur les nuages, interprétaient ces phénomènes comme autant de signes de la volonté divine, tantôt compatissante, tantôt courroucée. Plusieurs critiques du siècle dernier et de celui-ci ont nié ces apparitions et déclaré absolument mensongères les curieuses relations du moyen âge. Or, après avoir comparé ces relations, on ne peut partager cet esprit de négation absolue ; seulement tous ces récits ont grossi, exagéré, altéré la réalité par suite des terreurs causées par ces mystérieux phénomènes. Plusieurs d'entre eux restent encore difficiles à expliquer, malgré les progrès des sciences ; mais la plupart rentrent dans les classifications que nous avons adoptées ici.

Il est curieux d'en rappeler quelques-uns.

L'apparition de ce genre qui eut le plus grand retentissement dans l'histoire de notre civilisation chrétienne est certainement celle du fameux LABARUM de Constantin. Dans sa guerre contre Maximilien Hercule, cet empereur et son armée furent témoins de l'apparition d'une *croix brillante* qui fixa dans le ciel les regards étonnés de plusieurs milliers d'hommes. Les auteurs se sont peu étendus sur les circonstances météorologiques du phénomène ; cependant ils ont remarqué que le ciel était couvert d'un voile gris et que le temps devint pluvieux. Ce sont bien là les conditions du halo. Nous

Fig. 68. — Croix aériennes vues dans les Alpes, le 14 juillet 1865.

pouvons parfaitement admettre la réalité de la vision, mais en lui restituant son caractère purement naturel.

On conçoit d'ailleurs qu'elle ait frappé le fondateur du christianisme politique et qu'on l'ait regardée comme une manifestation divine. La nuit suivante, Constantin revit la même croix en rêve et un ange lui ordonnant de prendre la croix pour enseigne militaire. Ce songe s'explique facilement aussi. Il reste d'inexpliqué l'inscription, en grec, que Constantin dit avoir lue sur cette croix lumineuse et qu'il traduisit en latin par ces mots : IN HOC SIGNO VINCES. A-t-il cru voir cette inscription dans le moment même? C'est possible. Son état-major, qui ne savait guère le grec, et ses soldats, qui ne savaient même pas lire, ont pu, comme le personnage emplumé de la lanterne magique, répondre qu'ils voyaient « quelque chose », mais qu'ils ne distinguaient pas très bien. Quelque arrangement partiel des stries nuageuses a pu donner lieu à l'illusion. Zonare raconte bien que, la veille de la mort de Julien l'Apostat, on vit une agglomération d'étoiles représenter par des lettres la phrase suivante : *Aujourd'hui Julien est tué par les Perses !...* Mais il est plus probable que l'inscription de Constantin a été faite après coup.

Les phénomènes optiques de l'Atmosphère, tels que halos, parhélies, parasélènes, arcs-en-ciel, etc., ont de tout temps joué un grand rôle dans le mysticisme des météores. Les annalistes romains en mentionnent un grand nombre. Cette histoire des apparitions prodigieuses est assez curieuse pour que nous la résumions ici, d'après le travail sur la météorologie mystique de notre savant confrère, le docteur Grellois.

L'an de Rome 636, vers le commencement de la guerre de Jugurtha, peu avant l'irruption des Cimbres et des Teutons, on vit à Rome trois soleils. En 680, le ciel étant pur et serein, on vit en l'air, au-dessus du temple de Saturne, trois soleils et un arc-en-ciel. En même temps les Grecs et les Carthaginois s'unirent à Persée pour combattre les Romains. En 710, Octave faisant son entrée à Rome, le Soleil se trouva, par un ciel serein, environné d'un grand cercle semblable à l'arc-en-ciel. — Est-il vrai que le ciel ait été pur dans ces deux exemples? C'est ce qu'il serait difficile de vérifier.

La même année, trois soleils brillèrent en même temps ; le plus bas des trois parut entouré d'une couronne en forme d'épis, qui éblouit toute la ville ; le Soleil, revenu à son unité, n'eut pendant plusieurs mois qu'une lumière pâle et languissante. C'est-à-dire que ces parhélies, comme toujours, durent leur naissance à un ciel nuageux, et que l'humidité atmosphérique, persistant durant plusieurs mois, laissa à la lumière solaire un aspect pâle et languissant. En 712, on eut trois soleils, vers la troisième heure du jour, pendant les sacrifices expiatoires.

Les annales mentionnent, l'an 1118 de notre ère, sous le règne de Henri II, roi d'Angleterre, paraissant en même temps, deux pleines lunes, la première à l'orient, l'autre à l'occident. La même année, le roi vainquit son père Robert, duc de Normandie, et subjugua cette contrée.

On signala, en 1104, des phénomènes atmosphériques qui semblent résumer tous les prodiges aériens : le ciel parut souvent enflammé (les éclipses de Soleil et de Lune y furent fréquentes). Plusieurs étoiles tombèrent du ciel; des torches ardentes, des traits de feu, des feux volants apparurent. Les monuments, les maisons, les hommes, les troupeaux, les champs et leurs produits furent affligés par la foudre, la grêle, la tempête. Des armées de feu, des troupes de chevaux, des cohortes d'infanterie offrirent au ciel de fantastiques combats.

En 1120, au milieu des nuées sanglantes, *il parut un homme et une croix embrasés.* Il plut du sang, on crut être au dernier jour[1]. Ces prodiges annonçaient une guerre civile.

En 1156, sous le même règne, on vit pendant plusieurs heures trois cercles autour du Soleil et, lorsqu'ils disparurent, on aperçut trois soleils. Ce prodige signifia la discorde du roi et de l'archevêque Thomas de Cantorbéry. L'empereur détruisit Milan, après sept ans de siège.

L'année suivante, on vit encore trois soleils et, au milieu de la Lune, une *croix blanche.* En même temps éclata une discorde entre les cardinaux pour l'élection du souverain pontife, et entre les princes électeurs pour l'élection du roi des Romains.

En 1463, dans la Petite-Pologne, on vit pendant plus de deux heures, dans la soirée, *l'image de Jésus*

---

[1] Voyez plus loin les *pluies de sang,* pluies d'insectes, etc.

crucifié se diriger dans l'air, avec un glaive, de l'occident vers le midi. De grands malheurs survinrent en ce pays.

En 1489, comète, vents violents, *combats de cavaliers et de fantassins*; *des villes, des glaives, des armées ensanglantées.* Ces signes horribles furent suivis de pluies diluviennes, de stérilité, de famine et de peste.

En janvier 1514, dans le duché de Wurtemberg, on aperçut trois soleils, celui du milieu étant plus grand que les autres. En même temps, on vit au ciel des glaives sanglants et embrasés. Au mois de mars suivant, on vit encore trois soleils et trois lunes; la même année, les Russes furent vaincus par les Polonais près du Borysthène. Smolensk, place forte de la Lithuanie, fut livrée à la Russie. Les Turcs perdirent une grande bataille contre les Persans dans l'Arménie Majeure.

En 1520, deux parhélies. L'année suivante, les Turcs envahirent la Hongrie et s'emparèrent par trahison de l'Albanie. Luther soutint sa doctrine contre l'Église de Rome.

En 1526, des *enseignes militaires tachées de sang* parurent au ciel pendant la nuit, dans le grand-duché de Wurtemberg.

En 1529, *un corps et un glaive sanglants, une citadelle de feu, des chevaux de feu, quatre comètes jetant des flammes aux quatre coins du monde,* tels sont les prodiges qui annoncèrent les agitations de l'Allemagne, la dévastation, les massacres des chrétiens par les Turcs.

Johnston dit qu'en 1532, non loin d'Inspruck (Œnipons), on vit dans l'air *des images miraculeuses, un chameau entouré de flammes, un loup vomissant du feu, au milieu d'un cercle de flammes ; un lion le suivait.*

En 1548, on vit, en Saxe, des *armées célestes* tomber sur des villes.

Le 21 avril 1551, trois soleils et trois arcs-en-ciel furent aperçus à Magdebourg. Cette circonstance fit abandonner, par ordre de l'empereur Charles V, le siège de cette ville, qui durait depuis quinze mois, par Maurice de Saxe et Albert, marquis de Brandebourg.

Fig. 69. — Les trois soleils de 1492.

Voici un bon type de ces exagérations :

En 1549, la Lune fut vue entourée d'un halo et de parasélènes. Près de ceux-ci on vit un lion de feu et un aigle se perçant la poitrine. A cela succéda une apparition horrible de villes enflammées et, autour d'elles, des chameaux, et l'image du Christ en croix avec les deux larrons, et une assemblée qui paraissait être celle des apôtres. Une dernière vision fut la plus terrible de toutes : on aperçut un homme debout, d'aspect féroce, armé d'un glaive, menaçant une jeune fille qui le suppliait, en pleurant, de ne pas la frapper.... Quels yeux il fallait pour distinguer tous ces détails !

En 1557, un savant professeur d'Heidelberg, Théobald Wolffhart, écrivit, sous le pseudonyme de Conrad Lycosthènes, un *Livre des Prodiges*, qui se compose de tous ces phénomènes météorologiques et astronomiques, illustrés à plaisir. Les aspects divers sous lesquels se produit la double réfraction de l'astre sont innombrables dans son livre. Ce n'était pas seulement dans les régions du nord que les parhélies frappaient les esprits de terreur. A Rome même et dans les villes scientifiques de l'Italie, sièges du mouvement intellectuel, la crainte qu'ils inspiraient aux populations n'était pas moindre qu'à Nuremberg ou à Rotterdam. Celui qui parut en 1469, par exemple, troubla au plus haut degré les esprits ; et ce n'était pas sans sujet, nous dit le *Livre des Prodiges*. Dans la même année, Georges Scanderbeg, le fléau des Musulmans, remporta une victoire signalée sur les Turcs, et la mort de Sforce, fils du duc de Milan, suscita des guerres déplorables en Italie. Florence fut désolée, l'Allemagne troublée par de nouveaux combats du duc de

Brunswick. Des séditions violentes ensanglantèrent l'Angleterre. En 1492, le parhélie se combine, au mois de décembre, avec l'apparition successive de deux comètes, et certes ce n'eût pas été un phénomène trop magnifique pour annoncer la découverte d'un nouveau monde ; mais le triple soleil a été vu en Pologne, et les prodiges sont pour le Nord. L'empereur Maximilien est vaincu par Ladislas, roi de Hongrie ; Casimir, roi des Polonais, expire, et une grande portion de la ville de Cracovie est dévorée par les flammes. — Nous reproduisons plus haut ce fameux triple soleil du *Livre des Prodiges* (fig. 69).

Avec les progrès de l'astronomie et de la physique, la décadence de l'astrologie et la liberté d'examen, ces phénomènes optiques perdirent leur caractère surnaturel. Depuis le siècle dernier, on les observe d'un œil calme, on les analyse ; et nous avons vu par ce chapitre que la théorie les explique, et que les observateurs et les savants les enregistrent comme autant de faits physiques appartenant au vaste domaine de la météorologie. L'historien Josèphe rapporte qu'au commencement du siège de Jérusalem par les Romains, l'an 70 de notre ère, les Juifs devinèrent leur désastre en voyant « des armées marcher dans les nuages rouges ». Des apparences presque analogues ont été visibles au commencement du siège de Paris, en septembre 1870, sans compter l'aurore boréale du 24 octobre ; mais nous savons maintenant de science certaine que ces effets physiques sont uniquement naturels et qu'ils proviennent des jeux de la lumière dans l'Atmosphère.

Les hommes sont assez fous pour se faire la guerre, tantôt pour une raison, tantôt pour une autre — et presque toujours sans raison, — il ne se passe pas d'année sans quelque tuerie ou sans quelque révolution politique, ici ou là ; il n'est pas difficile de trouver un événement quelconque qui coïncide avec un phénomène météorologique plus ou moins remarquable.

CHAPITRE VIII

LE MIRAGE

L'ATMOSPHÈRE ne produit pas seulement de singuliers phénomènes optiques dans les hauteurs aériennes où se joue le monde gracieux des météores; elle manifeste sa fantaisie jusque dans cette région vulgaire où notre poids organique nous enchaîne tous, et la surface même du sol et des eaux est parfois illustrée de métamorphoses étranges dues au jeu des rayons de la lumière dans l'air qui baigne cette surface terrestre.

On désigne sous le nom de *mirage* des apparences optiques causées par un état particulier des *densités* des couches atmosphériques, état faisant varier les réfractions ordinaires dont nous avons parlé dans un chapitre précédent.

Par suite de cette variation, les objets lointains paraissent soit déformés eux-mêmes, soit transportés à une certaine distance, soit renversés ou réfléchis, suivant la déviation qu'imprime aux rayons lumineux la densité anormale de l'air.

Ce n'est pas d'aujourd'hui qu'on observe le mirage. En relisant, il y a quelques mois, la *Bibliothèque historique*, de Diodore de Sicile, je trouvai une description du phénomène, qui date de deux mille ans et qui ne manquera certainement pas d'intéresser les lecteurs de *L'Atmosphère*. La voici :

Il se passe un phénomène extraordinaire en Afrique. A certaines époques, surtout pendant les calmes, l'air y est rempli d'images de toutes sortes d'animaux, les unes immobiles, et les autres flottantes. Tantôt elles paraissent fuir, tantôt elles semblent poursuivre; elles sont toutes d'une grandeur démesurée, et ce spectacle remplit de terreur et d'épouvante ceux qui n'y sont pas habitués. Quand ces figures atteignent les passants qu'elles poursuivent, elles leur entourent le corps, froides et tremblotantes. Les étrangers, qui ne sont point accoutumés à cet étrange phénomène, sont saisis de frayeur ; mais les habitants du pays, qui y sont exposés, ne s'en mettent point en peine.

Quelques physiciens essayent d'expliquer les véritables causes de ce phénomène qui semble extraordinaire et fabuleux. Il ne souffle, disent-ils, point de vent dans ce pays, ou seulement un vent faible et léger. Les masses d'air condensées produisent en Libye ce que produisent chez nous quelquefois les nuages dans les jours de pluie, savoir, des images de toute forme qui surgissent de tous côtés dans l'air. Ces couches d'air, suspendues par des brises légères, se confondent avec d'autres couches en exécutant des mouvements oscillatoires très rapides ; tandis que le calme se fait, elles s'abaissent sur le sol par leur poids et en conservant leurs figures qu'elles tenaient du hasard; si aucune cause ne les disperse, elles s'appliquent spontanément sur les premiers animaux qui se présentent. Les mouvements qu'elles paraissent avoir ne sont pas l'effet d'une volonté; car il est impossible qu'un être inanimé puisse marcher en avant ou reculer. Mais ce sont les êtres animés qui, à leur insu, produisent ces mouvements de vibration ; car, en s'avançant, ils font violemment reculer les images qui semblent fuir devant eux. Par une raison inverse, ceux qui reculent paraissent, en produisant un vide et un relâchement dans les couches d'air, être poursuivis par des spectres aériens. Les fuyards, lorsqu'ils se retournent ou qu'ils s'arrêtent, sont probablement atteints par la matière de ces images, qui se brise sur eux et produit, au moment du choc, la sensation du froid.

Il y a là une assez forte exagération. On voit que si, dès avant l'époque de Diodore, on observait le mirage, on était fort loin d'en avoir aucune idée rationnelle. L'imagination seule faisait tous les frais de la prétendue explication.

Ce même phénomène (dont Quinte-Curce a également parlé) a été remarqué depuis longtemps par les Arabes, et il en est question à plusieurs reprises chez les écrivains de l'Orient. On trouve entre autres dans le Coran que « les actions de l'incrédule sont semblables au sérab (mirage) de la plaine : celui qui a soif le prend pour de l'eau jusqu'à ce qu'il s'en approche, et il trouve que ce n'est rien ».

C'est surtout dans le milieu du xviie siècle que le mirage a commencé à attirer l'attention des physiciens. La découverte des lunettes a permis de faire un grand nombre d'observations qui n'eussent pas été possibles à l'œil nu ; la connaissance des lois de la réfraction de la lumière, celle des variations de la densité de l'air par suite des changements de sa température, sont venues de leur côté préparer les voies à l'explication théorique de ces bizarres apparences.

Il faut arriver à l'année 1783 pour trouver le premier travail véritablement scientifique qui ait été publié sur le mirage. Ce travail est dû au professeur Busch, qui l'avait observé sur l'Elbe, auprès de Hambourg, et sur les côtes de la mer du Nord et de la Baltique. Il s'était servi souvent d'une lunette, et l'emploi de ce procédé avait mis en évidence pour lui des détails jusque-là inconnus. Il étudia ce *miroir des eaux*, ce *faux rivage* en dessous duquel paraissent se peindre les images renversées ; il vit des navires suspendus dans les airs, et portant sous leur carène l'image renversée de leurs mâts et de leurs voiles. Le 5 octobre 1779, il apercevait, à deux milles allemands de distance de la ville de Brême, l'image ordinaire de cette ville et une deuxième image très nette et renversée ; entre la ville et lui s'étendait une vaste et verte prairie. Les circonstances principales du phénomène sont clairement indiquées dans ce travail, toutefois sans explication théorique.

C'est pendant l'expédition de Bonaparte en Égypte que cette explication théorique a été donnée.

Le sol de la Basse-Égypte forme une vaste plaine parfaitement horizontale ; son uniformité n'est interrompue que par de petites éminences, sur lesquelles s'élèvent des villages qui se trouvent ainsi à l'abri des inondations du Nil. Le matin et le soir, rien n'est changé dans l'aspect de la contrée ; mais, lorsque le Soleil a échauffé la surface du sol, celui-ci semble terminé à une certaine distance par une inondation. Les villages paraissent comme des îles au milieu d'un lac immense, et au-dessous de chaque village on en voit l'image renversée. Pour compléter l'illusion, le sol s'efface et la voûte du firmament se réfléchit dans une eau tranquille. On comprend les déceptions cruelles que dut éprouver l'armée française. Accablée de fatigue, dévorée par la soif sous un ciel embrasé, elle croyait toucher à cette grande nappe d'eau transparente dans laquelle se dessine l'ombre des villages et des palmiers ; mais, à mesure que l'on approche, les limites de cette inondation apparente s'éloignent ; le lac imaginaire qui semblait entourer le village se retire ; enfin il disparaît entièrement, et l'illusion se reproduit pour un autre village plus éloigné. Témoins de ce phénomène, les savants attachés à l'expédition n'éprouvèrent pas moins de surprise que le reste de l'armée ; mais Monge en donna l'explication.

Ce phénomène se produit lorsque les rayons lumineux, grâce auxquels nous voyons les objets, subissent avant d'arriver à notre œil une déviation causée par la différence de densité des couches d'air qu'ils traversent.

Par l'effet des rayons solaires, lorsque l'Atmosphère est calme, les couches d'air qui sont en contact avec le sol s'échauffent beaucoup, et il peut arriver que dans une petite épaisseur leur densité soit décroissante à mesure qu'elles s'approchent du sol lui-même. C'est un fait purement accidentel, qui dépend de diverses circonstances propres au lieu où on l'observe, qui ne s'étend que très peu et ne porte aucune atteinte, par conséquent, à la loi générale du décroissement de la densité à mesure qu'on s'élève.

La lumière qui nous arrive de l'astre du jour, en traversant ces couches d'inégale densité, est réfractée, et cette réfraction est d'autant plus grande que les températures de deux couches voisines d'air sont plus différentes. C'est surtout dans les pays chauds que ces effets sont le plus intenses, là où le sol étant fortement échauffé, l'air des basses couches atmosphériques réfracte les rayons lumineux à tel point, par exemple, qu'un arbre donne une seconde image exactement comme s'il était placé au bord d'un lac bien uni.

Tel est le mirage ordinaire, ou mirage inférieur.

Cette déviation inférieure et réfléchie des rayons lumineux ne frappe pas toujours autant qu'on pourrait le croire. Bien des hommes passeront à côté sans le remarquer, et même, prévenus du fait, déclareront ne rien constater d'extraordinaire ou de digne d'être noté. Pour bien discerner le mirage, il faut non seulement une vue longue et étendue, mais savoir observer des détails et avoir l'habitude de l'horizon ; aux voyageurs, aux marins, aux météorologistes, cet exercice est devenu familier ; mais très souvent des yeux non scientifiques ne le remarquent pas. Cependant, dans certains cas, et surtout en certaines régions du globe, le mirage se révèle avec une telle évidence qu'il frappe les yeux les plus inattentifs. Tel paraît quelquefois le mirage sur les côtes du détroit de Messine ; tel il paraît, mais bien plus souvent encore, dans les plaines sablonneuses de l'Arabie ou de l'Égypte.

Le mirage se montre tantôt sur la surface de la mer, des lacs ou des grands fleuves, tantôt sur les vastes plaines sèches et principalement dans les régions sablonneuses, sur les grandes routes ou sur les grèves du littoral de la mer.

Souvent ces images trompeuses, dues au jeu des rayons solaires et à leur réfraction prismatique à travers des couches d'air d'inégale densité, présentent des formes purement imaginaires et que l'on est tenté de considérer comme réelles, quoique leur origine soit aussi fortuite que celle des apparitions manifestées parfois dans les nuages.

Autant dirons-nous de ces îles inconnues qui apparaissent, au milieu des océans, aux navigateurs étonnés et les égarent vers de riantes contrées imaginaires. Les marins suédois ont cherché longtemps une île magique qui semblait s'élever entre les îles d'Aland et d'Upland : ce n'était qu'un mirage. Ces villes, qui paraissent bâties par la baguette d'une fée, ne sont parfois que le reflet de constructions réelles éloignées, mais souvent aussi rien ne saurait expliquer, sinon leur nature, du moins leur origine. Durant l'été de 1847, « par une brûlante journée de juillet, dit M. Grellois, je cheminais lentement, au pas de mon cheval, entre Ghelma et Bône, en compagnie d'un ami. Arrivés à 8 kilomètres environ de la ville de Bône, vers une heure du soir, nous nous arrêtons tout à coup, au détour d'un sentier, émerveillés en présence du tableau qui s'étalait à nos yeux. A l'est de Bône, sur un terrain sablonneux dont, quelques jours auparavant, nous avions constaté l'aride et plate nudité, s'élevait en ce moment, sur une colline doucement inclinée et baignant ses pieds dans la mer, une belle et vaste cité ornée de monuments, de dômes et de clochers. L'illusion était telle que la raison seule se refusait à admettre la réalité de cette vision, dont nous eûmes le ravissant spectacle pendant près d'une demi-heure. D'où venait cette apparence? Rien, dans cette ville fantastique, ne ressemblait à Bône, moins encore à la Calle ou à Ghelma, distantes d'ailleurs de 80 kilomètres environ. Admettrons-nous l'image réfléchie de quelque grande cité de la côte de Sicile? Ce serait, il me semble, dépasser toute vraisemblance[1]. »

Voici maintenant une seconde sorte de mirage qu'il n'est pas rare de rencontrer, mais dont les effets sont moins frappants et qui, en conséquence, a été moins souvent étudié : c'est le rapprochement des objets situés au delà de l'horizon et qui se trouvent relevés au-dessus de lui.

Dans ce cas, les densités vont en décroissant et les trajectoires deviennent concaves vers le sol, d'où il résulte que les objets habituellement invisibles à cause de leur grand éloignement et de la courbure de la Terre peuvent devenir visibles.

La position accidentelle de ces objets en deçà du contour apparent de l'horizon

[1] Le mirage inférieur se traduit parfois par de simples effets de réfraction : altération ou grossissement des objets, effets souvent curieux. Au mois de mai 1837, par exemple, pendant l'expédition d'Algérie qui précéda le traité conclu avec Abd-el-Kader, M. Bonnefont observa, entre autres effets de mirage, le curieux exemple que voici :

Un troupeau de flamants, échassiers fort communs dans cette province, défila sur la route sud-est, à 6 kilomètres de distance. Ces volatiles, à mesure qu'ils quittaient le sol pour marcher sur le lac du mirage, prenaient des dimensions telles qu'ils ressemblaient, à s'y méprendre, à des cavaliers arabes défilant en ordre ! L'illusion fut un instant si complète que le général en chef, Bugeaud, dépêcha un spahi en éclaireur. Ce cavalier traversa le lac en ligne droite; mais, arrivé au point où les ondulations commençaient à se produire, les jambes du cheval prirent insensiblement de telles dimensions en hauteur, que cheval et cavalier semblaient être supportés par un animal fantastique ayant plusieurs mètres de hauteur et se jouant au milieu des flots qui semblaient le submerger... Tout le monde contemplait ce phénomène curieux lorsqu'un épais nuage, interceptant les rayons du Soleil, fit disparaître ces effets d'optique et rétablit la réalité de tous les objets.

Parfois il se produisait un autre effet, qui devint bientôt un sujet de récréation pour les militaires. Si, pendant que le Soleil était à l'est, le vent soufflant du côté opposé, on projetait sur le lac un petit corps léger, susceptible d'être emporté par le vent, il était curieux de le voir grossir à mesure qu'il s'éloignait, et, dès que le vent lui avait fait atteindre les ondulations, il affectait tout à coup la forme d'une petite nacelle, dont l'agitation au-dessus des vagues était en raison des secousses que lui donnait le vent. Ce qui réussissait le mieux, c'était des têtes de chardon, qui obéissaient le plus facilement à la plus légère brise ; alors l'illusion était complète. Dans la matinée du 18 juin, par une température de 26 degrés centigrades, une brise un peu forte de l'orient et une couche nébuleuse qui commençait à dissiper la chaleur, on lança, à huit heures et demie du matin, un certain nombre de têtes de chardon : dès que le vent les eut poussées jusqu'au point où les ondulations se prononçaient, elles offrirent tout à coup le spectacle curieux d'une flottille en désordre... Les nacelles semblaient se heurter les unes contre les autres; puis, poussées par le vent jusqu'à une très grande distance, elles disparurent complètement comme si elles avaient sombré !

sensible les fait juger beaucoup plus rapprochés que de coutume ; une autre circon-

Fig. 70. — Le mirage en Afrique. — Dessin de M. G. Vuillier, d'après un croquis pris au chott Melrhir par M. Largeau (1875).

stance favorise encore cette illusion : c'est la transparence de l'air pendant que le phénomène se produit.

Après les deux grandes catégories de faits appartenant au phénomène du
mirage et dont l'une se rapporte au cas de la dépression des objets, et l'autre à celui de

leur élévation, nous devons maintenant considérer un autre effet non moins curieux : le *mirage supérieur*.

Ce mirage présente trois cas divers. Tantôt, en effet, on aperçoit au-dessus de l'objet son image renversée et, au-dessus de celle-ci, une seconde image droite comme l'objet ; tantôt, de ces deux images supérieures, c'est l'image renversée qui existe seule, l'image droite supérieure ayant disparu ; tantôt enfin il n'existe que l'image directe supérieure, sans image renversée au-dessous.

Woltmann a observé, à trois reprises différentes, le mirage supérieur : les objets paraissaient réfléchis dans le ciel ; on voyait dans l'air l'image de l'horizon des eaux, et en dessous pendaient renversés les objets du rivage, maisons, arbres, collines, moulins ; souvent une strie d'air séparait l'image renversée des objets placés au-dessous ; mais, le plus souvent, l'image et l'objet se rencontraient et se pénétraient de telle sorte qu'il en résultait l'apparence d'une haute falaise avec des stries verticales.

Welterling a fait des observations analogues sur les Svenska-Hogar, îles placées à l'entrée du port de Stockholm. « Au-dessus de chacun des écueils, un point noir se montre et paraît dans l'air ; puis ces points vont en s'allongeant par le bas et finissent par se souder avec l'écueil, qui prend la forme d'une colonne neuf ou dix fois plus haute que lui. De là résulte un faux horizon sur lequel tous les objets se trouvent transportés ; ils paraissent ainsi tous alignés sur un même niveau, et en ligne droite, quoique leur hauteur absolue soit fort différente. »

Crauz, au Groenland, a vu les îles Kokernen élever leurs rivages sous forme de falaises, de vieilles tours, de ruines.

Parfois ces objets se peignent dans le ciel à une assez grande hauteur au-dessus de l'horizon. Les uns se meuvent avec beaucoup de vitesse, les autres sont en repos, leurs contours brillent parfois de couleurs irisées. A mesure que la lumière augmente, les formes deviennent plus aériennes, et elles s'évanouissent quand le Soleil se montre dans tout son éclat [1].

Le mirage supérieur se produit plus souvent au-dessus des rivages de la mer qu'en pleine terre, car la variation de densité des couches atmosphériques y est plus fréquente. Dans son ascension aéronautique du 16 août 1868, au-dessus de Calais, M. G. Tissandier a distingué, avec une grande netteté, l'image du bateau à vapeur et de plusieurs barques naviguant à l'envers sur un océan renversé. Le ciel supérieur réfléchissait la mer avec la nuance verdâtre des eaux et les effets de lumière du rivage. Citons encore le curieux fait suivant, qui rappelle les apparitions du siège de Jérusalem et celles qui accompagnèrent la guerre de Cinna et de Marius.

---

[1] Bernardin de Saint-Pierre rapporte à ce propos les faits suivants :

« Un phénomène très singulier m'a été raconté par notre célèbre peintre Vernet, mon ami. Étant, dans sa jeunesse, en Italie, il se livrait particulièrement à l'étude du ciel, plus intéressante sans doute que celle de l'antique, puisque c'est des sources de la lumière que partent les couleurs et les perspectives aériennes qui font le charme des tableaux ainsi que de la nature. Vernet, pour en fixer les variations, avait imaginé de peindre sur les feuilles d'un livre toutes les nuances de chaque couleur principale et de les marquer de différents numéros. Lorsqu'il dessinait un ciel, après avoir esquissé le plan et la forme des nuages, il en notait rapidement les teintes fugitives sur son tableau avec des chiffres correspondants à ceux son livre, et il les coloriait ensuite à loisir. Un jour, il fut bien surpris d'apercevoir au ciel la forme d'une ville renversée, il en distinguait parfaitement les clochers, les tours, les maisons. Il se hâta de dessiner ce phénomène, et, résolu d'en connaître la cause, il s'achemina, suivant le même rumb de vent, dans les montagnes. Mais quelle fut sa surprise de trouver à 28 kilomètres de là la ville dont il avait vu le spectre dans le ciel, et dont il avait le dessin dans son portefeuille ! »

Le 20 septembre 1835, les habitants des campagnes voisines de l'Agar, l'une des collines du Mendip, en Angleterre, furent témoins d'un étrange spectacle : vers cinq heures du soir, on aperçut dans le ciel, couvert de vapeurs assez épaisses, un immense corps de troupes à cheval, qui semblait défiler tantôt au pas, tantôt au grand trot ; les cavaliers, le sabre en main, étaient tous uniformément équipés, et l'on distinguait presque jusqu'aux brides et aux étriers. Pendant quelque temps on les vit manœuvrer six de front, puis se former par deux rangs ou par files. Pendant plusieurs jours, ce spectacle extraordinaire a fait le sujet de toutes les conversations de la ville de Bristol. Garnier, qui rapporte ce fait remarquable (*Traité de Météorologie*, Bruxelles, 1837), n'hésite point à le considérer comme un mirage, quoique personne n'ait pu savoir où se trouvaient les *objets mirés*. D'après le témoignage de plusieurs personnes dignes de

Fig. 71. — Mirage au pôle Nord. (*Expédition de la Germania*, 1869.)

foi, je pourrais ajouter à ce fait une observation analogue qui a été faite à Verviers en juin 1815. Trois habitants de cette ville ont vu distinctement, un matin, une armée dans le ciel, et avec tant de précision qu'ils ont reconnu les costumes de l'artillerie, et, entre autres objets, une pièce de canon dont une roue venait d'être brisée et qui était près de tomber. Je n'ai pu, d'après les récits, calculer en quel lieu pouvait être cette armée.

Il se passe peu de saisons sans que les journaux signalent l'observation d'un phénomène de mirage supérieur produit dans nos régions tempérées, tel que la réflexion d'une cité dans le ciel ; mais en général les images sont fugitives et diffuses. En 1869, nous avons eu à Paris l'un de ces effets, d'autant plus remarquable qu'il a été produit par un clair de lune. Dans la nuit du 14 décembre 1869, entre trois et quatre heures du matin, les personnes revenant de soirée, qui traversaient les ponts et les quais, furent témoins de ce curieux phénomène. Il faisait un beau clair de lune, mais la lune et le ciel étaient voilés par des nuages qu'on eût dit éclairés par la lumière d'une aurore boréale. C'était un bel effet de mirage supérieur, dont pendant plus d'une heure quelques rares spectateurs purent examiner l'intéressant spectacle.

Paris, ses palais, ses monuments et son fleuve se montraient sur les nuages qui masquaient le ciel, mais renversés, comme cela aurait lieu si au-dessus de Paris on avait placé une immense glace. Le Panthéon, les Invalides, Notre-Dame, les palais du Louvre et des Tuileries étaient dessinés. Du pont des Arts on voyait à l'ouest la Seine, les ponts, les flèches de Sainte-Clotilde, la place de la Concorde, les Champs-Élysées et le palais de l'Industrie, qui, argentés par la clarté lunaire, présentaient une image rosée d'un effet indescriptible.

Ce ne sont pourtant pas encore là les plus curieux exemples de mirages supérieurs. Quelquefois on voit en même temps un double effet de mirage, comme s'il y avait au-dessus du premier une sorte de miroir d'air qui montrât une seconde image redressée. Tel est le cas observé, entre autres, dans nos propres climats, sur les bords de la Manche, pendant l'été de 1880, par M. Everett, d'une maison doublement réfléchie dans l'Atmosphère.

Le mirage peut aussi se produire entre deux couches d'air séparées par un plan vertical. C'est ce qui arrive notamment pour les grands murs exposés au midi, lorsqu'ils sont échauffés par le Soleil, et alors le mirage ordinaire peut être observé. Il est appelé, dans ce cas, *mirage latéral*. Le mur joue ici le rôle que jouait le sol exposé aux rayons du Soleil et, pour l'explication, une ligne perpendiculaire au mur remplace la verticale que nous avons supposée dans le cas du mirage horizontal. Mais, comme les couches d'air échauffées se renouvellent avec facilité en s'élevant le long du mur, l'action perturbatrice des densités ne s'étend pas à une distance bien considérable. Il faut donc placer son œil un peu en avant du plan du mur et regarder dans une direction parallèle les objets qui s'en rapprochent et s'en éloignent. Les personnes qui se dirigent vers les portes qui percent le mur, les images qui traversent dans le ciel le plan vertical parallèle à celui du mur, montrent toujours l'image renversée que la théorie du mirage ordinaire indique. On voit assez souvent ce phénomène à Paris pendant les chaudes journées, en plaçant son œil sur le prolongement du mur du Louvre ou de celui des Tuileries. Le mur méridional de la Bourse, échauffé sur les deux heures, réfléchit assez bien les objets situés près de lui pour un observateur qui place son œil un peu en avant du prolongement du mur. Dans les fortifications, au sud, deux personnes placées à un peu plus de 100 mètres de distance l'une de l'autre aperçoivent très bien leur image respective réfléchie par la mince couche d'air chaud qui monte le long du mur ; on y distingue aussi la réflexion de la campagne, des arbres et des passants. Dans le cas particulier que nous considérons, l'image a toujours paru sensiblement égale en grandeur à l'objet. Ajoutons encore le mirage multiple qui se présente lorsque plusieurs images, toutes renversées, sont superposées à l'objet. Biot et Arago ont vu se produire des phénomènes de ce genre, en stationnant sur la montagne Desierto de las Palmas, et observant, la nuit, au cercle répétiteur, un réverbère allumé dans l'île d'Iviza. Au-dessus de l'image ordinaire, on a vu se former deux, trois ou quatre fausses images superposées dans la même verticale. Scoresby a observé, le 18 juillet 1822, un brick ayant au-dessus de lui trois images superposées, renversées toutes les trois : dans chacune d'elles, le bois du navire était en contact avec l'image pareillement renversée de la banquise au delà de laquelle il se trouvait placé.

Le mirage ne se présente pas toujours avec les caratères de régularité que nous avons signalés : tantôt la seconde image se montre au-dessus de la véritable; tantôt on voit les deux images à côté ou en face l'une de l'autre, dans certains cas se confondant, dans d'autres s'éloignant ; tantôt, enfin, les images ne sont pas renversées et paraissent suspendues dans les plaines de l'air.

De Ramsgate, on aperçoit par un beau temps le sommet des quatre plus hautes

Fig. 72. — Mirage supérieur observé en ballon.

tours du château de Douvres. Le reste du bâtiment est caché par une colline qui se trouve à 12 milles environ de Ramsgate. Le 6 août 1806, le docteur Vince, regardant du côté de Douvres, à sept heures du soir, aperçut non seulement les quatre tours du château, comme à l'ordinaire, mais encore le château lui-même dans toutes ses parties jusqu'à sa base. On le voyait aussi distinctement que s'il eût été transporté tout d'une pièce sur la colline du côté de Ramsgate.

Le 13 avril 1869, à deux heures du soir, on voyait parfaitement de Folkestone les côtes de France depuis Calais jusqu'au delà de Boulogne. Sous l'image droite des terres et des édifices on remarquait des images renversées, du double plus grandes. Le phare du cap Gris-Nez donnait cinq images.

Dans les régions polaires, les jeux de la réfraction se présentent sous les apparences les plus capricieuses et les plus extraordinaires. « L'extrême condensation de l'air, en hiver, dit l'amiral Wrangel, et les vapeurs répandues, en été, dans l'Atmosphère, donnent une grande puissance à la réfraction dans la mer Glaciale. En pareil cas, les montagnes de glace prennent souvent les formes les plus bizarres ; quelquefois même, elles semblent détachées de la surface glacée qui leur sert de base de manière à paraître suspendues en l'air. » Combien de fois l'amiral Wrangel et ses compagnons ne crurent-ils pas apercevoir des montagnes de couleur bleuâtre, dont les contours se dessinaient nettement et entre lesquelles il leur semblait distinguer des vallées et même des rochers! Mais, au moment où ils se félicitaient d'avoir découvert la terre si ardemment souhaitée, la masse bleuâtre, emportée par le vent, s'étendait de côté et d'autre et finissait par embrasser tout l'horizon. Scoresby, qui a recueilli au Groenland tant d'observations intéressantes, fait remarquer aussi que la glace revêt à l'horizon les formes les plus singulières et paraît même, sur beaucoup de points, suspendue en l'air.

Le phénomène le plus curieux fut de voir l'image renversée et parfaitement nette d'un navire qui se trouvait au-dessous de l'horizon. « Nous avions observé déjà de semblables apparences, dit-il, mais celle-ci avait pour caractère particulier la netteté de l'image, malgré le grand éloignement du navire. Ses contours étaient si bien marqués qu'en regardant cette image avec une lunette de Dollond, je distinguais les détails de la mâture et de la carcasse du navire, que je reconnus pour être celui de mon père. En comparant nos livres de loch, nous vîmes que nous étions à 55 kilomètres l'un de l'autre, c'est à-dire à 31 kilomètres de l'horizon, et bien au delà des limites de la vue distincte. »

Ce n'est pas seulement dans les pays chauds que se forment les mirages ; nous venons de voir qu'on en a observé jusqu'au sein des mers polaires. Nous remarquons, entre autres, une pittoresque description faite par le navigateur Hayes, lors de son voyage aux mers arctiques, en 1861. C'était au détroit de Smith, au 80e degré de latitude, par conséquent à 10 degrés seulement du pôle, et à la fin de juillet.

Un faible zéphir, dit-il, ridait à peine la surface de la mer, et sous un soleil éblouissant nous glissions sur les flots paisibles, semés partout d'icebergs étincelants et de débris de vieux champs de glace ; çà et là, brillait quelque étroite bande de cristal détachée de la banquise. Les animaux marins et les oiseaux des cieux s'assemblaient autour de nous et animaient les eaux calmes et l'Atmosphère tranquille ; les morses s'ébrouaient et mugissaient en nous regardant ; sur notre passage, les phoques levaient leurs têtes intelligentes ; les narvals, en troupes nombreuses et soufflant paresseusement, émergeaient leur longue corne hors de l'eau, et leurs corps mouchetés dessinaient leur courbe gracieuse au-dessus de la mer, pour jouir du Soleil ; des multitudes de baleines blanches fendaient les ondes.

Assis sur le pont, je passai de longues heures à essayer, sans beaucoup de succès, de rendre sur mon papier les splendides teintes vertes des icebergs qui voguaient près du navire et à contempler un si merveilleux spectacle. Les cieux polaires sont de grands artistes en fantasmagorie magique. L'Atmosphère était d'une rare douceur, et nous fûmes témoins d'un très remarquable mirage, phénomène assez fréquent, du reste, pendant les beaux jours de l'été boréal.

L'horizon se doublait, pour ainsi dire ; les objets situés à une très grande distance au delà montaient vers nous comme appelés par la baguette d'un enchanteur, et, suspendus dans les airs, changeaient de forme à chaque instant. Icebergs, banquises flottantes, lignes de côtes, montagnes éloignées apparaissaient soudain, gardaient parfois leurs contours naturels pendant quelques minutes, puis s'étendaient en long ou en large, s'élevaient ou s'abaissaient, selon que le vent agitait l'Atmosphère, ou retombaient paisibles sur la surface des eaux.

Presque toujours ces évolutions étaient aussi rapides que celles d'un kaléidoscope; toutes les figures que l'imagination peut concevoir se projetaient tour à tour sur le firmament. Un clocher aigu, image allon-

Fig. 73. — Mirage supérieur observé à Paris en 1869.

gée de quelque pic lointain, s'élançait dans les airs ; il se changeait en croix, en glaive ; il prenait une forme humaine, puis s'évanouissait pour être remplacé par la silhouette d'un iceberg se dressant comme une forteresse.

Les champs de glace prenaient l'aspect d'une plaine parsemée d'arbres et d'animaux ; puis des montagnes déchiquetées et se dissolvant rapidement nous laissaient voir une longue suite d'ours, de chiens, d'oiseaux, d'hommes dansant dans les airs et sautant de la mer vers les cieux... Impossible de peindre cet étrange spectacle. Fantôme après fantôme venait prendre sa place dans le branle magique, pour disparaître aussi soudainement qu'il s'était montré.

Cette merveilleuse féerie se prolongea durant une grande partie de la journée, puis la brise du nord vint soulever les eaux et la scène entière s'évanouit à son premier souffle, sans laisser plus de traces que la vision fantastique de Prospéro.

Ainsi le mirage peut se former, avec une intensité différente, sous toutes les latitudes. Nous avons vu plus haut que le mirage latéral s'observe assez souvent à Paris dans les journées chaudes, et que le mirage supérieur, plus rare, y a également été observé.

Quand, au lieu de se produire dans les couches planes et régulières, les réfractions et les réflexions s'accomplissent dans des couches courbes et irrégulières, on a un mirage où les images sont déformées dans tous les sens, brisées ou répétées plusieurs fois, éloignées les unes des autres à des distances considérables. C'est ce qui arrive dans la fantastique vision aérienne, attribuée jadis à une fée, la *Fata Morgana*, qui attire quelquefois le peuple sur le rivage de la mer à Naples, et à Reggio sur la côte de la Sicile. Le phénomène a surtout lieu le matin, à la pointe du jour, lorsque règne un calme complet.

Sur une étendue de plusieurs kilomètres, la mer des côtes de Sicile prend l'apparence d'une chaîne de montagnes sombres, tandis que du côté de la Calabre les eaux restent complètement unies. Au-dessus de celles-ci on voit peinte, en clair-obscur, une rangée de plusieurs milliers de pilastres, tous égaux en élévation, en distance et en degrés de lumière et d'ombre. Et en un clin d'œil ces pilastres perdent parfois la moitié de leur hauteur et paraissent se replier en arcades et en voûtes, comme les aqueducs des Romains. On voit souvent aussi une longue corniche se former sur le sommet et l'on aperçoit une quantité innombrable de châteaux, tous parfaitement semblables. Bientôt ils se fondent et forment des tours qui disparaissent aussi pour ne plus laisser voir qu'une colonnade, puis des fenêtres, et finalement des pins, des cyprès répétés aussi un grand nombre de fois.

Ces apparences fantastiques, on les a vues avec étonnement se produire en Écosse, près d'Édimbourg même, le 17 juin 1871, veille d'un formidable orage. C'est là, à coup sûr, l'une des plus singulières espèces de mirage qui se puisse voir.

Tels sont les phénomènes optiques les plus curieux qui ont leur source dans l'Atmosphère. On classe souvent dans la Météorologie certains sujets d'étude non moins remarquables et non moins importants, tels que les *étoiles filantes*, les *bolides*, les *aérolithes*, la *lumière zodiacale*. Mais, en fait, ces sujets n'appartiennent pas au cadre de la Météorologie ; — ils sont du domaine de l'Astronomie ; — nous les avons traités dans notre *Astronomie populaire*, et nous n'avons pas à y revenir ici.

LIVRE TROISIÈME

LA TEMPÉRATURE

CHAPITRE I

LE SOLEIL ET SON ACTION SUR LA TERRE

LA CHALEUR. — LE THERMOMÈTRE. — QUANTITÉ DE CHALEUR REÇUE DU SOLEIL. — SA VALEUR ET SON EXPLOITATION. — TEMPÉRATURE DU SOLEIL. TEMPÉRATURE DE L'ESPACE.

Nous avons, dans notre premier Livre, contemplé la Terre emportée dans le sein des espaces par la force mystérieuse de la gravitation universelle, roulant sur une orbite distante de 149 millions de kilomètres en moyenne de l'astre solaire qui la soutient, et puisant dans la lumière permanente du foyer central l'entretien constant de sa beauté, de sa joie et de sa vie. Nous avons vu l'Atmosphère dont l'enveloppe aérienne entoure le globe d'un voile diaphane attaché comme une couche de gaz adhérente à sa surface.

Nous avons admiré ensuite la lumière céleste, qui pénètre doucement notre Atmosphère entière et orne la planète d'une chatoyante parure. Jusqu'à présent, en quelque sorte, nous avons étudié la forme extérieure et les brillants aspects de la nature. Il est temps maintenant de descendre dans l'usine et d'apprécier la grande force infatigablement déployée. Nous allons examiner quelle est la puissance qui produit les courants de l'Atmosphère, les vents, les brises, les tempêtes, et fait circuler la vie sur la sphère habitée. Tandis que l'attraction mène la Terre dans l'espace et la penche sur son axe pour lui donner des saisons régénératrices, la chaleur vient réveiller les organismes endormis dans la nuit de l'hiver, et fait chanter les oiseaux dans les bois. C'est elle qui fleurit dans les roses et sourit sur la verdoyante prairie ; c'est elle qui murmure dans la source jaseuse et soupire sur le rivage escarpé des mers ; c'est elle encore qui fait voyager les atomes de la plante à l'animal, de l'homme au végétal, et établit sur la Terre l'immense fraternité des choses. Mieux inspirés que les anciens prophètes qui déclaraient que nul ne peut savoir d'où vient le vent ni où il va, de même que nul ne pouvait dire sur quelles fondations le globe repose, nous allons trouver dans cette force le principe et juger dans sa grandeur le mécanisme de tous les mouvements qui s'accomplissent sur notre planète.

Voyons d'abord comment on apprécie la chaleur et sa distribution à la surface du globe.

Pour mesurer les variations de température, on se sert du *thermomètre* (*thermos,* chaleur, *metron*, mesure), de même qu'on a imaginé, comme nous l'avons vu plus haut, le baromètre pour mesurer les variations de la pression atmosphérique. Il est intéressant de remonter à son invention, qui date du milieu du xviie siècle, comme celle du baromètre.

Les anciens jugeaient de la température à peu près comme nous le faisons de nos jours, c'est-à-dire par les effets principaux qui en dépendent. Aujourd'hui, la science la mesure avec plus de soin et d'une manière uniforme, au moyen d'instruments spéciaux qui permettent de comparer les résultats d'un pays à ceux d'un autre pays ou d'une époque à ceux d'une autre époque déterminée.

Lorsque les académiciens de Florence établirent que tous les corps changent de volume sous l'influence de la chaleur, ils posèrent les bases de la thermométrie. L'instrument dont se servaient ces savants consistait en une sphère (fig. 74), soudée à un tube étroit, et contenant de l'alcool coloré. Si l'on porte cet appareil d'un milieu dans un autre plus chaud, le liquide se dilate, le niveau s'élève, accusant ainsi l'augmentation de température. Cet appareil date de 1650. Pour que les thermomètres fussent comparables entre eux, c'est-à-dire afin que dans les mêmes circonstances ils pussent donner les mêmes indications, les académiciens de Florence les firent tous conformes à un même étalon, autant du moins qu'il leur fut possible. Un physicien de Pavie, Charles Renaldi, proposa le premier, vers 1694, le moyen employé encore aujourd'hui pour avoir des thermomètres comparables. Ce moyen consiste à placer l'instrument successivement dans deux conditions calorifiques invariables et faciles à reproduire : celles qui correspondent à la fusion de la glace et à l'ébullition de l'eau (sous la pression atmosphérique normale). Entre ces limites de température, un même corps se dilate toujours de la même fraction de son volume. On marque généralement zéro au point où le liquide du thermomètre s'arrête dans la glace fondante, et 100 degrés à l'endroit

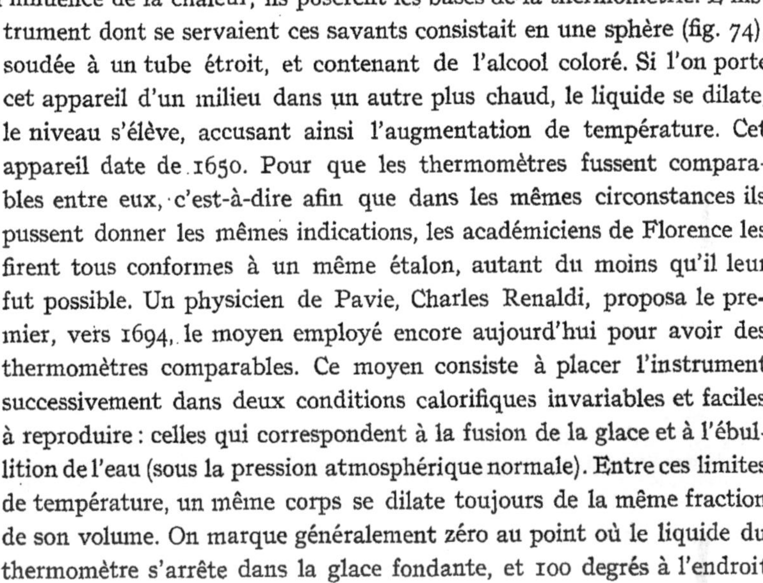

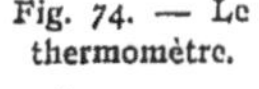
Fig. 74. — Le thermomètre.

où il reste stationnaire au sein de l'eau bouillante. Ces deux points étant inscrits sur la tige, on a divisé leur intervalle en 100 parties égales, et les divisions ont été prolongées de part et d'autre. Au-dessous de zéro, on continue la division centésimale. C'est le thermomètre *centigrade*, le plus commode et le plus usité (fig. 75). Il existe d'autres systèmes de graduation, notamment ceux de Fahrenheit et de Réaumur. Fahrenheit avait d'abord choisi comme points fixes, d'une part le froid d'un mélange de glace pilée et de sel marin, d'autre part la chaleur indiquée par le thermomètre sous l'aisselle d'une personne bien portante, et avait partagé l'intervalle en 96 parties égales. Depuis on a marqué la division Fahrenheit à 32 degrés pour la glace fondante et 212 degrés à l'eau bouillante. Réaumur a inscrit zéro à la glace fondante et 80 degrés à l'eau bouillante. C'est Linné qui décida l'adoption de la division centésimale. Notre figure 76 montre la correspondance de ces trois systèmes de graduation. On peut remarquer que le thermomètre Réaumur (Français) est surtout en usage en Russie, que le thermomètre Fahrenheit (Allemand) est surtout en usage en Angleterre et en Amérique, et que la division de Linné (Suédois) est particulièrement adoptée en France.

L'observation du thermomètre est une étude plus délicate qu'on ne pense, si l'on veut avoir des données exactes sur la température. Dans les observations ordinaires de température que l'on fait un peu partout dans les grandes villes et que l'on voit publiées par les journaux, il n'en est presque aucune qui soit faite en des conditions convenables. La réflexion des murs, l'orientation des rues, les courants d'air font donner dix indications diffé-

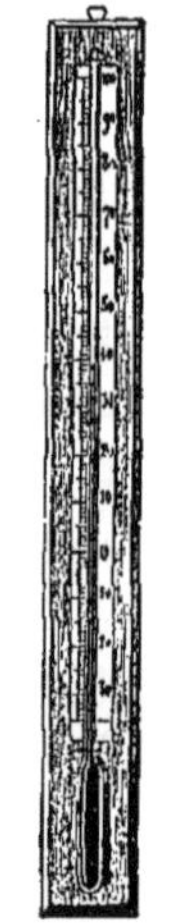

Fig. 75. — Le thermomètre centigrade.

rentes à dix thermomètres placés dans un même quartier. Des thermomètres à l'ombre peuvent varier de plusieurs degrés, suivant les reflets qui agissent sur eux. Les murs eux-mêmes contre lesquels on a l'habitude de les suspendre s'échauffent et leur communiquent leur température. Aussi ne doit-on pas se fier à ces indications pour les statistiques relatives, par exemple, aux chaleurs des étés les plus chauds, comme aux froids des hivers les plus rudes.

J'ai fait sur ce point, pendant plusieurs années, à l'Observatoire de Juvisy, des expériences d'où il résulte que l'intérieur des murs subit des variations considérables de température suivant les heures du jour et suivant les mois de l'année. Huit thermomètres enfoncés au milieu même de l'épaisseur de murs de o m. 20 indiquent constamment la température de ces murs, à l'est, au sud, à l'ouest et au nord. Or cette température varie depuis 5 degrés au-dessous de zéro jusqu'à 37 au-dessus (et certainement davantage, car je n'ai pas observé les minima les plus bas). C'est une différence de 42 degrés au moins. Parfois, en un seul jour, la différence est de 16 degrés pour le milieu d'un même mur. Le mur qui s'échauffe le plus n'est pas celui du sud, mais du sud-ouest et parfois de l'ouest; celui qui reste le plus froid est celui du nord. La couleur des objets exerce une influence considérable sur l'absorption des rayons solaires : plus elle est foncée, plus l'absorption est grande. Dix thermomètres des couleurs suivantes, violet, indigo, bleu, vert, jaune, orangé, rouge, blanc

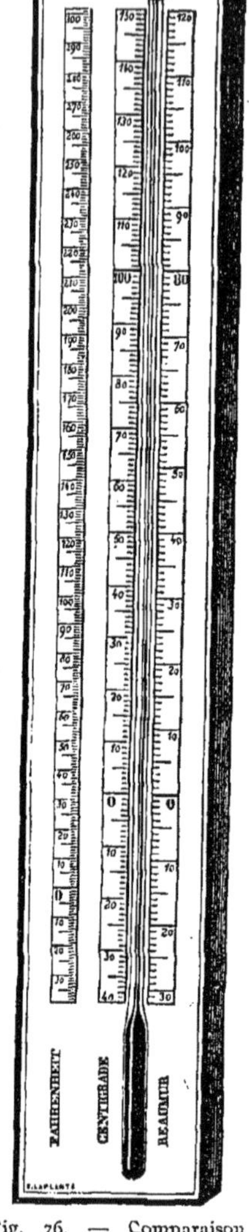

Fig. 76. — Comparaison des échelles thermométriques.

mat, blanc verre, noir, exposés perpendiculairement aux rayons solaires, pendant les chaudes journées d'été à midi, m'ont donné les chiffres suivants : noir : 65 degrés ; vert : 64 degrés ; indigo : 63°,5 ; rouge : 62 degrés ; orangé : 61 degrés ; violet : 60 degrés ; bleu et jaune : 59 degrés ; verre ordinaire : 57 degrés ; blanc mat : 54°,5, tandis que la température de l'air à l'ombre était de 29 degrés[1]. En même temps le plomb de la terrasse atteignait 68 degrés (juillet 1886). Ces thermomètres étaient coloriés artificiellement, et les tons des couleurs ne correspondaient pas exactement à celles du spectre solaire. — Si l'on fait passer un thermomètre sous les couleurs créées directement par un prisme, on constate que la chaleur va en augmentant du violet au rouge et atteint son maximum *au delà du rouge*, dans la région invisible (expérience faite pour la première fois par W. Herschel).

Ce que l'on veut connaître, en général, dans les études météorologiques, c'est la température de *l'air*, quoique, sans contredit, ce ne soit pas là l'élément unique, ni même le plus important de la question des climats. Il est certain que, pour les phénomènes de la végétation, pour l'éclosion des germes confiés au sein de la terre, pour le bourgeonnement des plantes, la feuillaison, la floraison et la fructification, l'action directe des rayons solaires sur le sol et sur les végétaux a une importance considérable.

Mais, en raison même de la diversité d'absorption dépendante des couleurs, la température de l'air constitue un élément plus indépendant qui, d'ailleurs, agit constamment jour et nuit, et qui peut être considéré comme l'indicateur normal des climats.

Le meilleur moyen d'obtenir exactement cette température de l'air, à un instant quelconque du jour et de la nuit, n'est pas d'observer un thermomètre suspendu à un mur, au nord et à l'ombre, comme on le fait généralement, mais de faire tourner ce thermomètre dans l'air, à la manière d'une fronde. La boule de l'instrument s'immerge ainsi violemment dans l'air comme dans un courant d'eau et en accuse la température avec précision. Il est utile de recommencer l'opération jusqu'à ce que les indications données après chaque mouvement restent constantes. Ces mesures *précises* diffèrent, suivant les heures du jour et de la nuit, des indications des thermomètres verticaux ou horizontaux.

Pouillet s'est livré à une série d'expérimentations ingénieuses et patientes pour déterminer la quantité de chaleur envoyée à la Terre par le Soleil, et la température de l'espace, — c'est-à-dire les deux éléments constitutifs de la température qui existe à la surface du globe.

L'appareil employé à cet usage est le *pyrhéliomètre*.

Or il résulte de ces observations que le Soleil envoie en *une minute*, sur chaque *mètre carré* du sol qu'il frappe perpendiculairement, une quantité de chaleur égale à 17.633 calories[2], ce qui donne pour une année un total de plus de douze cents quintillions de calories ou le nombre 1.210.000.000.000.000.000.000.

543 milliards de machines à vapeur de 400 chevaux chacune, travaillant sans

---

[1] A l'Observatoire de Juvisy, le 17 juillet 1904, deux thermomètres, l'un ordinaire, l'autre dont on avait préalablement noirci le réservoir avec du noir de fumée, ont été exposés en plein soleil, au milieu d'une pelouse, sur une plaque de tôle, à l'abri de toute réverbération. Le thermomètre noir a atteint 71 degrés, et le blanc, 62°,3. La température de l'air, à l'ombre, était de 35 degrés.

[2] On appelle *calorie* l'unité adoptée dans l'évaluation des quantités de chaleur. Une calorie représente la quantité de chaleur nécessaire pour élever d'un degré la température de 1 kilogramme d'eau ; c'est aussi la quantité de chaleur dégagée par 1 kilogramme d'eau dont la température s'abaisse de 1 degré.

relâche le jour et la nuit représenteraient la force dépensée pour notre planète seule par la radiation solaire !...

Cette chaleur élèverait, si c'était possible, de 2.315 degrés une couche d'eau de 1 mètre d'épaisseur enveloppant la Terre entière.

En transformant cette quantité de chaleur en quantité de glace fondue, l'on arrive au résultat suivant :

Si la quantité totale de chaleur que la Terre reçoit du Soleil dans le cours d'une année était uniformément répartie sur tous les points du globe, et qu'elle y fût

Fig. 77. — Terreur des indigènes de l'Afrique à un changement d'éclat du Soleil. (D'après M. Revoil, 1882.)

employée sans perte aucune à fondre de la glace, elle serait capable de fondre une couche de glace qui envelopperait le globe tout entier et qui aurait une épaisseur de 30 m. 89, ou près de 31 mètres. Telle est la plus simple expression de la quantité totale de chaleur que la Terre reçoit chaque année du Soleil.

C'est cette effroyable quantité de chaleur qui meut les mécanismes de la vie terrestre, qui sépare le carbone de l'oxygène dans les végétaux, qui fait croître les animaux, qui suspend les glaçons au faîte des montagnes, qui déchaîne les tempêtes sur les abîmes de l'Océan, — en un mot, qui entretient l'immense vie sur cette planète.

Une partie de cette puissance est employée à échauffer l'écorce terrestre jusqu'à une certaine profondeur ; mais, comme le sol et l'Atmosphère rayonnent dans l'espace, et que le globe terrestre ne paraît perdre ni gagner au point de vue de la température moyenne, au moins pendant de longues périodes d'années, toute cette partie de la radiation du Soleil peut être considérée comme maintenant l'équilibre de température sur la planète.

Une autre partie se transforme en mouvements moléculaires, en actions et réactions chimiques, qui sont la source où la vie des végétaux et des animaux puise incessamment de quoi se perpétuer et s'entretenir. La chaleur qui semble ainsi propre à ces êtres n'est autre chose qu'une émanation de celle du foyer commun. « C'est ainsi, dit Tyndall à ce propos, que nous sommes, non plus dans un sens poétique, mais dans un sens purement mécanique, des enfants du Soleil. »

La vie terrestre est suspendue aux rayons du Soleil. De même que notre globe est soutenu dans l'abîme de l'espace par la main invisible de l'attraction solaire, ainsi la vie elle-même, végétale et animale, qui fleurit à sa surface, n'est entretenue que par la force incommensurable de l'activité solaire.

Les religions antiques, les premières poésies de l'humanité éveillée, saluaient déjà dans l'astre radieux le grand moteur de la création : elles ne faisaient que deviner, sous une forme bien pâle encore, la grandeur de l'action permanente du foyer de notre système sur les mondes habités qui gravitent dans son fécond rayonnement. L'homme instruit admire cet éclatant foyer, parce qu'il apprécie sa valeur ; l'ignorant le vénère, parce qu'il la devine ; dans les contrées encore barbares, où l'homme vit en communication plus directe que nous avec la nature, on voit les indigènes désorientés, remplis de terreur, si l'astre change d'éclat ou s'éclipse... Que deviendrait l'humanité si le Soleil ne se levait pas demain?

La chaleur solaire est la source des seuls travaux naturels que l'homme ait su jusqu'à présent détourner à son profit. On ne peut guère, en effet, compter parmi ces travaux que ceux qui résultent de l'emploi du combustible, des moteurs animés, des cours d'eau et du vent. Or c'est cette chaleur qui donne naissance aux vents comme aux cours des eaux ; c'est le Soleil qui fait tourner les moulins, courir les locomotives, et la force du cheval a, elle aussi, pour cause productrice l'alimentation, l'assimilation de l'avoine, de la paille et du foin mûris par le Soleil.

D'ailleurs, le combustible de l'industrie vient aussi du même astre : à l'état de bois, c'est du carbone absorbé par les végétaux respirant dans l'air sous l'influence de l'astre radieux ; à l'état de houille, c'est encore du carbone fixé jadis par la même influence dans les grands arbres antédiluviens.

Sous quelque forme qu'elle emprunte le concours des agents naturels, l'industrie humaine ne relève donc que du Soleil ; et elle est encore loin de recueillir la majeure partie du travail engendré sur notre planète par cet immense foyer. Si, comme l'expérience l'a depuis longtemps établi, la chaleur reçue en très peu de temps par une surface de médiocre étendue soumise à l'insolation est considérable ; si, de plus, on peut préserver cette surface du refroidissement et lui conserver, sur le milieu qui l'environne, un excès de température suffisant, on arrivera ainsi à emmagasiner directement le travail de la chaleur solaire. On comprend, d'ailleurs, toute l'importance d'une pareille conquête pour les régions où cette chaleur est ardente et l'Atmosphère toujours pure ; car c'est dans ces régions que l'énergie des moteurs animés, les cours d'eau et le combustible font défaut.

Les rayons du Soleil, après avoir traversé l'air, une vitre ou un corps transparent quelconque, perdent la faculté de retraverser ce même corps transparent pour retourner dans les espaces célestes. C'est par un procédé fondé sur cette loi physique que les jardiniers accélèrent au printemps la végétation des plantes délicates en les recouvrant d'un châssis ou d'une cloche de verre qui admet les rayons solaires, mais ne les laisse ensuite échapper qu'avec beaucoup de difficulté. Si le jardinier met deux ou trois cloches l'une sur l'autre, il fait invariablement cuire la plante ainsi recouverte et, même dans les jours sereins de mars et d'avril, il est souvent obligé de relever un des bords de la cloche pour que la plante ne souffre pas du Soleil de midi. Au moyen d'un appareil composé d'une boîte noircie en dedans et de plusieurs glaces superposées, Saussure a pu porter de l'eau à l'ébullition. Pendant son séjour au cap de Bonne-Espérance, dans les jours brûlants de la fin de décembre, sir John Herschel a pu faire cuire un « bœuf à la mode », de grandeur raisonnable, au moyen de deux boîtes noircies placées l'une dans l'autre et garnies chacune d'une seule vitre, sans aucune autre cause de chaleur que les rayons solaires qui venaient s'engouffrer sans retour possible dans cette espèce de souricière. « Il y eut de quoi, écrivait Babinet, régaler toute sa nombreuse famille et les invités, à cette cuisine opérée avec un fourneau d'un si nouveau genre. »

La boîte d'Herschel, fermée seulement par deux lames de verre, atteignit successivement 80, 100 et 120 degrés de chaleur.

Voilà donc, selon les prédictions des alchimistes du moyen âge, les rayons du Soleil mis en bouteille !

Quoique ce fourneau nous paraisse si nouveau, on pourrait presque dire cependant qu'il est renouvelé des Grecs. On trouve, en effet, que, cent ans avant notre ère, Héron d'Alexandrie a décrit dans ses *Pneumatiques* un grand nombre d'ingénieux appareils légués par les anciens, et sans doute par les hiérophantes d'Égypte. L'un de ces appareils, qui paraît avoir été construit par Héron, tire de l'eau d'un réservoir par le seul effet de la dilatation et de la condensation de l'air sous l'influence du Soleil, alternativement montré et caché à l'appareil.

A la fin du xvie siècle, le savant napolitain J.-B. Porta exposa dans sa *Magie naturelle* les applications mécaniques de la chaleur solaire. Si l'on place, dit-il, un globe de cuivre au sommet d'une tour, et que de ce vase un tuyau descende dans un réservoir d'eau, en échauffant le globe supérieur par du feu ou le Soleil, l'air raréfié s'échappe. Le Soleil se retirant, le vase de cuivre se refroidit et l'eau est aspirée.

Salomon de Caus a donné, au commencement du xviie siècle, la description de la première machine élévatoire *fonctionnant* à l'aide du Soleil. C'est sa *fontaine continuelle*. Imaginons, posées sur une citerne, une série de caisses de cuivre, au tiers remplies d'eau. Un tube horizontal est posé sur cette série de caisses et communique par de petits ajustages verticaux jusqu'à l'eau des caisses. La chaleur solaire, dilatant l'air, fait exercer une pression sur l'eau qu'elles renferment et la fait monter dans le tube horizontal supérieur. Une ouverture est pratiquée dans ce tube et l'on peut ainsi produire un jet d'eau. Lorsqu'une partie de l'eau contenue dans les caisses est montée, et que, la nuit venue, l'air se trouve raréfié, l'eau de la citerne, qui est en communication avec les caisses par un tube vertical, une soupape et un tube horizontal communiquant, s'élève pour remplir les vases comme ils l'étaient auparavant, « tellement, dit Salomon de Caus, que ce mouvement continue autant qu'il y aura de l'eau dans la citerne et des alternatives de soleil et de nuit ». Cette fontaine continuelle, destinée à l'embellissement des jardins, pourrait servir à résoudre économiquement le problème de l'élévation des eaux. Quoi de plus rationnel, en effet, que le projet de faire monter les eaux à l'aide de l'agent même qui les élève dans la nature ?

La concentration de la chaleur solaire dans une enceinte vitrée est un fait expérimental si facile à constater que l'observation en a dû suivre d'assez près l'invention des vitres. Cependant, malgré les diverses constatations qu'on a pu faire à cet égard et malgré les applications que nous venons de signaler, on ne voit point avant Saussure une étude scientifique bien complète du phénomène. Depuis Saussure et Herschel, ce curieux problème a été repris par différents physiciens, surtout depuis une quarantaine d'années. En France, Louis Mouchot (1878) et Abel Piffre (1884), en Suède Ericson, employaient, pour recevoir et condenser en un point la radiation solaire, des miroirs disposés en forme d'énormes abat-jour. Notre compatriote Charles Tellier, créateur de l'industrie frigorifique, imagina d'utiliser la chaleur solaire en exposant au rayonnement de l'astre du jour une chaudière lamellaire, qui produisait des vapeurs destinées à actionner une machine. Récemment, MM. Shuman et Willsee, en Amérique, ont eu recours à un procédé analogue et ont obtenu des résultats encourageants.

On voit que la chaleur de l'astre du jour représente une force mécanique considérable. Quelle peut être la température intrinsèque de ce foyer de la vie planétaire?

Les recherches les plus précises conduisent à l'évaluer à environ 6.000 degrés centigrades pour la surface solaire.

C'est cette chaleur qui entretient la vie terrestre. La chaleur intérieure de notre planète ne paraît plus avoir aucune action sur les phénomènes de la vie qui s'accomplissent à la surface du globe.

Maintenant quelle est la *température de l'espace ?*

Cette question a fait, pendant le XIXe siècle surtout, le sujet d'un nombre assez considérable de recherches différentes.

Mais il a fallu attendre jusqu'à la création toute récente de l'une des branches les plus fécondes de la physique moderne, la *théorie mécanique de la chaleur*, pour avoir sur ce point si discuté une réponse mathématique. Grâce aux principes fixés par cette science, nous savons maintenant, d'une part, que l'abaissement indéfini de la température est une pure fiction ; d'autre part, qu'il existe un *zéro absolu* où toute chaleur a disparu des corps, et que ce zéro pour tous les corps de l'univers est à 273 degrés au-dessous de la glace fondante.

Imaginons un instant que la Terre ne soit plus chauffée ni par les rayons solaires ni par aucune autre source calorifique, et suivons les phénomènes qui en résulteraient.

Toutes les molécules de l'air atmosphérique rayonneraient leur chaleur dans tous les sens et se refroidiraient de plus en plus, car leurs pertes ne seraient point réparées ; leur densité augmentant, elles tomberaient vers la Terre, tandis que d'autres molécules monteraient pour aller se refroidir à leur tour.

Après quelques siècles, toute la chaleur du globe, tant la chaleur centrale et primitive que la chaleur superficielle et maintenue par le Soleil, se trouverait dissipée dans l'espace ; mais cette déperdition serait plus ou moins prompte dans les divers pays, suivant que la surface du sol serait plus ou moins rayonnante et la conductibilité des couches inférieures plus ou moins parfaite.

Les innombrables astres lumineux qui occupent les diverses régions du ciel ne sont pas dépourvus de chaleur ; les espaces célestes sont donc à une certaine température, qui doit être de 273 degrés au-dessous de zéro, comme nous venons de le dire, et notre globe, suspendu au milieu de ces espaces avec l'Atmosphère pour enveloppe diathermane, cesserait de se refroidir lorsqu'il serait mis en équilibre avec cette température.

Mais cette « chaleur » serait un véritable froid, incomparablement plus rude que tous ceux des glaces du pôle, et nul organisme humain ne pourrait y résister. Seuls, certains microbes et certaines graines végétales pourraient, comme nous le verrons plus loin, supporter pendant un temps plus ou moins long cette épouvantable réfrigération.

Ni la température de l'espace, ni celle du globe n'ont donc d'influence sensible actuellement à la surface de la Terre, et c'est la chaleur solaire qui organise la circulation des airs, des eaux, des éléments, de la vie entière, comme nous allons le constater mieux encore dans le chapitre suivant.

CHAPITRE II

LA CHALEUR DANS L'ATMOSPHÈRE

L'USINE ET LA FORCE. — LA VAPEUR D'EAU. — FONCTION DE L'ATMOSPHÈRE DANS L'ABSORPTION DE LA CHALEUR. — LES ATMOSPHÈRES PLANÉTAIRES. — DÉCROISSANCE DE LA TEMPÉRATURE SUIVANT LA HAUTEUR.

DE l'immense rayonnement calorifique incessamment émané du foyer solaire, il importe maintenant de saisir et d'apprécier à sa valeur la quantité qui est en jeu dans l'Atmosphère et en organise la circulation.

La météorologie n'est qu'un grand problème de physique : il s'agit de déterminer les lois qui règlent la manière dont se distribuent dans notre Atmosphère la chaleur, la pression barométrique, la vapeur d'eau et l'électricité, le tout en relation avec les mouvements que la chaleur solaire engendre dans la couche superficielle solide, liquide et gazeuse de notre globe. Ce problème, si vaste qu'il soit, n'est au fond qu'une application des lois les plus connues de la physique ; les difficultés de la solution tiennent plutôt au grand nombre des causes perturbatrices et aux réactions incalculables des effets sur les causes, qu'à une véritable lacune dans la théorie générale. De là, la nécessité de nombreuses données expérimentales pour arriver à la solution.

L'Atmosphère est en réalité une immense machine, à l'action de laquelle est subordonné tout ce qui a vie sur notre planète. S'il n'y a dans cette machine ni rouages, ni pistons, ni engrenages, elle n'en fait pas moins le travail de plusieurs millions de chevaux, et ce travail a pour but et pour effet la conservation de la vie.

Tous les mouvements de l'Atmosphère sont la conséquence de la propriété qu'ont les gaz de se dilater par la chaleur. Ces variations de volume, et par conséquent de densité, troublent à chaque instant l'équilibre qui tendrait à s'établir dans l'air atmosphérique. L'air, échauffé dans les zones équatoriales, s'élève dans les régions supérieures pour aller redescendre près des pôles ; là, il se refroidit, revient à l'équateur et recommence son mouvement de circulation. Le travail ainsi accompli par l'Atmosphère est immense. Nos flottes sillonnent la mer sur les ailes des vents, et le souffle gracieux des zéphyrs ainsi que la tourmente des ouragans sont l'effet de la puissance solaire emmagasinée dans cette gigantesque usine à gaz.

A cette propriété de l'air s'en ajoute une autre non moins importante : celle de dissoudre la vapeur d'eau, qui, s'élevant en quantité prodigieuse aux environs de l'équateur, est ensuite distribuée sur toutes les latitudes en pluie vivifiante. Ainsi s'accomplit un autre travail non moins puissant et non moins vaste : la distribution des eaux pluviales sur la surface du globe. Les eaux courantes qui font mouvoir nos machines ont été d'abord élevées dans les airs par ce puissant engin ; de là elles ruissellent sur les montagnes en forme de pluie et vont couler dans nos fleuves pour se rendre enfin à l'Océan lui-même, d'où elles sont parties. Ceux qui ont visité les chutes gigantesques du Niagara en gardent un émouvant souvenir ; elles ne sont cependant qu'une fraction absolument insignifiante de ce qui se passe journellement dans l'Atmosphère.

Le Soleil est le premier moteur duquel dépendent tous les mouvements du système planétaire, non seulement pour la régularité des orbites que décrivent les différents astres, mais aussi pour les phénomènes physiques ou physiologiques qui s'accomplissent à leur surface. Sur la Terre, en particulier, les mouvements atmosphériques, le cours des eaux, le développement de la végétation, la production de force qui résulte des combustions et de la nutrition des animaux, tous ces phénomènes sont dus à l'influence des radiations solaires.

Ce qui peut nous paraître mieux organisé encore, c'est la manière dont cette force calorifique se trouve, pour ainsi dire, emmagasinée dans les végétaux, non seulement dans ceux qui, encore vivants, servent à nos usages et à notre alimentation en même temps qu'ils ornent et embellissent notre demeure ici-bas, mais aussi dans ceux qui, ensevelis depuis plusieurs millions d'années dans les entrailles du globe, en sortent maintenant pour nous échauffer et pour produire la force motrice nécessaire à notre industrie. Chaque plante est une véritable machine dans laquelle s'élaborent les substances éminemment combustibles qui servent à nous fournir, en l'absence du Soleil, la chaleur et la lumière, ou à produire, en nous servant d'aliment, la force et la chaleur vitale dont nous avons besoin. C'est donc du Soleil, en dernière analyse, que dépendent tous les phénomènes de la nature et notre existence elle-même.

Dans le rayonnement solaire, ce qui frappe tout d'abord, c'est la lumière qui nous éclaire et la chaleur qui nous échauffe ; mais, outre ces deux catégories de phénomènes, il y en a une troisième non moins importante : ce sont les actions chimiques qui accompagnent les deux autres. Aussi doit-on distinguer plusieurs ordres d'actions dans l'œuvre solaire : les rayons *lumineux*, les rayons *calorifiques* et les rayons *chimiques*, auxquels il conviendrait même d'ajouter les radiations électriques. Les premiers donnent à la nature la beauté d'une jeunesse éternelle ; les seconds donnent au monde sa force et sa valeur ; les derniers tissent la trame sans cesse renaissante de la vie planétaire.

Chacun sait que, pour analyser un rayon de Soleil, on le fait passer à travers un prisme triangulaire de verre : la réfraction sépare les couleurs, comme nous l'avons vu en étudiant l'arc-en-ciel. Mais le spectre visible ne représente pas tout ce qui existe dans un rayon de Soleil. Le ruban multicolore se continue, à chaque extrémité, par un ruban invisible. Les ondes dont la longueur est comprise entre 795 et 393 millionièmes de millimètre sont capables de faire vibrer notre nerf optique[1] : ces vibrations

---

[1] Les recherches de M. Langley, en 1886, ont écarté cet intervalle de 81 à 36 cent-millièmes pour les rayons perceptibles à l'œil humain.

sont comprises entre 394 trillions et 758 trillions par seconde ; elles produisent ainsi la sensation de la *lumière* ; la diversité des couleurs ne dépend que de la longueur des ondes ; les plus grandes se trouvent dans le rouge et elles vont en décroissant vers le violet. A gauche de l'extrémité rouge du spectre, il y a les ondes longues et lentes de la chaleur. A droite de l'extrémité violette, il y a les ondes courtes et rapides de l'action chimique. Notre œil ne voit ni les premières ni les secondes ; on les reconnaît en employant des préparations photogéniques ou des substances impressionnables.

En réalité cependant, il n'existe dans la nature qu'une seule et unique série d'ondes, dont la longueur va constamment en décroissant, à partir de l'extrémité du spectre calorifique obscur jusqu'à l'extrémité du spectre chimique dans sa partie invisible. Entre ces deux extrêmes, il n'y a qu'une portion très limitée qui jouisse de la propriété d'exciter notre nerf optique.

Les rayons lumineux sont les seuls que nous voyions. Les rayons calorifiques et chimiques agissent, mais sans que nous les percevions. Nous vivons au milieu d'un immense monde invisible.

Le pouvoir éclairant des différents rayons consiste dans l'aptitude plus ou moins grande qu'ils possèdent d'exciter le nerf optique de l'homme. Il est probable que la faculté de percevoir les phénomènes lumineux n'a pas les mêmes limites pour tous et qu'elle est beaucoup plus étendue chez certains animaux que chez l'homme, soit du côté du rouge, soit du côté du violet. Déjà, les fourmis nous le prouvent ; on a découvert qu'elles voient dans l'ultra-violet, obscur pour l'œil humain. L'eau pure possède un pouvoir absorbant très considérable pour les rayons thermiques. Les humeurs que contient l'œil diffèrent peu de l'eau pure, et c'est là ce qui rend l'organe de la vue insensible aux rayons calorifiques.

L'étendue des ondes lumineuses sensibles à l'œil correspond ordinairement à ce qu'on appelle en acoustique une octave, de sorte que l'homme n'est mis en relation avec la nature que par une très faible partie des radiations solaires. Et cependant quelle immense variété de sensations et quelle beauté de contrastes ! Sans entrer dans les considérations esthétiques, il est impossible de ne pas faire ici une remarque importante : on a cru pendant longtemps que la radiation lumineuse était le seul mode d'action du Soleil sur le monde ; cependant elle est très secondaire et peu importante, comparée aux autres radiations. Que sont donc les impressions produites sur la matière délicate de notre rétine, si nous les comparons avec les modifications que la chaleur fait éprouver à tous les corps et avec les actions moléculaires que produisent les rayons chimiques ?

Les gaz possèdent la faculté d'absorber les rayons *calorifiques*, et par conséquent notre Atmosphère absorbe une portion très considérable de ces rayons. Les ondes les plus longues sont celles qui sont le plus facilement absorbées ; aussi un grand nombre de rayons moins réfringents qui tombent sur notre Atmosphère sont arrêtés et ne parviennent pas jusqu'à nous.

L'Atmosphère terrestre, en absorbant une portion si considérable des rayons

solaires, ne les anéantit pas, elle les tient en réserve pour les employer plus tard à
notre avantage. Elle agit presque exactement comme une *serre*, laissant arriver jusqu'à

Fig. 78. — Tout ce vaste système de circulation des eaux est dû à la chaleur solaire.

la Terre les rayons calorifiques lumineux du Soleil et s'opposant ensuite à ce qu'ils
s'en retournent se perdre dans l'espace. La radiation nocturne est considérablement
diminuée par la présence de l'air atmosphérique, et par là se trouve ralenti et modéré

le refroidissement du globe et des plantes qu'il nourrit. La vapeur d'eau agit avec une très grande efficacité, et une couche humide ayant quelques mètres seulement d'épaisseur arrête le refroidissement nocturne autant que le fait l'Atmosphère tout entière.

Mais le spectacle qui doit le plus nous frapper ici, c'est l'absorption de calorique qui accompagne la transformation de l'eau en vapeur. L'eau s'évapore en masse considérable, surtout dans les régions équatoriales, et elle absorbe ainsi une grande quantité de chaleur de vaporisation qui demeure latente. Il faut autant de chaleur pour vaporiser un kilogramme d'eau que pour échauffer d'un degré 537 kilogrammes d'eau ! La vapeur d'eau absorbe cette énorme proportion de chaleur, qu'elle restitue du reste intégralement quand elle repasse à l'état liquide par la pluie. Cette chaleur a pour destination d'être transportée vers les latitudes les plus lointaines, et d'établir dans l'enveloppe atmosphérique qui entoure le globe une égalité de température que la radiation directe serait loin de produire par elle-même.

Cette masse énorme de chaleur passe pour ainsi dire *incognito* de l'équateur aux pôles, transportée par l'action de la vapeur, et cette vapeur, en se transformant en eau et en glace, laisse échapper toute la chaleur qu'elle avait absorbée, contribuant ainsi à adoucir le climat de ces régions désolées. Les rayons solaires sont comme un agencement de poulies et de cordes, tirées sans cesse par des mains invisibles, occupées à élever des seaux d'eau jusqu'à la hauteur des nuages. Le commandant Maury fait remarquer qu'on n'aurait jamais obtenu un pareil résultat avec un gaz proprement dit, car, pour transporter par l'*air* seul la même quantité de chaleur, il aurait fallu l'échauffer jusqu'à la température des fournaises.

Ainsi se distribue la chaleur dans l'Atmosphère. Ainsi se préparent les nuages et les pluies dont nous parlerons bientôt.

On sait que l'épaisseur d'Atmosphère traversée augmente rapidement avec l'obliquité des rayons solaires et qu'elle est 35 fois plus épaisse à l'horizon qu'au zénith. Il en résulte que le Soleil paraît de 1.300 à 1.400 fois plus lumineux au zénith qu'à l'horizon.

Nous avons vu tout à l'heure que ce n'est pas l'air lui-même, c'est-à-dire le mélange formé des gaz oxygène et azote, qui absorbe le plus de chaleur, mais la *vapeur d'eau* qui existe dans l'air, dans des proportions d'ailleurs très variables.

Les rayons lumineux passent presque en entier et pénètrent jusqu'au sol ; les calorifiques sont, au contraire, absorbés dans une forte proportion. Si donc l'Atmosphère empêche une bonne partie de la chaleur solaire d'arriver à la surface de notre globe, par compensation elle jouit de la propriété de retenir celle qui est parvenue à l'échauffer. Sans l'Atmosphère et sans la vapeur d'eau qu'elle renferme, le rayonnement du sol s'effectuant presque sans obstacle vers l'espace interplanétaire, la déperdition serait énorme, comme il arrive du reste dans les hautes régions. Aussitôt le Soleil couché, un refroidissement rapide succéderait à la chaleur intense des rayons solaires et il y aurait entre les maxima et les minima de température, soit diurnes, soit mensuels, des différences énormes. C'est ce qui arrive sur les plateaux élevés du Thibet et ce qui explique la rigueur des hivers et l'abaissement des lignes isothermes dans ces régions.

Tyndall a dit avec beaucoup de justesse : « La suppression pendant une seule nuit d'été de la vapeur d'eau contenue dans l'Atmosphère qui couvre l'Angleterre (et cela est vrai pour tous les pays de zones semblables) serait accompagnée de la destruction de toutes les plantes que la gelée fait périr. Dans le Sahara, où *le sol est de feu et le vent de flamme*, le froid de la nuit est souvent très pénible à supporter. On voit, dans cette contrée si chaude, de la glace se former pendant la nuit. »

L'humidité n'est pas répandue en proportion égale dans toute la hauteur de l'Atmosphère. *La chaleur traverse d'autant mieux l'air qu'il renferme moins d'humidité.* L'air reste froid, en laissant passer la chaleur.

Lorsqu'on a dépassé les régions inférieures de l'Atmosphère et en général l'altitude de 2.000 mètres, on ne peut s'empêcher de constater l'accroissement très sensible de la chaleur du Soleil relativement à la température de l'air ambiant. Ce fait ne m'a jamais plus impressionné que dans une ascension aéronautique, le 10 juin 1867, lorsque, nous trouvant à sept heures du matin à une hauteur de 3.300 mètres, nous avons eu pendant une demi-heure 15 degrés de différence entre la température de nos pieds et celle de nos têtes ; ou, pour mieux dire, entre la température de l'intérieur de la nacelle (ombre) et celle de l'extérieur (Soleil). Le thermomètre à l'ombre marquait 8 degrés ; le thermomètre au Soleil, 23 degrés. Tandis que nos pieds souffraient de ce froid relatif, un ardent Soleil nous brûlait le cou, les joues, et en général les parties du corps directement exposées à la radiation solaire.

L'effet de cette chaleur est encore augmenté par l'absence du plus léger courant d'air.

Dans une ascension postérieure à celle-ci, j'ai éprouvé en même temps la différence singulière de 20 degrés entre la température de l'ombre et celle du Soleil, à 4.150 mètres d'altitude. Le premier thermomètre marquait — 9°,5 au-dessous de zéro ; le second, + 10°,5. Cependant ce fait me frappa moins que le premier, parce que j'avais appris à l'étudier.

Ces résultats, observés en ballon, doivent être mieux dégagés de toute influence étrangère que ceux qui proviennent d'observations faites sur les montagnes, car, dans ce dernier cas, la présence des neiges et du rayonnement agit inévitablement, tandis que les observations aéronautiques s'accomplissent en des régions absolument libres.

On voit par ces considérations que les températures terrestres ne dépendent pas seulement de la quantité de chaleur reçue du Soleil, mais encore et surtout de la différence des *pouvoirs absorbants* de l'air sur les rayons des sources lumineuses et obscures. Il en est de même dans les autres planètes, et l'influence des atmosphères est telle que, malgré son rapprochement du Soleil, Mercure peut jouir d'une température égale à celle de la Terre, si la couche de gaz qui l'entoure est constituée en conséquence, de même que Jupiter peut posséder à sa surface des climats aussi chauds que les nôtres, malgré son éloignement.

La vapeur d'eau répandue dans l'Atmosphère joue le principal rôle au point de vue de la distribution de la température. Dans l'Atmosphère tranquille qui enveloppe la sphère terrestre, il y a sans cesse une action lente et silencieuse, qui s'opère invisiblement devant nos yeux aveugles et qui est si formidable que nul calcul humain ne saurait la représenter. Comparés à l'œuvre permanente de cette puissance, l'oxygène et l'azote ne sont plus rien, et les millions de tonnes d'acide carbonique qui brûlent dans la vie végétale et animale disparaissent comme une ombre.

Vapeur d'eau légère et transparente qui s'élève du lac limpide, brouillard qui flotte sur les mers, rosée du matin sur les fleurs, nuages blancs ou orangés du ciel, pluie ou neige, torrent de la montagne, source gazouillante au fond des bois, ruisseau qui murmure ou fleuves géants qui traversent les nations, depuis la source chaude minérale jusqu'au glacier suspendu au front des Alpes, depuis la petite goutte d'eau que saisit l'hirondelle rasant la rivière jusqu'à la nuée noire et horrible chargée d'éclairs, tout cet ensemble, tout ce vaste système de la circulation de l'élément liquide à la surface du globe représente le fonctionnement d'une usine fantastique dont les travaux du pandémonium de Vulcain au fond du Tartare ne nous donneraient encore qu'une idée affaiblie. Représentons-nous la France sillonnée de rivières innombrables faisant marcher des millions de moulins, couverte d'un réseau serré de chemins de fer occupé par des milliers de locomotives circulant nuit et jour : tout le bruit, tout le mouvement, tout le travail accompli par ces moulins et ces machines infatigables ne représenterait qu'un jeu d'enfant à côté du travail accompli par la nature dans le système de circulation des eaux.

Les brillants rayons du Soleil enlèvent chaque année aux mers, sous forme de vapeurs, une masse d'eau évaluée à 721 trillions de mètres cubes.

La quantité énorme de chaleur qui produit cet effet pourrait fondre par an 11 milliards de mètres cubes de fer, c'est-à-dire une masse dont le volume égalerait plusieurs fois celui du massif des Alpes !

Voilà le travail gigantesque qui s'accomplit par la force de la chaleur solaire. Mais le travail infinitésimal qui se produit par la même cause infatigable n'est pas moins merveilleux.

Un mouvement perpétuel s'accomplit incessamment dans la nature entière, mouvement inapprécié et auquel on ne songe guère ; et cependant ce mouvement est si considérable que, si nos sens nous permettaient de le percevoir, nous en serions véritablement effrayés. A chaque instant mille chocs d'intensité variée viennent frapper notre corps. Sommes-nous à la campagne, au milieu des prairies ou sur le versant d'un coteau boisé ? L'air, qui toujours marche, constitue à l'état de vent et de brise insensible un premier mouvement général nous baignant d'une vaste effluve. La chaleur solaire, ou simplement la température ambiante, élève autour de nous des couches de densités différentes se succédant suivant les lois du calorique. La lumière croise devant nous, à travers nos yeux, derrière nous, sur nos têtes, en tous sens, des millions de rayons agissant sur l'éther invisible par des vibrations si rapides que chaque seconde en renferme des trillions pour un seul rayon, et cela incessamment. Les couleurs des objets qui nous entourent, des plantes, des fleurs, du ciel, des eaux, entre-croisent leurs fluctuations rapides et innombrables. Les bruits, lointains ou rapprochés, développent dans l'air les ondes sonores successives qui, semblables à des cercles, décrivent mille courbes invisibles, entremêlées, mais non confondues. L'oiseau qui chante, le gland qui tombe du chêne séculaire, le bûcheron qui frappe, la laveuse à la fontaine créent autant de mouvements ondulatoires. La chaleur propre de notre corps même forme en nous un centre de rayonnement, et incessamment des quantités définies de chaleur s'échappent de toute notre personne, quantités qui s'accentueraient tout de suite au thermomètre. Dans notre organisme, d'ailleurs, le battement de notre cœur ne s'arrête pas une seconde, la circulation du sang dans nos artères et son retour au cœur par les veines se perpétuent sans oubli, en même temps que, par le jeu alternatif de·notre respiration, nos poumons s'occupent de distribuer à notre corps la quantité d'oxygène qui lui convient.

Sommes-nous dans notre chambre tranquillement étendus dans un fauteuil, les pieds sur les chenets, un livre dans les mains, les mêmes mouvements que nous venons de rappeler s'accomplissent autour de nous et dans nous. Nous ne pouvons tendre le talon au feu sans qu'un système de mouvements invisibles s'établisse immédiatement entre notre pied et le charbon flamboyant. On ne peut toucher du doigt le clavier du piano sans qu'une série d'ondes sonores s'envolent dans notre appartement (et souvent même à de trop grandes distances pour les voisins!). On ne peut causer, même à voix basse, sans que l'air soit traversé de vibrations sphériques. Et ainsi nous vivons, sans nous en douter, au milieu de myriades de mouvements, constamment effectués et incessamment renouvelés dans l'Atmosphère au sein de laquelle nous respirons et agissons.

Si la nature, dit A. de Humboldt, avait donné la puissance du microscope à nos yeux et une transparence parfaite aux téguments des plantes, le règne végétal serait lui-même loin d'offrir l'aspect de l'immobilité qui nous semble être un de ses attributs. A l'intérieur, le tissu cellulaire des organes est incessamment parcouru et vivifié par les courants les plus divers. Tels sont les courants de rotation qui montent et qui descendent, en se ramifiant, en changeant continuellement de direction. Tel est le fourmillement moléculaire, découvert par le grand botaniste Robert Brown, et dont toute matière, pourvu qu'elle soit réduite à un état de division extrême, doit certainement présenter quelque trace. Qu'on ajoute à ces courants et à cette agitation moléculaire les phénomènes de l'endosmose, de la nutrition et de la croissance des végétaux, ainsi que les courants formés par les gaz intérieurs, et l'on aura une idée des forces qui agissent, presque à notre insu, dans la vie en apparence si paisible des végétaux.

Nous ne pouvons clore ce chapitre sans remarquer que la chaleur, qui produit de si merveilleux effets à la surface du sol où elle se concentre, diminue rapidement dans les hauteurs atmosphériques. Cette décroissance de la température, dont j'ai fait une étude spéciale au cours de mes voyages scientifiques aériens, s'accentue progressivement, avec certaines fluctuations suivant les circonstances atmosphériques et les régions, jusqu'à une certaine hauteur où elle cesse presque brusquement. Là se trouve une *couche isotherme*, où la température reste à peu près stationnaire et se relève même parfois lentement à travers une épaisseur de plusieurs kilomètres, pour s'abaisser de nouveau plus haut. L'altitude de la couche isotherme varie avec les saisons, la latitude et les conditions météorologiques. Les recherches de M. Teisserenc de Bort ont démontré qu'elle s'abaisse jusqu'à 7 ou 8 kilomètres à l'arrière des dépressions, pour se relever jusqu'à 12, 13 et même 14 kilomètres dans les maxima barométriques. Sa température subit une oscillation parallèle aux changements de hauteur et varie, en Europe, de 50 à 70 degrés au-dessous de zéro. Cette zone atmosphérique est située plus bas dans les régions tempérées et même polaires que vers l'équateur, où la température de l'air continue de décroître jusqu'à une très grande altitude. Il en résulte qu'à une certaine hauteur il fait plus chaud au-dessus des pôles qu'au-dessus de l'équateur, où l'on a enregistré un froid de — 84° à 19.000 mètres, température qui n'a jamais été rencontrée en nulle autre région du globe.

CHAPITRE III

LES SAISONS

MÉCANISME ASTRONOMIQUE DES SAISONS SUR LES DIFFÉRENTES PLANÈTES. — SAISONS TERRESTRES MÉTÉOROLOGIQUES. — LEURS INFLUENCES SUR LA VIE DES PLANTES ET DES ANIMAUX.

L'ACTION générale du Soleil à la surface de la Terre varie, comme tout le monde le sait, d'une semaine à l'autre, du jour au lendemain. La cause de ces variations a été déterminée par la science aussi bien que l'intensité de l'action générale. Saisons et climats sont expliqués géométriquement par l'inclinaison variable du sol relativement aux rayons solaires. Et par la même comparaison géométrique nous connaissons également la valeur des saisons sur les autres planètes de notre système.

Pour nous rendre exactement compte des variations de température suivant les saisons successives de l'année, il est nécessaire que nous connaissions précisément d'abord le mécanisme astronomique auquel les saisons elles-mêmes sont dues.

Nous avons vu que le globe terrestre circule en un an autour du Soleil et tourne sur lui-même en un jour. Supposons d'abord que l'axe de rotation soit *perpendiculaire au plan* dans lequel la planète se meut : ce qui est à peu près le cas de Jupiter, dont l'équateur n'est incliné que de trois degrés. Pendant toute la durée de l'année, le jour est égal à la nuit (fig. 79), le Soleil demeure dans le plan de l'équateur, et son élévation reste la même pour chaque point du globe. Dans cette situation de l'axe, il n'y a pas de saisons, et la température décroît lentement de l'équateur aux pôles. Il n'y a, pour ainsi dire, qu'une zone tempérée sur toute la planète.

Supposons, au contraire, que l'axe de rotation soit *couché* sur le plan dans lequel la planète se meut (fig. 80). Au solstice, le Soleil se trouve à l'extrémité de l'axe, et plane directement sur le pôle : l'équateur a le minimum de température. Un quart d'année plus tard, le Soleil se trouve sur l'équateur. Après la demi-année écoulée, c'est l'autre pôle qui a le Soleil à son zénith. Puis il repasse de nouveau par l'équateur, avant de revenir sur le pôle par lequel nous avons commencé. Dans cette situation, dont approche la planète Vénus, son inclinaison étant de 55 degrés, les saisons sont à leur maximum d'effet ; chaque point du globe est soumis tour à tour à la rigueur du plus grand froid et à l'ardeur de la plus haute température. Il n'y a pas de zones tempérées, mais des zones torrides et glaciales empiétant sans cesse l'une sur l'autre.

Supposons enfin qu'au lieu d'être dans la première ou dans la seconde de ces positions extrêmes, l'axe de rotation soit dans une situation intermédiaire, incliné, par exemple, de 67 degrés (fig. 81) : nous avons dans ce cas des saisons qui, sans être extrêmes, sont néanmoins très sensiblement marquées. C'est le cas de la Terre que nous habitons. Son axe de rotation fait avec l'écliptique l'angle que je viens d'inscrire, c'est-à-dire que son équateur est incliné sur le plan de l'écliptique suivant un angle de 23 degrés. C'est cette *obliquité* de l'écliptique qui nous donne nos saisons.

L'axe de rotation de notre planète restant toujours parallèle à lui-même pendant le cours entier de la translation du globe autour du Soleil, on voit qu'aux deux positions extrêmes de l'orbite le pôle Nord et le pôle Sud se présentent tour à tour au Soleil sous un angle maximum de 23 degrés. C'est l'époque des solstices. Au solstice du pôle Nord, c'est-à-dire d'été pour notre hémisphère, le 21 juin, le Soleil s'élève jusqu'à

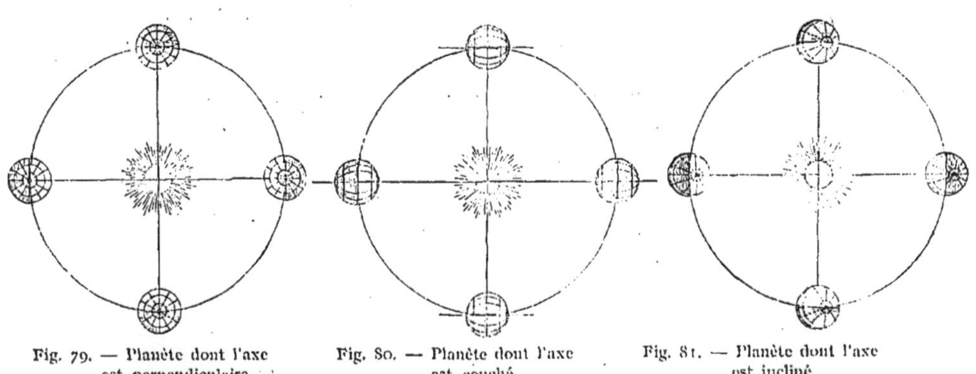

Fig. 79. — Planète dont l'axe est perpendiculaire.

Fig. 80. — Planète dont l'axe est couché.

Fig. 81. — Planète dont l'axe est incliné.

23 degrés au-dessus de l'horizon de ce pôle. Une situation symétrique se présente à l'opposé au solstice d'été du pôle Sud, qui est le solstice d'hiver pour le nôtre et qui arrive le 21 décembre.

Le 20 mars, à l'époque de l'équinoxe de printemps, le plan de l'équateur passe par le Soleil. Les deux pôles de la planète sont alors symétriquement placés par rapport au Soleil, et le cercle de séparation de l'hémisphère éclairé et de l'hémisphère obscur est précisément un méridien. Il en résulte que chaque point du globe, emporté par la rotation diurne, décrit dans la lumière la moitié de la circonférence, et dans l'ombre l'autre moitié : la durée du jour est partout égale à celle de la nuit.

Mais à mesure que la Terre va s'avancer dans son cours, comme l'axe garde la même situation, le pôle Nord s'offre de plus en plus aux rayons solaires, et le cercle de rotation diurne d'une latitude boréale fait progressivement un plus long chemin dans la lumière que dans l'ombre. La durée du jour surpasse celle de la nuit, et par conséquent la quantité de chaleur reçue.

Tel est le simple mécanisme des saisons. Examinons ce qui se passe dans la distribution de la température.

Le 21 mars, l'horizon de Paris par exemple, comme toute autre surface de notre hémisphère, est échauffé pendant douze heures consécutives ; mais, en même temps, cette surface est refroidie par voie de rayonnement vers l'espace pendant les mêmes douze heures de jour et pendant les douze heures de nuit qui leur succèdent, c'est-à-dire en tout pendant vingt-quatre heures. Il n'est pas possible de dire *a priori* si la perte surpasse le gain, mais considérons le jour suivant.

Le 22 mars, les rayons solaires échaufferont l'horizon pendant un peu plus de douze heures. Quant au refroidissement par rayonnement, il s'opérera comme la veille pendant vingt-quatre heures. Or ce qui prouve incontestablement que l'action échauffante, quoique ne s'exerçant que pendant environ douze heures, est supérieure à cette époque de l'année à l'action refroidissante, que l'horizon a plus gagné qu'il n'a perdu,

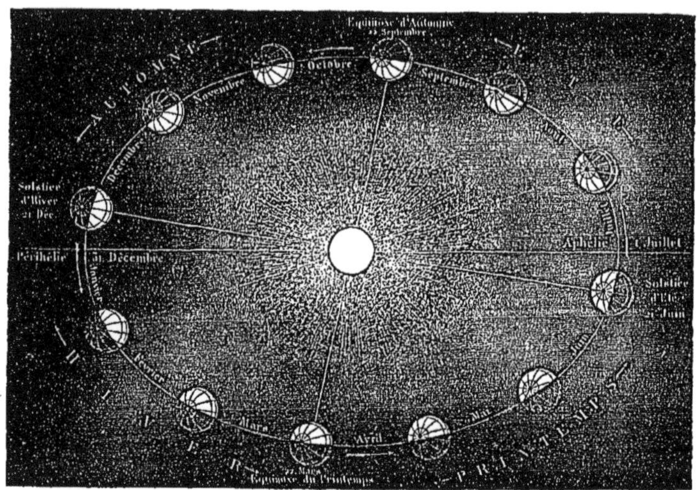

Fig. 82. — La translation de la Terre autour du Soleil, et les saisons.

c'est que, abstraction faite des circonstances accidentelles, la température du 22 mars surpasse généralement celle du 21.

Nous arriverons au même résultat en comparant la température du 23 à celle du 22, et ainsi de suite.

Les rayons calorifiques du Soleil produisent des effets de plus en plus considérables jusqu'au 21 juin, parce qu'ils exercent leur action pendant des périodes graduellement plus longues ; les jours augmentent sans cesse de longueur jusqu'à l'époque du solstice. Toutefois cette cause, quoique prépondérante, n'est pas la seule qui agisse pour l'accroissement de la température.

L'inclinaison des rayons solaires diminue à mesure qu'on approche de l'été ; du 21 mars au 21 juin, ces rayons nous arrivent de plus en plus haut à midi, échauffant davantage le sol et les objets.

Une troisième cause d'échauffement, également influente, doit être signalée ici, dirons-nous avec Arago. Le Soleil peut être considéré comme le centre d'une sphère d'où partiraient des rayons dans toutes les directions imaginables. Or, si à une certaine distance du centre de cette sphère on suppose un horizon d'une étendue déterminée exposé à l'action de ses rayons divergents, cet horizon en embrassera un nombre d'autant plus considérable qu'il se présentera à eux dans une direction plus voisine de la perpendiculaire. Qui ne voit que, dans tous les midis compris entre le 21 mars et le 21 juin, un horizon quelconque dans nos climats se présente, en effet, aux rayons solaires, dans des directions de plus en plus voisines de la perpendiculaire ?

Ainsi, en résumé, depuis le 21 mars jusqu'au 21 juin, l'horizon de Paris reçoit de jour en jour plus de rayons solaires ; ces rayons arrivent sous des inclinaisons de plus en plus favorables pour l'absorption ; enfin leur action a chaque jour une plus grande durée.

L'accroissement de température ne s'arrête pas au 21 juin. En effet, les jours restent plus longs que les nuits, notre hémisphère continue de recevoir plus de chaleur pendant le jour qu'il n'en perd pendant la nuit ; cependant, les rayons solaires devenant de plus en plus obliques diminuent graduellement d'intensité ; on arrive vers le 14 juillet à égalité entre le gain et la perte. C'est le maximum de la température annuelle.

Maintenant remarquons que depuis cette époque jusqu'au 21 décembre les jours deviennent de plus en plus courts ; que l'action solaire va toujours en diminuant ; que ces rayons arrivent de plus en plus affaiblis, parce qu'ils traversent des couches atmosphériques plus étendues et moins diaphanes ; que l'inclinaison de la lumière à midi et aux heures voisines de ce moment de la journée, par rapport à cet horizon ou à tout autre situé dans l'hémisphère nord, et comptée à partir de sa surface, devient de plus en plus grande et est alors moins propre à l'absorption ; que cet horizon reçoit une quantité de rayons solaires de jour en jour décroissante. De toutes ces raisons réunies, il résulte que la température de tout horizon situé dans l'hémisphère nord doit toujours aller en diminuant ; mais il n'est pas évident de soi-même qu'il y aura compensation, le 21 décembre, jour du solstice d'hiver, entre le rayonnement vers l'espace et les causes échauffantes, qui ont été sans cesse en s'affaiblissant.

L'observation montre, en effet, qu'à Paris la compensation parfaite n'arrive que vers le 9 janvier ; c'est, abstraction faite des causes accidentelles, la première semaine de janvier qui est la plus froide de l'année. A partir de cette époque et jusqu'au 14 juillet suivant, la température va toujours en augmentant, ainsi que nous l'avons déjà expliqué en prenant le 21 mars pour point de départ.

Toute cette série de raisonnements s'appliquerait à l'horizon d'un lieu situé dans l'hémisphère sud, comme Paris est situé dans l'hémisphère nord. Seulement nous trouverions, et ce résultat est conforme aux observations, que les mois les plus chauds dans l'hémisphère nord seraient les plus froids dans l'hémisphère sud, et réciproquement.

Voltaire tournait en dérision notre globe, parce qu'il se présente au Soleil *de biais et gauchement*. On peut remarquer que le ridicule ainsi jeté sur notre pauvre planète offre une compensation, car cette position gauche est précisément ce qui porte la vie chaque année aux deux pôles opposés. Sans elle, cette vie terrestre ne serait pas ce qu'elle est. Pourtant la situation de Jupiter est évidemment préférable. Les habitants des mondes qui jouissent d'un printemps perpétuel doivent se demander s'il est possible de vivre sur des terres comme les nôtres, affligées de saisons si disparates.

Rien n'est plus utile que de porter un regard d'ensemble sur les opérations de la

Fig. 83. — L'été.

nature, de s'élever au-dessus des idées étroites de ceux qui n'ont point perdu de vue leur clocher natal, pour étendre ses regards sur le pays et même sur la partie du monde qu'on habite. L'Europe, fière de sa population de 450 millions d'hommes, avec sa puissance intellectuelle et guerrière, occupe la zone tempérée, et par les deux caps extrêmes de l'Espagne et de la Grèce n'atteint même pas le 36e parallèle, laissant encore toute l'Afrique septentrionale et toute l'Égypte entre elle et la zone torride. Aussi d'après la tendance naturelle qui nous porte à donner une importance exclusive à ce qui nous entoure, il nous semble toujours bizarre d'entendre parler des chaleurs intolérables de décembre et de janvier qu'éprouvent les habitants de l'autre hémisphère, au cap de Bonne-Espérance, dans l'Australie et le Chili. Les froids de juillet et d'août, dans les mêmes contrées, ne nous paraissent pas moins étranges. Cependant, puisque les saisons sur la Terre offrent déjà bien des circonstances extraordinaires, combien n'en trouverions-nous point, en allant non pas de notre pôle européen, asiatique et américain au pôle opposé, mais bien de la région ardente où la planète Mercure se meut sous les feux d'un Soleil sept fois plus chaud qu'il ne l'est pour la Terre, jusqu'aux confins du système solaire, où Neptune occupe provisoirement la dernière place, recevant des rayons neuf cents fois plus froids que ceux qui, pour notre Europe, font ces grandes divisions de l'année, le printemps, l'été, l'automne et l'hiver, dont les productions sont si capitales pour l'homme, tandis que rien de semblable n'existe dans les latitudes intertropicales !

Les saisons astronomiques sont comptées à partir des équinoxes et des solstices. Le printemps commence le 20 mars, l'été le 21 juin, l'automne le 22 septembre et l'hiver le 21 décembre. Ce sont toujours là pour chaque année, — à un jour près, à cause des six heures supplémentaires (365 jours 6 heures), — les époques astronomiques du commencement des saisons.

Évidemment ces époques ne devraient pas être appliquées aux *saisons météorologiques*, qui sont en définitive, pour nos impressions et nos appréciations directes, les véritables saisons. Elles devraient être établies de part et d'autre à égale distance du maximum et du minimum moyens de la température, le milieu de l'été étant le 14 juillet, le milieu de l'hiver étant le 9 janvier.

La classification la plus simple, et qui se trouve en même temps suffisamment adaptée à la marche moyenne de la température, est celle que la plupart des météorologistes emploient aujourd'hui. L'année est partagée en quatre périodes de trois mois pleins. L'hiver se compose des mois de décembre, janvier et février ; le printemps, des mois de mars, avril et mai ; l'été, de juin, juillet et août ; l'automne, de septembre, octobre et novembre.

Sur l'hémisphère austral, les saisons sont inverses des nôtres. A notre solstice d'hiver, au 21 décembre, le Soleil arrive là-bas à sa plus grande hauteur : c'est leur solstice d'été. A notre solstice d'été, au 21 juin, le Soleil arrive pour eux à son minimum de hauteur au-dessus de leur horizon : ce sont leurs jours les plus courts et leur hiver. Quand nous avons l'automne, nos antipodes ont le printemps, et *vice versa*. On se rend facilement compte de cette inversion en considérant l'inclinaison constante de l'axe de rotation terrestre et la translation annuelle du globe autour du Soleil.

C'est à la succession harmonique des saisons que la Terre doit son éternelle parure et sa vie impérissable. Chaque printemps apporte la résurrection à la surface de la planète rayonnante, qui rajeunit dans une adolescence sans fin sous les fécondes caresses dont l'enveloppe l'astre radieux. « Saisons, filles chéries de Jupiter et de

Thémis, s'écriait déjà, il y a trois mille ans, le premier poète Orphée, vous qui nous comblez de biens ! saisons verdoyantes, fleuries, pures et délicieuses ! saisons aux couleurs diaprées répandant une douce haleine ! saisons toujours changeantes : accueillez nos pieux sacrifices, apportez-nous le secours des vents favorables qui font mûrir les moissons. »

Ainsi sont maintenant déterminées les causes qui donnent naissance aux variations de la température suivant le cours de l'année.

Figurons-nous la Terre accomplissant en un an sa course autour du Soleil et revenant à la même position après avoir présenté successivement ses deux pôles aux rayons de l'astre de la lumière et de la chaleur. Si nous partons du printemps, nous voyons les neiges qui ont recouvert une grande partie des continents septentrionaux disparaître, pour faire place à une active végétation ; les arbres se couvrent de verdure, et les plantes que l'hiver a fait périr renaissent de leurs graines pour rivaliser de feuillage avec les végétaux permanents ; les fleurs, les graines, les rejetons assurent la reproduction, et les espèces sociales, tant les plantes que les arbres, envahissent le sol par le seul bénéfice de la force d'association. C'est ainsi que nous observons d'immenses forêts de pins, de chênes et de hêtres, et des plaines sans bornes couvertes exclusivement de chardons, de trèfle et de bruyères. Une des plus curieuses conséquences de la marche bien observée des saisons, c'est que les riches moissons qui alimentent en Europe le quart du genre humain sont, quant à leur cause, dues à l'hiver tout autant qu'au printemps, qui développe les céréales, et à l'été, qui les mûrit.

En effet, si le blé n'était pas astreint à périr dans l'hiver, si ce n'était pas, suivant l'expression des botanistes, une plante annuelle, elle ne monterait pas en épis et ne produirait pas les utiles récoltes qui, depuis Cérès et Triptolème, ont assuré l'alimentation des populations nombreuses de l'Europe, et même ont donné naissance à ces populations. Pour se convaincre de cette vérité, il n'y a qu'à descendre plus au midi dans l'Afrique, dans l'Asie et dans l'Amérique. Dès que l'on arrive dans un climat où l'hiver ne tue point nécessairement les céréales, la plante devient vivace comme l'herbe l'est chez nous ; elle se propage en rejetons, reste constamment verte et ne produit ni épis, ni grains. Là, ce sont d'autres végétaux, comme le millet, le maïs, le doura et diverses racines, qui donnent les fécules nutritives.

A la fin du printemps et au commencement de l'été, le Soleil, qui s'est avancé vers le nord, fait pulluler dans notre hémisphère et jusqu'auprès du pôle toutes les espèces animales, comme il fait naître et se développer les espèces végétales. Quadrupèdes, oiseaux, poissons, amphibies, insectes, mollusques, animaux microscopiques peuplent les terres et les mers septentrionales, soit par naissance locale, soit par immigration.

Si nous suivons le Soleil dans sa marche rétrograde vers le sud, nous voyons la chaleur de la saison baisser avec la hauteur du Soleil à midi, les jours de douze heures reparaître, puis l'automne finissant avec des jours de huit heures et des nuits de seize heures, et enfin l'hiver, dont les jours sont de même longueur que ceux d'automne, mais qui, succédant à une saison froide, est pour cette raison encore plus froid que l'automne, de même que l'été, dont les jours sont semblables à ceux du printemps, est bien plus chaud que celui-ci, parce qu'il verse ses rayons sur des régions déjà échauffées.

A peine les jours sont-ils arrivés à leur plus grande durée qu'ils diminuent rapidement ; à peine la jeunesse a-t-elle brillé que l'automne de la vie s'annonce. Mais aussi à peine les jours ont-ils raccourci qu'ils grandissent de nouveau. Nous n'en pouvons espérer autant sur cette Terre pour nos jours d'hiver, dont la destinée est de s'éteindre dans les glaces du tombeau.

CHAPITRE IV

LE PRINTEMPS. — L'ÉTÉ

Nous venons d'apprécier le mécanisme des saisons; observons, maintenant, les effets qui en résultent.

Reportons-nous d'abord au sépulcre de l'hiver, et nous apprécierons mieux la splendeur de la résurrection. Nivôse, Pluviôse, Ventôse ont voilé le ciel de leur manteau sombre, étendu sur la terre le suaire glacé des neiges et des frimas. La mort, l'immobilité règnent sur ces tristes jours de février sans soleil et sans lumière ; un ciel de plomb pèse sur nos têtes, la nature est muette, les squelettes des arbres restent silencieusement immobiles sur la plaine blanche, et le ruisseau qui gazouillait à leurs pieds s'est arrêté, glacé sous le souffle léthargique... Mais voici le printemps ! le radieux, le souriant sylphe avant-coureur de l'été ! Germinal, Floréal, Prairial apparaissent avec leurs ailes palpitantes tissées des rayons solaires et jettent dans l'air au divin Soleil les notes cadencées de leur carillon. Les voiles de l'Atmosphère se déchirent et s'évanouissent, le vent glacé d'hiver fait place au zéphir et à la brise, le ruisseau reprend sa marche suspendue,

Fig. 84.

la neige fond, et la verdoyante prairie se déploie de nouveau sous les caresses du printemps ! C'est le mois des roses et des parfums, des fauvettes et des chansons. La nature rajeunie se réveille d'un sommeil léthargique ; les germes des plantes sentent leur cœur éclater, leur sève monter en tige vers la lumière, les feuilles naître, les bourgeons éclore ; et les fleurs sécrètent des sources de parfums, que le souffle des beaux soirs emportera sous les cieux.

Comme image, comme symbole du printemps, de la vie renaissante et multipliée, regardons un instant l'oiseau, ce divin habitant de l'air, dans lequel toute la tendresse de la nature semble s'être incarnée et qui, à bien des titres, pourrait souvent servir de modèle à notre grande humanité.

Au fond du bois silencieux, que trouble à peine le gazouillement de la source murmurante, les rayons du Soleil de mai percent à travers les branches et deux petits êtres chantent et causent. Que se disent-ils en leur doux langage? Leurs cœurs palpitent, et si fort que de loin nous pouvons même en distinguer les battements. Quel être que ce petit oiseau des bois, dont le cœur est aussi gros que le corps, et qui ne vit dans la pureté du ciel et dans l'Atmosphère parfumée que pour aimer et chanter, que pour s'abandonner sans réserve à l'ardente flamme qui est toute sa vie !

Nos pères voyaient dans l'œuf le symbole du berceau du monde et de la formation de l'univers. En lui nous voyons encore se refléter pour ainsi dire tout le tableau de la nature. Ce n'est plus maintenant le Soleil que nous contemplons, ni ses rayons bruts que nous mesurons numériquement, mais leur métamorphose dans la vie. Cet œuf, inerte en apparence, dur caillou pour nos mains et nos yeux, ce grain est l'espoir de cette jeune mère, hier encore légère et insouciante, et aujourd'hui déjà réfléchie, pensive et patiente jusqu'à l'abnégation absolue;

Fig. 85.

pendant bien des jours et des nuits, elle se condamnera à rester immobile sur cet objet qu'elle couvera de sa chaleur et de sa tendresse ! Et voici que la vie se manifeste, *la vie*, sous cette écorce ; et des tressaillements dans l'œuf répondent à l'anxiété de la petite couveuse. Et puis c'est l'enfant mystérieux éclos sous l'influence de cette chaleur, qui lui-même va frapper de son bec la prison qui l'enferme et sortir de sa cage pour l'air lumineux, pour la liberté...

La correspondance qui se révèle entre les fonctions de la vie organique dans le règne végétal et dans le règne animal et l'accroissement de la chaleur solaire est si absolue que certaines écoles philosophiques de l'antiquité et des temps modernes n'ont vu dans la vie qu'un effet des forces aveugles de la nature. Les hommes qui ont admis ces idées incomplètes n'avaient pas réfléchi qu'il existe dans l'univers deux ordres de réalités bien différentes, quoique intimement associées. Il y a, au fond de tout, l'énergie, le dynamisme, qui régit l'univers. Les atomes sont gouvernés par *la force*. Le monde visible, ce que nous appelons *la matière*, n'est qu'un état atomique spécial, produit par l'action d'une puissance invisible.

Fig. 86.

Les phénomènes de la nature, tels que ceux qui se manifestent dans le renouvellement annuel d'une partie de la vie terrestre au printemps par exemple, nous montrent en présence ces deux ordres d'entités : la *force* dans l'exécution des œuvres de la nature, et les *atomes* dirigés pour développer la vie dans le progrès.

Le plan de la nature se révèle dans les actes instinctifs du petit oiseau des bois aussi bien que dans les mouvements des astres parcourant l'immensité. Et ici, nous avons de plus le commencement de la pensée individuelle qui se manifeste dans l'esprit du petit être vivant et pensant. Les oiseaux viennent d'éclore, à la grande surprise peut-être de la jeune couveuse elle-même ; mais il faut les nourrir et les élever. A peine nés, les voilà affamés et criards ; il faut se mettre en chasse et apporter soigneusement au nid, morceau par morceau, chaque becquée. Le nid est construit pour éviter le soleil, le grand vent et la pluie. Que de soins ! quel incessant travail ! Et quand le corps n'a plus faim, c'est de l'esprit qu'il faut s'occuper. Le cœur sera toujours ardent et dévoué ; mais l'esprit? L'éducation d'un oiseau n'est pas une mince affaire. Éviter les méchants — et même les bons (car sur cette planète les apparences sont trompeuses), — se bien cacher de l'oiseau de proie comme du chasseur. Et le plus grand apprentissage de l'aviation : voler « plus lourd que l'air » dans l'air même; surpasser à la fois du premier coup d'aile et l'aéronaute, jouet du vent, et l'astronome qui ne sait s'orienter sans étoiles, et le marin dont la boussole est moins sûre que le vol instinctif de l'oiseau vers le calme.

Existe-t-il dans toute la nature un tableau plus merveilleux et plus instructif que celui du printemps? Quel contraste entre les glaces de l'hiver et le tiède rayonnement du nouveau Soleil, entre le cadavre raide et glacé et la souriante résurrection d'une jeunesse toujours nouvelle! C'est surtout dans les montagnes de la Suisse, sur le versant des Alpes, en face des lacs silencieux, que l'œil humain saisit le plus vivement cette profonde transformation due au balancement de l'axe terrestre relativement au Soleil.

Fig. 87.

Pendant la saison glacée, les régions neigeuses sont inaccessibles ; mais aussitôt que le printemps arrive, qu'une haleine du midi fond la pâle couronne des hauts sommets, tout change, tout s'anime sur la montagne ; la vie, paralysée pendant sept mois, semble vouloir rattraper le temps perdu. Les herbes poussent avec abondance, les fleurs s'épanouissent avec une prodigalité qui enchante, qui émerveille le promeneur. Le fabuleux Éden n'aurait pu avoir ni de plus fraîches pelouses, ni des gazons plus serrés, des broderies plus élégantes, de plus somptueuses corolles. Les troupeaux, longtemps captifs, sortent des étables et des bergeries. Les pasteurs les conduisent sur les prairies embaumées, où ils trouveront désormais de savoureux festins. Les oiseaux chantent, les fenêtres s'ouvrent, et les paroles de Gœthe, quand Faust décrit « la promenade hors des murs », nous reviennent à la mémoire : « Hors des portes obscures et profondes se pousse une multitude bigarrée. Chacun aujourd'hui se chauffe si volontiers aux rayons du Soleil ! Ils fêtent la résurrection du Seigneur et sont eux-mêmes ressuscités, échappés aux sombres appartements de leurs maisons basses, aux liens de leurs métiers et de leurs vils trafics, aux toits et aux plafonds qui les écrasent, à leurs rues sales et étouffantes, aux ténèbres mystérieuses de leurs églises ; tous ils renaissent à la lumière... »

C'est surtout dans le règne végétal que se manifeste l'œuvre de la chaleur solaire : aussi est-ce sur ce grand livre de la nature terrestre que nous pouvons le mieux lire la progression de l'influence du Soleil pendant la saison printanière et estivale. Quoique le tube inanimé du thermomètre soit une excellente mesure de constatation, toutefois il est bon de compléter ses indications par l'examen du spectacle beaucoup plus vaste de la végétation. La météorologie n'arrivera à acquérir le titre de science que du jour où, par l'étude longue et patiente des faits, nous pourrons embrasser sous un même regard l'action annuelle du Soleil sur notre planète et tous ses effets dans la nature.

Trois époques principales caractérisent dans notre pays l'œuvre des saisons dans la vie pratique ; ces trois grands faits de la vie agricole sont : la fenaison, la moisson et la vendange ; la fenaison ou la coupe des prés, la récolte du foin en juin (une seconde

Fig. 88. — La moisson.

a lieu en septembre) ; la moisson à la fin de juillet, et la vendange en septembre et octobre. Ce sont les fêtes de Flore, Cérès et Bacchus.

La plus importante est sans contredit celle de Cérès : « *Sine Cerere et Baccho Venus friget* », disait le bon sens pratique des anciens. Aussi n'est-il pas d'un médiocre intérêt pour nous de pénétrer le mystère de la génération et de la fructification du grain de blé, confié au sein maternel de la Terre, et qui donne à l'été les gerbes longuement attendues par l'agriculteur.

La moisson est l'époque solennelle de l'année dans nos campagnes ; c'est sur elle, c'est-à-dire sur un frêle épi, sur une goutte de pluie, sur un rayon de Soleil, que repose toute l'espérance de l'agriculteur, que s'équilibre le long et rude travail du cultivateur. Aussi, malgré la chaleur torride, malgré la soif, malgré la fatigue, quel travail s'accomplit avec une plus vive ardeur, avec un entrain plus universel? Dès l'aurore, les groupes de moissonneurs attaquent l'armée touffue des grands épis, qui depuis un mois se balançaient comme un champ de moire d'or sous le souffle du vent, et demain on les retrouvera couchés sur le sol où ils grandirent. Le Soleil sèche les chaumes, et bientôt on les voit debout de nouveau, mais rassemblés en gerbes puissantes. De ces gerbes, le grain tombera dans l'urne du moulin, et la farine délayée nous donnera le pain de chaque jour, la base de toute alimentation. Et tout ce grand travail, depuis la semence jetée en terre jusqu'au pain de nos tables, tout cela, c'est le Soleil qui l'a produit, car c'est lui qui donne la température nécessaire à la germination, c'est lui qui fabrique le brouillard de l'automne, la neige de l'hiver, la pluie du printemps, c'est lui qui fait lever la céréale vers la lumière, c'est lui qui emmagasine ses rayons dans l'épi, y fixant l'azote et le sucre, c'est lui qui fait mouvoir le moulin, et c'est encore lui qui chauffe le four du boulanger, car le bois que nous brûlons n'est autre chose que du carbone fixé dans le chêne, le hêtre, le charme ou la houille elle-même par le grand et infatigable astre du jour.

Fig. 89. — La vendange.

La chaleur, cet agent subtil et mystérieux, qui se fait sentir dans la matière la plus dense comme dans la plus légère, mais dont l'action sur les sens est aussi inexplicable que celle de l'électricité, ou que l'émotion produite en nous par un regard ou une parole, la chaleur engendre toutes ces merveilles, dont l'homme moissonne le meilleur fruit au Soleil de messidor.

Mais, les moissons s'éclipsent encore sous la gaieté des vendanges. Les grandes chaleurs sont passées, et les couchers de Soleil sont plus beaux. Le souffle du soir rafraîchit les collines et les parfums des vallées s'élèvent et remplissent l'espace. Sur la côte où la vendange vient de se faire, on aspire à pleins poumons les tièdes effluves d'oxygène qu'emportent les premiers vents d'automne; le soir descend en silence et les bruits crépusculaires des insectes s'élèvent des prés qui bordent le ruisseau de la vallée, tandis que là-bas déjà s'allument les petites lumières de la ville, car nous sommes en octobre. C'est le calme après le travail, la paix profonde et tranquille après l'agitation des grands jours. La personnalité de l'esprit voué aux recherches de la pensée s'apaise dans la contemplation de la nature, ou s'évanouit pour un instant en se mêlant à la somnolence apparente des familles patriarcales.

Tous ces fruits sont dus au Soleil.

Tous les végétaux, alors même qu'ils y peuvent vivre, ne fructifient pas sous un climat constant et réclament une chaleur supérieure à celle où ils fonctionnent en s'assimilant les principes répandus dans le sol et l'Atmosphère. Ce sont réellement les conditions météorologiques indispensables à la reproduction qui caractérisent le climat convenable à une plante. La vigne, par exemple, végète avec vigueur là où le raisin ne mûrit jamais ; pour en attendre un vin potable, il faut n'on seulement près de 3.000 degrés de chaleur, mais encore que la formation des grains soit suivie de trente à quarante jours dont la température moyenne ne soit pas inférieure à 19 degrés.

Les rayons du Soleil emmagasinés dans le raisin sont apportés sur nos tables dans

Fig. 90. — Le mélèze brave en Sibérie un froid de 40 degrés.

les délicieux vins de France, et ce sont eux qui donnent au caractère français son ardeur et sa jovialité.

La vie des plantes offre comme extrêmes de température les sulfuraires qui se développent dans les eaux thermales des Pyrénées à 61 degrés, et le mélèze, qui brave en Sibérie un froid de 40 degrés. Les graines mûres sont insensibles au froid. Exposées à 100 degrés au-dessous de zéro, elles ne perdent pas leur faculté germinative. De même, certains microbes résistent aux températures les plus basses. D'où l'on tire la conclusion que si, par une cause quelconque, la surface de la Terre se refroidissait à 100 degrés, la vie animale supérieure serait anéantie, tandis que la vie végétale, ainsi que celle de plusieurs sortes de microbes, renaîtrait si la température actuelle revenait ensuite elle-même.

Certains étés sont remarquables par leur excessive chaleur. Tels ont été, au XIXe siècle, ceux de 1811, 1822, 1826, 1834, 1836, 1842, 1846, 1849, 1852, 1857, 1858, 1865, 1868, 1870, 1876, 1881 et, pour clore le siècle, ceux de 1899 et 1900. Enfin l'été de 1904, pendant lequel nous avons eu tant de beaux jours ensoleillés, se place au premier rang de la liste du XXe siècle.

Quant à la température de l'air à l'ombre, elle atteint parfois, en certaines contrées, une élévation dont ne peuvent nous donner une idée les plus fortes chaleurs de nos climats tempérés.

Ainsi, dans l'Asie centrale, entre Mert et Samarcande, en traversant le désert de Mourghab, au mois de juillet 1886, MM. Capus et Bonvalet ont vu leurs thermomètres s'élever jusqu'à 46 degrés à l'ombre. « Lorsque le thermomètre marquait 37 ou 38 degrés, écrivent-ils, nous éprouvions une sensation de fraîcheur. »

L'action directe du Soleil est naturellement beaucoup plus considérable. Déjà dans nos climats, des métaux, exposés à l'ardent Soleil de juillet, peuvent atteindre la température de 71 degrés. Dans son voyage en Abyssinie, M. d'Abbadie a observé, dans des vallées qui étaient de véritables fournaises, 70 degrés à la surface du sol, et les colonels d'état-major Ferret et Galinür, jusqu'à 75 degrés !

A propos des saisons, on se demande souvent si elles changent d'année en année, de siècle en siècle, et l'opinion générale paraît être, au moins pour nos climats, que les printemps et les étés sont moins chauds qu'autrefois et les hivers moins froids. Le thermomètre nous a répondu plus haut que la température du mois de mai diminue sensiblement, mais que la température moyenne de l'année tendrait plutôt à augmenter. Si l'on embrasse un ensemble de cinquante, soixante ans ou davantage, on croit remarquer, notamment à propos de la limite de la culture de la vigne, une diminution actuelle de la valeur climatologique. Cependant, si l'on considère une plus longue période, si l'on compare, par exemple, les premiers siècles de l'histoire de France à l'époque actuelle, on ne constate pas de différence sensible. Ainsi, par exemple, l'empereur Julien, dit l'Apostat, aimait beaucoup, comme on le sait, habiter Paris, et il y fit, en effet, de longs séjours vers l'an 360 de notre ère. Eh bien, l'empereur philosophe décrit, dans son *Misopogon*, des impressions analogues à celles que nous éprouvons aujourd'hui, et les vignes des environs de Paris y donnaient à peu près le même vin que de nos jours. Il semblerait, d'après les anciens costumes des Romains et même des Gaulois, que le climat devait être moins rude, surtout en ce qui concerne la température de l'hiver. Or il n'en est rien. Julien, qui passa plusieurs hivers dans son palais des Thermes, près de sa « chère Lutèce », comme il l'appelait, et qui ne voulait pas qu'on fît de feu dans sa chambre, raconte qu'il fut bien surpris un beau matin de voir la Seine arrêtée dans son cours et l'eau métamorphosée en blocs de marbre. Il y avait donc, à cette époque, comme maintenant, des hivers assez rudes pour geler les fleuves. Le climat n'a pas changé, mais les hommes d'aujourd'hui ont l'épiderme plus sensible que leurs rudes aïeux[1].

---

[1] Actuellement, la température moyenne de l'année, à Paris, est de 10°,8.

CHAPITRE V

L'AUTOMNE — L'HIVER

LA TERRE VÉGÉTALE. — LA NUTRITION DES PLANTES. — PAYSAGES D'AUTOMNE ET
D'HIVER. — LE FROID. — LA NEIGE. — LA GLACE — LE GIVRE, LE GRÉSIL, ETC.

LES HIVERS MÉMORABLES. — LES PLUS BASSES TEMPÉRATURES OBSERVÉES

Auguste Comte avait émis l'idée de réunir toutes les forces dont le genre humain peut disposer et d'essayer de redresser l'axe du monde. Milton raconte qu'avant la faute d'Adam (et d'Ève) l'axe de rotation du globe était perpendiculaire sur l'écliptique, si bien qu'il n'y avait pas de saisons et que la Terre jouissait d'un printemps perpétuel; mais qu'après la pomme, Jéhovah se fâcha et envoya un ange robuste, qui lança un tel coup de pied à notre pauvre planète que son axe s'inclina de 23 degrés. C'est depuis ce temps-là qu'elle pirouette gauchement et subit tour à tour les ardeurs de l'été et les rigueurs de l'hiver. Sans doute, si la Terre n'avait pas ces saisons si disparates qui donnent à l'intelligence humaine une si mauvaise hospitalité, l'organisation de la nature animée aurait été faite par des forces moins rudes, et nous jouirions d'un état harmonique plus uniforme. Ce serait une condition d'habitabilité supérieure à la nôtre. Mais l'axe est incliné! Il l'était avant la création de l'homme, il l'a toujours été, et il le sera toujours, de sorte qu'il n'y a pas eu et qu'il n'y aura pas vraiment d'âge d'or sur cette terre. Par suite de cette inclinaison, les organismes végétaux et animaux ont été successivement constitués pour vivre dans le milieu ambiant, moins délicats, moins sensibles, moins élevés qu'ils ne l'eussent été dans une condition supérieure. Mais, tels qu'ils sont, ils se trouvent par leur nature même en correspondance avec le régime terrestre, de telle sorte que, si tout d'un coup l'axe venait à se redresser, le printemps perpétuel que nous aurions en perspective serait funeste pour la vie attribuée à la Terre, et que nous regretterions fort nos anciennes saisons et même nos hivers.

En effet, l'automne et l'hiver ne sont pas moins indispensables à la vie terrestre que le printemps et l'été. Après nous avoir donné ses fleurs et ses fruits, la Terre réclame le repos, le calme, le silence, et son sein n'est intarissable qu'à la condition d'être régénéré périodiquement. L'automne est la saison de passage entre la chaleur et le froid, passage qui, tout en s'opérant graduellement suivant l'inclinaison croissante de notre horizon jusqu'au solstice d'hiver, est toutefois traversé par des chocs météorologiques provenant des bourrasques, des vents, des glaces formées sous les hautes latitudes, de variations qui en définitive constituent les conditions de la vie de la planète. A l'époque de l'inclinaison la plus oblique du Soleil et des jours les plus courts, la Terre, de plus en plus refroidie, semble tomber lentement dans les glaces de la mort. Mais la surface seule subit le dépouillement et cette dispersion glaciale : au contraire, à quelques mètres de profondeur, l'hiver est l'époque la plus chaude, et plus bas encore la couche terrestre possède une température uniforme, égale à la moyenne du lieu [1].

Fructidor, Vendémiaire, Brumaire nous présentent la nature sous un aspect sérieux et sévère. La verdure du printemps et de l'été a fait place à la diversité des nuances qui précède la chute des feuilles. Les paysages sont plus modelés, les tons des nuages, comme ceux des bois, sont plus chauds et plus fixes, comme si, avant de s'éteindre, la nature voulait affirmer aux yeux de l'homme sa grandeur et son éternité. On n'entend plus les joyeuses chansons de l'oiseau bâtissant son nid dans les buissons et sur les branches; on ne respire plus les parfums légers et délicats des fleurs de mai; c'est une époque solennelle qui s'annonce dans l'Atmosphère, car la Terre, en s'inclinant de plus en plus sous les rayons du Soleil, semble se recueillir dans le sentiment de son individualité personnelle. Les broderies végétales de la lumière et de la chaleur se dissolvent et tombent, le vent souffle et emporte les feuilles, les fruits sont cueillis, depuis les produits du verger créé par la civilisation jusqu'à ceux de la vigne : Pomone a remplacé Cérès et Flore, et l'industrie humaine affirme chaque année son œuvre la plus ancienne et la plus constante en appelant l'homme dans les habitations confortables sous lesquelles il est à l'abri des intempéries de l'automne et de l'hiver, et peut vivre pendant cette rude époque au milieu des travaux de l'esprit humain rassemblés grâce à l'invention de l'imprimerie, au milieu des douces affections de l'intérieur et de la fraternité des âmes qu'il a choisies. Frimaire, Pluviôse, Nivôse exercent une concentration physique sur le moral de l'homme bien différente de l'expansion due aux lumineuses et chaudes journées du printemps et de l'été ; modelés sur la nature terrestre, nous subissons souvent à notre insu son influence variable, laquelle devrait toujours tourner à notre avantage si nous menions une vie intellectuelle et harmonique. Chaque saison peut donner à l'esprit comme au corps une salutaire variation d'activité, et, malgré les 23 degrés d'inclinaison de l'axe, cette planète pourrait être d'un séjour agréable, si nous étions quelque peu *spirituels*. Mais non : au lieu d'être tout simplement calmes et heureux, nous passons notre éphémère existence à nous battre mutuellement, par toutes les armes imaginables, depuis les propos de l'envie et de la jalousie jusqu'au fusil et au canon des guerres internationales et civiles.

Nous avons vu comment l'obliquité croissante des rayons solaires amène le refroi-

[1] Dans les mois chauds, la température du sol décroît depuis la surface jusqu'à une couche invariable, parce que la partie soumise directement aux rayons de l'astre du jour s'échauffe plus vite que les couches inférieures. Mais celles-ci emmagasinent les rayons solaires lentement absorbés pendant l'été, d'où il résulte qu'en hiver la température s'accroît avec la profondeur.

dissement de notre hémisphère et forme les saisons d'automne et d'hiver. Nous verrons plus loin comment les pluies ajoutent leur office à celui de la chaleur et du vent pour ameublir la terre et la rendre propre à la végétation. La terre végétale n'est pas, comme les terrains géologiques, un simple produit du monde minéral : elle doit, au contraire, son existence au monde atmosphérique. L'*humus*, qui constitue l'élément fondamental et indispensable de la terre végétale, est un produit de la force organique, une combinaison de carbone, d'hydrogène, d'azote et d'oxygène que l'industrie ne parvient que difficilement à reconstituer par les engrais minéraux. L'humus donne la nourriture aux corps organisés; sans lui, il ne saurait y avoir de vie individuelle, tout au moins pour les animaux et les plantes d'ordre supérieur : ainsi la mort et la destruction sont nécessaires à l'alimentation et à la reproduction d'une nouvelle vie. Nous n'avons qu'à observer les progrès de la végétation sur les rochers nus pour étudier l'histoire de la terre arable depuis le commencement du monde. D'abord, il s'y forme des lichens et des mousses, dans la décomposition desquels des plantes plus parfaites trouvent leur nourriture. Celles-ci, à leur tour, augmentent la masse du terreau, et, insensiblement, il s'y forme une couche d'humus, qui peut alimenter les arbres les plus vigoureux.

L'automne en répandant à la surface de la Terre les dépouilles des bois, les débris de la végétation dont les coteaux et les plaines étaient enrichis aux beaux jours du Soleil, et en arrosant le sol par ses pluies multipliées, l'hiver en ensevelissant les campagnes endormies sous son immense couverture de neige, préparent l'un et l'autre les conditions de la vie nouvelle qui doit ressusciter au printemps. Sans l'air, les plantes ne respireraient pas et ne sauraient exister, même les plus inférieures. Sans l'air, la surface du sol ne pourrait recevoir le moindre tapis de mousse, ni le plus léger humus végétal : la terre serait partout abrupte, stérile et dénudée. Sans l'air, les nuages ne sauraient se former, ni se tenir suspendus au-dessus des campagnes. Sans l'air, il n'y aurait ni pluies, ni eau, ni humidité, ni vent, ni circulation.

L'Atmosphère s'affirme, de quelque côté qu'on l'étudie, comme la condition suprême et comme l'organisatrice permanente de la double vie végétale et animale qui fonctionne sur cette planète. Les saisons modifient constamment le sol géologique lui-même. Pour l'observateur superficiel, il semble que les roches et les substances minérales soient absolument indestructibles, qu'elles représentent pour ainsi dire le type de la stabilité et de la durée. Mais un instant d'attention suffit pour nous montrer que les roches se détruisent sans cesse, et que toute substance minérale exposée à l'air et à la pluie est forcément vouée à la destruction. L'air, par son humidité, son acide carbonique et son oxygène, exerce sur les roches une puissance d'altération vraiment extraordinaire. Aucun rocher ne résiste à son influence : calcaire et basalte, granit et porphyre, rien n'est à l'abri de l'attaque chimique de l'Atmosphère et de l'eau. Ce que les poètes et les rhéteurs appellent *la main du temps* n'est autre chose que cette action chimique s'exerçant pendant un long intervalle. Les alternatives de chaleur et de froid sont de puissants auxiliaires de l'air dans cette œuvre de destruction. Le froid brise en fragments, par suite de la congélation de l'eau qui les a pénétrées, les pierres que l'action de l'air doit ensuite décomposer : c'est une division mécanique qui prépare et facilite une décomposition chimique.

Le calcaire avec lequel on bâtit les maisons de Paris subit une désagrégation lente, qui le fait tomber en poussière. Le peuple attribue cette altération à l'astre des nuits ; il dit que *la Lune mange les pierres*. — Le savant hydraulicien Bélidor fait à ce propos la consolante remarque que, les actions étant réciproques et la Terre étant bien plus grosse que la Lune, elle doit lui en manger bien davantage !

Ainsi, de nos jours et sous nos yeux, l'action combinée de l'eau et de l'Atmosphère produit, en agissant sur les roches qui constituent les montagnes, des éboulements, des chutes de terrains, etc., aussi désastreux quelquefois que les tremblements de terre ou les éruptions volcaniques.

Les montagnes se détruisent sans cesse. La mer ronge les hautes falaises. La gelée fend et divise les roches, l'air les décompose, l'eau les lave et les emporte. C'est un nivellement général opéré par les seules forces de la nature. Si la Terre durait assez longtemps et n'avait plus de ces mouvements qui élèvent des reliefs à sa surface, et si l'eau des pluies ne s'infiltrait pas quelque peu dans les roches profondes, les montagnes finiraient par s'user, les vallées et la mer par s'exhausser ; si bien que l'eau de l'Océan, débordant petit à petit, finirait par s'étendre sur toute la surface du globe, avec deux cents mètres d'épaisseur, — couche suffisante pour noyer le genre humain et ses œuvres.

Ainsi l'air, soit directement par son action lente, soit par l'intermédiaire des végétaux et des animaux, modifie constamment la surface de notre planète. Aujourd'hui, c'est la mince couche de terre arable qui constitue pour nous la plus grande richesse du sol. Cette couche est extrêmement mince et dans la plupart des pays n'atteint guère plus de 33 centimètres d'épaisseur. La culture dépend à la fois de sa composition chimique, de l'engrais par lequel on l'enrichit et du sous-sol sur lequel elle repose. Ce sous-sol n'est pas insignifiant, car, suivant qu'il est argileux, sablonneux ou calcaire, la pluie agit en des proportions plus ou moins favorables. On peut remarquer facilement la mince épaisseur de la terre végétale par les nombreuses tranchées que l'industrie des chemins de fer a opérées un peu partout, surtout lorsque ces tranchées sont faites dans la craie blanche (comme, par exemple, au sud de Paris, au chemin de fer de Sceaux, de Montsouris à Arcueil, où la terre grise de la surface n'est qu'un tapis de quelques décimètres d'épaisseur).

Les substances fondamentales sont, outre l'azote, l'acide phosphorique, la potasse, la chaux, la silice et la magnésie. La silice existe généralement en quantité considérable dans les terres labourables ; la magnésie ne manque presque jamais ; la chaux leur fait rarement défaut et peut rentrer dans la classe des amendements.

Il ne suffit pas qu'une terre contienne de l'azote, de l'acide phosphorique, de la potasse assimilables : elle doit les renfermer en quantités ayant entre elles des rapports déterminés. Toute insuffisance de l'une d'entre elles rend inutile ou nuisible l'excédent des deux autres. De là l'avantage énorme des engrais chimiques dits *complémentaires*.

Les saisons, dont la valeur astronomique est due à la translation de la planète inclinée autour du Soleil relativement immobile, et dont l'œuvre météorologique est due à l'existence et à la nature de l'Atmosphère, les saisons, disons-nous, se succèdent, comme nous l'avons analysé, pour l'entretien de la vie terrestre. Nous arrivons à la dernière, à l'hiver, sombre, froid et glacé. Prenons une juste idée des météores qui le caractérisent.

Le vert feuillage a disparu des arbres, la prairie est recouverte d'une couche de neige grésillante, le ruisseau est gelé, et l'habitation du paysan semble morte elle-même comme la nature....

Avec l'abaissement progressif de la température, le thermomètre est descendu jusqu'au niveau inférieur de ses indications calorifiques, jusqu'au zéro, point remarquable, où l'eau cesse de garder son état liquide et se fait *solide* comme le minéral. Elle peut alors revêtir des formes diverses, soit qu'elle devienne massive, à l'état de glace, soit qu'elle tombe lentement en paillettes de l'Atmosphère et se soude dans les flocons étoilés de la neige.

C'est ordinairement par ce dernier météore que l'hiver commence à s'affirmer, car la neige se produit dès que la température est descendue à zéro. Si cette température, égale ou inférieure à zéro, s'étend depuis les nuages jusqu'à la surface de la terre, l'eau arrive jusqu'au sol à l'état de neige. Si la neige en tombant n'a qu'une faible couche d'air au-dessus de zéro à traverser, et qu'elle soit abondante, elle arrive de même à l'état de neige et y persiste. C'est ce que l'on voit parfois en été (exemple : la chute de neige du 4 juillet 1866 près de Nice, entre la Tinée et la Vésubie, qui persista jusqu'au lendemain dans les vallées de Saint-Sauveur et de Rimplas). Si la couche d'air qui avoisine le sol est d'une haute température et d'une épaisseur de plusieurs centaines de mètres, la neige n'arrive pas jusqu'à terre, et nous recevons de la pluie plus ou moins froide.

C'est le cas d'un grand nombre d'averses de printemps et d'automne, car, au-dessus de la ligne de zéro dans l'Atmosphère, l'eau des nuages est constamment à l'état de neige, aux jours les plus chauds de l'été aussi bien qu'en hiver.

En développant son tapis à la surface de la terre, la neige forme à la fois une couverture et un écran : une couverture, parce qu'étant peu conductrice, elle s'oppose au passage de la chaleur et empêche la terre qui la supporte de se refroidir jusqu'au degré de l'air ; un écran, parce qu'elle s'oppose au rayonnement nocturne.

Ce sont les refroidissements nocturnes qui font périr un grand nombre de plants de blé d'automne quand le champ n'est pas abrité.

La neige ajoute encore une autre influence en faveur de la fertilisation du sol. Comme la pluie et comme les brouillards, elle renferme une proportion notable d'ammoniaque (plusieurs milligrammes par litre d'eau), qui existe à l'état volatil dans l'Atmosphère et qu'elle prend et ramène sur le sol en s'opposant ensuite à sa volatilisation, qui ne manque jamais d'arriver après les pluies, et surtout après les pluies chaudes.

Si, comme il arrive généralement, la terre a subi, avant que la neige tombe, l'action d'une forte gelée, capable de tuer les insectes nuisibles, toutes les chances se trouvent réunies pour favoriser une année fertile.

Originairement, c'est-à-dire dans les nuages glacés des hauteurs de l'Atmosphère, la neige paraît être formée de filaments de glace extrêmement déliés. Lorsque les gouttelettes ou les vésicules d'eau qui forment les brouillards et les nuages ordinaires se congèlent, ce qui n'arrive que par des froids de 20 et 30 degrés, sous l'influence des hautes altitudes ou de courants glacials, il est probable que ces gouttelettes ne gardent pas alors leur état sphéroïdal, mais qu'elles tombent un instant et prennent la forme d'un filament qui se gèle au moment même de la transformation physique. En vertu des lois de la cristallisation, ces petits filaments de glace se soudent suivant des angles de 60 degrés et forment les figures si nombreuses, mais toutes du même ordre

géométrique, de la neige. Puis ces nuées de neige descendent plus ou moins vite dans leur Atmosphère calme, se dilatent ou se resserrent plus ou moins suivant les conditions de température auxquelles elles sont soumises. C'est ainsi que nous pouvons considérer la formation de la neige, sans toutefois l'affirmer, car nul n'a encore assisté directement à cette formation, et, malgré mon grand désir, je n'ai pas encore réussi à m'élever en ballon jusqu'à l'*origine* d'une chute de neige.

La construction des flocons de neige a frappé depuis longtemps les observateurs. Képler parle de leur structure avec admiration, et d'autres physiciens ont cherché à en déterminer la cause ; mais c'est seulement depuis l'époque où l'on a appris à connaître les lois de la cristallisation en général (exemples : soufre, sel, etc.) qu'il a été possible de jeter quelque lumière sur ce sujet.

Nous apprenons en géométrie que de tous les polygones inscrits dans un cercle

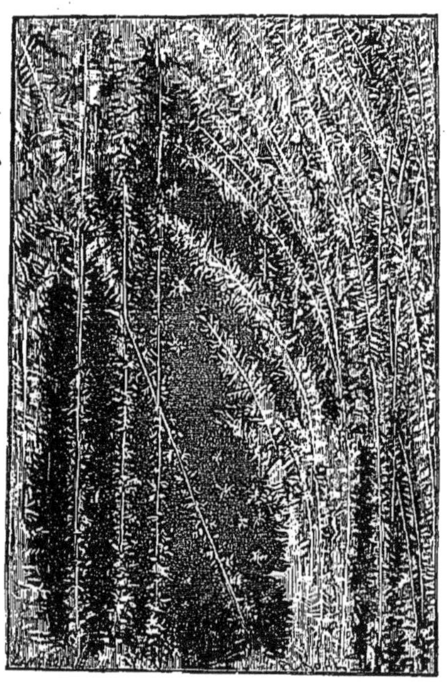

Fig. 91. — Arborescences formées par la gelée sur les vitres.

il n'y en a qu'un seul dont tous les côtés soient égaux aux rayons de ce cercle : c'est l'hexagone régulier ou figure à six côtés. Or c'est cette figure géométrique simple et complète que la nature semble préférer à toutes les autres. C'est elle que l'abeille et la guêpe construisent dans leurs alvéoles, et l'ingénieuse mouche à miel a résolu de plus le grand problème géométrique de « fournir le plus d'espace avec le moins de matière » en donnant pour fond à son hexagone une pyramide à trois rhombes égaux. Cette figure hexagonale est découpée sur les fleurs des champs, et nous la retrouvons dans les cristallisations de la glace et de la neige, dans l'analyse de toutes les formes présentées.

La tendance de la glace à prendre une forme cristalline est rendue sensible par les dessins de feuilles de fougère que l'on observe sur les carreaux de vitre en hiver, quand l'eau vient à s'y congeler. Chacun a vu ces cristaux arborescents sur les fenêtres des pièces non chauffées dessiner de fines dentelles dont le dessin de la figure 91 donne une idée exacte[1]. Les lignes naissent, se prolongent, se multiplient comme des rameaux et s'étendent sur le tableau de verre en faisant constamment des angles de 60 degrés.

Si nous prenons un bloc massif de glace, nous pourrons, en le fondant lentement au foyer d'un faisceau de lumière électrique et en projetant cette dissection sur un écran, apercevoir les molécules de glace se séparant les unes des autres en laissant voir leur structure géométrique. La force cristalline avait silencieusement et symétriquement élevé atome sur atome ; le faisceau électrique les fait tomber silencieusement et symétriquement. « Observez cette image, disait sir John Tyndall dans l'une de ses leçons à l'Institution royale d'Angleterre, observez cette image (fig. 92), dont la beauté

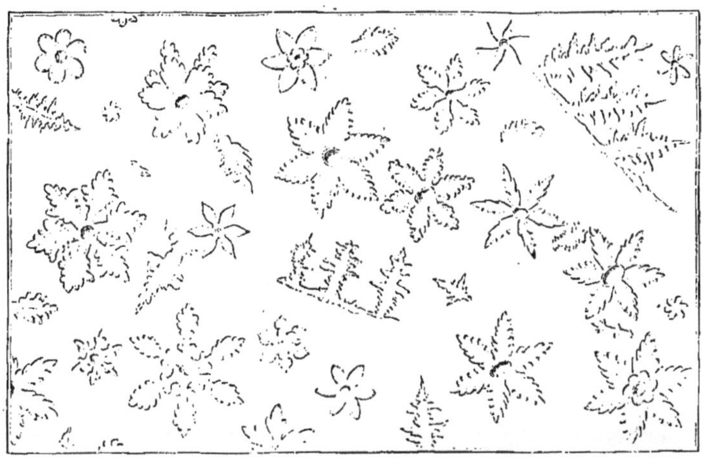

Fig. 92. — Fleurs de glace dégagées par la fusion.

est encore bien loin de l'effet réel. Voici une étoile, en voilà une autre ; et à mesure que l'action continue, la glace paraît se résoudre de plus en plus en étoiles, toutes de six rayons et ressemblant chacune à une belle fleur à six pétales. En faisant aller et venir ma lentille, je mets en vue de nouvelles étoiles ; et, à mesure que l'action continue, les bords des pétales se couvrent de dentelures et dessinent sur l'écran comme des feuilles de fougère. Très peu probablement des personnes ici présentes étaient initiées aux beautés cachées dans un bloc de glace ordinaire. Et pensez que la prodigue nature opère ainsi dans le monde tout entier. Chaque atome de la croûte solide qui couvre les lacs glacés du Nord a été fixé suivant cette même loi. La nature dispose ses rayons avec harmonie, et la mission de la science est de purifier assez nos organes pour que nous puissions saisir ses accords. »

L'examen des figures de la neige conduit à des impressions non moins vives sur l'existence de la géométrie, du nombre et de la beauté dans les œuvres de la nature. Ce ne sont plus seulement quelques fleurs de glace comme les précédentes que l'on a

[1] Cette figure est la reproduction d'une *photographie directe*, faite en 1874 à Moulins, par M. Martin Flammarion.

pu constater et dessiner dans les flocons si légers de la neige, mais *plus d'un cent*, d'espèces différentes, et toutes construites suivant ce même angle fondamental de 60 degrés. Le capitaine Scoresby, dans ses voyages aux mers polaires, en a étudié et

Fig. 93. — Les figures de la neige : cristallisation géométrique.

dessiné un total de quatre-vingt-seize dans une planche remarquable que nous reproduisons ici. Kaemtz ajoute à ces quatre-vingt-seize combinaisons différentes du même angle que pour sa part il en a rencontré au moins une vingtaine de plus, et que les variétés s'élèvent probablement à plusieurs centaines. « Qui n'admirerait pas ici, s'écrie-t-il, la puissance infinie de la nature qui a su créer tant de formes diverses dans des corps d'un si petit volume ! » (*Météorologie*, trad. de Ch. Martins, p. 121.)

La première forme (fig. 93) est la plus fréquente ; elle a ordinairement 2 millimètres de diamètre et se produit par des températures voisines de zéro. Les hexaèdres ne dépassent pas 3 dixièmes de millimètre et se produisent par les froids les plus intenses. En présence de la gracieuse multiplicité de formes des étoiles et des fleurs de neige dessinées par les observateurs, on pourrait supposer que l'imagination et l'habileté des artistes a parfois surpassé la nature. Il n'en est rien. Les microphotographies obtenues en ces dernières années confirment les dessins d'autrefois.

Mais ce que l'on peut ajouter à l'ancienne théorie, c'est que la nature, non contente de varier indéfiniment les formes cristallines en prenant comme point de départ le simple hexagone, fournit aussi des cristaux courbes, en nombre plus restreint. Cette découverte a été faite par le professeur Lehmann, au cours de ses recherches sur les cristaux liquides. Après avoir démontré que la cristallisation n'implique pas forcément la solidité, ce savant est parvenu à prouver l'existence de cristaux courbes parmi les flocons de neige, ainsi que dans plusieurs groupements classés sous le nom de cristallites. Ces flocons à noyaux et à aiguilles ramifiées se forment par des températures inférieures de plusieurs degrés seulement à zéro, et mesurent de 4 à 5 millimètres de diamètre.

Plus le froid est intense, plus la neige est fine. Dans les régions polaires, par des froids de 20 degrés, elle est à l'état de poudre. Ce fait se présente quelquefois sous nos latitudes; ainsi, dans l'hiver de 1829-1830, en Suisse à Yverdun, le 1er février, cette neige, dite polaire, tomba par un froid de 20 degrés. Nous avons parfois cette même neige à Paris.

Il y a des chutes de neige d'une abondance parfois formidable. L'année 1850, entre autres, a été signalée dans l'Europe entière par la quantité qu'elle a présentée. La neige s'éleva à 15 mètres environ sur le mont Saint-Bernard et, pour sortir de leur couvent, les religieux étaient obligés de creuser un passage à travers les couches amoncelées. La Grèce elle-même en fut couverte à la hauteur d'un mètre. De mémoire d'homme, disent les relations, un pareil phénomène ne s'était produit ; les montagnes de l'Hymette, du Pantélique et de Parnès ne formaient avec la vaste plaine des Oliviers qu'une nappe blanche ondulée. La neige tomba abondamment dans les rues de Naples, dans les Ardennes, dans le Luxembourg, en Corse et à Constantinople ; les communications furent même interrompues pendant plusieurs jours ; on trouva un assez grand nombre de personnes gelées sur les routes.

Dans les contrées boréales, en Sibérie, les tempêtes de neige sont plus effrayantes encore et plus funestes que l'intensité du froid. Ces *bourans* durent d'un à trois jours, dit Humboldt ; l'Atmosphère devient obscure par la masse de neige qui tombe ou qui est soulevée par la violence du vent. En 1827, tous les troupeaux de la horde intérieure des Kirghiz, entre l'extrémité de l'Oural et le Volga, furent chassés par un bouran vers Saratow. Il périt à cette occasion 280.500 chevaux, 30.400 bêtes à cornes, 10.000 chameaux et plus d'un million de brebis.

De tels malheurs, quoique moins terribles, ne sont pas inconnus dans les climats tempérés. Le 8 janvier 1848, un convoi du train voyageant d'Aumale à Alger fut assailli sur les hauteurs de Sak-Hamondi par une tempête de neige qui précipita les mulets dans les ravins et qui, en moins d'un quart d'heure, causa la mort de quatorze hommes sur quarante-quatre qui composaient le détachement.

La neige tombe parfois en flocons si serrés que derrière les premiers plans elle forme un voile blanc nuageux qui dérobe le paysage. Ces intenses chutes de neige se rencontrent surtout sur les plateaux élevés de l'Asie ou des Andes, où les caravanes les ont souvent observées, comme le rappelle notre dessin (fig. 94). Les chemins s'effacent vite sous le linceul mobile qui les recouvre, l'orientation devient difficile et,

Fig. 94. — Une chute de neige en Dzoungarie. (Voyage de Préjvalsky au Thibet, 1879.)

de même que dans les chutes plus rares de nos contrées les voyageurs s'égarent sur le Saint-Bernard ou même dans nos plaines françaises pour s'endormir du dernier sommeil, de même dans ces chutes assez fréquentes des plateaux, le voyageur s'arrête éperdu, s'enfonce dans les ravins s'il cherche son chemin, tombe en léthargie s'il se repose, et trop souvent n'a d'autre terme que la mort pour sortir du météore qui l'ensevelit. Le voyageur Préjvalsky raconte que, dans son voyage au Thibet (1879), il fut assailli par des tempêtes de neige qui faillirent plus d'une fois mettre un terme au voyage.

Du 20 au 26 avril 1903, une violente tempête de neige a ravagé la France, et plus encore l'Allemagne et la Hongrie. Les communications télégraphiques et téléphoniques furent interrompues sur un grand nombre de lignes. Dans le duché de Luxembourg, le 23 avril, une nappe de neige de plus de 50 centimètres couvrait la campagne. Le service des chemins de fer subit un ralentissement en divers points et même un arrêt complet sur les lignes les plus encombrées par le blanc météore.

On a essayé de déterminer la densité de la neige ; les résultats varient. Sedileau avait trouvé qu'en se fondant elle se réduit à un volume cinq ou six fois moindre. La Hire a mesuré une neige qui s'était réduite au douzième de son volume en passant à l'état liquide. Musschenbroek assure avoir vu de son côté à Utrecht une neige vingt fois plus légère que l'eau. Depuis les recherches de ces physiciens, Quételet a établi que la densité de la neige peut être considérée comme étant en moyenne à peu près le dixième de celle de l'eau ; on peut, d'après cette estimation, calculer assez exactement la hauteur de la neige tombée dans les circonstances les plus remarquables.

L'une des chutes de neige les plus fortes qui aient été enregistrées est celle des 16 et 17 février 1843 à Bruxelles ; l'eau recueillie en vingt-quatre heures a été de 18 mm. 21 ; du 15 au 16, elle a été de 14 mm. 13 : ce qui équivaut en quarante-huit heures à plus de 32 centimètres de neige. Le vent soufflait du nord-est ; le thermomètre se tenait au-dessous de zéro, et le baromètre était fort bas : 735 millimètres.

En janvier 1870, la neige atteignit 1 mètre et jusqu'à 1 m. 60 de hauteur à Collioure (Pyrénées-Orientales). Parfois en ces contrées, la neige tombe en des saisons où l'on est loin de l'attendre. Ainsi, le 17 avril 1887, il est tombé une couche de neige de 20 centimètres qui détruisit tous les arbres en fleurs, et la même tempête de neige sévit sur toute la Provence, sur Toulouse et sur Marseille. On n'avait pas vu pareille abondance de neige dans ce pays depuis 1804. Oliviers et orangers furent détruits.

A la fin de décembre 1906 et en janvier 1907, on a observé, en France et en diverses régions de l'Europe, des chutes de neige exceptionnelles. Dans la matinée du 26 décembre 1906, les rues de Paris étaient couvertes d'une couche de neige de 10 centimètres d'épaisseur. En certains points, les amoncellements ont atteint une hauteur remarquable : 2 mètres dans le département du Nord ; 5 mètres à Langres, ainsi que dans les environs de Pontarlier. Dans certaines parties de l'Allemagne du Sud, la neige formait des murailles de 8 mètres de hauteur. En janvier 1907, la couche neigeuse s'est élevée par endroits à 1 m. 50 et même 2 mètres, à Grenoble, à Besançon, à Clermont-Ferrand, etc. Pendant cet hiver rigoureux, le thermomètre a oscillé entre 20 et 30 degrés centigrades au-dessous de zéro en diverses localités, et notamment dans la région de Belfort.

Une neige très légère se forme dans les matinées d'hiver, d'automne et de printemps autour des branches humides des arbres et sur les tiges des plantes, lorsque la température de l'air est inférieure à zéro. C'est le *givre*, que l'on pourrait nommer aussi rosée glacée, et dont les broderies souvent merveilleuses donnent à nos paysages d'hiver ce mélange particulier de sévérité et de mélancolie qui les caractérise. Le givre se forme surtout par les matinées de brouillard, et souvent le Soleil n'arrive que dans l'après-midi à fondre ces légères stalactites végétales déposées par l'humidité atmosphérique. La formation du givre ou de la gelée blanche a pour explication la théorie de la rosée, dont nous parlerons plus loin.

Les bourrasques amènent parfois une pluie de neige plus dense et plus fine que la neige ordinaire, le *grésil*. Ces gouttes d'eau glacée ne proviennent probablement pas des nuages à l'état de neige, mais gèlent en tombant et ne présentent plus les formes symétriques que nous avons admirées. Peut-être est-ce de la neige dispersée par des coups de vent brusques et chauds. On remarque surtout ces chutes à la fin de l'hiver et dans les giboulées de mars. Le grésil rentre dans la classification des météores aqueux produits par le froid. La grêle, qui semble être du grésil en grand, en diffère toutefois par son origine, et nous l'étudierons dans nos chapitres spéciaux sur les pluies et les orages.

Lorsque la pluie arrive à l'état liquide sur un sol dont la surface est à une température inférieure à la glace, cette eau se congèle et couvre d'une couche glissante le terrain et parfois les plantes et tous les objets répandus sur le sol. C'est le *verglas*, dont on voit des exemples à Paris un ou deux jours chaque hiver, et un peu moins rarement dans la campagne, dont le sol, en hiver, est toujours d'une température inférieure à celui des grandes villes.

Parfois le verglas atteint des proportions stupéfiantes. Les 22, 23 et 24 janvier 1879, on a observé en diverses régions de la France, notamment dans la forêt de Fontainebleau, où il a causé pour plusieurs millions de dégâts, un verglas véritablement extraordinaire. Certaines feuilles d'arbustes ont été chargées d'une quantité d'eau glacée égale à cinquante fois leur propre poids ; les tiges des branches furent entourées d'une gaine énorme, dont le poids les brisa ; des arbres de 2 mètres de tour et de 20 à 30 mètres de hauteur s'affaissèrent sous de pareilles masses. On n'entendait partout que de sinistres craquements. Ce verglas était dû à de la pluie glacée (au-dessous de zéro) qui se solidifiait en atteignant les corps, quoique le thermomètre fût à 2 degrés au-dessus de zéro.

Arrivons maintenant au principal phénomène de l'hiver, à la formation de la glace.

Lorsque la température reste quelque temps au-dessous de zéro, les eaux *tranquilles* se gèlent par la surface. Une petite ride commence à rendre mate cette surface et forme une première pellicule mince, qui s'épaissit et blanchit si le froid continue. La théorie s'explique d'elle-même par l'équilibre des couches d'eau de diverses températures et de diverses densités.

Si l'on jette pêle-mêle dans un même vase des liquides de densités différentes, mais qui n'aient pas d'affinité chimique, le plus lourd finit par aller se placer au fond et le plus léger vient à la surface.

Tous les corps augmentent de densité quand leur température diminue. L'eau seule, dans une certaine étendue fort petite de l'échelle thermométrique, offre une exception singulière à cette règle. Prenons de l'eau à 10 degrés centigrades; faisons-la refroidir graduellement; à 9 degrés, nous trouverons plus de densité qu'à 10 degrés; à 8 degrés, plus de densité qu'à 9 ; à 7 degrés, plus de densité qu'à 8, et ainsi de suite jusqu'à 4 degrés. A ce terme, la condensation cessera ; dans le passage de 4 à 3 degrés, il se manifestera déjà une diminution de densité sensible. Cette diminution se continuera quand la température descendra de 3 à 2, de 2 à 1 et de 1 à zéro. En résumé, l'eau a un maximum de densité qui ne coïncide pas avec le terme de sa congélation, et qui est à 4 degrés au-dessus de zéro.

Rien de plus simple maintenant que de déterminer de quelle manière s'opère la congélation d'une eau stagnante.

Supposons qu'au moment où le vent du nord amène la gelée, l'eau dans toute sa masse soit à 10 degrés. Le refroidissement du liquide, par le contact de l'air glacial, s'effectue de l'extérieur à l'intérieur. La surface, qui par hypothèse était à 10 degrés, ne sera bientôt qu'à 9; mais à 9 degrés, l'eau est plus lourde qu'à 10 ; donc elle tombera au fond de la masse et sera remplacée par une couche non encore refroidie, dont la température est à 10 degrés. Celle-ci, à son tour, éprouvera le sort de la première couche, et ainsi de suite. Dans un temps plus ou moins long, la masse tout entière sera donc à 9 degrés.

De l'eau à 9 degrés se refroidira précisément comme de l'eau à 10 degrés, par couches successives. Chacune à son tour viendra à la surface perdre 1 degré de sa température. Le même phénomène se reproduira avec des circonstances exactement pareilles, à 8, à 7, à 6 et à 5 degrés; mais, dès qu'on arrivera à 4 degrés, tout se trouvera changé.

A 4 degrés, en effet, l'eau sera parvenue à son maximum de densité. Quand l'action atmosphérique aura enlevé 1 degré de chaleur à sa couche superficielle, quand elle l'aura ramenée à 3 degrés, cette couche sera moins dense que la masse qu'elle recouvre ; donc elle se s'y enfoncera pas. Une nouvelle diminution de chaleur ne la fera pas enfoncer davantage, puisque à 2 degrés l'eau est plus légère qu'à 3 degrés, etc.

En restant toujours à la surface extérieure sans cesse exposée à l'action refroidissante de l'Atmosphère, la couche en question perdra bientôt les 4 degrés primitifs de sa chaleur. Elle finira donc par arriver à zéro et par se congeler. Il en résulte que la lame de glace se trouve posée sur une masse liquide dont la température, au fond du moins, est de 4 degrés au-dessus de zéro.

La congélation d'une eau calme ne saurait, évidemment, s'opérer d'une autre manière.

Les rivières et les *eaux courantes* ne se gèlent pas par la surface, comme les eaux tranquilles mais par la réunion et la soudure de glaces flottantes charriées pendant les jours de grands froids.

Dans les petits cours d'eau, tels que les ruisseaux de quelques mètres de large, la glace commence le long de chaque rive, empiète peu à peu et finit par atteindre le milieu.

Dans les grands cours d'eau, la glace formée sur les bords ne peut empiéter aussi facilement à cause du mouvement de la masse des eaux, et jamais elle ne parviendrait à résister et à s'étendre jusqu'à couvrir entièrement le fleuve. Mais il se forme de grandes plaques de glace *au fond* du fleuve, et ces plaques, irrégulières, détachées, remontent bientôt à la surface en raison de leur moindre densité.

L'eau n'est pas disposée en couches successives d'inégale densité, dans les rivières dont le mouvement donne incessamment naissance à des remous et à des chutes. L'eau plus légère ne flotte pas alors constamment à la surface : les courants la précipitent dans la masse, qu'elle refroidit et qui bientôt se trouve partout à la même température.

Tandis que, dans une masse d'eau stagnante, le fond ne saurait descendre au-dessous de 4 degrés, dans cette même masse agitée la surface, le milieu, le fond peuvent être simultanément à zéro.

Lorsque cette uniformité de température existe, la congélation s'opère par le fond et non par la surface .Pourquoi? Voici la réponse d'Arago :

Pour hâter la formation des cristaux dans une dissolution saline, il suffit d'y introduire un corps pointu ou à surface inégale ; c'est autour des aspérités de ce corps que les cristaux prennent principalement naissance et reçoivent de prompts accroissements. Tout le monde peut s'assurer qu'il en est de même des cristaux de glace, et que, si le vase où l'on veut voir s'opérer la congélation présente une fente, une saillie,

Fig. 95. — L'hiver. — La Seine charrie.

une solution de continuité quelconque, ces irrégularités deviendront autant de centres autour desquels les filaments d'eau solidifiée se grouperont de préférence.

Ce que nous venons de dire est précisément l'histoire de la congélation des rivières. La congélation s'opère sur le lit, où se trouvent des roches, des cailloux, des pans de bois, des herbes, etc.

Une autre circonstance qui semble pouvoir aussi jouer un certain rôle dans le phénomène, c'est le mouvement de l'eau. A la surface, ce mouvement est très rapide, très brusque : il doit donc mettre empêchement au groupement symétrique des aiguilles, à cet arrangement polaire sans lequel les cristaux, de quelque nature qu'ils soient, n'acquièrent ni régularité ni solidité ; il doit briser souvent les noyaux cristallins, même à l'état rudimentaire. Le mouvement, ce grand obstacle à la cristallisation, s'il existe au fond de l'eau comme à la surface, y est du moins très atténué. On peut donc supposer que son action n'empêchera pas qu'à la longue une multitude de petits filaments ne se lient de manière à engendrer cette espèce de glace spongieuse.

La congélation des fleuves par la soudure des glaçons charriés est visible pour tout observateur un peu attentif. On a eu du reste à Paris, pendant le grand hiver de 1709, l'expérience que cette circonstance est nécessaire pour amener la congélation : la Seine ne gela pas ; contre ce qui arrive d'habitude en des temps moins rigoureux, la violence du froid glaça tout à coup et entièrement les petites rivières qui se déversent dans la Seine au-dessus de Paris ; aussi ce fleuve charria peu, et le milieu de son courant resta toujours libre.

Les rivières ne commencent à se congeler que par une température d'environ — 6 degrés. Les grands fleuves exigent, pour être pris d'un bord à l'autre, une température d'autant plus basse qu'ils sont plus rapides. A mesure que les rigueurs du froid se prolongent, l'épaisseur de la couche de glace formée s'accroît, et elle devient assez grande pour que des hommes ou des chariots puissent y passer, de telle sorte que le fait de porter des fardeaux est la preuve, presque la mesure de l'intensité de l'hiver. Il est donc intéressant de connaître l'épaisseur de la glace qui est nécessaire pour supporter des charges déterminées. On a reconnu qu'il faut 5 centimètres pour que la glace porte un homme, 9 centimètres pour qu'un cavalier y passe en sûreté. Quand la glace atteint 13 centimètres, elle porte des pièces de canon placées sur des traîneaux ; et quand son épaisseur s'accroît jusqu'à 20 centimètres, l'artillerie de campagne attelée peut y passer. Les plus lourdes voitures, une armée, une nombreuse foule sont en sûreté sur la glace dont l'épaisseur atteint 27 centimètres. En 1795, la cavalerie française s'empara de la flotte hollandaise engagée sur le Texel gelé.

Dans les hivers très rigoureux, la glace peut atteindre sur les fleuves de Russie une épaisseur de 1 mètre; jamais en France elle n'a dépassé 0 m. 66. Sa résistance est telle qu'en 1740 on construisit à Pétersbourg un élégant palais de glace de 16 m. 88 de longueur, 5 m. 19 de largeur et 6 m. 49 de hauteur ; le poids du comble et des parties supérieures fut parfaitement supporté par le pied de l'édifice. Devant le bâtiment, on plaça six canons de glace avec leurs affûts de même manière ; on les tira à boulet. Chaque pièce perça, à soixante pas, une planche de 0 m. 054 d'épaisseur. Les canons n'avaient guère que 0 m. 108 d'épaisseur; ils étaient chargés avec un quarteron de poudre; aucun d'eux n'éclata. La Néva avait fourni les matériaux de ce singulier édifice.

A Montréal (Canada), on construit souvent, pendant le carnaval, des châteaux de parade édifiés avec des quartiers de glaçons.

Nous avons dit que, lorsque l'eau se congèle, elle augmente de volume ; une conséquence et une preuve de cette dilatation, c'est la rupture des vases où elle est contenue, rupture qui se produit d'autant plus facilement que la congélation est plus rapide et le vase plus étroit par le haut. Huygens, pour prouver combien est grand l'effet dû à la congélation, prit un canon de fer épais d'un doigt, rempli d'eau et bien fermé ; il l'exposa à une forte gelée, et au bout de douze heures le canon creva à deux endroits avec un grand bruit. Cette expérience se répète tous les jours dans les cours de physique en abaissant la température par des moyens artificiels.

Il n'y a, d'après cela, rien que de très naturel à voir la gelée soulever les pavés des rues, crever les tuyaux de conduites d'eau. C'est alors, comme dit le proverbe, qu'*il gèle à pierre fendre.*

Si certains étés restent célèbres en raison de leur grande chaleur, un certain nombre d'hivers occupent une place privilégiée dans les annales météorologiques en souvenir de leur basse température.

Pour ne parler que du xixᵉ siècle, rappelons d'abord celui de 1812-1813, à jamais mémorable par les

Fig. 96. — L'hiver de 1812. — La retraite de Russie.

terribles désastres de la retraite de l'armée française à travers les plus rudes frimas de la Russie, après la prise et l'incendie de Moscou.

En 1812-1813, le froid commença à sévir de bonne heure dans toute l'Europe.

Partout la température la plus basse, non seulement de l'hiver, mais des deux années 1812 et 1813, est arrivée en décembre 1812. Les premières neiges tombèrent à Moscou le 13 octobre ; la retraite de l'armée commença le 18. Napoléon sortit de la capitale de l'empire moscovite le 19, et l'évacuation complète de la ville eut lieu le 23. L'armée se mit en marche sur Smolensk, sans que la neige eût cessé de tomber. Les froids prirent une rigueur extrême à partir du 7 novembre ; le 9, le thermomètre marqua — 15 degrés. Le 17 novembre la température descendit à — 26⁰,2 d'après Larrey, qui portait un thermomètre suspendu à sa boutonnière. Le valeureux corps d'armée du maréchal Ney échappa à l'armée russe qui l'enveloppait de toutes parts, dit Arago, en traversant, durant la nuit du 18 au 19 novembre, le Dniéper gelé. La veille, un corps d'armée russe traversa avec son artillerie la Dwina sur la glace. Mais le froid faiblit, et un dégel survint le 24, sans toutefois persister ; de sorte que les 26, 27, 28 et 29, lors du long et tragique passage de la Bérésina, l'eau charriait de nombreux glaçons sans présenter nulle part un passage pour les hommes. Bientôt la rigueur du froid reprit énergiquement ; le thermomètre redescendit à 25 degrés le 30 novembre, à 30 degrés le 3 décembre, et à 37 degrés le 6 décembre à Molodeczno, le lendemain du jour où Napoléon partit de Smorgoni et quitta l'armée après la rédaction du 29e bulletin, qui apprit à la France une partie des désastres de cette terrible campagne.

Les effets du froid rigoureux auquel les soldats mal vêtus furent tout à coup soumis doivent être signalés ici comme un exemple de l'action des températures très basses sur les êtres animés. D'abord les neiges épaisses du commencement de novembre assaillirent l'armée : « Pendant que le soldat s'efforce, dit M. de Ségur, pour se faire jour au travers de ces tourbillons de vent et de frimas, les flocons de neige, poussés par la tempête, s'amoncellent et s'arrêtent dans toutes les cavités; leur surface cache des profondeurs inconnues qui s'ouvrent profondément sous nos pas. Là, le soldat s'engouffre, et les plus faibles s'abandonnant y restent ensevelis. Ceux qui suivent se détournent, mais la tourmente leur fouette au visage la neige du ciel et celle qu'elle enlève à la terre ; leurs habits mouillés se gèlent sur eux ; cette enveloppe de glace saisit leur corps et raidit tous leurs membres. Un vent aigu et violent coupe leur respiration ; il s'en empare au moment où ils l'exhalent et en forme des glaçons qui pendent par leur barbe autour de leur bouche. Les malheureux se traînent encore en grelottant, jusqu'à ce que la neige, qui s'attache sous leurs pieds en forme de pierres, quelque débris, une branche ou le corps de l'un de leurs compagnons les fasse trébucher et tomber.

« Là ils gémissent en vain ; bientôt la neige les couvre ; de légères éminences les font reconnaître : voilà leur sépulture ! La route est toute parsemée de ces ondulations comme un champ funéraire. Les plus intrépides ou les plus indifférents s'affectent : ils passent rapidement en détournant leurs regards. Mais devant eux, autour d'eux, tout est neige ; leur vue se perd dans cette immense et triste uniformité, l'imagination s'étonne : c'est comme un grand linceul dont la nature enveloppe l'armée ! Les seuls objets qui s'en détachent, ce sont de sombres sapins, des arbres de tombeaux avec leur funèbre verdure, et la gigantesque immobilité de leurs noires tiges, et leur grande tristesse qui complète cet aspect désolé d'un deuil général, d'une nature sauvage et d'une armée mourante au milieu d'une nature morte. Tout, jusqu'à leurs armes naguère offensives, mais depuis seulement défensives, se tourna alors contre eux-mêmes. Elles parurent à leurs bras engourdis un poids insupportable ; dans les chutes fréquentes qu'ils faisaient, elles s'échappaient de leurs mains, elles se brisaient ou se perdaient dans la neige. S'ils se relevaient, c'était sans elles, car ils ne les jetèrent point : la faim et le froid les leur arrachèrent. Les doigts gelaient sur le fusil, qu'ils tenaient encore, et qui leur ôtait le mouvement nécessaire pour y entretenir un reste de chaleur et de vie. »

Un chirurgien-major de la grande armée, M. René Bourgeois, a décrit en ces termes les souffrances atroces causées par ces froids :

« Les chaussures des soldats, brûlées par les neiges, furent bientôt usées. On était obligé de s'entourer les pieds de chiffons, de morceaux de couvertures, de peaux d'animaux qu'on attachait avec des ficelles. Le froid gelait vite les parties atteintes. Ce qui rendait ses ravages encore plus funestes, c'est qu'en arrivant près des feux, on y plongeait imprudemment les parties refroidies qui, ayant perdu leur sensibilité, n'étaient plus susceptibles de ressentir l'impression de la chaleur qui les consumait. Bien loin d'éprouver le soulagement que l'on recherchait, l'action subite du feu donnait lieu à de vives douleurs et déterminait promptement la gangrène.

« Toutes les facultés étaient anéanties chez la plupart des soldats; la certitude de la mort les empêchait de faire aucun effort pour s'y soustraire. Un grand nombre étaient dans un véritable état de démence, le regard fixe, l'œil hagard ; ils marchaient comme des automates, dans le plus profond silence. Les outrages, les coups même étaient incapables de les rappeler à eux-mêmes. Pour ne pas succomber, il ne fallait rien moins qu'un exercice continuel. Quand, affaissé sous le poids des privations, on ne pouvait surmonter le besoin du sommeil, alors la congélation s'étendait à tout le corps, et l'on passait, sans s'en apercevoir, de cet engourdissement léthargique à la mort...

« Les jeunes soldats qui venaient de rejoindre la grande armée, frappés tout à coup par l'action subite de ce froid, succombèrent bientôt à l'excès des souffrances. Ceux-ci ne périssaient ni d'épuisement ni d'inaction, et le froid seul les frappait de mort. On les voyait d'abord chanceler pendant quelques instants. Il semblait que tout leur sang fût refoulé vers leur tête, tant ils avaient la figure rouge et gonflée. Bientôt ils étaient entièrement saisis et perdaient toutes leurs forces... Au moment où ils se sentaient défaillir, des larmes mouillaient leurs paupières, ils paraissaient avoir perdu entièrement le sens et ils avaient un air étonné et hagard ; mais l'ensemble de leur physionomie, la contraction forcée des muscles de la face témoignaient des cruelles douleurs qu'ils ressentaient. Les yeux étaient extrêmement rouges et le sang, transsudant à travers les pores, s'égouttait par gouttes au dehors de la membrane qui recouvre le dedans des paupières. »

L'eau glacée dans laquelle durent plus d'une fois se plonger nombre de soldats, pour effectuer le passage

Fig. 97. — L'embâcle de la Loire pendant le grand hiver de 1879 à 1880. Vue prise à Villebernier.

de torrents ou de rivières non congelés complètement, produisit des maladies particulières dont l'issue fut presque constamment mortelle. C'est ainsi que mourut à Kœnigsberg, à la fin de décembre, l'illustre général Éblé, qui avait sauvé les derniers débris de l'armée au passage de la Bérésina ; des cent pontonniers qui à sa voix s'étaient plongés dans l'eau pour construire les ponts, il en restait douze ; des trois cents autres qui les secondèrent dans ce travail héroïque, il en restait un quart à peine...

Pendant que 450.000 hommes mouraient ainsi, Napoléon revenait à Paris en chaude voiture et déclarait qu'il ne s'était jamais si bien porté. Mais oublions ces malheureux souvenirs, et continuons notre liste des hivers mémorables. Citons les froids hivers de 1819-1820, 1829-1830, 1840-1841, 1853-1854, 1870-1871.

Mais l'hiver le plus froid du XIXe siècle a été celui de 1879-1880.

C'est en France et en Autriche, dans nos climats tempérés, entre Paris et Vienne, qu'on a eu le plus à souffrir de cette saison glaciale vraiment digne des plus hautes latitudes.

Tandis que Paris subissait un froid de 22 à 26 degrés, enregistré aux thermomètres classiques, c'est à peine s'il gelait à Saint-Pétersbourg et à Moscou, dont les thermomètres officiels marquaient à la même heure seulement 2 et 4 degrés au-dessous de zéro.

La France et l'Allemagne ont été couvertes d'une neige épaisse ; les principaux fleuves, la Seine, la Loire, l'Erdre, l'Aisne, l'Yonne, l'Oise, la Marne, se sont arrêtés, ainsi que le Doubs. Rien qu'en France, les morts directement occasionnées par le froid se sont élevées à plus d'une cinquantaine.

La plupart des rivières de France ont été prises. En janvier, au moment de la débâcle, il se produisit dans la Loire un phénomène extraordinaire, sans précédent dans l'histoire de France, et qui, selon toute probabilité, restera sans renouvellement pendant des siècles; au moment où le fleuve se dégelait et où les glaçons disloqués et séparés commençaient à être entraînés dans son cours, un nouveau froid arriva, qui arrêta toute cette armée en marche : les blocs s'entassèrent les uns sur les autres dans un chaos fantastique, et cet étrange paysage polaire fut pétrifié comme une armée de statues [1].

Dans l'hiver de 1879-1880, on a compté à Paris soixante-quinze jours de gelée, dont trente-trois consécutifs. La température moyenne de décembre a été de — 7°,4, c'est-à-dire de 4 degrés au-dessous de la normale.

Pour que la Seine gèle à Paris, il faut un froid d'environ 9 degrés, durant plusieurs jours de suite. Nous avons vu plus haut comment le fait se produit. Pendant le dix-neuvième siècle, le fleuve a été pris entièrement treize fois : janvier 1803 ; décembre 1812 ; janvier 1820, 1821, 1823, 1829, 1830 et 1838 ; décembre 1840 ; janvier 1854 ; janvier 1865 ; décembre 1871 et décembre 1879.

Le froid le plus vif que l'on ait ressenti en France jusqu'à ce jour est de 31°,3. Mais il est des régions moins hospitalières où le thermomètre descend incomparablement plus bas encore. Ainsi, on a observé, à Fort-Reliance, dans l'Amérique anglaise, un froid de 56°,7 et près de Semipalatinsk un froid de 58 degrés.

En janvier 1838, le thermomètre s'est abaissé à — 60 degrés à Iakoutsk. Le mercure se congèle à — 40 degrés. Il y a des points habités sur le globe où il reste en cet état plusieurs mois de l'année (par exemple l'île Melville). Le capitaine Parry affirme, du reste, qu'un homme bien vêtu peut se promener sans inconvénient à l'air libre par 48 degrés au-dessous de zéro, s'il n'y a pas de vent ; dans le cas contraire, la peau est rapidement brûlée. Le mercure gelé a l'aspect du plomb ; mais il est moins dur, plus fragile et moins cohérent. Au toucher, il brûle la peau comme le ferait un morceau de fer rouge. On peut en faire de petite statuettes, qui se fondent quand la température descend au-dessous de — 40 degrés. Au Canada, les froids de 40 degrés ne sont pas rares et sont souvent accompagnés de curieuses manifestations électriques. En Europe même, dans la zone tempérée, on observe parfois des froids aussi intenses. A ce point de vue, la vallée de Brévine (altitude 1.100 m.), dans le canton de Neuchâtel (Jura suisse), est très remarquable. Chaque année, le thermomètre descend, en janvier et février, jusqu'à 30 degrés centigrades au-dessous de zéro et même plus. En décembre 1905 et 1906, on nota — 35° et — 40°,6. Le mercure se gela sous l'action de cette basse température et fit éclater les thermomètres. Des différences fantastiques ont eu lieu quelquefois dans la température de ce pays. Le 31 décembre 1906, le froid oscillait entre — 35 et — 36 degrés ; brusquement, sous un souffle de *fœhn* descendu des Alpes, le thermomètre remonta à zéro degré, le 1er janvier 1907.

La température la plus basse jusqu'à ce jour à la surface du sol a été de — 69°,8 à Werchojansk (Sibérie), le 15 janvier 1885. Un froid analogue, de 70 degrés au-dessous de zéro, a été enregistré dans la Nouvelle-Zemble. Aucune température aussi basse n'a été rencontrée dans les expéditions polaires. Pendant la dérive du *Fram*, le Dr Nansen n'a obtenu que — 53°, bien que le navire ait passé tout un hiver à moins de cinq degrés de latitude du pôle Nord.

Tels sont les plus grands froids éprouvés. Si l'on se reporte aux plus grandes chaleurs notées au chapitre précédent (75 degrés à la surface du sol africain), on conclut que les extrêmes de température sur le globe peuvent comprendre une échelle de 145 degrés.

C'est dans cet espace de 145 degrés que se déroulent presque toutes les formes de la vie, depuis l'ours blanc des régions polaires jusqu'au ravissant oiseau-mouche des

---

[1] J'ai décrit cet étrange spectacle, tel que je l'ai observé sur nature, aux premiers tableaux qui composent mon ouvrage *Dans le ciel et sur la Terre.*

régions tropicales, depuis le lilliputien *salix polaris*, le seul arbre un peu répandu au Spitzberg et dont la cime s'élève tout au plus à cinq ou six centimètres au-dessus du sol, jusqu'aux palmiers géants des climats équatoriaux.

Quels profonds et captivants sujets d'étude nous présentent ces différences de climats à la surface de la Terre !

Le travail manuel a besoin d'un complément : l'activité de l'intelligence ; ce complément, nul sujet ne peut mieux l'offrir que l'étude de la nature. La politique, qui n'a guère été jusqu'à présent qu'un tissu de duperies et de crimes, n'est pas digne de la contemplation de l'âme et ne deviendra une science qu'à l'époque où les hommes posséderont les notions élémentaires de la réalité naturelle, où ils sauront ce qu'ils sont, quelle planète ils habitent, et cesseront d'avoir les yeux fermés par l'ignorance brutale dans laquelle ils végètent encore. L'histoire peut à bon droit fixer l'attention de l'homme ; mais elle existe à peine, elle ne consiste encore qu'en une série de guerres sans cesse renaissantes, et n'est qu'une ride à la surface de l'océan des âges. Ce qui peut légitimement et utilement occuper les instants précieux d'un esprit libre, c'est la grande, la vraie étude de la nature, source inépuisable d'émotions pures, et dont chaque branche offre à notre intelligence un aliment délectable et salutaire.

Parmi les diverses branches de l'étude de la nature, la météorologie restera toujours celle qui nous intéressera le plus utilement et le plus constamment ; car c'est de l'Atmosphère que dépendent les diverses circonstances de notre vie physique et de son entretien. Le météorologiste, l'ami de la nature, qui a appris à connaître, comme nous essayons de le faire dans cet ouvrage, l'ensemble des lois qui régissent la circulation de la vie ici-bas, trouve chaque jour un nouveau sujet d'intérêt dans l'observation du temps. Non seulement les phénomènes généraux des saisons sont pour lui un spectacle désormais raisonné et lumineux ; non seulement il voit à travers les nuages, les tempêtes, les orages, quelles sont les forces qui tiennent les fils de ce mouvement perpétuel, mais encore les variations quotidiennes de la température et les faits les plus ordinaires l'intéressent constamment et sans fatigue. C'est un si grand bonheur de *savoir* où l'on est dans ce grand univers, de se sentir chez soi, de bien connaître sa maison, et de mener une vie intellectuelle, au lieu de rester dans la fange obscure dans laquelle la masse de l'humanité traîne sa massive carapace !

J'ajouterai même que celui qui s'intéresse ainsi scientifiquement à l'observation de la nature se met au-dessus des sensations physiques qui sont pour d'autres des causes de souffrances. Il y trouve constamment de l'intérêt et, quand les extrêmes de la température se manifestent, il constate avec plaisir ces extrêmes eux-mêmes. Dans les plus grandes chaleurs de l'été, le météorologiste n'a *jamais assez chaud*, car, le thermomètre fût-il à 100 degrés de chaleur, il voudrait le voir à 101 degrés, pour la curiosité de l'exception. Dans les températures les plus glaciales, il n'a *jamais assez froid*, car, si le thermomètre est descendu jusqu'à 30 degrés, il serait encore plus satisfait de voir le mercure gelé lui-même. Ainsi, il est toujours heureux.

CHAPITRE VI

LES MONTAGNES

CELUI dont la vie s'est écoulée au sein des pays de plaines, devant la vaste étendue des régions uniformes aux abondantes prairies, aux champs fertiles, celui qui n'a point vécu dans la contemplation des hautes montagnes blanchies de neige, des chaînes tortueuses aux versants abrupts, des roches tourmentées où de rares sapins végètent immobiles, des glaciers aux vertes cassures et des lacs bleus souriant au ciel, celui-là ne saurait comprendre le caractère de grandeur, de majesté, de domination qui appartient aux montagnes, à ces géants issus de convulsions du globe. Là-haut sur ces sommets baignés dans l'azur céleste, l'âme humaine plane au-dessus des petits mouvements moléculaires qui agitent la surface terrestre. Dans l'aérostat solitaire emporté par les vents à travers les hauteurs de l'Atmosphère, le regard déployé sur la Terre donne à l'esprit une idée brillante de la vie et, de plus, une impression de contentement indéfinissable, de pleine quiétude, de joie intime, résultant de la situation particulière en laquelle on se trouve au-dessus du monde humain et de ses vicissitudes. Sur les montagnes, l'impression est plus sévère et moins personnelle, car on sent plus solidement autour de soi le règne des forces physiques en action dans la vie du globe.

A mesure que nous nous élevons, traversant des zones de température moyenne décroissante, nous remarquons la série des arbres et des plantes qui se succèdent suivant le climat des zones, et nous faisons en huit ou dix heures un voyage vers le froid, absolument semblable à celui que nous ferions en allant vers les pôles. Dès qu'une montagne dépasse 1.800 ou 2.000 mètres, l'ascension fait passer en revue la curieuse succession des végétaux jusqu'à leur disparition complète. Parfois, comme au Righi, les sapins qui règnent seuls à la dernière limite s'arrêtent tout d'un coup en se rapetissant soudain, et diminuent si vite, sous l'action mystérieuse du climat, qu'à la hauteur d'un seul sapin, au-dessus d'arbres encore fort respectables, on ne trouve plus que des arbustes et de la broussaille.

Parfois, comme au Saint-Gothard, après avoir gravi pendant des heures entières des roches dénudées et stériles, et suivi les abîmes d'un désert sauvage sillonné par les torrents aux chutes retentissantes, après avoir laissé les bancs de glace s'éclipser derrière les crêtes déchirées, on arrive sur de verts pâturages arrosés par une eau cristalline et déployés comme d'opulentes prairies sur ces plateaux élevés.

Mais là encore, un grand contraste attend l'œil observateur. Ces verdoyantes prairies s'étendent jusqu'aux noirs rochers ou jusqu'aux neiges éclatantes sans qu'un seul arbre vienne y donner son ombre et sans que nul rameau au tremblant feuillage y appelle la douce rêverie et le repos.

La sévérité règne là comme sur les cimes alpestres dont le pas cadencé du chamois traverse seul l'inaltérable solitude.

Ce qui frappe le plus profondément l'esprit humain dans la nature de ces géants de pierre, debout devant les nations, c'est l'œuvre qu'ils accomplissent en silence dans leur immobilité séculaire.

Sont-ils inertes? passifs? stériles? inutiles? Leurs têtes, chargées de neige, enveloppées du suaire glacé des nuages, sont-elles endormies comme celles des Pharaons ensevelis sous les pyramides? Que font-ils là, ces êtres mystérieux qui vivent dans la région intermédiaire entre la terre et les cieux, ces colosses de granit aux pieds desquels les armées humaines sont comme une poussière de fourmis? — Ils agissent, ils régissent, ils gouvernent le monde.

Rois de l'Atmosphère, frères de l'Océan, c'est à eux qu'est réservé le soin de distribuer à la terre la sève des existences. Ils ont le calme austère de la mort, mais la mort qui les environne est la source de la vie qu'ils dispensent. Vie et mort s'engendrent mutuellement.

Les nues élevées du sein des mers vont se condenser à l'état de neige sur les cimes alpestres qui les arrêtent et successivement amoncellent une eau solide, qui résiste là-haut au tourbillon de la nature. Ici et là, les bancs de glace assoupis dans les hauteurs silencieuses se réveillent ; une source gazouille et, toute jeune, fraîche, infatigable, se trace un chemin en chantant. Elle appelle ses sœurs, et voilà que plusieurs minces filets d'une eau argentée se réunissent et courent ensemble vers les belles campagnes que déjà on aperçoit. De crête en crête, ils jaillissent et tombent en cascades neigeuses et de roc en roc descendent jusqu'aux plateaux où naissent les torrents écumeux. Voici des lacs transparents encadrés de leurs montagnes. Les nuages s'y mirent en passant — nuage et lac ne sont-ils pas jumeaux et, comme Castor et Pollux, ne prennent-ils pas tour à tour leur place réciproque?

Les rives escarpées balancent sur leur miroir les rameaux des plantes, et les rochers nus y reflètent leurs flancs sauvages. Mais l'eau continue de chercher les plaines basses, qui l'attirent sans cesse. Elle forme alors ces cours d'eau qui jouent un si grand rôle dans l'histoire politique des nations.

Là elle trace le Rhin, éternel sujet de guerre entre deux peuples rivaux, et par ce chemin septentrional va retourner à l'Océan en s'approchant du pôle. Ici le glacier du Rhône ouvre le cours du fleuve qui descendra arroser les plaines fertiles du Midi. Et ainsi, tout en retournant au sein des mers par son mouvement éternel, l'élément dessine sur la carte du monde les lignes diverses dont l'humanité pacifique ou belliqueuse, mais trop souvent belliqueuse et barbare, composera ses annales.

De quelle importance sont donc ces massifs gigantesques dans l'histoire entière du monde ! Quelle œuvre perpétuelle ils accomplissent au-dessus, au-dessous et au milieu de nous ! Œuvre incessante et fatale qui nous domine singulièrement, nous, pauvres êtres mortels. Tout ce grand mécanisme fonctionne, de la mer à l'Atmosphère, de l'Atmosphère aux montagnes, des montagnes aux plaines et à la mer, sans que notre race joue là le moindre rôle. Les nuées s'élèvent, la pluie tombe, la foudre retentit, la neige s'enroule aux fronts des cimes, les vents naissent et circulent, les eaux voyagent lentement dans les lacs, bruyamment dans les torrents, lourdement dans les fleuves, la verdure décore les collines et les vallées, le ciel s'anime, le Soleil brille..., et tout ce mécanisme colossal, immense, universel, marche sans cesse, étranger à nos petits mouvements lilliputiens et à notre propre existence, nous enveloppant dans sa succession, calme, austère, supérieur à nous, et continuant son cours sans s'inquiéter de notre histoire.

Ainsi tout marchait sur la Terre avant l'apparition de l'homme, pendant des milliers de siècles, où la nature vivait ainsi pour elle-même, sans que nulle pensée humaine fût là pour se reposer sur son sein et regarder le ciel. Ainsi le mécanisme du monde continuera sa marche lorsque nous ne serons plus, lorsque les générations de l'avenir auront disparu à leur tour et lorsque la race humaine sera éteinte sur cette Terre.

Vous avez vu bien des âges, ô montagnes solitaires assises dans les nues ! Vous avez vu les campagnes qui se déroulent à vos pieds sans troupeaux et sans travailleurs ; vous avez vu vos lacs sans nacelles et sans hymnes ; vous avez vu les fleuves sans villes à leurs bords et la Terre sans hommes. De nouveau vous reverrez ces solitudes dans l'avenir. Vous ne savez pas qu'il y a actuellement des hommes qui vous contemplent, et cela vous importe peu qu'il y en ait ou qu'il n'y en ait pas !

. . . .

Les hautes régions de l'Atmosphère, dit M. A. Maury, éveillent au plus haut degré notre curiosité. Quoique nous nous efforcions par l'induction et le calcul d'en découvrir la constitution et d'en saisir les phénomènes, elles demeurent encore environnées pour nous de bien des mystères. Nous gravissons les montagnes, nous nous élevons en ballon, nous braquons nos télescopes sur les corps célestes, et nous inventons mille instruments pour constater les moindres effets produits par des agents physiques dans l'espace qui nous sépare. Fatigués de rencontrer sans cesse sur le globe la trace de l'homme et les œuvres de ses mains, nous recherchons les régions où il n'a point encore pénétré, où la nature reste vierge et garde la physionomie des âges géologiques qui précédèrent le nôtre. Il règne sur les hauts sommets un parfum d'éternité, qui nous rapproche des conditions de l'espace infini. La Bible nous représente Moïse gravissant le Sinaï pour y converser avec Dieu et recevoir directement ses volontés ; c'est l'image des impressions produites sur nous par les lieux élevés. Nous nous trouvons, en effet, sur la cime des monts, face à face avec la Divinité. L'homme n'étant plus là pour déranger, selon ses besoins et ses caprices, l'ordre primitif des choses, les lois physiques nous apparaissent dans toute leur grandeur et leur généralité.

La sublime impression qu'on reçoit de ces montagnes n'est nullement de fantaisie. Elle provient d'une véritable grandeur. C'est le réservoir de l'Europe, le trésor de sa fécondité. C'est le théâtre des échanges, de la haute correspondance des courants atmosphériques, des vents, des vapeurs, des nuages. L'eau, c'est de la vie commencée. La circulation de la vie, sous forme aérienne ou liquide, s'accomplit sur ces mon-

Fig. 98. — Les montagnes : panorama des Andes.

tagnes. Elles sont les médiateurs, les arbitres des éléments dispersés ou opposés. Elles en sont l'accord et la paix. Elles les accumulent en glaciers, et puis équitablement les distribuent aux nations.

« Ces nuées, venues de si loin, écrivait Michelet, doivent après la traversée se recueillir volontiers, chercher un moment de repos. La place est grande sur les Alpes. Quarante, cinquante lieues de glaciers, du Dauphiné au Tyrol, c'est un assez beau lit, ce semble. Mais telle est la légèreté, l'inconstance de ces voyageuses, que la bonne hospitalité des Alpes ne les retiendrait pas. Un ingénieux travail les arrête là sous forme de glace. »

Si la surface émergée de la planète était parfaitement unie, la régularité la plus désolante régnerait partout ; les mêmes phénomènes se reproduiraient à travers toute l'étendue des continents. D'un océan à l'autre, les vents, dont aucun obstacle n'arrêterait le cours, tourneraient autour du globe avec un mouvement toujours égal, comme ces longues bandes de nuages que l'on voit sur Jupiter. Point de ces massifs élevés qui, par leur position transversale à la direction des vents, produisent une rupture d'équilibre et répercutent les courants atmosphériques dans tous les sens ; point de ces grands réfrigérateurs qui condensent l'eau des nuages et la gardent dans leurs réservoirs de neige et de glace : partout les pluies tomberaient d'une manière à peu, près égale, et les eaux, ne trouvant point de déclivité pour s'écouler vers l'Océan, formeraient des marécages putrides. L'équilibre parfait des forces de la nature aurait pour conséquence la stagnation universelle et la mort. Si les hommes pouvaient exister sur une Terre pareille, loin de trouver dans l'uniformité de l'immense plaine de plus grandes facilités pour communiquer entre eux, ils resteraient épars autour de leurs lagunes dans toute la sauvagerie primitive. Les migrations de peuples entiers descendant la pente des plateaux à la recherche d'une nouvelle patrie, comme de grands fleuves à la recherche de la mer, n'eussent jamais eu lieu. Toute civilisation eût été impossible. Peut-être, ainsi que le pensent certains géologues, la surface du globe était-elle unie et sans puissant relief quand l'ichtyosaure nageait lourdement au milieu des marais, et que le ptérodactyle étendait ses pesantes ailes au-dessus des roseaux. C'était alors la Terre du reptile, mais ce ne pouvait être celle de l'homme.

Quelles que soient les causes géologiques de la répartition actuelle des plateaux sur les continents, il faut reconnaître ce fait remarquable, que leur hauteur s'accroît avec leur proximité de la zone torride, comme si la rotation du globe avait eu pour résultat, non seulement le gonflement général de la masse planétaire, mais aussi l'exhaussement des continents eux-mêmes.

Centres vitaux de l'organisme planétaire, ils arrêtent les vents et les nuages épanchent les eaux, modifient tous les mouvements qui s'accomplissent à la surface du globe. Grâce au circuit incessant qui se produit entre toutes les saillies du relief continental et les deux océans des eaux et de l'Atmosphère, les climats étagés sur les flancs des plateaux se mêlent et mettent en rapport les unes avec les autres les flores, les faunes, les nations et les races d'hommes.

Par la grâce ou la majesté de leur forme, par leur profil hardi dessiné en plein ciel, par la ceinture de nuées qui s'enroule autour de leurs rochers et de leurs forêts, par les variations incessantes de l'ombre et de la lumière qui se produisent dans les ravins et sur les contreforts, les montagnes prennent une apparence de personnalité, et l'on est presque tenté de voir des êtres vivants dans ces masses rocheuses. Et puis n'offrent-elles pas dans un petit espace un résumé de toutes les beautés de la Terre? Les climats et les zones de végétation s'étagent sur leurs pentes ; on peut y embrasser d'un seul regard les cultures, les forêts, les prairies, les glaces, les neiges, et chaque soir la lumière mourante du soleil donne aux sommets un merveilleux aspect de transparence, comme si l'énorme masse n'était qu'une légère draperie rose flottant dans les cieux (Élisée Reclus).

Nous avons vu que la température décroît à mesure qu'on s'élève dans les hauteurs de l'air. Voyons maintenant les conséquences du décroissement de la température pour ces grands massifs qui plongent leurs cimes dans les profondeurs raréfiées de l'Atmosphère.

Les premières conséquences de cet abaissement de température, c'est qu'à mesure qu'on gravit une haute montagne, on rencontre, étagées aux différentes hauteurs, des productions organiques de chaque pays, et que l'on traverse graduellement des climats de plus en plus rigoureux. Cette curieuse contiguïté des produits de l'hiver et de l'été contribue beaucoup au charme des contrées alpestres. Si l'on se place sur les sommets de la Suisse, on embrasse d'un coup d'œil le grandiose panorama des Alpes et, comme dans une page ouverte du livre de la nature, on peut lire dans ce tableau les règles et les lois que la science a établies concernant la distribution des êtres vivants aux différentes latitudes. On aperçoit assez distinctement six zones étagées l'une sur l'autre et nettement accusées dans leurs contours par la différence de la végétation et de l'aspect du sol. Au fond, s'étend la plaine fertile entrecoupée de lacs, de grandes routes, de rivières, de forêts, parsemée de villages et de métairies : c'est la résidence de l'homme. Au-dessus de ce tapis vert s'élèvent, dans un pittoresque désordre, de riantes collines, tantôt nues, tantôt couvertes de bois et d'ombrages. Plus haut, le regard rencontre des crêtes rocailleuses, couronnées de groupes de noirs sapins. Par-dessus ces rochers on aperçoit encore des pentes ornées de riches pâturages ; mais bientôt le caractère du paysage change brusquement : la mort succède à la vie, la verdure fait place aux teintes grises et monotones des roches nues. La montagne emprunte alors son charme ou sa grandeur à d'autres aspects, aux formes capricieuses et sauvages des rochers qui constituent sa masse imposante. Plus haut enfin, les Alpes s'enveloppent d'un resplendissant manteau de neige, sous lequel s'abrite leur perpétuel hiver.

La succession des climats s'opérant du pied au sommet d'une montagne suivant la même loi qui la régit de l'équateur aux pôles, la végétation s'y succède dans le même ordre. Pour la flore comme pour le climat, on croirait marcher dans la direction du cercle polaire, à mesure qu'on s'élève sur les flancs d'un pic à une plus grande altitude au-dessus des plaines ; seulement, les intervalles de climat que l'on emploierait des semaines à franchir, on les traverse en quelques minutes d'ascension. La température décroît en moyenne de 1 degré centigrade pour 160 à 240 mètres de hauteur, suivant la direction du sol, le lieu et la saison. Si, par exemple, on suit la succession des climats sur les pentes du mont Blanc, on voit que, la ligne de zéro étant à 2.000 mètres, l'isotherme de — 5 degrés passe à 2.850 mètres, celle de — 10 degrés à 3.600, celle de — 15 degrés à 4.400 ; celle de — 20 degrés gît à la hauteur de 5.200 mètres. La température moyenne de l'année étant de 11 degrés au niveau de la mer à cette latitude, on constate que le climat varie de + 11 degrés à — 17 degrés, ou de 28 degrés pour 4.800 mètres, c'est-à-dire que dans cette ascension, qui dure un jour, on fait le même voyage physique que si l'on se rendait de la Suisse au Spitzberg, en parcourant 35 degrés de latitude : 137 mètres d'élévation correspondent à 1 degré de latitude.

L'une des montagnes sur lesquelles on peut le mieux saisir la succession des espèces végétales est celle du Canigou, dans les Pyrénées, qui s'élève superbement à 2.785 mètres de hauteur, à 15 kilomètres de Prades. Les oliviers des campagnes de la Têt croissent au pied du mont, la vigne s'élève jusqu'à 550 mètres, le châtaignier jusqu'à 800. Les derniers champs s'arrêtent à 1.640 mètres; le sapin cesse à 1.950 mètres, où le chêne et le hêtre ont disparu ; le bouleau monte jusqu'à 2.000 mètres, et le pin jusqu'à 2.430, pour céder la place aux petites plantes rabougries des régions polaires. Ainsi, comme le remarque É. Reclus, du pied au sommet du Canigou, c'est un voyage analogue à celui que l'on ferait du 42e au 62e degré de latitude, de la Corse à la Norvège ! Ici, 139 mètres d'élévation correspondent à 1 degré de latitude.

Dans les Alpes suisses, les noyers cessent les premiers, puis ce sont les châtaigniers ; de 750 à 800 mètres, on ne trouve plus aucune trace de ces arbres, excepté néanmoins sur le versant méridional, où ils s'élèvent à 100 mètres plus haut. A peu près vers la même altitude, le chêne qui composait l'essence des forêts avec le hêtre et le bouleau disparaît; le cerisier croît jusqu'à 950 mètres, le hêtre jusqu'à 1.300 mètres; les céréales mûrissent jusqu'à 1.100 mètres dans le nord, et à 1.510 dans les Grisons, sur les versants méridionaux ; les arbres verts, tels que le sapin, le pin, le mélèze, constituent alors exclusivement les vastes forêts qui garnissent les montagnes ; à 1.800 mètres, ils cessent à leur tour (cependant, sur le versant méridional du mont Rose, ces arbres s'élèvent jusqu'à 2.270 mètres : ce sont des mélèzes, des épicéas, des pins, associés à des aulnes et à des bouleaux; sur le versant nord, les conifères ne dépassent que très rarement, et comme par exception, 2.000 mètres). Le bouleau, cet arbre robuste que nous trouvons le dernier dans le nord, est presque aussi le dernier à disparaître des flancs des montagnes ; il s'élève jusqu'à une égale altitude. Toutefois on rencontre encore, à une centaine de mètres plus haut, les pins cembros et mughos. Les pâturages s'élèvent jusqu'à 2.600 mètres. Puis toute végétation arborescente cesse : ce ne sont plus que de petits taillis de rhododendrons. Passé la région où ces robustes enfants des Alpes étalent leur vert feuillage, on ne trouve plus que des plantes qui excèdent à peine le sol (tel est entre autres le saule herbacé, qui n'est plus qu'une plante chétive) : ce sont celles qu'on appelle *alpines*. Nous pouvons cependant faire la remarque qu'une différence réelle existe entre les conditions de la vie polaire et celles de la vie alpestre glaciale. Plus on s'élève sur les montagnes, plus l'air est sec et léger ; aux pôles, au contraire, l'Atmosphère est pesante des vapeurs qui la saturent. A travers cette Atmosphère, la lumière peut-elle agir comme à travers l'air subtil des hauts sommets? Non : l'Atmosphère doit apporter une différence profonde dans les conditions de la vie végétale et animale, malgré l'analogie des climats.

Plus haut enfin, on ne trouve que des lichens et la roche nue, et, à peu de distance de là, on rencontre la limite des neiges éternelles, qui varie suivant les latitudes, mais qui n'en est pas moins soumise à une loi constante.

De toutes les régions naturelles qui s'étagent ainsi le long des flancs d'une montagne, nulle n'a un caractère aussi tranché que la ligne des *neiges éternelles* ou persistantes, ainsi nommées avec juste raison parce qu'elles résistent aux ardeurs de l'été, ou se renouvellent aussitôt qu'une fonte partielle pendant l'été ou le printemps a diminué leur masse. Cette ligne se trouve à une hauteur absolue d'autant plus grande qu'il fait plus chaud au niveau de la mer. Elle est au niveau du sol dans les régions polaires où règne un froid continu, et située à une très grande élévation sous les tropiques.

Ce phénomène est toutefois complexe. Il dépend de la température, de l'état hygrométrique de l'air, de la forme des montagnes, de la direction des vents régnants et de leur contact soit avec la terre, soit avec la mer, de la hauteur totale de la montagne et du degré d'escarpement de ses versants, enfin de l'étendue et de l'élévation absolue des plateaux qui supportent cette montagne. Toutes ces causes réunies donnent à la limite des neiges le caractère d'une grande variabilité.

Sous nos latitudes, la neige envahit toutes les pentes jusqu'aux plaines en hiver ;

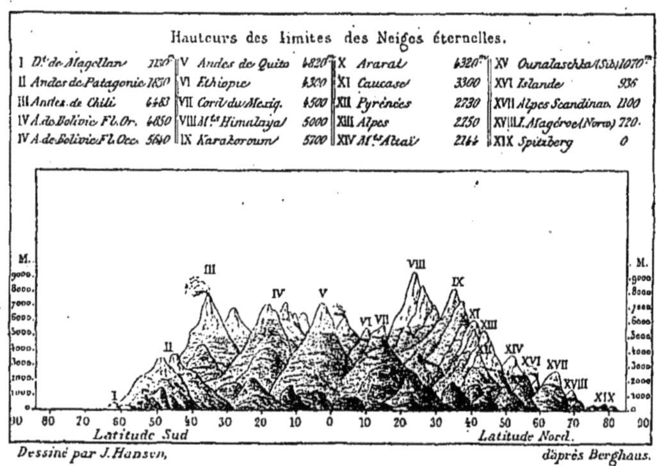

Fig. 99. — Les neiges éternelles aux diverses altitudes.

au printemps, elle commence à fondre par les parties inférieures ; en été, elle fond rapidement, et enfin cette fusion s'arrête en automne à une certaine limite qui reste toujours à peu près la même : c'est là ce qu'on appelle *la limite des neiges perpétuelles,* ou *persistantes.* Ainsi, le phénomène est alternatif : pendant six mois, les neiges empiètent considérablement ; pendant six autres mois, elles reculent. Cette simple considération montre que la limite supérieure ne doit dépendre que de la moitié la plus chaude de l'année, celle comprise, pour la plupart des climats au nord de l'équateur, entre le 22 avril et le 22 octobre. On est ainsi conduit à établir cette loi générale :

Dans toutes les contrées de la Terre, la limite des neiges persistantes est l'altitude à laquelle la moitié la plus chaude de l'année a une température moyenne égale à celle de la glace fondante.

Les glaciers proprement dits constituent un phénomène à part ; ce sont, en effet, des amas de glace dans des vallées où elle s'accumule considérablement, et dans lesquelles elle descend sans cesse de manière à remplacer celle qui fond à la partie inférieure.

La neige qui tombe sur les montagnes au-dessus de la limite des neiges perpétuelles ne fond pas. Une faible partie seulement, fondant sous l'influence du Soleil, s'infiltre à travers la neige et, cette eau se congelant de nouveau pendant la nuit, la neige passe à l'état de *névé*, corps intermédiaire entre la neige et la glace, masse grenue qui se compose de cristaux arrondis et agglutinés entre eux par l'effet de la pression qu'ils supportent. Suivant la pression à laquelle il est exposé, le névé passe successivement par une série de densités : il devient d'abord glace bulleuse, puis glace grenue blanche, enfin glace bleue compacte qui forme la substance des glaciers.

Les conditions les plus favorables à la formation des glaciers existent, dit Agassiz, lorsque plusieurs hautes montagnes se trouvent très rapprochées. Il arrive alors que non seulement les sommités, mais même les plateaux et les vallées intermédiaires se recouvrent de glaciers jusqu'à des niveaux où probablement il n'en existerait point si les hautes cimes étaient plus éloignées l'une de l'autre. De vastes plateaux, qui ont 40, 80 et même 120 kilomètres carrés, ne présentent aussi qu'une surface continue de glaces, au milieu de laquelle les crêtes et les cimes des plus hautes montagnes s'élèvent comme des îles volcaniques au milieu de l'Océan. Ce sont ces vastes étendues de glaciers auxquelles on donne le nom de *mers de glace*. Ces mers de glace détachent sur toute leur circonférence des émissaires qui descendent par les gorges et les anfractuosités des montagnes dans les régions inférieures. Ce sont les *glaciers* proprement dits ; leur nombre est très variable et dépend essentiellement de la structure des massifs recouverts par les mers de glace. On compte en Suisse 600 glaciers proprement dits. Les Alpes, comprises dans la Suisse entre le mont Blanc et les frontières du Tyrol, forment une mer de glace de plus de 550 kilomètres carrés. Tels sont les réservoirs intarissables qui entretiennent les plus grands et les principaux fleuves de l'Europe.

La glace des glaciers ne ressemble en rien à la glace ordinaire. Au lieu d'être glissante et polie, elle est inégale, ridée ou striée, rarement lisse, composée d'une multitude de fragments angulaires, qui ont d'ordinaire de 20 à 50 centimètres de diamètre, et qui sont séparés les uns des autres par des fissures capillaires innombrables. A mesure que l'on s'élève vers la partie supérieure des glaciers, on voit ces fragments diminuer de volume et se réduire enfin à de simples granules ; la masse entière passe alors à l'état de névé.

Aucun glacier n'est parfaitement blanc; vus de loin, ils ont généralement une teinte bleuâtre ou verdâtre, plus intense sur les parois des aiguilles et dans l'intérieur des crevasses qu'à la surface. Lorsqu'on se trouve sur le glacier même, la surface qui n'est point recouverte par les moraines paraît d'un blanc mat. Enfin, à mesure que l'on remonte le glacier et que la glace devient moins compacte, les teintes perdent insensiblement de leur intensité, et le bleu des crevasses de moins en moins foncé, de plus en plus mat, se transforme en un vert d'une rare beauté. Quelles sont les causes qui déterminent ces teintes variées? La science n'a pas encore résolu ce curieux problème. Ce n'est pas l'azur du ciel, comme on l'a prétendu, car les glaciers conservent leur couleur par un temps couvert.

Le 14 septembre 1868, par un ciel couvert et après une petite pluie fine, je visitais la grotte du glacier inférieur de Grindelwald, en compagnie du professeur Lissajous, et, comme aux plus beaux jours du ciel azuré, le glacier apparaissait teinté des nuances variées de l'émeraude. Dans l'intérieur de la grotte, à l'entrée, la transparence des blocs et la réfraction de la lumière rappelaient assez singulièrement la teinte du vitriol. Au fond, dans une salle carrée, éclairée par une lampe antique, était assise une vieille sorcière, jouant d'une cithare aux cordes métalliques : les reflets de la lampe étaient blancs comme dans une grotte de sel. La Lutschine noire sort à flots rapides du glacier. Les ravins du torrent, les cascades, les blocs des anciens éboulements, les moraines et la succession admirable des vues de la Wengernalp, réunissent en ce petit désert des Alpes une esquisse physique et météorologique qui donne à tout esprit attentif un ensemble assez complet des connaissances que nous résumons dans ce chapitre.

Tous les glaciers ont des crevasses, c'est-à-dire d'énormes fissures, qui tantôt traversent la masse de glace de part en part, tantôt ne pénètrent que jusqu'à une certaine profondeur. Seulement, le nombre, la forme, les dimensions et la disposition de ces crevasses varient à l'infini dans les divers glaciers et dans les différentes parties d'un même glacier, selon l'inclinaison plus ou moins considérable de la forme et du fond de la vallée. En général, on les enjambe ou on les saute sans peine et sans danger ; mais on en rencontre parfois de tellement larges qu'il faut ou les tourner ou les franchir avec des échelles. Dans son ascension, de Saussure en observa une qui avait plus de 32 mètres de largeur et dont on ne voyait le fond nulle part. Ordinairement, la profondeur est de 30 à 40 mètres. La neige tombe souvent dans ces crevasses et les cache. Lorsqu'elle ne fait qu'en réunir les deux lèvres, elle forme au-dessus de l'abîme une espèce de pont qu'un simple éboulement du glacier suffit parfois à faire crouler. Ce sont ces lits de neige sans appui qui constituent le plus grand danger pour les alpinistes. Aucun indice ne révèle la large faille qui descend parfois à des centaines de mètres de profondeur ; le champ de neige est uni et semble inviter à la marche ; mais qu'on mette le pied au-dessus du gouffre caché sans avoir prudemment sondé la neige, et la masse peut s'effondrer tout à coup avec le malheureux qu'elle porte. Des accidents de cette sorte arrivent chaque année dans les montagnes.

On ne peut se défendre d'une certaine frayeur lorsqu'on se trouve sur le glacier au moment où se produit une crevasse. Le fleuve de glace, dit É. Reclus, se met tout à coup à craquer et à mugir, de sourdes détonations causées par de brusques ruptures se font entendre par moments dans l'épaisseur de la masse, tandis qu'un long bruit sifflant, semblable à celui du verre rayé par le diamant, annonce l'augmentation graduelle de la fente. Élargies petit à petit, ces crevasses offrent un spectacle saisissant. Les deux parois bleuâtres plongent jusque dans les ténèbres insondables ; des pierres qui tombent de la surface rebondissent sur les saillies, puis se perdent dans l'obscurité en réveillant de sourds échos ; un vague murmure d'eaux courantes s'élève des profondeurs, et parfois d'aigres bouffées d'un air froid et saisissant jaillissent de l'abîme ; en se penchant au-dessus de la béante ouverture, on ressent une sorte d'effroi, comme si les rumeurs et les ténèbres du gouffre étaient celles d'un monde mystérieux et terrible.

On donne dans les Alpes de la Suisse française le nom de *moraines* à ces amas de roches, de sable et de débris que l'on remarque le long des bords, à l'extrémité supérieure ou sur la surface même d'un glacier. Elles sont produites par les éboulements des montagnes qui les dominent. Leur grandeur varie selon la fréquence des avalanches dans les diverses allées, la nature des roches dont ces avalanches sont formées, la forme du glacier, etc.; mais, en général, elles augmentent à mesure qu'elles avancent vers l'extrémité inférieure du glacier.

Il tombe environ dans les Alpes 18 mètres de neige par an, qui équivalent à une couche de 2 m. 30 de glace. Dans ces régions élevées, la chaleur solaire est insuffisante à fondre une pareille quantité d'eau solide ; il y a donc chaque année un résidu de stock de glace qui forme le noyau des glaciers. Amassées sur place, ces couches annuelles finiraient par former de véritables montagnes. En supposant qu'en un point déterminé pris au-dessus de la ligne des neiges la couche ajoutée chaque année soit d'un mètre, ce dépôt ajouté sans cesse à lui-même pendant la courte période de l'ère chrétienne formerait aujourd'hui une élévation de 1.910 mètres. Et si cette accumulation, au lieu de commencer avec les temps historiques, remontait jusqu'aux âges géologiques, la hauteur de la neige empilée dépasserait tout ce que nous pouvons imaginer. Il est évident qu'aucune accumulation de ce genre n'a lieu, et que la quantité de neige des montagnes n'augmente pas dans la proportion que nous venons de signaler. Pour une raison ou pour une autre, il n'est pas permis au Soleil d'enlever l'Océan à son bassin et d'entasser ses eaux d'une manière permanente sur les montagnes.

Mais comment cet excès annuel de charge est-il enlevé aux épaules des montagnes ? Par le Soleil lui-même et par les météores. L'astre qui élève les vapeurs de l'Océan jusqu'aux sommets aériens se charge aussi de ramener les eaux supérieures dans le grand réservoir maritime. Il en fond une partie. Les pluies et les tièdes brouillards que les vents apportent sur les pentes des montagnes l'aident énergiquement. Les vents froids y contribuent également en soulevant les neiges en tourbillons et en les faisant retomber sur les pentes inférieures où la température moyenne est plus chaude. Il n'est pas une violente bourrasque d'hiver qui n'enlève des millions de mètres cubes de neige aux têtes des hautes montagnes, ainsi qu'on peut le voir d'en bas, alors que les cimes fouettées par le vent fument comme des cratères et que les couches poudreuses se dispersent en tourbillons. Toutefois les vents chauds et secs agissent encore plus efficacement que les tempêtes pour amoindrir les masses de neige qui pèsent sur les sommets. Ainsi le vent du midi, appelé *fœhn* par les montagnards, fond ou fait évaporer parfois en douze heures une couche de neige d'une épaisseur de trois quarts de mètre ; « il mange la neige », dit le proverbe, et ramène le printemps sur les hauteurs. Le fœhn est, après le Soleil, le principal agent climatérique des Alpes.

Les neiges et les glaces ne restent pas d'ailleurs immobiles, mais descendent en glissant, et par degrés presque insensibles, le long des pentes. A mesure qu'une couche s'ajoute à une couche, les portions plus profondes de la masse se compriment et se solidifient ; les couches inférieures sont pressées par le poids des couches supérieures et, si elles reposent sur une pente, elles cèdent à l'effort qui les pousse et tendent à descendre.

En même temps, le glacier glisse sur son lit incliné. Il descend en masse sur la pente de la montagne, émoussant les aspérités des roches et polissant leurs surfaces dures. La couche inférieure de ce puissant polissoir est aussi creusée et sillonnée par les roches sur lesquelles elle passe ; mais, à mesure que la masse complète de neige glacée descend, elle entre dans une région plus chaude, elle est plus abondamment fondue, et quelquefois, avant d'avoir atteint la base de la pente, elle est entièrement tranchée ou anéantie par la fusion. Quelquefois aussi, de larges et profondes vallées reçoivent la masse gelée, ainsi poussée en bas. Après s'être consolidée dans ces vallées, cette masse continue à descendre d'un pas lent, mais mesurable, imitant dans ses mouvements le cours d'une rivière. Elle est ainsi amenée au-dessous des limites des neiges perpétuelles, jusqu'à ce qu'enfin la perte en bas égale et compense le gain en haut ; en ce point le glacier cesse.

Le mouvement de translation d'un glacier n'est pas le même dans toutes ses parties. La ligne médiane, où l'épaisseur et la pente sont les plus fortes, se meut avec plus de rapidité. Les bords, où la masse est plus mince et où le frottement produit une résistance sensible, se meuvent plus lentement. Agassiz et Desor ont mesuré d'une manière précise le mouvement des différentes parties du glacier de l'Aar, en plantant à sa surface, dans le sens de sa largeur, des séries de pieux, dont ils pouvaient observer la marche, en la rapportant à des objets fixes pris sur les roches environnantes.

Une série de pieux plantés sur une ligne droite transversale de 1.350 mètres de longueur décrivait au bout d'un an une courbe complexe de plus en plus convexe. En disposant les jalons sur la ligne médiane du glacier, les physiciens suisses ont reconnu que les parties moyennes marchent de 70 à 77 mètres par an, tandis que le talus terminal ne s'avance que de 30 mètres, et la partie supérieure de 40 mètres environ.

Une échelle que Saussure avait laissée en 1788 au pied de l'aiguille Noire, lors de son ascension au mont Blanc, fut retrouvée en 1832 à la distance de 4.350 mètres en aval. L'échelle était donc descendue pendant ces quarante-quatre années avec une vitesse moyenne de 99 mètres par an, ou de 27 centimètres par jour. Un havresac, tombé en 1836 dans une crevasse du glacier de Talèfre, et retrouvé dix ans après, avait marché plus rapidement que l'échelle de Saussure : il avait parcouru 129 mètres par année, soit plus de 35 centimètres en vingt-quatre heures. Toutefois ces objets ne peuvent servir à mesurer la vitesse réelle du glacier, car il faudrait savoir d'une manière positive s'ils se trouvaient dans la partie centrale ou sur les bords du courant de glace, au milieu ou dans le voisinage du fond. Quoi qu'il en soit, des calculs approximatifs portent à croire que la neige tombée au col du Géant met environ cent vingt années pour arriver, transformée en glace, à l'extrémité inférieure du glacier des Bossons.

Quelques épaves humaines ont aussi malheureusement servi à établir le mouvement des glaces. En 1861, en 1863 et en 1865, le glacier des Bossons a rendu les restes de trois guides tombés en 1820 dans la première crevasse qui s'ouvre à la base du mont

Blanc. Les cadavres engouffrés ont donc parcouru pendant une période de plus de quarante ans un espace de 6 kilomètres environ ; ils descendaient au taux de 140 à 150 mètres par année. Un glacier plus lent des Alpes autrichiennes, qui s'épanche dans l'Ahrenthal, a rejeté vers 1860 un cadavre bien conservé, encore revêtu d'un costume - dont la coupe antique est abandonnée depuis des siècles par les montagnards.

Les héros du glacier, dit Michelet, ont été aussi ses martyrs. Par eux surtout on a connu son mouvement progressif. Ils l'ont mesuré de leur corps. Jacques Balmat fut englouti en 1834 ; Pierre Balmat en 1820 ; ses débris, rejetés du pied du glacier en 1861, démontrèrent qu'il avait mis quarante ans à descendre. Les pauvres restes qu'on voit sous verre au musée d'Annecy touchent fort, quand on réfléchit que cette famille héroïque non seulement monta la première au sommet, mais par son malheur constata la loi des glaciers, leur évolution régulière, qui ouvre un horizon nouveau.

La fusion des neiges entraîne parfois des déplacements du centre de gravité des grandes masses, qui alors s'écroulent le long des flancs des montagnes, heurtant avec violence tous les obstacles qui s'opposent à leur chute accélérée. Ce sont les *avalanches*, dont plusieurs trop mémorables ont détruit des villages entiers et enseveli de paisibles populations sous leurs ruines. La chute des neiges se produit ordinairement avec une grande régularité, si bien que le vieux montagnard, habile à discerner les signes du temps, peut souvent annoncer à la vue des surfaces neigeuses à quelle heure aura lieu l'écroulement. Le chemin des avalanches est tout tracé sur le flanc des montagnes. Les amas neigeux qui se détachent des pentes supérieures se précipitent dans les lits inclinés que leur offrent les couloirs, descendent en longues traînées, puis, arrivés au ravin, s'épanchent sur de larges talus de débris. La plupart des monts sont ainsi rayés de sillons verticaux où s'engouffrent au printemps ces masses croulantes.

Sur les pentes rapides, les neiges glissent aussi par les escarpements, se tassent contre les obstacles, s'accumulent dans les parties les moins déclives, puis, lorsqu'elles sont animées d'une assez grande force d'impulsion, s'écroulent enfin avec fracas et se précipitent dans les profondeurs des gorges. Les allures de chaque avalanche varient suivant la forme de la montagne. Sur les escarpements à pic, les neiges des terrasses supérieures plongent directement dans les abîmes qui s'ouvrent au-dessous. Au printemps et en été, alors que les blanches assises, ramollies par la chaleur, se détachent d'heure en heure des hautes cimes, le gravisseur, arrêté sur quelque promontoire voisin, contemple avec admiration ces cataractes soudaines qui se précipitent du haut des sommets éclatants. On voit d'abord l'énorme couche de neige s'élancer en cascade et s'abîmer sur les degrés inférieurs ; des tourbillons de neige poudreuse s'élèvent au loin dans les airs, puis, quand le nuage s'est dissipé et que l'espace est rentré dans sa paix solennelle, on entend soudain le tonnerre de l'avalanche se prolongeant en sourds échos dans les anfractuosités des gorges : on croirait entendre la voix de la montagne elle-même.

«Les avalanches connues sous le nom d'avalanches poudreuses sont les plus redoutées des habitants des Alpes, dit É. Reclus, non seulement à cause de leurs ravages directs, mais aussi à cause des trombes qui les accompagnent souvent. Lorsque des couches nouvelles de flocons n'adhèrent pas encore aux neiges anciennes qu'elles recouvrent, il suffit parfois du passage d'un chamois, de la chute d'une branche ou même d'un simple écho pour rompre l'équilibre. Elle s'ébranle lentement en glissant sur les masses durcies, puis, là où la pente du sol favorise sa marche, elle se précipite d'un mouvement plus rapide. Incessamment grossie par les autres couches de neige et par les débris, les pierres, les broussailles qu'elle entraîne, elle passe au-dessus des corniches et des couloirs, brise les arbres, rase les chalets qui se trouvent sur son passage, et, semblable à un pan de montagne qui s'écroule, plonge dans la vallée pour remonter sur le versant opposé. Autour de l'avalanche, la neige poudreuse s'élève en larges tourbillons ; l'air mugit à droite et à gauche en tourmentes qui secouent les rochers et déracinent les arbres. On a vu des milliers de troncs renversés par le seul vent de l'avalanche, alors que celle-ci se traçait à elle-même une large route à travers des forêts entières et dévorait en passant les hameaux de la vallée. »

Les forêts qui dominent certains villages des Alpes les préservent seules contre les redoutables effets des avalanches. Aussi est-il défendu, sous les peines les plus sévères, d'en abattre un seul arbre. Si ces forêts étaient détruites pour une cause quelconque, les habitants des villages qu'elles protègent se verraient contraints d'aller s'établir ailleurs. Dans un grand nombre de localités moins exposées, on construit au-dessus des églises ou des maisons des espèces de bastions de pierre. Enfin des galeries voûtées et capables de résister à un choc violent mettent les voyageurs à l'abri dans les passages les plus dangereux des routes construites sur les Alpes. Il ne se passe pas d'année, cependant, que ces avalanches ou les tourmentes de neige ne fassent un certain nombre de victimes. L'Alpe homicide a sa chronique, qui enregistre annuellement de nouveaux disparus, ensevelis sous le linceul de neige.

Tels sont les glaciers, considérés dans leur structure, leur mode de formation, leur marche, leur œuvre météorologique. Tels sont les caractères principaux des éminentes montagnes qui arrêtent les eaux du ciel pour les distribuer aux populations de la Terre.

LIVRE QUATRIÈME

LE VENT

CHAPITRE I

LE VENT ET SA CAUSE

CIRCULATION GÉNÉRALE DE L'ATMOSPHÈRE. — LES VENTS RÉGULIERS ET PÉRIO-
DIQUES. — ALIZÉS. — MOUSSONS. — BRISES. — LES VENTS VARIABLES. — LE VENT
DANS NOS CLIMATS. — VENTS SINGULIERS ET LOCAUX.

NOUS arrivons maintenant à l'étude des grands courants de l'Atmosphère, qui sont
eux-mêmes la manifestation incessante de l'action du Soleil sur notre planète.
Sans le vent, l'Atmosphère resterait immobile autour du globe, lourde, froide, morte,
enveloppant la Terre d'un véritable linceul, jamais agitée d'un souffle ni d'une brise,
réceptacle de tous les miasmes, empoisonnée et délétère. Par lui, une immense circulation est établie d'un bout du monde à l'autre, renouvelant toutes les couches,
balayant les exhalaisons funestes, remplaçant les chaleurs accablantes par une fraîcheur régénératrice, ou les froids des périodes glacées par les tièdes effluves printa-
nières, semant partout la richesse, la fécondité, la vie, faisant en un mot respirer à
tous les êtres son souffle maternel et toujours pur.

Qu'est-ce que le *vent* ?

Le vent n'est pas autre chose qu'*une quantité quelconque d'air mise en mouvement
par un changement dans l'équilibre de l'Atmosphère.*

Le vent est de l'air qui coule. En général, il coule horizontalement, et non uniformément, mais par poussées inégales. L'origine de ce mouvement de l'air est une différence de pression. Si l'Atmosphère avait partout et toujours la même densité, si tous
les baromètres établis à la surface du globe donnaient continuellement les mêmes
indications, les vents n'existeraient pas ; mais un grand nombre de causes tendent à
détruire sans cesse l'équilibre de l'Atmosphère. Parmi ces causes, les plus importantes
sont les inégalités de température et les transformations de la vapeur d'eau. Il en
résulte que la pression atmosphérique est très inégale et très variable selon les régions,
ainsi que selon les saisons et les heures. Presque toujours, le vent souffle des régions
où la pression atmosphérique est élevée vers celle où elle est moindre. Autour d'un
maximum de pression, le vent souffle en dehors dans toutes les directions. Autour d'un
minimum, au contraire, il souffle en dedans.

Nous avons dit que les inégalités de température sont une des premières causes
de la différence de densité et par conséquent de pression. Supposons un instant l'Atmo-

sphère absolument calme partout. Un nuage passe devant le Soleil, l'air placé dans le passage du nuage est rafraîchi et subit une condensation. Devenu plus dense, cet air va maintenant chercher à se mettre en équilibre ; un premier déplacement s'opérera dans le sens de la marche du nuage, et voilà un courant d'air frais dont la tendance sera de prendre le plus vite possible la place de l'air le plus chaud, le plus dilaté, qui l'avoisinera.

Supposons que le Soleil, brillant dans un ciel sans nuage, reste immobile au-dessus de nos têtes. L'air situé directement au-dessous de lui s'échauffera plus vite que celui de la couche inférieure, traversée de rayons très obliques. Dilaté, il va s'élever vers les régions aériennes moins denses, celui qui l'avoisine va chercher à prendre sa place, et voilà un autre courant d'air engendré.

Les grands courants de l'Atmosphère, les vents généraux et particuliers sont causés par cette recherche infatigable de l'équilibre sans cesse détruit par les diverses actions de la chaleur solaire.

De quelle manière se comporteront deux portions contiguës de l'Atmosphère, si elles viennent à être inégalement échauffées ?

La difficulté du problème tient à ce qu'au milieu d'un air pur l'air ne peut saisir aucune espèce de repère propre à lui dévoiler le sens du déplacement des couches. Cependant on est arrivé à la solution dans certaines limites.

Pour déterminer comment se mêlent les atmosphères de deux salles contiguës et inégalement échauffées, Franklin imagina de promener une chandelle à toutes les hauteurs de la porte de communication. Dans le bas, près du parquet,

Fig. 100. — Expérience sur la cause des vents.

la flamme indiquait un courant dirigé de la salle froide vers la chambre chaude. Dans le haut de la porte, la flamme, s'inclinant en sens inverse, signalait un courant dirigé de la salle chaude vers la salle froide. A une certaine hauteur, entre ces deux positions extrêmes, l'air semblait stationnaire.

De même, si en un point de la surface de la Terre il y a une cause d'échauffement, la colonne d'air superposée s'élève, un courant inférieur se dirige vers la partie chaude, et la colonne d'air échauffée fournit un courant supérieur ayant un mouvement inverse ou dirigé du lieu chaud vers le lieu froid.

Ceux qui ont résidé dans les régions chaudes sur le bord de la mer savent que tous les jours, à partir d'une certaine heure (neuf ou dix heures du matin), il s'élève un vent soufflant de la mer vers la terre, *une brise de mer ;* ce vent, attendu avec impatience par les habitants, rafraîchit l'Atmosphère pendant la plus grande partie de la journée jusque vers les cinq ou six heures du soir. La cause de ce vent est facile à trouver, d'après l'expérience de Franklin : il dépend, en effet, évidemment, des échauffements inégaux que l'action des rayons solaires fait éprouver aux terres continentales et à l'Océan.

Chaque jour, lorsque, à partir de neuf heures du matin, la température de la côte commence à dépasser la température moyenne, qui est toujours à peu près celle de la mer, l'air qui repose sur celle-ci souffle vers la terre. Après neuf heures du soir au contraire, lorsque la température de la côte est retombée au-dessous de la moyenne, l'air reflue de la terre vers la mer. A la brise de mer ou du matin succède ainsi chaque jour, après quelques heures de calme, la brise du soir ou de terre. A part les marées, les bateaux peuvent profiter de ces deux vents pour entrer dans les ports ou pour en sortir.

Les brises cessent de se faire sentir à une petite distance des côtes, et à leur place règnent en mer les vents qu'on appelle *moussons*, dont nous nous occuperons tout à l'heure.

Vers l'équateur, le Soleil, frappant la Terre de ses rayons dans une direction perpendiculaire ou presque verticale, y produit une température constamment plus élevée que dans les autres points de notre globe. Il en résulte que, des deux hémisphères, doivent affluer vers l'équateur deux courants inférieurs.

L'air, fortement échauffé sur la zone équatoriale, s'élève en masse vers les hautes régions de l'Atmosphère. Parvenue à une certaine élévation qui nous est inconnue, mais qui dépasse plusieurs kilomètres, la nappe ascendante se partage en deux autres, s'étalant dans la direction des deux pôles.

Le mouvement ascensionnel ainsi produit donne lieu à un appel d'air des deux côtés des régions torrides ; deux autres nappes rasant la surface du sol se dirigent des régions tempérées vers cette ligne. Nous trouvons donc sur tout le pourtour de la Terre un double circuit aérien, que l'on peut expliquer comme il suit.

Envisageons d'abord l'hémisphère nord. Un courant d'air parti des régions tropicales marche vers l'équateur. Situé dans les régions inférieures de l'Atmosphère et à la surface du globe, ce courant est directement accessible à notre observation, il constitue les *alizés* de l'hémisphère nord. Arrivé à une petite distance de l'équateur, variable suivant les saisons, il se redresse, s'élève dans l'air et, lorsqu'il a atteint un certain niveau, il reprend une direction sensiblement horizontale vers le pôle, en descendant toutefois graduellement à mesure qu'il s'éloigne de l'équateur. Maury a donné à cette branche du courant le nom de *contre-alizé* supérieur.

Borné là, le circuit ne serait pas complet ; les alizés et contre-alizés, reliés entre eux par la branche ascendante de la région équatoriale, ne le sont pas encore du côté nord.

Si la Terre était immobile, si sa surface était partout homogène, la réunion des deux branches s'opérerait sans doute vers le nord, comme elle a lieu vers le sud, sauf le renversement du sens du mouvement. Le contre-alizé supérieur s'infléchirait vers le sol pour venir se relier à l'alizé, et la circulation de l'Atmosphère se trouverait presque exclusivement renfermée entre des latitudes peu élevées. Remarquons toutefois que, l'origine première du mouvement se trouvant à l'équateur, ce mouvement y sera régulier comme la cause qui le produit. L'alizé et le contre-alizé participeront eux-mêmes de cette régularité dans le voisinage de la ligne équinoxiale ; mais, à mesure qu'on s'écartera de cette ligne, l'action motrice agira d'une manière de moins en moins directe.

La nappe descendante sera donc plus diffuse, moins bien limitée et moins fixe que la nappe ascendante. Sa position moyenne dépendra de l'activité moyenne du *tirage* équatorial et de la hauteur à laquelle atteindra le contre-alizé. Cette hauteur elle-même est liée à la loi de décroissance de la température avec l'altitude ; elle varie suivant les saisons.

Le circuit sud est un peu plus étendu que le circuit nord ; il empiète sur l'hémi-

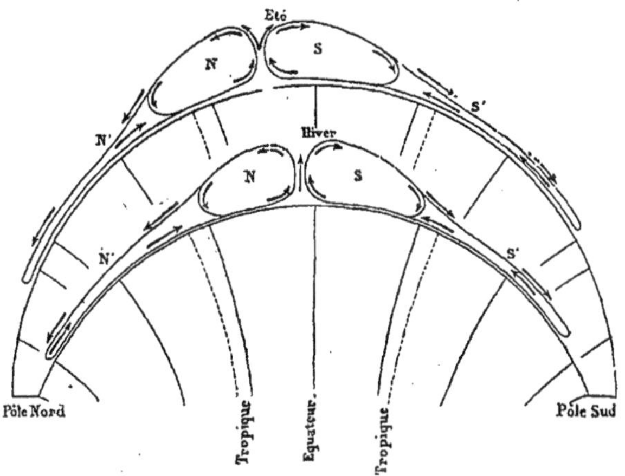

Fig. 101. — Coupe de l'Atmosphère montrant sa circulation générale.

sphère boréal, à la surface de l'Atlantique, auquel se rapporte la figure 101 ; en été, cet envahissement est encore plus marqué qu'en hiver.

Une circulation, quelque régulière qu'on la suppose, ne peut s'établir au sein d'une Atmosphère mobile comme la nôtre sans que la partie non directement comprise dans le mouvement en subisse le contre-coup. La décroissance de la température s'étend d'ailleurs jusque vers les pôles, et des mouvements atmosphériques en sont la conséquence obligée à ces hautes latitudes. Deux circonstances principales font sortir les courants aériens des limites embrassées par les circuits précédents et donnent naissance aux deux circuits secondaires N' et S' : ce sont la rotation du globe sur son axe et autour du Soleil et la distribution des terres et des mers à la surface du globe.

La Terre tourne sur elle-même dans le sens de l'ouest à l'est. Tous ses points effectuent une révolution complète dans une même période de vingt-quatre heures; mais, dans cet intervalle de temps, tous ne parcourent pas des chemins égaux et ne se meuvent pas avec la même vitesse : tandis qu'à l'équateur la vitesse est de 465 mètres par seconde ou 1.674 kilomètres par heure, nous avons vu (p. 12) qu'à la latitude de Paris elle est de 305 mètres par seconde ou 1.098 kilomètres à l'heure, qu'elle descend à 576 au Groënland, et qu'au pôle elle est nulle.

L'air, qui nous semble en repos à Paris, se meut donc en réalité de l'ouest à l'est avec une vitesse d'environ 1.100 kilomètres à l'heure. Imaginons que cet air soit transporté sur le 56ᵉ parallèle (Edimbourg), sans que rien soit changé dans sa vitesse : il continuera de marcher avec la même vitesse ; mais chaque point du 56ᵉ parallèle en parcourt seulement 924 ; l'air gagnera donc sur le sol et dans la direction de l'est 168 kilomètres par heure : ce qui constitue un véritable ouragan. Un effet inverse aurait lieu si une masse d'air en repos relatif sur le 56ᵉ parallèle était subitement transportée sur le 49ᵉ : cet air nous semblerait courir de l'est à l'ouest avec une vitesse de 168 kilomètres.

Cette circulation générale de l'Atmosphère est influencée d'une certaine manière par les saisons.

Sur la fin de notre été, les régions environnant le pôle Nord ont eu pendant plusieurs mois des jours sans nuits ; la température s'y est notablement adoucie et l'air s'y est raréfié. Aux jours sans nuits succèdent bientôt des nuits sans jours, accompagnées de froids d'une extrême rigueur; l'air se condense et appelle de l'air pour combler le vide formé par le froid. A chacun de ces changements dans notre hémisphère correspond un changement inverse dans l'hémisphère opposé ; un transport général de l'Atmosphère a donc lieu chaque année alternativement de l'hémisphère sud à l'hémisphère nord, et réciproquement.

L'afflux de l'air vers le pôle Nord pendant l'hiver s'effectue par l'intermédiaire des courants équatoriaux, qui acquièrent alors une très grande ampleur ; les perturbations s'y accroissent dans le même rapport : c'est la saison des tempêtes. A mesure que le Soleil revient vers nous, que notre Atmosphère s'échauffe et se dilate, le courant équatorial se ralentit, il atteint des latitudes moins élevées. Au contraire, les courants polaires prennent plus d'activité; mais, comme ils se répandent à la surface de l'Asie et même de l'Europe, leur vitesse est rarement très grande; l'été est la saison des calmes pour notre hémisphère. Les troubles atmosphériques de cette saison sont limités à de faibles étendues, et leur gravité toute locale se rapporte à des phénomènes électriques d'une nature toute spéciale : c'est la saison des orages.

La figure 102 montre le cours et la direction des alizés de l'Atlantique : on y reconnaît au premier coup d'œil l'influence des saisons et celle des continents. En février et mars, l'hémisphère sud est dans la saison d'été; la température y est à son maximum ou s'en trouve peu éloignée. En août et septembre, le nord de l'Afrique arrive à son tour vers la fin de son été : c'est là que la force d'aspiration a son maximum.

Entre les alizés on remarque les zones des *calmes équatoriaux*. Elles occupent des positions très différentes à la fin de l'hiver et de l'été, car elles suivent, mais de loin, la marche du Soleil entre les tropiques. Jamais les calmes ne franchissent l'équateur à la surface de l'Atlantique. En février et mars, mois où ils s'en approchent le plus près, l'alizé du nord-est s'arrête vers le 4ᵉ degré de latitude nord en moyenne ; en août et septembre, mois où ils s'en éloignent le plus, le même alizé s'arrête vers le 11ᵉ degré.

Lorsqu'un navire à voiles dans l'océan Atlantique se rapproche de l'équateur, une certaine anxiété saisit l'équipage, car il sait qu'au premier moment le vent favorable qui l'a poussé jusque-là faiblira de plus en plus, pour s'évanouir enfin complètement. La mer, devenue miroir, s'étend à l'infini, et le bâtiment, qui dans sa course rapide égalait le vol des oiseaux, se trouve immobilisé. Les rayons solaires tombent verticalement sur l'espace étroit où ces navigateurs sont enfermés. Le Soleil, qui deux fois par an donne d'aplomb sur ces régions, ne s'éloigne jamais assez pour qu'un refroidissement puisse avoir lieu. L'Atmosphère échauffée y devient si légère qu'elle se trouve douée d'un mouvement ascendant continuel. En même temps, s'évapore de l'océan Atlantique et de l'océan Pacifique une quantité incommensurable d'eau qui se répand dans l'air embrasé et s'élève avec lui. Mais, à mesure que l'air monte vers les hautes régions, il se refroidit de plus en plus, et parfois très brusquement, de sorte qu'une grande partie de l'eau qu'il avait enlevée se transforme en gouttes de pluie. Ces changements subits produisent des tempêtes passagères, fréquentes dans les régions équinoxiales.

Nous venons de voir qu'à mesure qu'il se rapproche des zones tempérées sur lesquelles il va retomber en les refroidissant, le courant supérieur rencontre des couches d'air animées d'une moindre vitesse dans le sens du mouvement diurne. Il en résulte que le retour des alizés donne lieu dans les zones tempérées à un vent qui souffle du sud-ouest pour l'hémisphère boréal, et du nord-ouest pour l'hémisphère austral.

Ainsi en France, par exemple, le vent souffle plus souvent du sud-ouest que de toute autre direction.

L'existence des alizés fut reconnue dès le premier voyage de Christophe Colomb. Les vents réguliers qui poussaient ce hardi navigateur dans la route nouvelle par laquelle il voulait arriver dans l'Inde excitèrent la terreur de ses compagnons en leur faisant craindre l'impossibilité du retour en Europe. Si, après la découverte du nouveau monde, que Colomb rencontra au lieu de l'Inde qu'il croyait atteindre, cet intrépide marin n'eût pas cherché à éviter les vents alizés, en se dirigeant au nord avant de tourner à l'ouest, nul doute qu'il ne serait pas revenu en Espagne. Avec ses navires à la fois mal approvisionnés et d'une construction défectueuse qui leur donnait une mauvaise marche, il eût, ainsi que ses équipages, péri par le manque de vivres dans l'immense région de l'alizé.

C'est de la lutte de ces deux courants, c'est du lieu où le courant supérieur retombe et atteint la surface, c'est de leur pénétration réciproque, que dépendent les plus importantes variations de la pression atmosphérique, les changements de température dans les couches d'air, la précipitation des vapeurs aqueuses condensées, et même, comme Dove l'a montré, la formation et les figures variées que prennent les nuages. La forme des nues, qui donne aux paysages tant de mouvement et de charme, nous annonce ce qui se passe dans les hautes régions de l'Atmosphère ; quand l'air est calme, les nuages dessinent sur le ciel d'une chaude journée d'été « l'image projetée » du sol dont le calorique rayonne abondamment vers l'espace.

Dans le grand Océan et l'océan Atlantique, les alizés s'étendent à peu près jusque vers les tropiques ; mais dans la mer des Indes la présence des terres s'oppose à l'éta-

blissement de vents réguliers ou alizés ; tandis que dans l'hémisphère sud, à une certaine distance des terres, l'alizé sud-est règne presque constamment, dans l'hémisphère
nord de l'océan Indien il règne un vent sud-ouest, dirigé vers la péninsule de l'Hindoustan, le nord de l'Inde et la Chine, depuis avril jusqu'en octobre, et depuis octobre
jusqu'en avril un vent contraire a lieu et règne du nord-est au sud-ouest : ces vents
sont les *moussons* de l'océan Indien. Ce mot est dérivé du malais *moussin*, qui veut
dire saison. Ainsi, pendant l'été de notre hémisphère, lorsque le Soleil a ses déclinaisons boréales, c'est la mousson sud-ouest qui règne seule ; tandis que dans notre
hiver, lorsque le Soleil a ses déclinaisons australes, c'est la mousson nord-est qui
prend naissance. Ces vents pénètrent dans l'intérieur des continents, où ils sont
influencés par la forme des terres.

La circulation constante entretenue dans l'Atmosphère rend impossible qu'en un

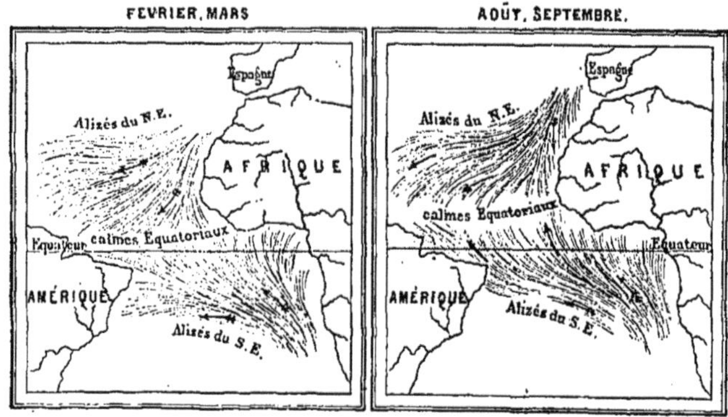

Fig. 102. — Vents alizés de l'Atlantique.

endroit quelconque, une des substances nécessaires à la vie des organismes, telles que
l'oxygène, les vapeurs aqueuses, etc., soit entièrement consommée, ou qu'une substance délétère, telle que l'acide carbonique, s'y accumule en quantité dangereuse :
l'existence de la nature animée est intimement liée à cette circulation.

Ces traits simples semblent au premier abord ne pas s'appliquer au jeu en apparence si capricieux du temps, et ne pas esquisser tel qu'il est ce type de la versatilité
et de l'inconstance. Le temps n'en est pas moins variable, dans nos climats surtout,
comme nous allons le voir. Nous pouvons partager la surface du globe en deux moitiés
inégales : la région du temps constant et celle du temps variable. Aussi loin que s'étend
l'influence des vents alizés, on peut prédire la disposition de l'air, même plusieurs
années d'avance. La zone moyenne (comprise entre le 2e et le 4e degré lat. N. et S.)
est celle où pendant toute l'année, sans interruption, de fortes chaleurs et des calmes
alternent avec des averses et des tempêtes nocturnes. A côté d'elle vient une autre
zone (4 à 10 degrés lat.) où cet état de choses ne se présente qu'en été ou en hiver, et
le vent alizé amène un ciel serein. Vient ensuite une troisième (10 à 28 degrés lat.) où,
en hiver comme en été, les vents alizés n'amènent pas la moindre humidité, où

30

des années se passent sans qu'une petite pluie passagère vienne rafraîchir la terre.

Enfin, une dernière zone (de 20 à 30 degrés lat.) forme la latitude du temps constant ; là les vents alizés déterminent un été sans pluie et un hiver doux et pluvieux : toutefois la pluie n'y est pas toujours continuelle. L'indication approximative des latitudes se rapporte à l'hémisphère boréal et à l'océan Atlantique, le seul endroit où des observations aient été recueillies.

Nous arrivons ensuite à une zone où les luttes entre le courant polaire et le courant équatorial occasionnent un climat variable, qui nous paraît capricieux et accidentel parce que les circonstances, dont dépend la prédominance dans une localité donnée de l'un ou de l'autre des deux courants, sont compliquées au point que l'on n'a pu encore déduire des différentes observations une loi capable de régir ces modifications.

Cependant, l'inconstance même a souvent une cause et les vents de nos climats qui nous paraissent si fantasques vont nous laisser apercevoir derrière eux les règles auxquelles ils obéissent.

Et d'abord, comme nous l'avons vu tout à l'heure, le contre-alizé supérieur, qui apporte vers le nord l'air raréfié des régions équatoriales, s'abaisse de plus en plus, en perdant de sa vitesse et de sa chaleur, à mesure qu'il arrive dans les latitudes plus élevées ; en même temps il tourne au sud-ouest.

Vers le 30e degré de latitude, il atteint le sol ; en France, il est tout à fait à la surface. Ce vent du sud-ouest, en effet, domine dans toute l'Europe. Ainsi, au milieu de la variété des vents, nous en remarquons déjà un qui est régulier, puisqu'il n'est autre que l'alizé supérieur descendu jusqu'ici, et qui prend la plus grande place dans la météorologie de nos climats.

D'un autre côté, le courant polaire inférieur qui porte l'air froid du nord au sud et forme sous les tropiques l'alizé du nord-est, doit également se faire sentir dans nos contrées, car il faut bien qu'il passe quelque part pour aller du pôle à l'équateur, et si l'air qui va de l'équateur au pôle ne s'en retournait pas, il n'y aurait plus d'atmosphère entre les tropiques. Voilà notre courant polaire qui souvent nous apporte dans le vent du nord-est le souffle glacé du pôle arctique.

Il existe donc dans notre hémisphère *deux directions générales* de vents. Tantôt c'est le courant équatorial qui prédomine, tantôt c'est le courant polaire. Le premier est chaud et humide, le second est froid et sec. Chacun d'eux a sur les productions de la terre une influence contraire, et l'état des récoltes dépend en grande partie de l'époque et de la continuité de leurs règnes.

Les vents du sud-ouest, ouest et sud d'une part, ceux du nord-est et nord d'autre part, constituent les vents *primitifs* généraux auxquels nos régions sont soumises. Toutes les autres directions de vent proviennent de ces deux courants, par les causes suivantes :

Si les deux courants soufflent à côté l'un de l'autre, occupant chacun une certaine étendue, comme ils coulent dans une direction opposée, on doit trouver sur la limite qui les sépare des tourbillons, des remous engendrés par l'action des deux fleuves d'air. Ces remous tourneront dans le sens nord-est à sud-ouest à la tangente du courant polaire, et dans le sens sud-ouest à nord-est à la tangente du courant équatorial. C'est là un simple mouvement de rotation horizontal comme celui d'une meule. Chaque point de la circonférence de cette meule d'air aura sa direction particulière, puisque nous supposons que cette masse tourne dans son ensemble. Ce sera là une zone de vents variables qui peut d'ailleurs changer de place sous l'influence des deux grands courants qui lui ont donné naissance et qui changent eux-mêmes de position, de largeur et d'intensité.

Voilà une première cause de changements de vents, qui est pour ainsi dire constante, puisque les deux courants soufflent sans cesse, et qui doit se multiplier sur de vastes étendues. Il en est une seconde, non moins importante.

Une différence de température existe constamment entre les diverses régions d'un même territoire. Ici ce sont des eaux, là des terres ; ici ce sont des déserts, là des forêts ; ici ce sont des plaines basses chaudes, là des plateaux froids. Ces différences de température modifient nos deux courants à leur passage. Un ciel couvert favorise la marche de celui-ci, arrête la marche de celui-là. Ainsi des vents partiels naissent, comme des branches latérales, de ces deux grands arbres renversés.

Une troisième cause de changement s'ajoute encore aux précédentes : les protubérances du relief continental. Les courants généraux qui passent au-dessus d'une chaîne de montagnes n'y soufflent point avec la même régularité que dans la plaine. En effet, les vents doivent être d'autant plus inégaux dans leurs bouffées successives que la surface sur laquelle ils glissent est moins unie. La même nappe aérienne, qui se meut au-dessus des mers avec l'uniformité d'un fleuve immense, se départ de son allure régulière dès qu'elle est interrompue dans son cours par les inégalités du sol. Au pied des grandes montagnes de la Suisse, et notamment aux environs de Genève où le relief terrestre est déjà très accidenté, les alternatives qui se produisent dans la force du vent sont telles que l'anémomètre indique parfois une variation d'intensité du simple au triple. Dans les hautes gorges des Alpes, il arrive souvent, au cours des plus violentes tempêtes, que l'Atmosphère présente par intervalles le calme le plus parfait. Même dans les pays faiblement accidentés et dans les plaines parsemées de maisons et de bosquets, le vent ne progresse point d'un souffle égal comme l'alizé des mers ; il avance par une succession de bouffées et de rafales, dont chacune représente une victoire du courant atmosphérique sur un obstacle de la plaine. Au ras du sol, le vent est toujours intermittent, tandis que dans les hauteurs de l'air il marche presque toujours d'un mouvement égal et majestueux comme le courant d'un fleuve.

Ainsi des lois régissent ces détails de changement aussi bien que le mouvement général de circulation. Nous pouvons nous demander maintenant si l'on a remarqué une loi dans le sens de la succession des vents.

Depuis des siècles déjà, les savants avaient constaté que dans l'hémisphère septentrional la succession des vents s'accomplit d'une manière normale dans le sens du sud-ouest au nord-est par l'ouest et le nord, et du nord-est au sud-ouest par l'est et le sud : c'est un mouvement de rotation analogue à celui que le Soleil semble décrire

dans le ciel, lorsque, après s'être levé à l'orient, il se dirige vers l'occident en développant sa vaste courbe autour du zénith. Aristote avait fait cette observation, il y a
plus de deux mille ans : « Lorsqu'un vent vient à cesser pour faire place à un autre vent
d'une direction voisine, dit-il dans sa *Météorologie*, le changement a lieu suivant la
marche du Soleil. » Depuis l'époque du grand naturaliste grec, plusieurs auteurs ont
affirmé de nouveau ce fait de la rotation régulière des vents, qui du reste était de
temps immémorial parfaitement connu des marins. Dove, le premier, a réuni les
témoignages épars qui confirment l'idée populaire et transforment l'ancienne hypothèse en certitude scientifique. Désormais il est devenu tout à fait incontestable
que dans l'hémisphère du nord les vents se succèdent le plus fréquemment dans
l'ordre régulier suivant :

SUD-OUEST, OUEST, NORD-OUEST, NORD, NORD-EST, EST, SUD-EST, SUD, SUD-OUEST

Dans l'hémisphère méridional, la rotation normale des courants aériens s'accomplit
en sens inverse. Ainsi, dans chacun des deux hémisphères, la succession des vents
concorde avec la marche apparente du Soleil, qui, pour les Européens, décrit sa
course diurne au sud du zénith, et pour les Australiens passe au nord de ce même
point. Tel est l'ordre régulier auquel Dove a donné le nom de *giration*, mais qui a
gardé le nom de ce savant lui-même. On observe un effet de cette giration dans les
voyages aériens au long cours.

La direction du vent est son caractère le plus apparent et le plus facile à observer.
Pour la déterminer avec précision, au lieu de considérer seulement les quatre points
cardinaux *nord, est, sud* et *ouest*, on partage l'intervalle entre chacun de ces quarts,
ce qui donne quatre directions intermédiaires, *nord-est, sud-est, sud-ouest* et *nord-
ouest*, et à ces huit directions on en ajoute encore de nouvelles en partageant les intervalles, comme on le voit par la Rose des vents (fig. 103).

Lorsqu'on sait s'orienter et qu'on peut trouver autour de soi quelques objets
susceptibles d'être impressionnés par les mouvements de l'air, il est aisé de reconnaître la direction du vent ; mais on a souvent recours à un instrument, le plus ancien
sans doute de tous ceux qui servent aux observations météorologiques, à la girouette.
Ce simple appareil consiste en une feuille de métal, ordinairement de fer-blanc ou de
zinc, découpée d'une façon plus ou moins élégante et mobile sur une tige à laquelle
est fixée une croix horizontale, dont les bras portent à leurs extrémités les lettres
N, S, W, E. La girouette se place sur la partie la plus élevée des édifices.

Exposée aux intempéries, elle se rouille et se détériore, devient paresseuse, n'obéit
plus aux impulsions du vent. Il arrive aussi que sa tige se déjette et alors, déplacée
de sa position d'équilibre, la girouette retombe toujours du même côté. Ses indications ne sont valables que si elle est vérifiée de temps en temps et placée à une hauteur qui la mette à l'abri des déviations de vent causées par les obstacles inférieurs.
Il n'est pas rare que l'Atmosphère soit parcourue par plusieurs courants superposés
et entre-croisés. Dans ce cas, le courant principal, celui qui, si l'on peut dire, gouverne

le temps, est en général placé à une grande hauteur, quand même il n'est pas le plus élevé de tous, et c'est la marche des nuages qui le fait connaître.

La masse ou la densité de l'air ne variant que dans des limites très restreintes, la force du vent dépend presque entièrement de sa vitesse et croît comme le carré de celle-ci. Les termes « force du vent » et « vitesse du vent » sont donc presque identiques. Pour mesurer cette vitesse, on se sert d'appareils désignés sous le nom d'*anémomètres*.

Maintenant, si nous considérons la France dans son ensemble, nous constatons que le vent du sud-ouest domine dans le nord, le nord-ouest et l'ouest, région que l'on peut appeler atlantique, et qu'il s'abaisse vers la région méditerranéenne, si bien

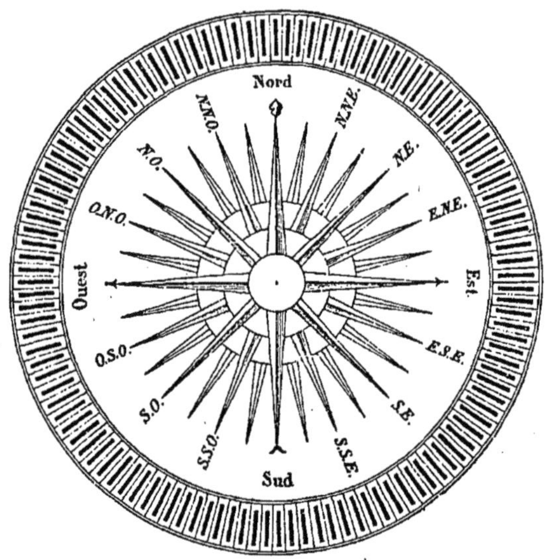

Fig. 103. — Rose des vents.

qu'à Marseille, par exemple, il souffle presque constamment du nord-ouest, et que dans presque tout le sud de la France le vent du nord est dominant. La prédominance des vents de nord-ouest existe dans toute cette zone autour de la Terre.

Les vents du nord soufflent presque constamment en été sur l'Archipel grec, et sont connus depuis longtemps sous le nom de vents *étésiens*. Ils commencent après le solstice d'été et durent quelquefois jusqu'à la fin de l'automne. Ils sont interrompus, surtout vers l'époque des solstices, c'est-à-dire des jours les plus longs et des jours les plus courts, par des vents de sud-est et de sud-ouest qui soufflent avec une grande force ; en hiver cependant les coups de vent du nord sont encore plus à craindre et sont souvent accompagnés de neige ou de grêle. Les vents étésiens acquièrent quelquefois en été une violence extraordinaire et, bien qu'ils soient utiles aux navigateurs, ils ne laissent pas d'être parfois pernicieux, froids et chargeant l'horizon d'épaisses vapeurs. Ils nuisent quelquefois beaucoup à la végétation, et à peine ont-ils soufflé quelques heures que les sommets des montagnes d'Albanie et de Grèce se couvrent de neige.

Remontons-nous vers le nord-est, la tendance des vents du nord à dominer devient de plus en plus marquée ; pendant la plus grande partie de l'année, le nord et le nord-est règnent à Constantinople.

Bercés sur la Méditerranée, les Grecs avaient étudié et décrit les diverses directions du vent qui enflait leurs voiles. Tout d'abord ils n'en distinguaient que deux : le nord, *Boréas*, et le sud, *Notos*. Cette distinction, bientôt insuffisante, fut rapidement complétée par le vent d'ouest, *Zephyros*, et par le vent d'est, *Euros*. Du temps d'Homère, ils avaient même déjà ajouté les intermédiaires : le nord-est ou Boréas-Euros, le sud-est ou Notos-Apheliotes, le sud-ouest ou Argestes-Notos, et le nord-ouest ou Zephyros-Boréas. On peut même remarquer dans Homère que le vent d'ouest, le Zephyros, est représenté avec ses caractères véritables : ce n'est point le vent léger et sans force qui joue et folâtre au printemps avec Flore dans les compositions galantes du siècle de Louis XV : c'est le violent zéphire, le vent au souffle pernicieux, celui auquel les autres ne résistent pas ; c'est le zéphire au sifflement aigu qui pousse devant lui la tempête et soulève les flots. Or tels sont encore les caractères de notre vent d'ouest ou zéphire français, vent dominant de l'Europe. Il y a longtemps qu'Auguste lui élevait un temple dans les environs de Narbonne, pour l'engager à lui souffler moins fort dans les oreilles. Sur les côtes de Bretagne, ce vent désastreux rase la tête de tous les arbres à la hauteur des abris. Tous les pommiers de Normandie ont le tronc penché du côté opposé à la mer par la violence et la persistance de ce vent. On voit le même effet sur la côte d'Ingouville, au-dessus du Havre, et avec un peu d'attention presque tout le long de nos magnifiques rivages — et même jusqu'aux environs de Paris.

Tel est l'ensemble du régime des vents dans nos contrées. C'est en somme le courant équatorial qui domine ou la direction sud-ouest. Le courant polaire, ou la direction nord-est, vient ensuite. En glissant l'un contre l'autre ou l'un sur l'autre, ces deux courants généraux produisent des directions différentes, amenées d'ailleurs aussi par les conditions locales et par des phénomènes atmosphériques dont nous parlerons plus loin.

Le jour viendra où la marche des vents variables sera déterminée pour nos climats, comme la circulation générale des alizés et des moussons l'est depuis longtemps pour les régions tropicales. Les vents supérieurs révéleront au météorologiste la route invisible qu'ils suivent dans les hauteurs aériennes, comme les planètes ont révélé à l'astronome l'orbite mystérieuse de laquelle elles ne s'écartent jamais. Alors, nous suivrons la genèse et le développement des cyclones, des tropiques aux régions boréales ; et nous connaîtrons pour chaque jour de l'année et pour chaque pays la direction de l'onde atmosphérique qui doit passer sur nos têtes. Alors nous saurons mettre le cap de l'aérostat sur un point déterminé de la rose des vents et voyager dans les airs, sur l'aile souple et moelleuse des brises parfumées. Le grincement de la massive locomotive ne fera plus frémir l'inerte rail des voies ferrées, si ce n'est pour le transport de la lourde matière. Les voies aériennes ouvertes à l'industrie par la science, comme toutes les autres l'ont été successivement, nous offriront leurs chemins inusables pour la plus magnifique, la plus sublime des traversées.

Les courants dont nous venons d'étudier les lois jouent un grand rôle dans la nature. Ils favorisent la fécondation des fleurs en agitant les rameaux des plantes et en transportant le pollen à de grandes distances. Ils renouvellent l'air des villes et adoucissent les climats du nord en leur apportant la chaleur du midi. Sans eux, les pluies seraient inconnues dans l'intérieur des continents, qui se transformeraient en déserts arides. Sans eux, la Terre serait presque inhabitable, des contrées entières deviendraient des foyers d'infection, de vastes cimetières, car l'homme devient pour l'homme le plus redoutable poison. Les vents, les vents seuls, peuvent atténuer ou prévenir ces maux, en balayant les émanations, en les disséminant dans l'espace immense, en remplaçant une atmosphère viciée par un air frais et salubre. D'ailleurs, il en est de l'air comme de l'eau : le mouvement seul les conserve purs.

Les vents ne promènent pas seulement la vie ; ils transportent aussi la mort sur les contrées qu'ils dominent. Quatre-vingts kilomètres de distance ne mettent pas Rome à l'abri de l'air meurtrier qui a traversé les marais Pontins. A Paris, le vent de sud-ouest souffle soixante-dix jours dans l'année ; placez un *agro romano* dans la Mayenne, dans la Sarthe, dans la Touraine, et la population parisienne sera décimée par des fièvres intermittentes et frappée dans sa virilité !

Nous avons vu que, pour toutes les latitudes égales à celles de l'Europe, et même un peu plus méridionales, le vent dominant est celui de sud-ouest, qui apporte à l'Europe l'air chaud de l'Atlantique et lui donne ce climat unique qui permet de cultiver l'orge et quelques céréales jusqu'au cap Nord, tandis que le Groënland, privé de ces haleines bienfaisantes, ne dégèle jamais, quoiqu'il atteigne presque les latitudes du nord de l'Écosse. La belle, riche et savante ville de Boston, aux États-Unis, est à la même latitude où les oliviers sont cultivés en Espagne ; elle éprouve cependant des hivers qui, sur les étangs et les petits lacs d'alentour, font pénétrer la glace à un mètre. Les cinq grands lacs américains, véritables mers d'eau douce, gèlent profondément et portent en hiver des chemins de fer improvisés, comme ils portent des vaisseaux pendant l'été. Quelle triste production que la glace auprès des vins et des huiles d'olive que le beau climat de Bordeaux et de l'Espagne fournit aux cultivateurs indo-

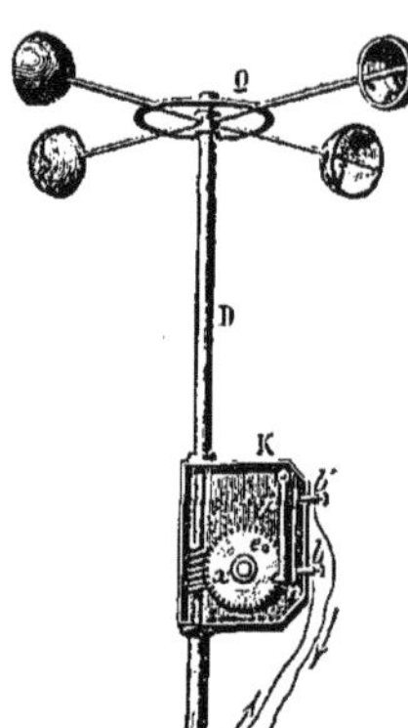

Fig. 104. — L'anémomètre de Robinson.

lents! Eh bien, l'activité intelligente du citoyen des États-Unis a transformé cette glace même en une vraie récolte qui s'exporte dans l'Inde et dans les régions tropicales, à un prix sans doute bien supérieur à ce que les Asturies retirent de leurs oliviers. Les industriels américains sont parvenus à faire croire à leurs concitoyens que la glace est excellente et aux États-Unis tout le monde en prend même en hiver.

Vers le milieu de notre pays se trouve le point du plus beau climat du monde entier, en sorte que, si vers l'orient du méridien de Paris on choisit une localité déterminée, toute autre localité quelconque dans le monde entier, à pareille latitude, aura un climat moins favorable. La nature a donc fait beaucoup pour la France, et les arguments diplomatiques d'outre-Rhin ne changeront pas ce climat devenu légendaire, ce ciel que l'on peut envier, mais auquel on ne peut ravir ni son charme ni sa douceur. Il nous reste à faire beaucoup nous-mêmes pour nous relever de notre amollissement passager et affirmer devant le monde notre puissance intellectuelle, la seule véritable, car, comme le disait Napoléon, et comme il l'a constaté lui-même en 1815, « la force ne fonde rien ».

Nous devons maintenant nous rendre compte de la force et de la vitesse du vent considéré en lui-même.

Or ce qui nous frappe le plus, c'est son extrême légèreté jointe à son inimaginable puissance.

Nul élément n'est plus capricieux, ni plus mobile ; nul n'est capable à la fois de plus douces caresses ni de plus étranges colères. L'échelle de ses variations est d'une telle amplitude qu'il est même difficile de nous rendre compte de toute la gamme qu'il peut parcourir, depuis le souffle qui ride à peine la surface d'un lac tranquille jusqu'à l'ouragan qui déracine les arbres et renverse les édifices. La table suivante peut donner une idée des différents degrés qu'il peut acquérir.

La vitesse du vent est le nombre de mètres que parcourent les molécules d'air en une seconde (ou le nombre de kilomètres parcourus en une heure). L'intensité ou la force du vent est la pression qu'il exerce sur l'unité de surface, qui est le mètre carré ; on l'exprime ordinairement en kilogrammes.

La géante tour Eiffel possède à son sommet un observatoire météorologique de premier ordre, auquel nous empruntons les observations suivantes sur la vitesse du vent à 300 mètres au-dessus du sol :

VITESSE ET FORCE DU VENT

ÉCHELLE TERRESTRE	EFFETS DU VENT	ÉCHELLE MARINE	VITESSE		PRESSION du vent en kilogrammes par mètre carré.
			en mètres par seconde.	en kilomètres par heure.	
			mètres.	kilomètres.	kilogrammes.
0. Calme........	La fumée s'élève verticalement; les feuilles des arbres sont immobiles.	0. Calme.	de 0 à 0,5	de 0 à 2	de 0 à 0,1
1. Faible.......	Sensible aux mains ou à la figure; agite les petites feuilles.	1. Presque calme. 2. Légère brise.	de 0,5 à 5	de 2 à 18	de 1 à 3
2. Modéré......	Fait flotter un drapeau; agite les feuilles et les petites branches.	3. Petite brise. 4. Jolie brise.	de 5 à 10	de 18 à 36	de 3 à 12
3. Assez fort...	Agite les grosses branches.	5. Bonne brise. 6. Bon frais.	de 10 à 15	de 36 à 54	de 12 à 27
4. Fort.........	Agite les plus grosses branches et les arbres de petit diamètre.	7. Grand Air. 8. Petit coup de vent.	de 15 à 20	de 54 à 72	de 27 à 48
5. Violent. .. .	Secoue tous les arbres; brise les branches et quelques arbres.	9. Coup de vent. 10. Fort coup de vent.	de 20 à 30	de 72 à 108	de 48 à 108
6. Ouragan.....	Renverse les cheminées; enlève les toits des maisons; déracine les arbres.	11. Tempête. 12. Ouragan.	au-dessus de 30	au-dessus de 108	au-dessus de 108

A peu près constante pendant la durée de la nuit, cette vitesse diminue à partir du lever du Soleil et atteint son minimum dans l'après-midi. A la surface du sol, au contraire, la vitesse du vent augmente à partir du lever du Soleil jusqu'à une heure du soir pour décroître ensuite régulièrement jusqu'à la fin de la nuit.

D'autre part, j'ai constaté dans mes voyages aériens que la vitesse de l'air augmente généralement avec la hauteur. Dans l'une de ses ascensions, M. Coxwel a fait un voyage de 110 kilomètres en soixante minutes, alors qu'au-dessous de lui les instruments indiquaient 23 kilomètres à peine dans la même heure. Le ballon de M. Rolier, qui pendant le siège de Paris fut porté jusqu'à Christiania (Norvège), parcourut 1.600 kilomètres en quinze heures, c'est-à-dire 106 kilomètres à l'heure ; il n'y avait cependant qu'un vent ordinaire à la surface du sol. Le ballon du couronnement de Napoléon Ier, qui fut lancé dans le ciel de Paris le 16 décembre 1804, à onze heures du soir, vola directement vers Rome pour porter la nouvelle de l'obéissance du pape à l'empereur, et tomba vers sept heures du matin non loin de la ville, en brisant contre le « tombeau de Néron » la couronne impériale de trois mille verres de couleur qu'il portait ; il avait fait 1.300 kilomètres en huit heures, soit 162 kilomètres à l'heure ! Il y a encore une vitesse aérostatique plus grande : un jour, le ballon de Green

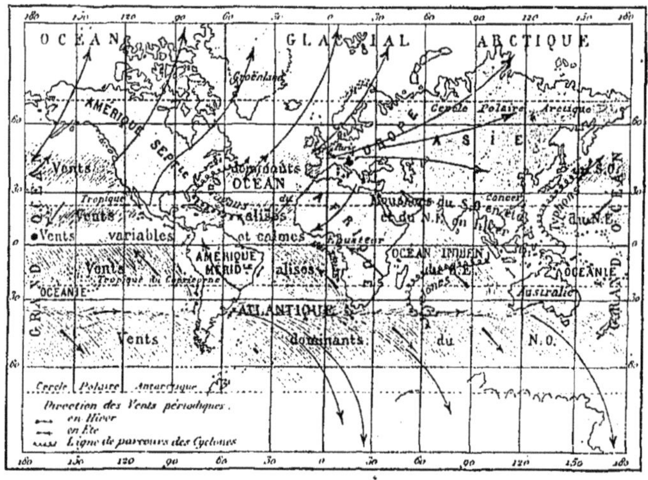

Fig. 105. — Carte des vents dominants du globe.

fut emporté sur Londres avec une force de 64 mètres par seconde : ce qui donnerait 240 kilomètres à l'heure. Ces faits doivent nous donner une idée des gigantesques mouvements atmosphériques à une certaine hauteur au-dessus du sol, quand, sur la Terre, semée d'obstacles, et sur l'Océan aux vagues hérissées sous la tempête, il arrive à quintupler la vitesse d'une locomotive.

Au moyen de cerfs-volants et de ballons-sondes, M. Rotch, à Blue Hill (États-Unis) a constaté que la vitesse du vent, qui était de 35 kilomètres à l'heure à 500 mètres d'altitude, atteignait 45 kilomètres à 1.600 mètres, 80 kilomètres à 5.000 mètres et 130 kilomètres à 10.000 mètres au-dessus du niveau de la mer, et que ces vitesses étaient en hiver souvent doublées, au point de s'élever jusqu'à 300 kilomètres à l'heure.

A l'observatoire de la Biélasnika, à 2.067 mètres au-dessus de l'Adriatique, en Bosnie, on a pu observer scientifiquement un terrible cyclone, le 1er avril 1898.

La vitesse maximum du vent était de 205 kilomètres à l'heure, soit 57 mètres par seconde.

Les pierres volaient comme des balles de papier ; l'observatoire tremblait sur sa base et tout être vivant qui se fût hasardé sur le plateau eût été infailliblement emporté dans les airs.

Au cours d'une effroyable tempête qui a dévasté Porto-Rico, au mois d'août 1899, on a noté un maximum de vent de 220 kilomètres à l'heure. Les anémomètres demeurèrent vaincus par cette formidable puissance et n'enregistrèrent plus.

Quant à la pression exercée par le courant aérien qui se meut avec une pareille vitesse, elle est vraiment formidable. Dans un mémoire sur la construction des phares, Fresnel estimait la plus forte pression du vent à 275 kilogrammes par mètre carré ; mais il est très probable que dans nombre d'ouragans ce chiffre a été dépassé. Sans mentionner les effets produits par les grands cyclones des tropiques, il s'est présenté sous la zone tempérée des cas où la pression exercée par le vent sur un espace peu étendu était de beaucoup supérieure aux prévisions des météorologistes.

Ainsi, la tempête du 27 février 1860, venue de l'ouest et plongeant dans la plaine de Narbonne par l'espèce de détroit où passent le canal et le chemin de fer du Midi, eut assez de violence pour faire dérailler et renverser en partie deux trains qu'elle prit par le travers entre les stations de Salces et de Rivesaltes : la pression a dû être de 400 kilogrammes !

Autre exemple : le 14 février 1868, pendant la tempête, des wagons au repos sur la ligne de Napoléon-Vendée aux Sables-d'Olonne se mirent en marche sous la seule impulsion du vent. Ils parcoururent ainsi une distance de 4 kilomètres environ. Les gardes-barrières, qui les voyaient passer, se mettaient régulièrement au porte-guidon devant leurs maisonnettes, s'imaginant éclairer la marche d'un train supplémentaire.

Le 12 octobre 1903, au village de Bogaerden, en Belgique, un noyer énorme, dont le tronc pouvait avoir 2 mètres de circonférence, a été entièrement soulevé par le vent et jeté sur une ferme.

Pendant cette même tempête, une maison a été coupée en deux par le vent dans le sens de la longueur, comme par un énorme couteau; l'une des moitiés fut complètement détruite, l'autre resta intacte.

Un accident extraordinaire, qui montre une bizarre et tragique conséquence de la brutalité du vent, a eu lieu au mois de février 1911, à Bradford (Angleterre). Au cours d'une formidable bourrasque, le vent s'engouffra sous les jupes d'une jeune fille de seize ans, miss Mary Bailey, et l'enleva jusqu'à une hauteur de sept mètres. La force du courant d'air ayant alors faibli, la malheureuse enfant bascula et vint s'écraser sur le sol, la tête la première.

Les ingénieurs de la Compagnie de l'Est ont trouvé, par une série d'expériences dynamométriques, qu'un vent assez fort produit une résistance de 12 kilogrammes pour une vitesse de 46 kilomètres : ce qui donne 72 kilogrammes par voiture et 936 pour un convoi de treize voitures. Cette résistance peut se traduire par un retard d'une heure et plus dans la durée du trajet de Paris à Strasbourg.

Sous la pression du vent, le sommet de la tour Eiffel se déplace sensiblement et décrit à peu près une ellipse dont le centre varie avec la position du sommet au moment du phénomène (position due aux circonstances de la température) et dont le grand axe est en rapport avec la vitesse du vent. Le déplacement maximum observé jusqu'à ce jour par les courants les plus violents est de 10 centimètres.

La force mécanique du vent est proportionnelle à la surface de l'objet et en raison directe du carré de la vitesse ; pour une vitesse de 1 mètre par seconde pour chaque

Fig. 106. — Il arriva en Norvège après avoir fait 1.600 kilomètres en 15 heures.

mètre carré, l'effet produit équivaut à peu près à 125 grammes. C'est donc un demi-kilogramme par 4 mètres de superficie. Dans les vents forts, dont la vitesse est de 20 mètres à la seconde, sur chaque mètre carré on a un effet de 50 kilogrammes ; dans les ouragans, dont la vitesse est de 40 mètres, la pression est quadruplée et devient 200 kilogrammes ; on conçoit, d'après cela, comment des arbres et des maisons peuvent être renversés.

La force que les molécules d'air n'ont pas par leur masse, elles la prennent par leur vitesse, et elles deviennent ainsi capables de produire des effets qui paraissent incroyables et qui sont cependant conformes aux lois de la mécanique.

Pour donner une juste idée de ces effets, nous anticiperons ici sur l'étude des cyclones, et nous citerons quelques-uns des trop fameux désastres causés par certains ouragans restés célèbres.

A la Guadeloupe, le 25 juillet 1825, des maisons solidement bâties ont été démolies ; un édifice neuf, élevé aux frais de l'État avec la plus grande solidité, a eu une aile entière complètement rasée. Le vent avait imprimé aux tuiles une telle vitesse que plusieurs pénétrèrent dans les magasins à travers des portes épaisses.

Une planche de sapin, de 1 mètre de long, de 2 centimètres et demi de large et de 23 millimètres d'épaisseur, se mouvait dans l'air avec une si grande rapidité qu'elle traversa d'outre en outre une tige de palmier de 45 centimètres de diamètre.

Une pièce de bois, de 20 centimètres d'équarrissage et de 4 à 5 mètres de long, projetée par le vent sur un chemin serré, battu et fréquenté, entra dans le sol de près de 1 mètre.

Une belle grille en fer, établie devant le palais du gouverneur, fut entièrement rompue. Trois canons de 24 se mirent en marche jusqu'au bout de la batterie.

En 1823, un tourbillon, dont le diamètre n'était pas de 1 kilomètre, passa près de Calcutta, tua en quatre heures deux cent quinze personnes, en blessa deux cent vingt-trois, renversa douze cent trente-neuf huttes de pêcheurs, et entre autres fit pénétrer de part en part un bambou au travers d'une muraille de 1 mètre et demi d'épaisseur, c'est-à-dire que le souffle d'air en mouvement avait une force égale à celle d'un canon de 6.

A Saint-Thomas, en 1837, la forteresse qui défend l'entrée du port fut démolie comme si elle avait été bombardée. Des blocs de rochers ont été arrachés du fond de la mer par 10 et 12 mètres d'eau, et lancés sur la plage. Ailleurs, de solides maisons, déracinées de leurs fondements, ont glissé sur le sol en fuyant devant la tempête. Sur les bords du Gange, sur les côtes des Antilles, à Charlestown, on a vu des navires échouer loin de la côte, en pleine campagne ou dans les bois. En 1681, un bâtiment d'Antigua fut même porté sur les falaises jusqu'à 3 mètres des plus hautes marées et, resta comme un pont entre deux pointes de rochers. En 1825, les navires qui se trouvaient dans la rade de Basse-Terre disparurent, et l'un des capitaines, heureusement échappé à la mort, raconta que son brick avait été aspiré par l'ouragan, soulevé hors de l'eau, et qu'il avait pour ainsi dire « fait naufrage dans les airs ». Des meubles fracassés et quantité de débris enlevés dans les maisons de la Guadeloupe furent transportés à Montserrat par-dessus un bras de mer de 80 kilomètres de large, etc. Dans la tempête qui sévit sur la Manche le 11 janvier 1866, on a vu sur la digue de Cherbourg des pierres de 200 à 300 kilogrammes, formant l'extérieur de l'enrochement, lancées par les lames au delà du parapet, à plus de 8 mètres de hauteur. Mise en fureur par les vents qui la bouleversaient, la mer lançait, dit le vice-amiral La Roncière le Noury, des lames qui, frappant le fort, s'élevaient à 60 mètres de hauteur... Nous développerons ces effets formidables tout à l'heure au chapitre des *Cyclones*.

Pour expliquer ces phénomènes, il n'y a qu'une seule difficulté, celle de savoir comment l'air a pu recevoir dans l'Atmosphère une si prodigieuse vitesse, car, cette vitesse étant donnée, les actions mécaniques les plus étonnantes en deviennent les conséquences nécessaires. C'est du gaz en mouvement qui chasse le boulet du canon et qui lance dans les airs des quartiers de roches lorsqu'une mine fait son explosion. On peut traverser une planche de chêne de 2 centimètres d'épaisseur avec un bout de bougie mis en place de balle dans le canon d'un fusil : la force du projectile n'est due ici qu'à sa vitesse ; c'est une expérience que j'ai faite plusieurs fois ; pour qu'elle réussisse, il faut tirer perpendiculairement à la planche et presque à bout portant.

Vents singuliers et locaux. — Après avoir étudié la théorie et la manière d'agir des vents généraux, réguliers et irréguliers, qui soufflent à la surface du globe, nous devons porter notre attention sur les vents particuliers qui caractérisent certaines contrées, comme sur les mouvements atmosphériques qui parfois traversent les mers et les continents avec la rapidité de l'oiseau de proie, et semblent faire exception au système des lois organisées qui régit la nature. L'analyse scientifique s'est attachée à ces phénomènes eux-mêmes et elle montre qu'ils obéissent, comme toutes choses dans l'univers, à des lois définies et déterminées. Les cyclones, ouragans ou tempêtes feront l'objet du chapitre suivant. Comme transition, occupons-nous un instant de certains vents particuliers plus ou moins célèbres, et prenons une idée exacte de leur caractère respectif.

En France, le climat tempéré qui sourit sur nos têtes éloigne de nous les phénomènes atmosphériques intenses qui se manifestent sous des cieux moins hospitaliers. Les coups de vent et tempêtes de nos côtes proviennent des mouvements cycloniques dont nous parlerons plus loin. Comme vents proprement dits, qui se distinguent un peu par leur caractère de l'ensemble des vents généraux, nous pouvons citer d'abord la *bise*, ou vent du nord très froid et d'une intensité parfois très violente. Dans nos départements de l'Est, il est très redouté, car il arrive presque en ligne droite de la mer du Nord ; la Belgique et la Hollande, couvertes de neiges, qu'il a traversées, n'ont servi qu'à le refroidir davantage. En Istrie et en Dalmatie, la bise est connue sous le nom de *bora*, et sa force est telle qu'elle renverse quelquefois des chevaux et des charrettes. En Espagne, ce même vent du nord, et nord-est pour ce pays, est désigné sous le nom de *gallego*.

Dans le sud de la France, le vent du sud-ouest *froid* et violent, qui a passé sur les neiges des Alpes et des Pyrénées, et qui est célèbre sous le nom de *mistral*, mérite particulièrement notre attention.

On en a longtemps ignoré la cause. On l'attribuait à un refroidissement subit du vent passant sur les Pyrénées ou les Alpes. M. Marié-Davy, dans plusieurs notes publiées au *Bulletin de l'Observatoire*, en juin 1864, montra que la cause de ce vent n'est pas locale et que les mouvements qui lui donnent naissance se transportent vers l'est comme les bourrasques.

Toutes les fois que le mistral souffle, il y a un excès de pression atmosphérique à l'ouest du golfe du Lion. Quelle que soit l'origine de cette pression, elle accompagne le mistral en toute saison.

Le mistral exige pour sa production, quelle que soit la saison, les mêmes circonstances réunies. Que ce soit pendant une période de beau ou de mauvais temps pour le sud-ouest de l'Europe, il faut toujours un excès de pression à l'ouest des Cévennes.

La violence de ce vent est due à la forme de l'isthme pyrénéen.

De là aussi la violence du vent du nord dans la vallée du Rhône, entre les contreforts des Alpes et ceux du Plateau central.

Le mistral est le vent le plus sec de ces parages, parce qu'il s'est desséché en passant sur les Cévennes; il est, en effet, pluvieux sur le versant nord-ouest de ces montagnes ; les vents des régions est ou sud y amènent de la pluie, parce que ce sont les vents marins sur les côtes et sur le versant sud-est des Cévennes ; ils sont secs sur le versant opposé.

L'antipode du mistral est le *fœhn* (le *Favonius* des Romains).

Ce vent chaud d'Afrique, qui arrive sur les Alpes, a reçu de la nature le soin de fondre les hautes neiges des montagnes. Il arrive, pendant la nuit, impétueux, sur les glaces, interpelle toutes ces eaux immobiles qui ont peine à se délier de leur engourdissement. Ce redoutable bienfaiteur paraît vouloir détruire la nature qu'il vient sauver. Il brise, il confond, il ravage. Il lance des blocs énormes des hauteurs, roule des arbres gigantesques au lit des torrents. Il arrache, enlève, emporte au loin les toits des chalets. La panique est dans l'étable : la vache effrayée mugit. Dieu ! que va-t-il advenir? Ce qui vient, c'est le printemps.

Le fœhn se moque du Soleil. Celui-ci demanderait quinze jours pour fondre ce que le vent d'Afrique a fondu en vingt-quatre heures. La neige ne tient pas devant lui. En quelques heures, au Grindelwald, il en fond un mètre de hauteur. «Elle finit, la vie souterraine des mystérieuses plantes alpines, leur neige et leur nuit de huit mois. A l'éveil du magicien, elles vivent, voient avec bonheur la lumière de leur court été, et leur petit cœur de fleurs s'éjouit d'aimer un moment.

« Quelle heureuse métamorphose ! que de bienfaits! La vie, la fécondité, qui dormait au haut des Alpes, la voilà donc délivrée. Plus utiles qu'aucune rivière, ses rosées et ses brouillards s'en vont arroser l'Europe de ce délicat arrosage qui fait la fine prairie, le velours vert du gazon.

« Heureux qui, à la première heure de la grande métamorphose, aurait le sens et l'oreille pour entendre le début du concert de toutes ces eaux, quand des milliers, des millions de sources se mettent à parler ! » (Michelet.)

La haute température de l'intérieur de l'Afrique est l'origine des vents extraordinaires qui se font sentir sur les côtes de Guinée, sur celles de la Barbarie, en Égypte, dans l'Arabie, dans la Syrie, dans les steppes de la Russie méridionale et même jusqu'en Italie. Ces vents, nommés harmattan, simoun, khamsin, sont accompagnés de circonstances étranges, sur lesquelles il est utile de donner quelques détails ; ils sont particulièrement chauds et secs et entraînent avec eux des tourbillons de poussière.

On appelle *harmattan* un vent qui souffle, trois ou quatre fois chaque saison, de l'intérieur de l'Afrique vers l'océan Atlantique, dans la partie de la côte comprise

entre le cap Vert et le cap Lopez. L'harmattan se fait principalement sentir dans les
mois de décembre, de janvier et de février. Sa direction est comprise entre l'est-sud-

Fig. 107. — Le simoun.

est et le nord-nord-est. Sa durée est ordinairement d'un ou deux jours, quelquefois de
cinq ou six. Ce vent n'a qu'une force modérée.

Un brouillard d'une espèce particulière et assez épais pour ne donner passage à
midi qu'à quelques rayons rouges du Soleil, s'élève toujours quand l'harmattan souffle.
Les particules dont ce brouillard est formé se déposent sur le gazon, sur les feuilles
des arbres et sur la peau des nègres, de telle sorte que tout alors paraît blanc. On
ignore quelle est la nature de ces particules ; on sait seulement que le vent ne les

entraîne sur l'Océan qu'à une petite distance des côtes ; à 4 kilomètres en mer par exemple, le brouillard est déjà très affaibli ; à 12 kilomètres, il n'en reste plus de traces, quoique l'harmattan s'y fasse encore sentir dans toute sa force.

L'extrême sécheresse de l'harmattan est un de ses caractères les plus tranchés. Si ce vent a quelque durée, les branches des orangers, des citronniers, etc., se dessèchent et meurent ; les reliures des livres (et l'on ne doit pas en excepter ceux-là mêmes qui sont placés dans des malles bien fermées et recouverts de linge) se courbent comme si elles avaient été exposées à un grand feu. Les panneaux des portes et des fenêtres, les meubles craquent et souvent se brisent dans les appartements. Les effets de ce vent sur le corps humain ne sont pas moins évidents. Les yeux, les lèvres deviennent secs et douloureux. Si l'harmattan dure quatre ou cinq jours consécutifs, les mains et la face se pèlent ; pour prévenir cet accident, on se frotte tout le corps avec de la graisse.

Après tout ce que nous venons de rapporter des fâcheux effets que produit l'harmattan sur les végétaux, on pourrait croire que ce vent doit être très insalubre : on a pourtant observé le contraire. Les fièvres intermittentes, par exemple, sont radicalement guéries au premier souffle. Ses propriétés vénéneuses sont purement imaginaires.

Cependant, sans être empoisonnés, il est admissible que des vents, animés d'une vitesse formidable, emportant avec eux des flots de sable et dont la température s'élève à 40 degrés et plus, puissent exercer sur leurs parcours une action malfaisante et devenir surtout funestes aux Européens, qui ne savent guère s'en garantir.

Vers l'époque de l'équinoxe, les tempêtes deviennent terribles dans le désert. Tout le monde a entendu parler du vent brûlant du désert, du *simoun* (en arabe : se*moum*, empoisonné). Ce vent redoutable souffle aussi en Égypte où on l'appelle *khamsin* (cinquante), à cause des cinquante jours pendant lesquels on l'observe : vingt-cinq jours avant l'équinoxe du printemps et vingt-cinq jours après. On l'appelle aussi *rih'-el-yobli*, vent du sud.

Le simoun s'annonce dans le désert par un point noir qui surgit à l'horizon. Ce point noir grandit rapidement. Un voile blafard envahit le ciel, des flots de sable obscurcissent le Soleil et dessèchent toute verdure. Aussitôt qu'il souffle, les oiseaux effrayés s'envolent, le dromadaire cherche un buisson où il puisse préserver ses yeux, sa bouche, ses narines, des nuages de sable ; l'Arabe se couvre la face, s'enduit le corps de graisse, d'huile ou de boue humide, se roule à terre, ou se blottit contre un arbre, jusqu'à ce que l'affreuse bourrasque soit apaisée. Le simoun est le plus redoutable ennemi des caravanes qui traversent les déserts sablonneux de l'Arabie et de l'Afrique : on lui attribue la destruction entière des cinquante mille hommes que le fou Cambyse envoya pour réduire en esclavage les Ammoniens et mettre ensuite le feu au temple de Jupiter.

En 1805, le simoun tua et ensevelit dans les sables toute une caravane, composée de deux mille personnes et dix-huit cents chameaux. Plus d'une fois, nos généraux ont eu des craintes sérieuses sur le sort des colonnes de nos soldats forcées de s'engager dans le désert et que le simoun vint surprendre dans leur marche.

La poussière impalpable que l'air charrie en épais nuages pénètre dans les narines,
les yeux, la bouche et les poumons, et détermine l'asphyxie. Quand les choses ne vont

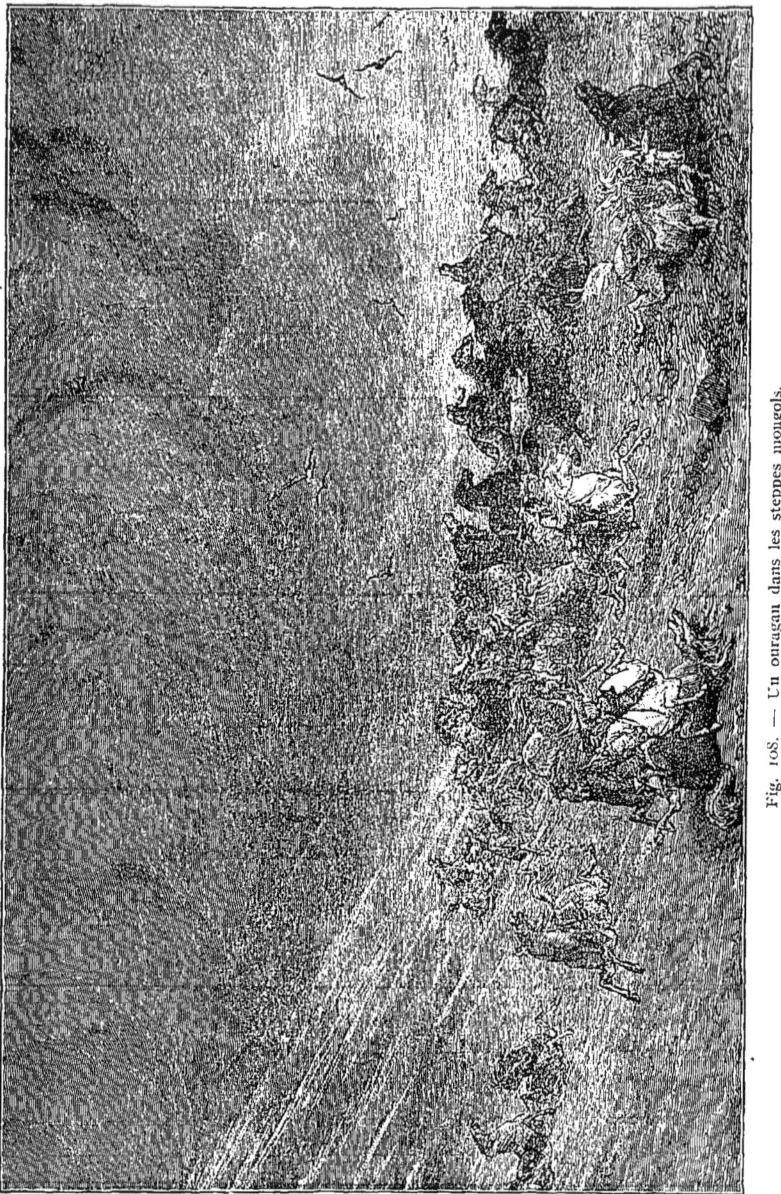

Fig. 108. — Un ouragan dans les steppes mongols.

pas jusqu'à ce terme fatal, l'évaporation rapide qui se fait à la surface du corps sèche
la peau, enflamme le gosier, accélère la respiration et cause aux voyageurs une soif
ardente. Le souffle terrible du simoun aspire en passant la sève des arbres, et fait dis-

paraître par une évaporation rapide l'eau contenue dans les outres des chameliers. La caravane est alors en proie à toutes les horreurs d'une inextinguible soif, qui allume le sang et détermine une mort atroce. Aussi les routes habituellement suivies par les caravanes sont-elles parsemées de squelettes d'hommes et d'animaux blanchis par le temps et le Soleil : ce sont les bornes miliaires de ces sinistres sentiers.

Dans son voyage dans l'Asie centrale, Arminius Vambéry, savant hongrois déguisé en derviche, observa l'ouragan de sable et les terribles influences de la chaleur sur l'organisme humain, en traversant le désert entre Khiva et Bokhara (longitude, 60 degrés; latitude, 40 degrés). Ayant quitté le pays des Turkomans et l'Oxús, sa caravane pénétra dans les sables...

Notre station matinale, dit-il, portait le nom charmant d'Adamkyrylgan (traduisez : l'endroit où périssent les hommes), et il suffisait de jeter un regard vers l'horizon pour se convaincre que cette appellation tragique ne lui avait pas été gratuitement donnée. Qu'on se représente un océan de sables, s'étendant à perte de vue, façonné d'un côté par le souffle furieux des ouragans en hautes collines semblables à des vagues, de l'autre, en revanche, représentant assez bien le niveau d'un lac paisible à peine ridé par la brise du couchant. Dans l'air pas un oiseau, sur la terre pas un animal vivant, pas même un ver, pas même un grillon. Nuls vestiges autres que ceux dont la mort a semé ces vastes espaces, des monceaux d'os blanchis que chaque passant recueille et réunit pour servir de jalons à la marche des voyageurs qui lui succéderont. Examen fait de nos outres, nous calculions que nous ne manquerions guère d'eau pendant plus d'un jour, mais elle diminua avec une rapidité surprenante. Cette découverte doubla la vigilance avec laquelle j'avais l'œil sur mes approvisionnements. Les autres voyageurs, se tenant pour avertis, agirent de même, et, nonobstant nos inquiétudes, il nous arriva parfois de sourire en contemplant ceux de nous qui, vaincus par le sommeil, s'endormaient les bras tendrement pressés autour de leur outre. En dépit d'une chaleur à tout fondre, nous étions contraints d'accomplir, le jour comme la nuit, des marches de cinq à six heures. En effet, plus tôt nous sortirions des sables, moins nous aurions à craindre les désastreuses influences du *tebbad* (vent de fièvre), qui peut vous ensevelir sous la poussière s'il vient vous surprendre au milieu de ces dunes.

Comme nous approchions des montagnes, le Kervanbashi et ses gens, nous signalant un nuage de poussière qui semblait venir de notre côté, nous avertirent qu'il fallait sans retard mettre pied à terre. Nos pauvres chameaux, plus expérimentés que nous, avaient déjà reconnu l'approche du tebbad ; après une clameur désespérée, ils tombèrent à genoux, allongeant leurs cous sur le sol et s'efforçant de cacher leurs têtes dans le sable. Contre eux, comme à l'abri d'un retranchement, nous venions de nous agenouiller, quand le vent passa sur nous avec un frémissement sourd et nous enveloppa d'une croûte de sable épaisse d'environ deux doigts. Les premiers grains dont je sentis le contact produisirent sur moi l'effet d'une véritable pluie de feu. Si nous avions subi le choc du tebbad à quelque six milles de là dans la profondeur du désert, nous y restions tous infailliblement. Je n'eus pas le loisir d'observer ces dispositions à la fièvre et aux vomissements que l'on dit causés par le vent lui-même ; mais, après son passage, l'Atmosphère devint plus épaisse et plus écrasante.

Abstraction faite du tebbad, l'élévation de la température diurne nous privait de nos forces, et deux de nos plus pauvres associés, se traînant comme ils pouvaient à côté de leurs bêtes chétives, tombèrent si malades, une fois que leur eau fut épuisée, qu'il fallut les attacher à plat ventre sur les chameaux.

Tant qu'ils purent articuler une parole, nous n'entendîmes sortir de leurs lèvres desséchées que cette exclamation monotone : « De l'eau, de l'eau !... par pitié, par pitié, quelques gouttes d'eau !... » Hélas ! leurs meilleurs amis refusaient impitoyablement de leur sacrifier la moindre gorgée de ce liquide qui nous représentait la vie ; et lorsque, le quatrième jour, nous arrivâmes à Medernin-Bulag, un de ces malheureux fut soustrait par la mort aux tortures de la soif. J'assistai à l'agonie de cet infortuné. Sa langue était absolument noire ; la voûte de son palais avait pris une teinte d'un bleu grisâtre ; ses lèvres étaient parcheminées, sa bouche béante, ses dents à nu. Il est fort douteux que, dans ces terribles extrémités, on eût pu le sauver en le faisant boire ; d'ailleurs pas un de nous ne s'en serait avisé.

C'est une chose horrible à voir qu'un père cachant à son fils, un frère cachant à son frère, l'eau dont il peut être nanti ; mais, je le répète, lorsque chaque goutte représente une heure de vie, et quand on est aux prises avec les angoisses de la soif, les tendances généreuses, l'esprit de sacrifice qui se manifestent fréquemment en d'autres circonstances aussi critiques, perdent toute action sur le cœur de l'homme.

Mais c'est en vain que je cherche à donner la moindre idée du martyre causé par la soif ; la mort elle-même, je le crois fermement, n'est pas accompagnée de souffrances plus cruelles. En face d'autres périls,

Fig. 109. — Ouragan de sable au Thibet.

je n'ai jamais trouvé la lutte au-dessus de mon courage ; ici, je me sentais brisé, abattu, anéanti, et je me croyais parvenu au terme de mon existence.

Thomas-William Atkinson fut témoin, en 1850, des ouragans rapides qui s'abattent sur les steppes mongols.

Un silence solennel, dit-il, règne sur ces vastes plaines arides également désertées par l'homme, par les quadrupèdes et les oiseaux. On parle de la solitude des forêts : j'ai souvent chevauché sous leurs voûtes sombres pendant des journées entières ; mais on y entendait les soupirs de la brise, le frôlement des feuilles, le craquement des branches ; quelquefois même la chute de l'un des géants de la forêt, croulant de vétusté, éveillait au loin les échos, chassait de leurs repaires les hôtes effrayés des bois et arrachait des cris d'alarme aux oiseaux épouvantés. Ce n'était pas la solitude : les feuilles et les arbres ont un langage que l'homme reconnaît de loin ; mais, dans ces déserts desséchés, nul son ne s'élève pour rompre le silence de mort qui plane perpétuellement sur le sol calciné.

Le sable était là, soulevé en terrasses circulaires ; quelques-unes avaient quinze à vingt pieds de haut ; il y en avait de toutes grandeurs à perte de vue dans le désert. Vues du sommet de l'une des plus considérables, elles présentaient l'apparence singulière d'une immense nécropole, semée d'innombrables tumuli.

Pendant que j'esquissais ce tableau, je fus témoin de la formation d'un ouragan au-dessus des eaux.

Il venait du nord droit à nous. Les Cosaques allèrent mettre les chevaux à l'abri derrière les roseaux. La tempête arrivait avec une rapidité furieuse, lançant d'énormes vagues dans l'espace et abattant la végé-tation sur son passage. On voyait un long sillon blanc s'avancer sur le lac. Quand il fut à une demi-verste, nous l'entendîmes rugir. Mes gens me pressaient de m'éloigner; je pris mes esquisses et autres objets, puis je courus rejoindre le gros de la troupe sous les roseaux. J'arrivais à peine à l'entrée de ce rempart mouvant que l'ouragan éclata, courbant jusqu'à terre les buissons et les roseaux. Lorsqu'il entra dans les sables du steppe, il se mit à tourbillonner circulairement, enlevant des monticules entiers dans l'espace, en élevant d'autres là où il n'y en avait pas; il était aisé de comprendre maintenant à quoi étaient dues nos prétendues tombelles. Cette tempête fut de courte durée; en un quart d'heure elle était finie et tout était redevenu calme comme auparavant.

Rien n'est plus dangereux que d'être surpris en plaine par cette espèce de typhon. J'en ai vu plus tard descendre des montagnes ou s'élever du fond d'une gorge profonde, sous la forme d'une masse noire, compacte, d'un diamètre de mille mètres et plus, qui s'élance sur le steppe avec la rapidité d'un cheval de course. Tous les animaux domestiques ou sauvages fuient épouvantés devant elle, car, une fois enveloppés dans sa sphère d'action, ils sont infailliblement perdus. Les admirables chevaux libres s'enfuient au galop devant la tourmente qui les chasse avec furie...

En Europe, on connaît le *siroco* d'Italie et le *solano* d'Espagne, qui jettent les habitants dans un grand état de langueur par la chaleur énervante qu'ils apportent avec eux.

Voici en quels termes un chirurgien de l'armée d'Afrique rend compte des effets du siroco, pendant une marche entre Oran et Tlemcen : « C'était à la fin de juillet ; un grand nombre de soldats avaient succombé, foudroyés en quelque sorte par la chaleur. Le siroco assaillit la petite colonne. Sous l'influence de cet air sec, lourd et énervant, la respiration devint saccadée et sonore; les lèvres, les narines, crevassées par la poussière ardente que fouettait le vent du désert, étaient douloureuses et arides ; une énergique constriction serrait la gorge, une sorte de cauchemar pesait sur l'épigastre. On ressentait à la figure des bouffées de chaleur, suivies quelquefois de vagues frissons et d'une défaillance voisine de la syncope. La sueur coulait à flots, et l'eau qu'on buvait avec abondance, sans apaiser une soif insatiable, augmentait encore le malaise, la dyspnée et l'anxiété épigastrique. Le mouvement répugnait, et une agitation invincible portait à se retourner en tous sens ; on étouffait sous la tente ; en plein air on se sentait suffoquer par la rafale brûlante... C'était fait de la colonne si l'eau eût manqué. »

Pour l'Angleterre, le vent d'est est un fléau redoutable qui souffle le malaise et le spleen, dont nous rions en France, mais qui est aussi sérieux en Angleterre que le khamsin en Arabie et le siroco en Italie.

CHAPITRE II

LES TEMPÊTES, LA PRESSION ATMOSPHÉRIQUE ET LES VARIATIONS DU TEMPS

TOURBILLONS. — CYCLONES. — OURAGANS

LES deux immenses fleuves d'air qui coulent, l'un de l'équateur aux pôles, l'autre des pôles à l'équateur, ne circulent pas sans se heurter, surtout dans la région d'amorce où ils se soudent, dans la zone équatoriale, car leur cours est sans limites définies, et diverses causes les font dévier de leur route en mettant des obstacles à la marche ordinaire de ces déplacements aériens. Les souffles d'air qui se rencontrent peuvent se réunir ou se combattre, accroître leur puissance mutuelle ou la détruire. Ainsi naissent les vents forts, les ouragans, les tempêtes.

Jusqu'au milieu du XIXe siècle, on observait les tempêtes sans pouvoir en déterminer la marche que l'on déclarait alors capricieuse, fantasque, irréglée.

Enfin, il y a environ cinquante ans, Peddington aux Indes anglaises, Ried et Redfield aux États-Unis, parvinrent à démontrer que les cyclones et même les tempêtes ordinaires ont un mouvement giratoire autour de leur centre, que les girations se font de droite à gauche (en sens contraire du mouvement des aiguilles d'une montre) dans l'hémisphère boréal, et de gauche à droite dans l'hémisphère austral, et que les ouragans ne marchent pas en ligne droite, mais suivant une courbe parabolique, en tournant en même temps horizontalement sur eux-mêmes par un rapide mouvement de rotation.

Ce mouvement caractéristique de rotation horizontale a fait donner à ces gigantesques tourbillons le nom de *cyclones*, du mot grec *kuklos*, qui veut dire cercle. Ce sont là les véritables ouragans généraux, qui ne sont plus de petites tempêtes locales résultant de la déviation du vent par la configuration du sol ou de la rencontre de divers courants ordinaires, mais qui s'étendent sur plusieurs centaines de kilomètres carrés et en parcourent plusieurs milliers.

Les *cyclones* sont de vastes tourbillons, de plus ou moins grand diamètre, dans lesquels la force du vent augmente de tous les points de la circonférence jusqu'au centre, où règne un calme d'une étendue variable. En ce centre cependant, la mer reste horriblement agitée. Dans cet espace de calme, il n'existe pas de nuage; le Soleil resplendit ; les astres reparaissent, et l'on croit au retour du beau temps, à la sécurité entière, alors que l'on est de tous côtés entouré par une vaste ceinture d'orages et de rafales terribles, dont on ne saurait éviter les assauts.

Tout autour de ce calme central, le mouvement rotatoire a la même énergie et cette énergie est poussée au plus haut point ; dans aucune partie de l'ouragan elle n'est aussi forte. Par conséquent, lorsqu'on arrive à cette région du centre, on passe de la tempête la plus violente au calme le plus complet, et réciproquement, lorsqu'on la quitte, on passe du calme le plus complet à la tempête la plus violente ; mais alors les rafales soufflent dans une direction tout à fait opposée à celle qui a précédé le calme : ce qui doit être, puisque le mouvement est circulaire.

La première zone centrale, qui constitue véritablement l'ouragan, et pendant le passage de laquelle ont lieu tous les désastres, mesure en général 400 à 600 kilomètres de diamètre, quelles que soient les limites extrêmes qu'atteigne le phénomène, car sa puissance n'est pas proportionnelle à son étendue.

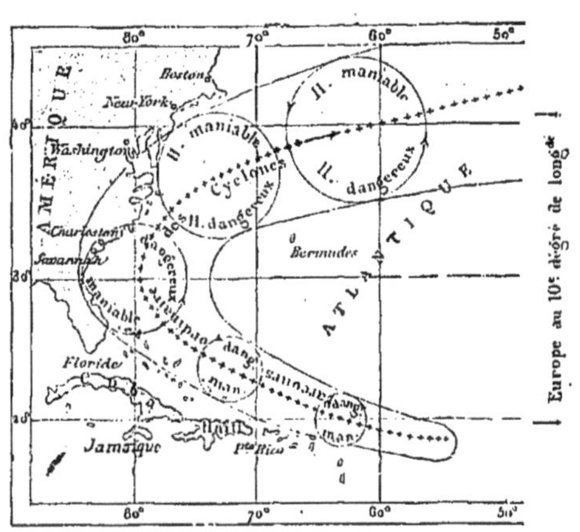

Fig. 110. — Naissance et parcours ordinaire des cyclones dans l'Atlantique.

La vitesse de rotation qui anime les ouragans est très variable : c'est elle qui constitue principalement la violence du tourbillon et qui en fait, pour les lieux qu'il rencontre et les navires sur lesquels il frappe, un ouragan, un coup de vent ou une simple bourrasque. Dans les violentes tempêtes, on estime que les molécules d'air tournent autour du centre avec une vitesse de rotation de 240 kilomètres à l'heure, vitesse qui explique les ravages et les désastres produits par le passage de ce terrible météore.

Le cyclone prend généralement naissance dans les parages de l'équateur. A peine est-il né qu'il se met en mouvement, pour notre hémisphère, dans la direction du nord-ouest, continuant la même marche jusqu'à ce qu'il ait atteint une certaine latitude, sur laquelle il tourne vers le nord-est et forme ainsi une parabole dont les deux branches s'écartent plus ou moins l'une de l'autre (voy. fig. 110).

Les navires qui se trouvent près du centre du météore sont soumis à son action oscillante : de là, ces rafales terribles auxquelles succède un calme plus ou moins complet ; de là, ces situations dramatiques dans lesquelles le navire en détresse voit le vent faire plusieurs fois et très rapidement le tour entier du compas.

Subites et effroyables, les sautes de vent, que l'on considérait autrefois comme l'essence des ouragans, typhons, tornades, etc., ne peuvent donc se présenter et ne s'offrent en effet que pour ceux qui se trouvent directement, ou à peu près, sur le parcours du centre d'un cyclone.

Le cyclone contient en lui-même le germe de sa destruction prochaine : à mesure qu'il avance, il court vers des régions plus froides que celles de son point de départ ; les vapeurs qu'il contient se condensent en pluies torrentielles ; l'électricité se dégage à grands courants ; l'équilibre qui existait est rompu, et la force centrifuge, n'étant plus contrebalancée, permet au météore de s'étendre en d'immenses proportions.

La vitesse de translation d'un cyclone augmente avec la latitude. A l'origine du phénomène elle est assez faible, puis elle augmente graduellement à mesure que le cyclone s'éloigne des régions tropicales et que la longitude diminue.

La vitesse de translation la plus considérable que l'on ait observée est celle du cyclone du mois d'août 1853, qui arriva des Antilles au banc de Terre-Neuve avec une vitesse de 50 kilomètres à l'heure, vitesse qui augmenta encore graduellement et atteignit les chiffres de 60, 70, 80 et jusqu'à 90 kilomètres à l'heure, sans préjudice de la vitesse de rotation, qui s'éleva jusqu'à 240 kilomètres à l'heure. Ainsi, le vent peut atteindre, à la surface des mers, une vitesse de plus de 300 kilomètres !

L'origine des cyclones est due, selon toute probabilité et d'après toutes les comparaisons faites, à la rencontre de deux courants d'air circulant en sens inverse. Le point de la ligne sur laquelle ces deux courants vont se rencontrer forme un point neutre où l'air reçoit un mouvement de rotation des deux courants qui se heurtent sur deux directions opposées : c'est comme un remous dans un fleuve.

Ils naissent tous, ces tourbillons immenses, aux lieux et aux époques du renversement des vents réguliers.

C'est au moment du changement des saisons que les puissantes masses aériennes, chargées d'électricité, se mettent en lutte pour la suprématie et font naître par leur rencontre ces grands remous qui se développent en spirales à travers les mers et les continents. Toutefois le tourbillon n'occupe jamais en hauteur qu'une faible partie de l'océan des airs. D'après Bridet, l'épaisseur moyenne des ouragans de la mer des Indes est d'environ 3.000 mètres ; suivant Redfield, elle n'est que de 1.800 mètres, et souvent même elle est beaucoup moins grande.

Le nom de cyclone est, en quelque sorte, la désignation géométrique du mot plus ancien *ouragan* (*hurrican* dans les vieilles géographies), comme des *typhons* (*ti-foong*) des mers de la Chine. Les grandes tempêtes observées dans ces parages sont de même ordre que les cyclones de l'Atlantique. Dampier, le prince des navigateurs, a décrit l'approche du typhon avec cette exactitude qui rend tous ses travaux si remarquables. On lit dans ses *Voyages* (II, 26) :

Les typhons sont une espèce particulière de tempêtes violentes soufflant sur la côte du Tonkin et sur les côtes voisines dans les mois de juillet, août et septembre ; elles éclatent communément aux environs de la pleine lune, et elles sont ordinairement précédées par un très beau temps, de faibles brises et un ciel clair. Ces faibles brises sont l'alizé ordinaire, qui souffle du sud-ouest dans cette saison, et qui tourne au nord et au nord-est environ. Avant le commencement de la tempête, un nuage épais se forme au nord-est ; il est très noir auprès de l'horizon, d'une couleur cuivrée vers son bord supérieur, et de plus en plus clair à mesure qu'il approche du bord extérieur, qui est d'un blanc très vif. L'aspect de ce nuage est très étrange, très effrayant, et il se forme quelquefois douze heures avant que la tempête éclate. Quand il commence à marcher rapidement, le vent s'établit presque immédiatement, sa force augmente promptement, et il souffle avec une grande violence au nord-est pendant douze heures, plus ou moins. Il est aussi communément -

accompagné de coups de tonnerre effrayants, de larges et fréquents éclairs et d'une pluie très épaisse. Quand le vent commence à mollir, il tombe tout à coup, et il survient un calme plat qui dure près d'une heure; après quoi, le vent s'élève du sud-ouest environ, où il souffle avec la même fureur et aussi longtemps qu'au nord-est ; et il pleut aussi comme avant.

La trajectoire que doit suivre le centre partage l'ouragan en deux parties égales, mais bien différentes l'une de l'autre. Dans l'une, en effet, le mouvement de rotation et celui de translation sont dans le même sens; dans l'autre, au contraire, la direction de la translation des vents et celle du mouvement rotatoire se contrarient. Il en résulte qu'à égale distance du centre il vente beaucoup plus dans le premier hémicycle que dans le second : d'où le nom d'*hémicycle dangereux* donné à l'un et celui d'*hémicycle maniable* donné à l'autre.

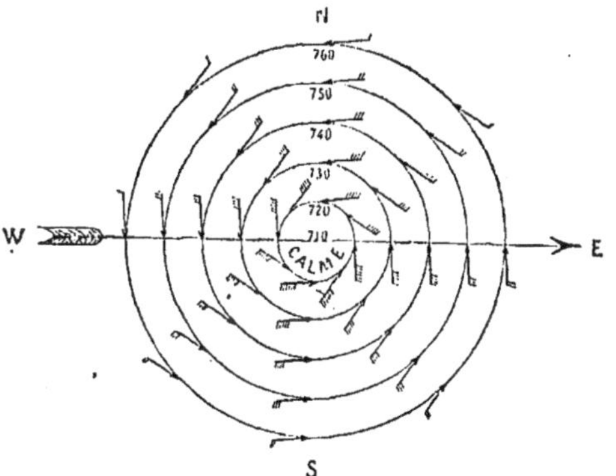

Fig. 111. — Direction et intensité des vents à l'intérieur d'un cyclone.

Dans l'hémisphère nord, le cyclone tourne de droite à gauche, c'est-à-dire qu'un observateur placé au centre du tourbillon verrait le vent passer devant soi de droite à gauche. L'hémicycle dangereux se trouvera à la droite de l'observateur, s'il suit la même route que le centre de l'ouragan, et l'hémicycle maniable à gauche.

Dans l'hémisphère sud, au contraire, l'ouragan tourne de gauche à droite : l'hémicycle dangereux se trouve à gauche et l'hémicycle maniable à droite de la ligne de parcours du centre en faisant même route que l'ouragan.

La direction du vent observé à un point quelconque du cyclone s'éloigne peu de la tangente menée par ce point au cercle concentrique sur la circonférence duquel on se trouve. Par suite, elle est toujours à peu près perpendiculaire au rayon qui de ce point va au centre du cercle concentrique ou du cyclone. Or le sens de giration indique que *si l'on fait face au vent, on aura forcément le centre à sa droite* dans l'hémisphère nord, et à sa gauche dans l'hémisphère sud, mais toujours à angle droit avec la direction du vent.

C'est sur ce dernier fait, indiscutable aujourd'hui après les nombreuses observations que l'on a recueillies, que sont basées toutes les théories sur les moyens d'éviter le centre d'un cyclone en s'éloignant de la ligne qu'il doit parcourir. Plus on est près du centre, plus le vent est violent et plus ses variations sont fortes et brusques. Par suite, c'est aussi l'endroit où la mer sera la plus mauvaise, car elle y reçoit, à des intervalles très courts, des vents très différents et d'une extrême violence, et cela, après avoir été soulevée par des vents relativement constants qui ont eu le temps de la grossir et de lui donner une direction qui n'est plus celle du vent. D'où un tohu-bohu de lames courtes, échevelées, énormes, affolées, venant de toutes les directions et qui fatiguent d'une horrible façon le malheureux navire qu'elles ballottent.

Ce qu'il faut éviter, c'est de se trouver sur le passage du centre du cyclone. Cela est facile.

Supposons qu'un centre de cyclone se dirige vers un navire. Il passera inévitablement sur ce navire, ou à sa droite ou à sa gauche. S'il doit passer dessus, sa direction par rapport au navire ne changera pas ; mais alors celle du vent qui lui est toujours perpendiculaire ne changera pas non plus, et ce navire verra le vent augmenter de violence sans changer la direction.

Si le centre doit passer à la droite du navire, il se déplacera en gagnant peu à peu vers la droite. Sa direction variera de gauche à droite ; mais celle du vent, qui est liée à la première, variera dans le même sens, soit de gauche à droite.

Le contraire se produira si le centre doit passer à la gauche du navire.

Fig. 112. — La mer pendant la tempête.

Donc, si le vent augmente sans changer de direction, on se trouve sur la ligne de parcours du centre ; si le vent tourne de gauche à droite, le navire sera sur la gauche de cette ligne ; enfin, si le vent tourne de droite à gauche, on est sur la droite de la ligne du centre.

Il est évident, d'après les lois des cyclones que nous venons d'exposer, que la position la plus fâcheuse pour un navire par rapport à l'ouragan est celle qui le conduit au centre, et c'est à s'en éloigner que doivent tendre tous les efforts du capitaine.

Les premiers signes précurseurs du cyclone se lisent dans l'état du ciel. Généralement, la veille de l'ouragan, au moment du lever et du coucher du Soleil, les nuages se colorent en un rouge orangé qui se reflète sur la mer, et cette coloration fait assister à ces levers et couchers de Soleil si brillants et si magnifiques, qui imposent un profond sentiment d'admiration à ceux qui ne se doutent pas de l'imminence du danger annoncé par ce ravissant tableau.

A mesure que le cyclone s'approche, cette teinte rougeâtre prend une couleur plus prononcée et tirant sur le rouge cuivré ; puis un bandeau noirâtre et épais étend sur le ciel un voile sinistre. Les têtes de cumulus sont d'un rouge cuivré, donnant à la mer et à tous les objets qui sont à terre un reflet analogue, qui fait paraître l'Atmosphère comme embrasée d'un éclat métallique.

Les oiseaux de mer se rallient en grande hâte, cherchant vers les terres souvent trop lointaines un abri contre les fureurs d'une tempête qu'ils pressentent, espérant ainsi échapper à la mort qui les frapperait au large.

Mais, de tous les signes précurseurs de la tempête, le plus sûr et le plus facile à interpréter, c'est le mouvement du baromètre.

La pression de l'air allant en diminuant de la circonférence au centre du tourbillon, l'approche du phénomène se manifeste toujours par une baisse barométrique. Ce même symptôme caractérise les tempêtes de nos régions tempérées, qui ne sont en général que des suites des cyclones océaniques. Le baromètre commence à descendre douze, vingt-quatre et même quarante-huit heures avant l'arrivée du cyclone.

Un calme stupéfiant, accompagné d'un air chaud et étouffant, règne pendant vingt-quatre heures; la nature semble recueillir toutes ses forces pour accomplir l'œuvre de dévastation qui va marquer le passage du funeste météore.

Quelle que soit la marche suivie par l'ouragan, on est au point le plus rapproché du centre dès que le baromètre cesse de descendre. Alors, pendant deux ou trois heures, on voit cet instrument monter et baisser par saccades, sans avoir de mouvement prononcé.

C'est un signe certain que l'on se trouve proche du centre, que la plus grande violence a été ressentie et que les rafales ne vont plus désormais aller qu'en diminuant ; et cet indice rassurant doit ramener l'espoir et la confiance chez tous ceux dont les intérêts étaient si cruellement menacés.

La baisse barométrique totale est d'autant plus grande que la raréfaction centrale est plus complète, et cette raréfaction elle-même, produite en grande partie par la force centrifuge, s'augmente en raison de l'accroissement du mouvement rotatoire, qui fait la violence des rafales. Le baromètre baisse donc à mesure que la violence du vent est plus intense, et les ouragans les plus désastreux sont aussi ceux qui l'influencent davantage.

« Ces profondes perturbations de l'air sont peut-être, après les grandes éruptions volcaniques, les météores les plus effrayants de la planète, et l'on ne saurait s'étonner, dit Élisée Reclus dans son magnifique ouvrage sur *La Terre*, que, dans la mythologie des Hindous, Rudra, le chef des vents et des orages, ait fini par devenir, sous le nom de Siva, le dieu de la destruction et de la mort. Des lambeaux déchirés de nuages rougeâtres ou noirs sont entraînés avec furie par la tempête, qui plonge et traverse l'espace en fuyant ; la colonne de mercure s'agite affolée dans le baromètre et baisse rapidement ; les oiseaux se réunissent en cercle comme pour se concerter, puis s'enfuient à tire-d'aile, afin d'échapper au météore qui les poursuit. Bientôt une masse obscure se montre dans la partie menaçante du ciel ; cette masse grandit, s'étale peu à peu et recouvre l'azur d'un voile de ténèbres et d'un reflet sanglant. C'est le cyclone qui s'abat et prend possession de son empire en tordant ses immenses spirales, et à un silence terrible succède le hurlement de la mer et des cieux. »

Au commencement des cyclones, un bruit étrange, sourd, s'élève quelquefois et tombe « avec un gémissement semblable à celui du vent dans les vieilles maisons pendant les nuits d'hiver » (Piddington). Un bruit analogue, qui vient du large et qui annonce les tempêtes, est connu en Angleterre sous le nom d'appel de mer. Les rafales qui déchirent l'air pendant le cyclone font entendre comme un rugissement de bêtes sauvages, un effroyable tumulte de voix sans nombre et de cris de terreur. Sur le passage du centre, un bruit formidable ressemblant à des décharges d'artillerie, un continuel grondement de tonnerre, la voix même de l'ouragan éclate et domine tout.

La marche des vents éprouve de la résistance sur les continents ; mais les phéno-

Fig. 113. — Le naufrage de la *Lérida* au Havre.

mènes qui s'y produisent pendant les ouragans n'en sont pas moins terribles. Les constructions qui se trouvent sur le chemin du météore sont arrachées de leurs fondements, les eaux des fleuves sont arrêtées et refluent vers leur source, les arbres isolés éclatent et labourent la terre de leur racine, les forêts plient comme si elles ne formaient qu'une seule masse et livrent à la tempête leurs branches rompues et leurs feuilles déchirées. L'herbe même est déracinée et balayée du sol. Dans le sillage de l'ouragan volent d'innombrables débris semblables aux épaves qu'emporte un courant fluvial ou maritime. D'ordinaire, l'action de l'électricité s'ajoute à la violence de l'air en mouvement pour augmenter les ravages de la tempête ; parfois les éclairs sont tellement nombreux qu'ils descendent en nappes comme des cascades de feu ; les nuages, les gouttes de pluie même émettent de la lumière ; la tension électrique est tellement forte qu'on a vu, dit Reid, des étincelles jaillir spontanément du corps d'un nègre. Une forêt de l'île de Saint-Vincent fut tuée tout entière sans que pourtant un seul tronc eût été renversé. De même, en Europe, sur les rivages du lac de Constance, un très grand nombre d'arbres restés debout malgré l'orage furent complètement dépouillés de leur écorce.

C'est principalement sur les rivages des îles et des continents, là où la tempête, arrivant avec toute sa force initiale, n'a pas encore été retardée par les obstacles du sol, que les effets du météore sont les plus violents. C'est aussi là que dans le désastre général sont dévorées le plus grand nombre de vies humaines, puisque les navires se donnent précisément rendez-vous dans les ports, et qu'en maints endroits des côtes il se trouve des terres basses que les eaux brusquement refoulées peuvent noyer sur de vastes étendues.

Depuis Colomb, le premier Européen qui ait contemplé les ouragans des Antilles, des milliers de navires se sont engloutis pendant les tempêtes tournantes des mers tropicales, soit au fond des ports et des rades, soit dans les mers qui baignent les côtes d'Amérique, de la Chine, de l'Hindoustan et les îles de l'océan Indien. Tel cyclone, comme celui de Calcutta en 1864, ou de la Havane en 1846, a fracassé plus de cent cinquante grands vaisseaux en quelques heures ; tel autre cataclysme du même genre, notamment celui qui passa sur le delta du Gange en octobre 1737, noya plus de vingt mille personnes dans les eaux débordées.

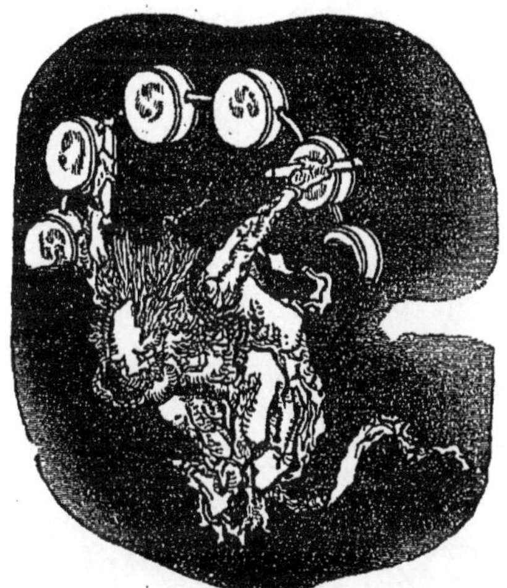

Fig. 114. — Le dieu du tonnerre, d'après un dessin japonais.

Au milieu de l'Océan, les dangers que courent les navires sont moindres qu'ils ne le sont dans les rades mal fermées des côtes ; mais les sensations éprouvées par les marins doivent être d'autant plus vives qu'ils sont complètement isolés, perdus dans l'effroyable tourmente. Autour d'eux, le jour est sombre, plus sombre que la nuit, dirait-on, puisque le peu de lumière qui reste encore sert à faire valoir les ténèbres. Les vents qui hurlent et qui sifflent, les flots qui s'entre-choquent, des mâts qui se ploient et se cassent, les membrures du navire qui se plaignent, toutes ces voix sans nombre se mêlent et se confondent en un mugissement effroyable, déses-péré, couvrant même les éclats de la foudre. La mer ne se déroule plus en vagues larges et puissantes ; mais elle bout à gros bouillons comme une chaudière énorme chauffée par le feu de volcans sous-marins. Les nuages bas ou même rampant sur les eaux émettent souvent une lueur qu'on dirait être le reflet de quelque géhenne invisible ; au zénith paraît environné de ténèbres un espace blanchâtre que les marins ont nommé « l'œil de la tempête », comme s'ils voyaient réellement un dieu féroce dans l'ouragan qui descend du ciel pour les étreindre et les secouer. Certes, lorsqu'au milieu de cette horrible tourmente les matelots acceptent la lutte contre les éléments et, défiant la mort, essayent de manœuvrer pour ramener leur navire désemparé, sans voile et sans mâts, ils donnent un sublime exemple de la grandeur humaine.

Les Japonais, témoins journaliers de ces cataclysmes, ont personnifié dans leurs fantastiques symboles ce génie des tempêtes, qu'ils appellent le *dragon des typhons*, et qu'ils représentent, au milieu de la pluie noire et sinistre, comme un monstre aérien précipité des nues. Ces étranges dessins, qui mettent en scène les forces profondes de la nature, nous montrent le *dieu du tonnerre* sous la forme d'un vieillard horripilé se-couant des tambours sonores, et le *dieu des vents* volant dans les airs en portant sur les épaules son outre toujours enflée.

Pour apprécier ces formidables mouvements de l'Atmosphère, il est intéressant d'avoir une description exacte des exemples les plus mémorables.

Le plus terrible cyclone qui ait été décrit est encore celui du 10 octobre 1780, que l'on a spécialement nommé le *grand ouragan* et qui semble avoir résumé toutes les horreurs de ces grandes scènes de la nature. Partant des Barbades où rien ne resta debout, ni arbres, ni demeures, il fit disparaître une flotte anglaise mouillée devant Sainte-Lucie, puis il ravagea complètement cette île, où six mille personnes furent écrasées sous les décombres. Ensuite, le tourbillon, se portant sur la Martinique, enveloppa un convoi de transports français et coula plus de quarante navires portant quatre mille hommes de troupes. Les bâtiments du convoi *disparurent*, telle est l'expression laconique dont se servit le gouverneur de la Martinique dans son rapport. Plus au nord, la Dominique, Saint-Eustache, Saint-Vincent, Puerto-Rico furent également dévastés, et la plupart des bâtiments qui se trouvaient sur le chemin du cyclone sombrèrent avec leurs équipages. Au delà de Puerto-Rico, la tempête se replia au nord-est vers les Bermudes et, bien que sa violence se fût graduellement affaiblie, elle n'en coula pas moins plusieurs vaisseaux anglais qui retournaient en Europe. La rage destructive de l'ouragan ne fut pas moindre à terre. Neuf mille personnes périrent à la Martinique, mille à Saint-Pierre seulement, où il ne resta pas une maison debout, car la mer s'éleva à une hauteur de 7 m. 5 , et cent cinquante maisons

Fig. 115. — Le dragon des typhons, d'après un dessin japonais.

disparurent instantanément le long de la plage. A Port-Royal, la cathédrale, sept églises et quatorze cents maisons furent renversées ; seize cents malades blessés furent ensevelis sous les ruines de l'hôpital. A Saint-Eustache, sept bâtiments furent mis en pièces sur les rochers, et des dix-neuf qui coupèrent leurs amarres et qui gagnèrent le large, un seul retourna au port. A Sainte-Lucie, six mille personnes périrent ; les plus fortes constructions furent arrachées de leurs fondations ; un canon fut transporté à plus de 39 mètres et des hommes ainsi que des animaux furent enlevés du sol et jetés à plusieurs mètres de distance. La mer monta à une si grande hauteur qu'elle démolit le fort et renversa un bâtiment contre l'hôpital qui fut écrasé sous le poids. Des six cents maisons de Kinstown, dans l'île de Saint-Vincent, quatorze seulement restèrent debout ! La frégate française *Junon* se perdit.

Dans les îles Sous-le-Vent, les personnes qui habitaient le palais du gouvernement cherchèrent un refuge au centre des constructions, pendant le fort de la tempête, pensant que l'épaisseur énorme des murs (près de 1 mètre) et leur forme circulaire les préserveraient de la fureur du vent ; à onze heures et demie, elles étaient forcées de se réfugier dans la cave, le vent ayant pénétré partout et arraché presque tous les toits ; mais, l'eau montant à la hauteur de plus de 1 mètre, il fallut se sauver dans les batteries, où chacun chercha un abri sous les canons dont quelques-uns furent déplacés par la force du vent. L'ouragan était si fort que, secondé par la mer, il porta un canon de douze à une distance de 126 mètres (sur son affût, sans doute, qui avait des roues). Au jour, la campagne avait le même aspect qu'en hiver : il ne restait plus une seule feuille ni une seule branche aux arbres. La colère des hommes s'arrête devant une semblable lutte des éléments. Lorsque le *Laurier* et l'*Andromède* se perdirent à la Martinique, le marquis de Bouillé mit en liberté les vingt-cinq marins anglais qui avaient survécu au naufrage, en écrivant au gouverneur anglais de Sainte-Lucie qu'il ne voulait pas garder prisonniers des hommes tombés entre ses mains pendant une catastrophe commune à tous.

L'un des plus curieux exemples de ces convulsions de l'Atmosphère nous est fourni par le cyclone des Indes du 10 août 1831, raconté, dans les termes palpitants qui suivent, par le major général Reid dans sa *Météorologie américaine*.

Un gentleman qui habitait Saint-Vincent depuis quarante ans, étant monté à cheval au point du jour, se trouvait à environ un mille de son habitation, lorsqu'il aperçut dans le nord un nuage d'une apparence si menaçante que, pendant sa longue résidence sous les tropiques, il n'avait jamais rien vu d'aussi alarmant : ce nuage lui parut d'une couleur gris olive. Appréhendant une horrible tempête, il se hâta de regagner son domicile et d'y clouer portes et fenêtres : précaution à laquelle il attribua la conservation de sa maison.

Vers minuit, les éclairs jaillirent avec un éclat à la fois majestueux et terrible, et un coup de vent souffla avec force du nord et du nord-est ; à une heure du matin, la furie du vent augmenta, et la tempête qui avait soufflé du nord-est sauta subitement au nord-ouest et aux points intermédiaires. A partir de ce moment, les régions supérieures furent constamment illuminées par des éclairs incessants, formant une vaste nappe de feu, mais dont l'éclat fut souvent dépassé par celui des décharges d'électricité qui éclataient de tous côtés.

Les éclairs ayant aussi cessé par intervalles, la ville était enveloppée d'une obscurité qui inspirait une frayeur indicible. Bientôt après, des météores de feu tombèrent du ciel : l'un d'eux, descendant perpendiculairement d'une hauteur prodigieuse, attira particulièrement l'attention : il était d'une forme circulaire et d'une couleur rouge foncé. Ce météore était évidemment entraîné par l'effet de son propre poids et ne recevait d'impulsion d'aucune force étrangère. En s'approchant du sol, ce globe enflammé prit une forme allongée d'une blancheur éblouissante et éclata en se répandant comme l'aurait fait un métal en fusion.

Quelques instants après l'apparition de ce phénomène, le bruit assourdissant du vent se transforma en un *murmure solennel*, ou, pour mieux dire, en un mugissement lointain, et les éclairs, qui depuis minuit avaient presque incessamment lancé des fourches, se succédèrent avec une activité effrayante, pendant près d'une demi-minute, entre les nuages et la terre. La vaste masse des nuages semblait toucher les maisons et lançait vers la Terre des volutes de flammes que celle-ci renvoyait aussitôt dans l'espace.

Dès que cette singulière alternative d'éclairs cessa, l'ouragan éclata de nouveau du côté de l'ouest avec une violence prodigieuse et indescriptible, lançant de toutes parts des milliers de projectiles, fragments de toutes les constructions qui n'étaient pas à l'abri de sa violence. Pendant le passage de l'ouragan, le sol trembla et les maisons les plus solidement construites furent ébranlées jusque dans leurs fondements.

Cependant, à aucun moment de la tempête, une seule détonation de tonnerre ne fut distinctement entendue. Le hurlement du vent, le mugissement de l'Océan, dont les vagues gigantesques menaçaient de détruire

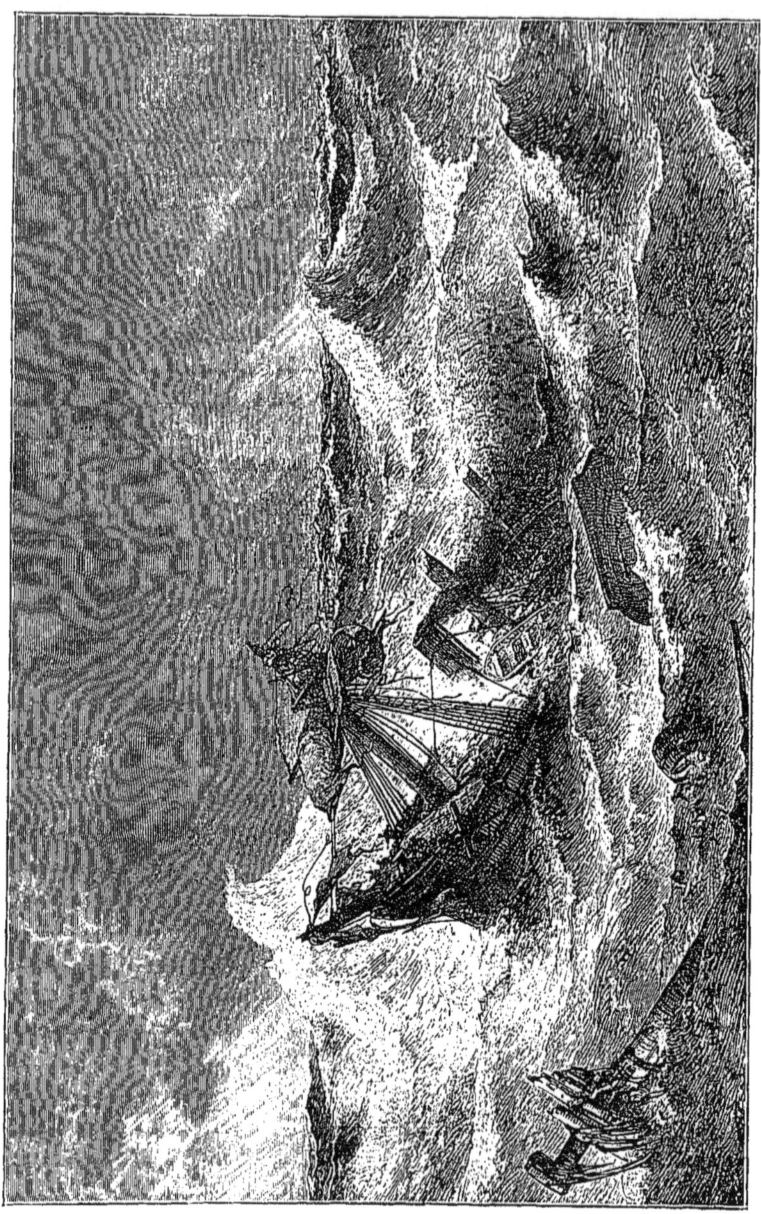

Fig. 116. — Cyclone de l'Amazone (10 octobre 1871)

tout ce que les autres éléments auraient épargné, et le bruit des tuiles s'entre-choquant, des toits et des murs s'écroulant, etc., formaient le fracas le plus épouvantable qu'on puisse imaginer.

Vers cinq heures, la force de l'ouragan mollit par intervalles, et l'on entendit clairement pendant quelques courts instants la chute des matériaux que la queue de la tempête avait probablement portés à une hauteur extraordinaire... A six heures, le vent était sud ; à sept heures, sud-est; et à huit heures, est-sud-est. A neuf heures, le temps était redevenu beau.

Du haut de la cathédrale, de quelque côté que l'on dirigeât ses regards, on ne voyait que désolation et ruines. Toute la surface du pays était ravagée; aucune trace de végétation ne paraissait, si ce n'est çà et là quelques touffes d'herbe jaunie. Le sol était roussi et brûlé, comme si une traînée de feu avait passé sur le pays et consumé tous ses produits. Les quelques arbres qui restaient encore debout, dépouillés de leurs rameaux et de leurs feuilles, avaient l'aspect triste et morne de l'hiver; et les nombreuses villas des environs de Bridgetown, naguère entourées de bosquets, étaient maintenant à nu et en ruine.

Une pluie d'eau salée tomba dans toutes les parties de l'île. Le poisson d'eau douce périt dans les étangs, et l'eau des viviers resta salée plusieurs jours après l'ouragan.

Ainsi que l'attestent la plupart des rapports, la quantité d'électricité développée dans les grands ouragans est vraiment remarquable. Les éclairs ne sont point de simples lueurs d'une durée éphémère, mais des flammes passant rapidement sur la surface de la terre, en même temps qu'elles s'élèvent jusque dans les régions supérieures.

La frégate française *Junon*, partie de France pour une mission dans les mers de l'Inde et de la Chine, traversa, le 1er juin 1868, un cyclone qui faillit lui être funeste.

Malgré tous les efforts accomplis pour s'éloigner du centre, d'après les indications barométriques rappelées plus haut, on ne put couper à temps sa trajectoire et l'on fut atteint par la tourmente furieuse qui inonda le pont et éteignit les fourneaux.

La mer s'élevait en véritables montagnes qui déferlaient lourdement sur le navire. Elle avait emporté la galerie, les embarcations suspendues sur les flancs et à l'arrière. Une grande ancre, détachée de ses liens, avait produit, en défonçant un sabord de l'avant, une large voie d'eau qu'on put, avec beaucoup de peine, boucher en y entassant des hamacs. Une pluie torrentielle se joignait aux coups de mer continuels, et la lutte était désormais dirigée contre l'envahissement des flots. L'équipage entier, distribué entre les pompes et les chaînes de seaux, travaillait avec un admirable courage et un sang-froid plein d'entrain.

« La tourmente durait depuis sept heures, écrit un officier, redoublant à chaque heure de violence et de bruit..., quand tout à coup un silence absolu se fit, un silence que je ne puis comparer qu'à celui qui suit l'explosion d'une mine sur un bastion pris d'assaut. C'était le calme central, calme subit et étrange, qui produit plutôt de l'étonnement qu'une impression de sécurité, tant on s'y sentait comme en dehors des lois de la nature. Le mouvement du tourbillon continuait dans le haut de la colonne d'air dont nous occupions la base. Des oiseaux, des poissons, des sauterelles, des débris sans forme tombaient de tous côtés, et l'état électrique de l'Atmosphère produisait une sensation vertigineuse sans analogue dans nos souvenirs, se manifestant par un état extraordinaire d'exaltation chez quelques hommes habituellement très calmes.

« De nombreux oiseaux étaient retenus dans cette espèce de gouffre aérien. Parmi eux se trouvaient plusieurs échassiers : ce qui indique, avec les insectes et les débris de plantes, que le cyclone avait passé sur des îles. Quelques-uns des poissons volants qui tombaient sur le pont étaient vivants ; d'autres, morts depuis quelque temps, sentaient déjà.

« On profita du calme central pour mettre des chaloupes à la mer, vider l'eau du navire, débarrasser les voiles, installer un gouvernail de fortune et attendre avec confiance la reprise de la tempête.

« Après cinq heures de calme, vers midi, les premiers souffles du vent se firent sentir et, quelques instants après, l'ouragan dans toute sa force emportait de nouveau le bâtiment. Les rafales arrivaient maintenant du nord, mais aucune des voiles qui avaient été préparées ne put tenir. Il était par suite impossible de manœuvrer pour s'éloigner rapidement du cyclone ; le changement d'amures prescrit par la théorie afin de prendre le vent par bâbord put seul être opéré. On fut réduit encore à un rôle passif au milieu des fureurs de l'ouragan, qui ne devait s'éloigner qu'au bout de deux jours par l'effet de son long mouvement de translation. »

Les dernières tempêtes mémorables qui se soient déchaînées sont celles du 27 février au 3 mars 1869, dont le naufrage du navire à trois mâts *Lérida*, de Nantes, venant d'Haïti et échoué au Havre, est resté dans les annales maritimes comme un des plus émouvants épisodes de nos côtes.

Le 2 mars, à dix heures du matin, au milieu d'une mer furieuse, ce trois-mâts, que l'on suivait depuis deux heures du regard, arrivait près de la jetée, alors qu'un courant terrible, dont la puissance était encore décuplée par le vent du nord-ouest, produisait une barre infranchissable.

Bientôt il ressentit les premières atteintes du courant, qui, deux heures plus tard, aurait été presque sans effet. Il avait jusqu'alors pu naviguer vent arrière; mais il dut virer du lof, et cette manœuvre, en diminuant sa vitesse, le livra presque sans défense aux éléments déchaînés.

Une angoisse poignante étreignit tous les spectateurs, parmi lesquels les hommes de mer étaient en majorité. Ils avaient compris que dès ce moment le salut de la *Lérida* était gravement compromis. Son capitaine essaya d'une manœuvre désespérée. Il voulut virer lof pour lof, afin de s'élever au large ou tout au moins d'entrer en baie de Seine; mais cette manœuvre trop tardivement tentée ne put réussir. Un dernier espoir restait : les deux ancres furent mouillées ; elles ne purent mordre à temps!

On put encore croire un instant que tout n'était pas désespéré; les ancres s'étaient accrochées, mais, sous l'impulsion des montagnes liquides, qui venaient sans cesse se briser sur le poulier, les chaînes impuissantes se cassèrent. Tout était perdu.

En moins de temps qu'il n'en faut pour le décrire, la *Lérida*, devenue le jouet des flots, allait donner de bout dans l'angle d'un bastion, où son bout-dehors, son beaupré et son étrave furent brisés du coup.

Il ne s'agissait plus alors de sauver le navire; le salut de l'équipage devenait douteux. C'est en courant qu'on avait quitté la jetée; vingt embarcations avaient transporté de l'autre côté du port des citoyens dévoués et prêts à tout tenter pour le sauvetage. Fort heureusement, le navire était assez près de terre pour qu'on pût lancer à bord des lignes afin de ramener les hommes de l'équipage. Les lamaneurs, les douaniers de service et beaucoup d'autres sauveteurs courageux furent assez heureux pour arracher ainsi à la mer presque tous les marins en danger.

Il n'y eût eu aucun deuil à déplorer si deux hommes, saisis d'une frayeur que justifie la perspective d'un pareil péril, ne s'étaient précipités ensemble sur un cordage trop faible pour les supporter. On les virait à terre, lorsqu'un coup de ressac est venu déterminer la rupture de la ligne à laquelle ils se cramponnaient.

On les vit surnager quelques instants encore parmi les épaves que broyaient les vagues; puis, plus rien!

Après ce navrant épisode, le capitaine, qui était resté le dernier à son bord, put à son tour saisir une ligne qui l'amena sain et sauf. Bientôt le navire disparut, brisé par les vagues.

Le cyclone de l'*Amazone* (10 octobre 1871), arrivé dans l'Atlantique par 26°15′ de latitude nord et 68°10' de longitude ouest, et dans lequel le baromètre tomba à 698 millimètres, les naufrages des navires anglais *Louisa* et *Florida* (février 1872), l'ouragan de Zanzibar (15 avril 1872), la perte du *Northfleet* (12 novembre 1872), le naufrage de la *Ville-du-Havre* (29 novembre 1873), ont laissé le souvenir de tempêtes formidables.

Et combien d'autres exemples pourrions-nous ajouter aux précédents !

Citons encore ceux-ci :

Le 7 août 1899, un épouvantable cyclone se déchaîne à la Basse-Terre (Guadeloupe). Les arbres sont déracinés, les toitures arrachées. Un raz de marée bouleverse la mer des Antilles. A la Pointe-à-Pitre, vingt-quatre navires et embarcations ont coulé en rade. La goélette *Lillian* a été lancée sur les quais et est tombée dans la halle au poisson. Soixante-deux personnes ont péri et deux cent soixante-dix environ ont été blessées.

D'ailleurs, cette région semble servir de cible à tous les projectiles de la nature : météores échappés des entrailles de la Terre, trombes dévastatrices, vents impétueux au souffle mortel, cyclones meurtriers, les plus épouvantables phénomènes géologiques et météorologiques viennent attrister ces riches terres ensoleillées.

Un peu plus au nord, sur le golfe du Mexique, une catastrophe plus terrible encore s'est produite à Galveston et dans les environs, vers la fin de l'année 1900.

Dans la nuit du 8 au 9 septembre, la ville de Galveston, créée en 1836 et comptant 65.000 habitants, a été détruite de fond en comble par un cyclone d'une violence inouïe.

Quatre mille six cent soixante maisons furent démolies. En cette seule localité, le nombre des morts s'éleva à 4.978 et à plus de 4.000 dans la contrée située au sud-ouest et à l'ouest.

L'hôpital s'écroula sur les malades, les réservoirs de la ville furent brisés.

Plus de cent navires firent naufrage ; des trains déraillèrent, d'autres furent broyés.

On a estimé à cent millions la perte des marchandises en quelques heures.

Et, comme si les fléaux de la nature n'étaient pas suffisants, des bandes infâmes de nègres, profitant du désarroi causé par le désastre, volèrent des bijoux, bagues et pendants d'oreilles, en coupant les doigts et les oreilles des mourants. Ils achevaient les blessés pour les voler. Ces monstrueux pillards furent saisis et exécutés. Dans la poche de l'un d'eux, on trouva vingt-trois doigts portant des bagues.

Plus d'un millier de cadavres furent brûlés sur le rivage pour éviter la peste, car l'odeur des morts ne tarda pas à devenir insoutenable.

A Virginia-Point, la grève était parsemée de pianos, de meubles et de débris de toute nature.

Les premiers jours de l'année 1903 ont été marqués par une mémorable catastrophe : quatre-vingts des îles de la Société (Océanie) furent dévastées par un ouragan et un raz de marée. Le météore prit naissance dans le groupe des Touamatou qui fut le plus éprouvé.

Le 11 janvier, le ciel devint tout à coup très alarmant, l'Atmosphère était extraordinairement lourde. Mais aucun phénomène dramatique ne se produisit avant la nuit du 15 au 16. Alors, au milieu des ténèbres nocturnes, les vagues grandirent subitement et la mer s'éleva en une muraille de plus de 13 mètres de hauteur, démolissant toutes les maisons et ravageant le pays sur une immense étendue.

Les habitants s'enfuyaient affolés et grimpaient sur les cocotiers, mais la mer implacable les arrachait de leur refuge pour les précipiter dans le gouffre.

L'île de Kikuera fut particulièrement atteinte : sur douze cents indigènes qui s'y trouvaient, il en resta huit cents !

Quelques sinistrés se sauvèrent à la nage et purent être recueillis ; d'autres échappés par miracle à l'ouragan restèrent dans les îles et s'y trouvèrent sans abri, sans vivres et sans vêtements. Quant aux dégâts matériels, ils furent considérables.

Les cyclones de l'Inde sont aussi des plus désastreux. On n'a pas perdu le souvenir de celui qui ravagea le Bengale en 1876, en causant des désastres incalculables. En voici un résumé succinct, d'après la description consignée dans un rapport officiel :

« Le cyclone qui a sévi le 31 octobre 1876 prit naissance dans la baie du Bengale et coula

Fig. 117. — Les vagues déchaînées par la tempête.

de grands navires sur son passage, en se dirigeant vers le nord. Il épargna Calcutta, mais frappa Chittagang, ville située à l'angle nord-est de la baie ; il jeta sur la côte tous les bâtiments abrités dans le port et faillit détruire la ville elle-même. La mer soulevée inonda les grandes îles de Hattials, Sundeys et Dakhin, situées dans une des bouches du Gange, recouvrit quelques îles moins considérables et envahit la terre ferme sur un espace de 8 à 10 kilomètres. Ces immenses vagues roulaient avec une rapidité surprenante. A onze heures, dans la nuit du 31 octobre, les dépêches reçues à Calcutta n'annonçaient pas encore le danger réel ; à minuit, toutes les terres précitées étaient recouvertes de 6 mètres d'eau.

« Le cyclone a complètement dévasté ce district. Le silence de la mort plane sur toute la contrée. Surprise par l'invasion des vagues, la population se réfugia sur les arbres les plus élevés. Ceux qui purent y trouver un asile durent le partager avec les bêtes féroces, les oiseaux et les serpents. Des milliers de maisons furent démolies par les vagues furieuses ; les seuls débris d'habitations humaines trouvés après le désastre avaient été jetés sur la plage de Chittagang, à 16 kilomètres de distance. La gazette du gouvernement de Calcutta assure que, partout où les flots passèrent, les deux tiers de la population disparurent. Des rapports officiels évaluent à plus de *deux cent cinquante mille* le nombre des victimes des trois inondations successives qui ont submergé plus de 7.500 kilomètres carrés. »

Ce cyclone de 1876 est un des plus terribles dont on ait gardé le souvenir au Bengale.

Au mois de juin 1904, plusieurs provinces de la Cochinchine ont été ravagées par un cyclone qui a fait un grand nombre de victimes.

On a compté plus de *cinq mille* morts et le total des ruines s'est élevé à dix millions de francs.

La statistique du Bureau *Veritas* montre qu'en moyenne il y a environ seize cents navires à voile et cent trente navires à vapeur naufragés *chaque année*. Rien que dans les Antilles, les cyclones les plus mémorables, au nombre d'une quinzaine, qui se sont déchaînés depuis l'année 1722, ont tué dans cet archipel plus de 25.000 personnes et causé plus d'un demi-milliard (plusieurs centaines de millions) de francs de pertes.

CHAPITRE III

TROMBES ET TORNADOS

Parmi les grands météores qui viennent troubler l'ordre apparent et l'harmonie de la nature, parmi les grands phénomènes qui portent la terreur et la désolation où ils apparaissent, il en est un qui se fait remarquer par ses formes bizarres et gigantesques, par les forces étrangères auxquelles il paraît obéir, par les lois inconnues et en apparence contradictoires qui le règlent, enfin par les désastres qu'il occasionne. Ces désastres sont eux-mêmes accompagnés de circonstances particulières si étranges qu'on ne peut confondre leurs causes avec les autres météores funestes de l'humanité. Ce météore si menaçant, si extraordinaire, heureusement rare dans nos contrées, est celui que l'on désigne maintenant d'une manière générale par le mot *trombe*.

C'est par ce paragraphe que le météorologiste Peltier ouvre son ouvrage sur *Les Trombes*. Avant ses études ingénieuses et patientes, l'explication de ce curieux phénomène atmosphérique laissait beaucoup à désirer. Aujourd'hui, nous pouvons désigner exactement sa nature et son caractère, en disant qu'une trombe est une colonne d'air pivotant ordinairement avec rapidité sur elle-même et se mouvant d'une translation relativement lente, car on peut généralement la suivre à la marche. Cette colonne d'air tourbillonnant paraît avoir l'électricité pour cause et pour force motrice. Le vent souvent furieux qu'elle produit par son mouvement même, et qui détermine sur son passage les effets désastreux que nous allons rappeler, n'est pas le résultat de courants atmosphériques déployés sur une grande échelle, comme dans les cyclones, mais il est confiné aux dimensions toujours très restreintes de ce phénomène. Les trombes n'ont souvent que quelques mètres de diamètre, mais leur puissance est sans égale : elles balayent le sol suivant leur parcours, rasent les champs, les arbres, les maisons, les édifices eux-mêmes, avec une énergie telle que nul vestige n'en reste parfois après le passage de l'effrayant météore. Voici ordinairement comment ce phénomène prend naissance.

La surface inférieure d'un nuage orageux s'abaisse vers la terre, sous la forme d'un cylindre ou mieux d'un cône, comme un grand porte-voix dont le pavillon se perd sous la nue et dont l'embouchure approche plus ou moins du sol ou de la surface de la mer. Ce cône renversé peut être plus ou moins développé, plus ou moins altéré, suivant l'état particulier des nuages et de la localité. Ce qui est constant, c'est un lien de vapeur entre les nuages et la terre.

Au-dessous de la colonne nuageuse, une grande agitation apparaît sur la mer ou sur le sol. Cette agitation est comparée par les marins à celle d'une ébullition qui lancerait des vapeurs, des filets en gerbes liquides. Sur la terre, la poussière des routes, les corps légers forment une fumée analogue. Il arrive bientôt que le tourbillon inférieur s'élève assez haut et que la colonne supérieure descend assez bas pour qu'ils se joignent et se soudent en une seule et même colonne, plus épaisse du haut que du bas, et assez souvent transparente comme un tube dans lequel on voit quelquefois des vapeurs monter ou descendre.

Lorsque le milieu des eaux soulevées sur la mer est plus compact, il paraît comme un pilier placé pour soutenir la colonne descendante. Enfin, il se fait dans cette colonne ou trombe marine un tapage qui varie considérablement, depuis le sifflement

Fig. 118. — Trombe marine observée à San Remo, le 13 février 1885. Dessin d'après nature.

du serpent jusqu'au bruit de lourdes charrettes courant dans les chemins rocailleux. Ce bruit est bien plus considérable sur terre que sur mer.

Le génie de la destruction semble s'incarner dans cette singulière formation. La trombe s'avance avec une apparente lenteur, souffle des menaces effrayantes, se tord en convulsions, trace son sillage à travers les productions de la nature ou de l'humanité, faisant voler en éclats, disparaître en fumée tout ce qui s'oppose à son cours. Les désastres opérés par cet agent formidable montrent que sa pression atteint parfois 400 à 500 kilogrammes par mètre carré. On le voit prendre des troupeaux, des hommes, des rivières même, et les soulever à d'étonnantes hauteurs. Les toits des édifices sont emportés dans les airs ; les murs sont écartelés par la brusque violence d'une main de fer irrésistible. Pour apprécier à sa juste valeur cet étrange météore, considérons un instant quelques-unes de ses prouesses les plus mémorables.

Voici, par exemple, deux anciennes trombes qui furent observées au sud de Paris, le 16 mai 1806, d'une à deux heures après midi, et qui semblent arrangées tout exprès pour la description théorique. Elles sont rapportées par Peltier, d'après un professeur nommé Debrun. On peut les appeler les *trombes de Paris*.

La première commença vers une heure et parut mesurer au moins 4 mètres de largeur à sa base, près du nuage, offrant la forme d'un cône renversé. Elle s'allongea alors successivement à 5, 10, 15 mètres ; plus elle descendait, plus sa forme conique devenait aiguë, car dès le commencement de sa sortie du nuage elle formait un cône parfait. A force de gagner en longueur et de perdre en proportion dans son volume, elle ne devint pas plus grosse que le bras.

Cette trombe chassait fort doucement vers le sud, ensuite vers l'ouest et le sud-ouest, mais d'une manière infiniment lente, et paraissait être au-dessus des dernières maisons du faubourg Saint-Jacques, puis au-dessus de la plaine de Montrouge, Montsouris et la Glacière. Elle était de la couleur du blanc grisâtre des nuages ordinaires et ressortait très bien du fond noirâtre des nuées.

Ce qui frappa le plus l'attention, ce fut de voir qu'elle formait un long tuyau, en partie *demi-transparent*, prenant plusieurs courbes ou inflexions assez semblables à un long boyau flexible, dans lequel on voyait *monter les vapeurs* par ondulations, comme on verrait la fumée s'élever dans un tuyau de poêle qui serait de verre ; ce qui était fort remarquable, c'est que l'ascension des vapeurs était bien plus active vers la partie inférieure, qui pouvait être alors à 1 kilomètre environ au-dessus de terre.

Comme la nue qui formait la tête de la trombe avançait, le corps de la trombe se courbait et la suivait en s'allongeant de 3.000 mètres environ, pour ne pas s'en détacher ; mais, quand la trombe devint d'une grande longueur, par conséquent d'un volume très petit, et qu'elle vint à prendre une inclinaison bien considérable (formant

Fig. 119. — Trombe terrestre.

à peu près avec l'horizon un angle de 20 degrés), alors le corps de la trombe serpenta légèrement.

Cette trombe, dans sa plus grande inclinaison, paraissait avoir sa queue au-dessus d'Arcueil et sa tête au-dessus de Châtillon ; mais, pendant le chemin que fit sa tête, il sembla en quelque sorte que la partie inférieure était fortement attirée ou retenue par la vallée d'Arcueil et qu'elle ne pouvait s'en éloigner facilement.

Elle dura près de trois quarts d'heure et parut se replier dans le nuage qui lui avait donné naissance.

Environ vingt minutes après la formation de cette trombe, on en vit commencer une seconde, qui, à la vérité, ne présenta pas de particularités aussi intéressantes que la première, mais qui fut d'un effet beaucoup plus majestueux. Elle fut produite par un nuage, bien moins élevé que celui qui avait formé la première, et se montra au-dessus de l'hospice Cochin, rue du Faubourg-Saint-Jacques, et de l'Observatoire. Elle était grisâtre, avait dans toute sa longueur un tuyau clair dans lequel on voyait les vapeurs monter très distinctement et rapidement. De temps à autre, et par petits intervalles, le corps de cette trombe s'allongeait ou se raccourcissait successivement. Elle passa devant la première et paraissait n'en être éloignée au nord que de 1.600 à 2.000 pas; mais la première, vers la fin de son apparition, fuyait beaucoup plus vite vers le sud; elle suivit un peu la même direction que la première, et sa partie inférieure se courba légèrement vers l'ouest.

Il partit un fort coup de tonnerre d'un nuage peu éloigné des trombes, surtout de la seconde, et tout près d'elle, vers son côté ouest; elles n'en parurent nullement affectées. Il tomba aussitôt quelques gouttes d'eau larges comme le pouce, mais très rares, et aussi, presque en même temps, quelques grains de grêle de la grosseur d'une noisette.

La seconde trombe se replia graduellement vers son nuage générateur, qui l'absorba en assez peu de temps; elle disparut totalement au bout de vingt-cinq minutes, durée entière de son existence.

Ces trombes si théoriques étaient fort inoffensives, comme on le voit. Elles ne paraissent pas avoir touché terre, du reste ; et sans doute elles l'eussent été moins pour un ballon qui se serait égaré dans leur voisinage. Mais les voici à l'œuvre, et leur passage à la surface du sol a laissé des témoignages non douteux de leur formidable puissance.

Parmi les trombes dont on a gardé les plus dramatiques souvenirs, nous devons citer celle de Monville, du 19 août 1845. Tout le monde connaît cette ravissante vallée de Maromme à Malaunay et Clères, qui décore de si charmants paysages le chemin de fer de Rouen à Dieppe. Au jour fatal que nous venons d'inscrire, à une heure de l'après-midi, par un temps chaud et accablant, un tourbillon d'une nature étrange vint fondre subitement sur la vallée. Les grandes filatures de Monville furent enveloppées soudain, secouées, tordues et renversées, en moins de temps qu'il n'en fallut pour se reconnaître, d'après ce que me racontait vingt ans plus tard l'un des témoins oculaires. La fabrique dans laquelle travaillaient des centaines d'ouvrières s'effondra au milieu d'une tempête électrique soudaine, et ces malheureuses furent ensevelies sous les décombres. Un certain nombre ne furent pas écrasées immédiatement. Protégées par le hasard, elles se trouvaient comme emboîtées et se communiquaient mutuellement leurs impressions, sans se voir ni reconnaître à quel cataclysme elles devaient leur changement d'état. La plupart étaient convaincues que c'était la fin du monde et s'attendaient au jugement dernier.

Les ouvriers furent lancés au dehors par-dessus des haies et des clôtures ; d'autres furent écharpés par les métiers à vapeur qui continuaient à tourner au milieu de la catastrophe. Quelques-uns, sans être atteints, subirent une telle commotion de frayeur qu'ils moururent, huit jours après, subitement, sans maladie! Des murs, des chambres entières furent retournés, de telle sorte qu'on ne les reconnaissait plus. Sur d'autres points, les bâtiments furent comme pulvérisés et la place absolument nettoyée. Des solives, des planches mesurant jusqu'à 1 mètre de long sur 12 centimètres de large et plus de 1 d'épaisseur, des archives, des papiers furent soulevés et emportés jusqu'à 25 et 38 kilomètres de là, jusque près de Dieppe. Les arbres situés sur le passage du météore furent couchés à terre, quelle qu'ait été leur grosseur, et presque partout réduits en lattes et desséchés. La bande ravagée s'étendit sur 15 kilomètres ; sa largeur alla en grandissant, depuis 100 mètres vers la Seine, sous Canteleu, jusqu'à

300 mètres vers Monville, et en décroissant jusqu'à 60 mètres vers Clères. Le baromètre était subitement tombé de 710 à 705 millimètres.

La catastrophe de Monville reste dans les souvenirs de la Normandie au même titre que ceux des plus funestes naufrages. Fort heureusement, les trombes n'atteignent pas souvent de pareilles proportions, ou n'arrivent pas précisément en ces points habités où le travail rassemble des multitudes humaines et concentre en quelque sorte le maximum des effets de destruction. Plusieurs, non moins énergiques peut-être, n'ont pas trouvé un pareil aliment à dévorer. — Celle qui bouleversa les environs de Trèves, en 1829, avait la forme d'une cheminée sortant d'un nuage et vomissant des jets de

Fig. 120. — Trombes de sable.

flammes et de vapeurs. Bientôt elle sembla pareille à un serpent, ondula au-dessus de la campagne et traça un sillon de dix à dix-huit pas de large, sur une longueur de deux mille cent pas, hachant même les herbes, épis, plantes, légumes, qui tapissaient le sol. Mais il n'y eut ni destruction d'habitations, ni mort d'hommes. — Celle qui ravagea Châtenay (Seine-et-Oise), le 18 juin 1839, grilla les arbres qui se trouvèrent sur sa circonférence et renversa ceux qui se trouvèrent sur son passage ; les premiers furent même si singulièrement grillés que leurs branches et leurs feuilles tournées du côté du météore étaient tout à fait desséchées et roussies, tandis que les autres restèrent vertes et vivantes. Des milliers d'arbres de haute futaie furent renversés et couchés dans le même sens, comme des gerbes de blé. Un pommier fut transporté à deux cents mètres de distance, sur un monceau de chênes et d'ormes. Les maisons furent bouleversées dans l'intérieur, sans être renversées pour cela. Plusieurs toits firent l'office de cerfs-volants. Un mur de clôture fut partagé en cinq portions presque égales de sept à huit mètres chacune : la première, la troisième et la cinquième furent renversées dans un sens ; la seconde et la quatrième en sens opposé ! Plusieurs rangs d'ardoises eurent leurs clous arrachés, sans qu'elles eussent été enlevées pour cela, ou comme si elles avaient été replacées par la main du couvreur... Dans une trombe qui sévit sur le village d'Aube-pierre (Haute-Marne), le 30 avril 1871, le toit du lavoir a eu ses tuiles *exactement* retroussées, tous les rangs sens dessus dessous. Etc, etc.

Dans les régions sablonneuses des déserts d'Afrique et d'Asie, le voyageur rencontre parfois des *trombes de sable* gigantesques qui s'élèvent de la terre aux nues, et se tordent avec des convulsions et des sifflements de serpents. C'est ce curieux phénomène que représente la figure 120 d'après le voyage aux frontières russo-chinoises de Th. W. Atkinson.

Les trombes qui se manifestent sur la mer, les lacs, les rivières, et qu'on désigne sous le nom de *trombes d'eau*, ne diffèrent des trombes d'air que par leur situation. Au lieu de poussières, de feuilles, d'objets solides attirés par la colonne tourbillonnante, c'est de l'eau, ordinairement à l'état de vapeur très condensée, quelquefois aussi à l'état liquide, qui se mêle à l'air de la trombe. Peltier rapporte un grand nombre d'exemples observés sous toutes les latitudes. Je n'en vois aucun qui ait englouti des navires, ou du moins qui l'ait fait en laissant un témoin. Quelquefois on a coupé à coups de canon la base de la colonne menaçante. Un jour cependant, le 29 octobre 1832, je vois sur la mer d'Ionie un navire pris par une trombe qui le fait basculer de la poupe à le proue, tantôt l'enfonce, tantôt l'enlève, le fait pirouetter rapidement et l'inonde d'eau, au grand effroi des passagers, qui attendaient la fin « comme quelqu'un qui du fond d'un puits en regarde le haut ».

Le nuage attiré peut s'approcher assez près de la terre pour soulever des masses d'eau avec les corps qu'elles contiennent; les plus gros tomberont isolément en raison de leur pesanteur, mais les plus petits seront transportés plus loin et relâchés en masse. C'est par ce moyen qu'ont lieu les pluies de petites grenouilles et de petits poissons, dont nous parlerons plus loin.

Parfois aussi, la trombe formée sur la mer vient se briser sur le rivage, en détruisant tout ce qu'elle rencontre sur son passage. Pareil phénomène s'est produit à Viareggio (Italie), le 15 mars 1911.

Plusieurs maisons démolies ; toits, portes, grilles, persiennes et cheminées arrachés, arbres et poteaux télégraphiques déracinés, etc., ce fut un vrai pillage ! Deux enfants qui allaient à l'école furent soulevés du sol à plus de deux mètres et reposés doucement à terre comme par une main invisible. Un petit garçon qui s'était cramponné à une porte fut saisi avec la porte même et emporté à plusieurs mètres. D'énormes blocs de pierre et de marbre furent lancés en l'air et retombèrent en miettes. Il y eut une cinquantaine de blessés.

La nature exacte de cet étrange phénomène atmosphérique n'est pas encore complètement analysée. Il semble que la partie du nuage qui descend vers la Terre en forme d'entonnoir ou de trompe d'éléphant ait une sorte de consistance visqueuse, comme si elle était enveloppée dans une membrane de caoutchouc transparent. Il est certain que l'état moléculaire de ce tourbillon nuageux diffère de celui des nuages

Fig. 121. — Trombe dévastant la campagne.

ordinaires. L'air y est sans doute très serré, très condensé ; il est plus froid que l'air extérieur. Dans un rapport important fait sur treize tornados (les Américains donnent le nom de *tornados* aux trombes) qui semèrent d'effroyables ravages aux États-Unis les 29 et 30 mai 1879, M. Finley conclut que les phénomènes électriques sont absents dans le tornado même, mais accompagnent constamment la formation des nuages massifs qui se trouvent en relation avec lui. Il y a des observations contraires. On doit penser toutefois que ce n'est pas l'électricité qui produit les faits violents et rapides observés dans les trombes : la giration de l'air en est la vraie cause mécanique.

L'un de ces tornados des États-Unis, région où ils sont beaucoup plus fréquents qu'ici et ont été minutieusement étudiés, est particulièrement digne d'arrêter notre attention, précisément par la série des détails observés. Nous le résumerons comme il suit avec M. Faye.

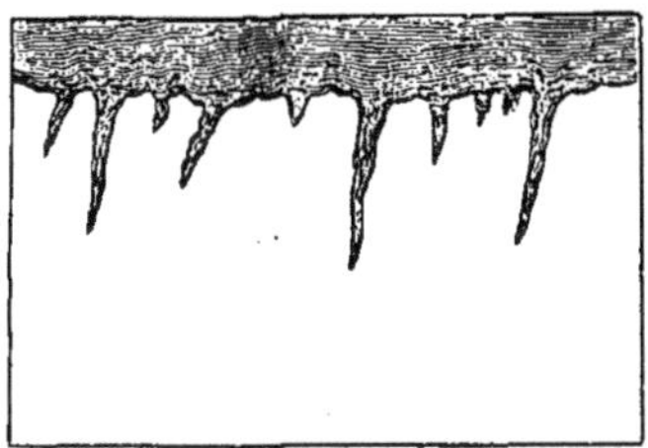

Fig. 122. — Premier aspect du tornado.

Le tornado se montra au sud-ouest sous la forme d'une trombe, marchant rapidement vers le nord-est. Un peu avant son apparition, le nuage, d'où il paraissait descendre, manifestait une agitation violente. Il s'y était formé une série de petits appendices pendillant de ce nuage comme des lambeaux de toile (fig. 122). Pendant une dizaine de minutes, ils paraissaient et disparaissaient comme des fées dansantes.

Finalement un de ces appendices parut grandir, s'allonger vers le bas et absorber pour ainsi dire les autres. C'était la trombe susdite qui achevait de se former et descendait en tournoyant avec rapidité de droite à gauche; elle oscillait un peu verticalement sans atteindre encore le sol, et semblait s'incliner tantôt d'un côté, tantôt de l'autre (fig. 123).

Quand le tornado ne fut plus qu'à 3 ou 4 milles de distance, il touchait déjà le sol, et l'on entendait distinctement son grondement, qui jetait la terreur dans le cœur des plus braves. Il avait alors la forme de la figure 124.

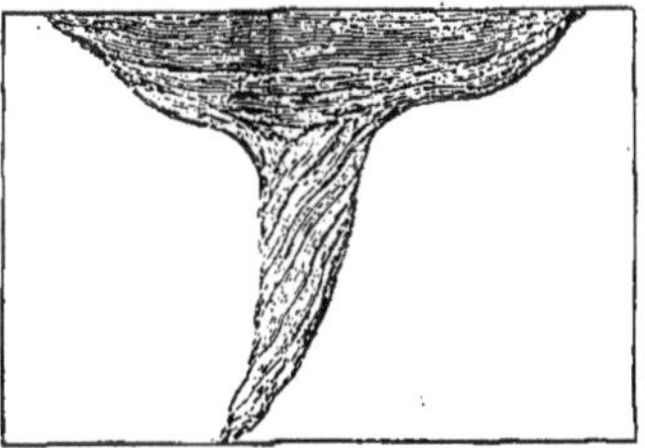

Fig. 123. — Le tornado avant d'atteindre le sol.

Cependant le tornado avait franchi la rivière de Salt Creek et atteint la maison de Mme Sophronia Clark qui se trouvait juste sur le passage du centre. Cet édifice, à un étage et demi, fut enlevé de ses fondations et transporté au nord-est à une distance de 90 pieds; là il tomba en un amas informe de ruines, qui furent aussitôt dispersées vers tous les points du compas.

La maison en pierre de taille de M. J. Potter fut détruite, le toit enlevé, les murailles s'écroulant sur place. La famille échappa au désastre : elle s'était réfugiée dans les caves.

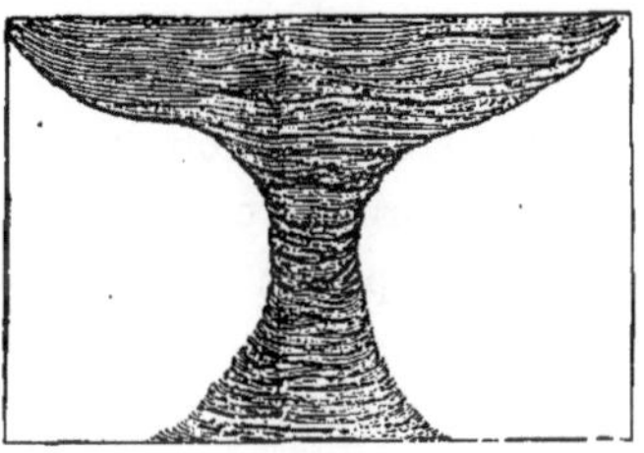

Fig. 124. — Le tornado touchant et balayant le sol.

La maison de M. Samuel Mac-Bride, à 4 milles de Delphos, fut ensuite attaquée. Enlevée tout d'une pièce de ses fondations, elle fut portée d'abord à 10 pieds de là, au nord, puis, à 12 pieds plus loin, au nord-ouest, mise en pièces. Ses débris furent transportés sur un demi-cercle de 60 à 80 mètres de diamètre. Un domestique fut enlevé et eut les bras cassés; le propriétaire, blessé grièvement par la chute des débris, mourut peu de temps après la tempête. Sa caisse (c'était un percepteur) avait été brisée et les sacs d'argent dispersés.

La maison de M. King, enlevée en entier de ses fondations, fut portée à 300 pieds plus loin, à l'est-nord-est, et déposée au bord de la rivière. Chose curieuse, tout endommagée qu'elle fût, elle échappa à une ruine complète.

Après avoir démoli la maison et les étables de M. Voshman, brisé ses voitures, ses chariots et ses machines agricoles, le tornado attaqua la propriété de M. Krone. Celui-ci le voyait venir, tantôt remontant en l'air en se contractant, tantôt redescendant sur le sol en se dilatant. M. Krone attendit jusqu'à ce qu'il fût à un demi-mille de sa maison; alors, jugeant que celle-ci allait être détruite, il poussa tout son monde dehors pour que chacun trouvât son salut dans la fuite. Malheureusement M. Krone et ses gens coururent au nord-est, juste dans la trajectoire du tornado. Ils furent bientôt rattrapés. La maison était déjà détruite, lorsque M. Krone, jeté par terre, roulé, enlevé par instants, blessé à la tête et sur le corps par les débris de sa propre habitation, fut enfin arrêté par quelque obstacle. La fille aînée fut emportée à une distance de 200 mètres, projetée contre un grillage et tuée sur le coup. On la retrouva toute nue sur le sol, couverte d'une boue noirâtre. Le fils aîné fut transporté dans un champ voisin, les habits en lambeaux, également couvert de boue. La seconde fille de M. Krone eut la cuisse presque entièrement percée par une pièce de bois. De sa blessure, de sept pouces de largeur, le médecin retira des fragments de bois, de la boue, des clous et de la paille. Tous les autres membres de la famille subirent un sort analogue. Ce furent, comme toujours, les femmes qui eurent le plus à souffrir : entièrement dépouillées de leurs vêtements par la trombe, elles restaient à la merci des débris qui volaient de toutes parts. Leurs cheveux étaient si bien plaqués de boue qu'il fallut leur raser la tête. Tous ces malheureux, les yeux et les oreilles remplis de cette même boue, ne pouvaient ni voir ni entendre. Des deux étrangers qui avaient cherché un abri chez M. Krone, l'un fut tué sur le coup, l'autre, qui était caché dans une meule de foin, fut enlevé ; en passant en l'air, comme un ballon, à côté d'un cheval debout, il lui saisit la crinière, mais sans pouvoir s'y retenir. On le retrouva au loin, son chapeau dans une main, une poignée de crins dans l'autre.

Les greniers, les écuries, les étables furent entièrement détruits, six chevaux tués ; dix-huit porcs gras, pesant 300 à 500 livres chacun, furent également tués sur le coup ; six autres moururent de leurs blessures. Un chat fut transporté à un demi-mille et retrouvé sur le sol aplati comme s'il avait passé sous une presse à cidre. Les poules, entièrement plumées, furent trouvées au loin, mortes bien entendu.

Nous tenons ces détails de M. Mac-Laren, qui vint au secours de la famille Krone, dix minutes après cette catastrophe frappant subitement une famille si heureuse auparavant. Rien de plus effrayant que cette masse informe de débris, de blessés et de cadavres, au milieu de laquelle s'élevait çà et là un bras ou se lamentait une voix pour appeler au secours.

Je m'arrête ici, bien que le terrible tornado ne soit encore qu'à la moitié de sa course. Arrivé à la frontière nord du comté d'Ottava, il cessa de toucher terre et ne tarda pas à disparaître en remontant dans les nuages d'où il était descendu.

En général, l'approche d'un tornado est signalée par un vaste nuage noir couvrant le ciel, au moins en partie, au-dessous duquel descend, en forme d'entonnoir, un énorme appendice nuageux qui atteint la surface du sol. A la pointe inférieure, se trouve la très petite aire où les vents destructeurs sont condensés.

La vitesse de giration est très diversement estimée, ce qui tient en partie à la région sur laquelle chaque spectateur a porté son attention. La moyenne est de 170 mètres par seconde, la moitié à peu près de la vitesse d'une balle de fusil.

Le diamètre le plus ordinaire, variable du reste, est de 300 mètres à 400 mètres. Au delà du cercle visible du tornado, dessiné par son enveloppe nuageuse, il n'y a pas de vent violent dû à ce phénomène.

Tous, grands ou petits, sont animés d'un mouvement de translation variant de 5 mètres à 125 mètres par seconde. La moyenne, 17 mètres, est celle d'un train de chemin de fer à grande vitesse. Ils viennent tous, aux États-Unis, de quelque point de l'horizon ouest et se dirigent vers le point opposé de l'horizon est. Tous vont du sud-ouest au sud-est. Jamais tornado n'a suivi une marche inverse.

Ils peuvent marcher en l'air sans toucher la terre. Leur ravage commence seulement lorsqu'ils descendent jusqu'au sol. Quelquefois leur extrémité inférieure se relève, puis s'abaisse un peu plus loin. Ils ont alors l'air de danser, comme le disait un ouvrier de Malaunay en 1845.

Leur marche est, en général, en ligne droite.

Ces météores arrivent souvent au sein d'une Atmosphère chaude et oppressive. Ils sont suivis d'un abaissement immédiat de la température. Lorsqu'ils sont accompagnés d'averses, celles-ci se produisent presque indifféremment avant ou après leur passage.

Les tornados paraissent dans les temps orageux. Quelquefois, ils offrent eux-mêmes des signes d'une électricité propre : formation de boules de feu, sorte d'incandescence à la pointe. D'autres fois, ils en sont entièrement privés, ou du moins ne manifestent aucune trace d'électricité.

LIVRE CINQUIÈME

L'EAU

LES NUAGES — LES PLUIES

CHAPITRE I

L'EAU A LA SURFACE DE LA TERRE ET DANS L'ATMOSPHÈRE

LA MER. — LES FLEUVES. — VOLUME ET POIDS DE L'EAU QUI EXISTE SUR LA TERRE. — CIRCULATION PERPÉTUELLE. — LA VAPEUR D'EAU DANS L'ATMOSPHÈRE. — SES VARIATIONS SUIVANT LA HAUTEUR, SUIVANT LES LIEUX, SUIVANT LE TEMPS. — HYGROMÈTRE. — LA ROSÉE. — LA GELÉE BLANCHE.

IL fut une époque, dans l'histoire du monde, où notre globe était entièrement couvert par les eaux, où la mer aux vagues gigantesques, peuplée d'animaux fantastiques, couvrait notre belle France et presque toute l'Europe.

Mais depuis ces temps reculés — il y a de cela des millions d'années ! — les mers se sont évaporées, faisant place à la terre ferme, et lentement les continents ont occupé un espace de plus en plus vaste.

Cependant, aujourd'hui encore, cette eau couvre les trois quarts de la Terre, dans l'état qui correspond à la température moyenne de la surface, c'est-à-dire à l'état *liquide*. Réunie en une seule goutte, cette masse liquide formerait une sphère de 240 kilomètres de diamètre. Répandue sur toute la surface sphérique du globe, si cette surface était parfaitement unie, elle la submergerait sur une épaisseur de 200 mètres. Toute l'eau des mers représente un volume de 3.200 quatrillions de mètres cubes d'eau. Cela fait un poids de 3.289 quintillions de kilogrammes[1]. Il faudrait quarante mille ans à tous les fleuves du monde pour remplir l'Océan s'il était à sec.

L'eau occupe dans le système terrestre une place de même importance que l'air. Ses courants constituent, comme nous l'avons vu, la grande circulation artificielle de la planète. Non contente de dominer ainsi dans son état ordinaire, elle règne à l'état *solide* jusqu'aux régions silencieuses des pôles et sur le front glacé des montagnes inaccessibles ; et à l'état *gazeux*, elle règne en souveraine plus absolue encore dans l'Atmosphère, dont elle régit la vie et dans laquelle elle répand tour à tour l'abondance et la stérilité, la joie des beaux jours ou la tristesse des sombres cieux.

Cette eau n'est immobile ni dans la profondeur du bassin océanique, ni dans les glaces solides, ni dans l'Atmosphère. Grâce à l'appel toujours actif du Soleil, grâce aux courants aériens, l'eau s'élève verticalement du fond de la mer à son niveau, se vaporise à toutes les températures, monte en vapeur invisible à travers l'océan aérien,

---

[1] L'*eau salée* des mers est plus dense, plus lourde que l'eau douce.

se condense en nuages, voyage au-dessus des continents, descend en pluie, filtre à travers la surface du sol, glisse sur les couches d'argile imperméable, sort en source à l'effleurement, descend par le ruisseau dans la rivière et tombe dans le fleuve qui la reporte à la mer. Cette goutte d'eau, en apparence insignifiante, que nous versons de la carafe dans notre verre, elle a fait bien des voyages depuis qu'elle existe : elle a déjà été bue bien des fois sans doute, car rien ne se perd comme rien ne se crée ; elle a mouillé le bec rapide de l'hirondelle qui glisse en courbe gracieuse au-dessus de la surface de l'onde ; elle a gémi dans la tempête au milieu des fureurs de l'ouragan ; elle a brillé dans l'arc-en-ciel ; elle a rafraîchi le sein de la rose matinale ; elle a été portée au sommet des airs dans les cirrus de glace qui dominent l'aérostat le plus téméraire ; elle s'est reposée dans le lit des neiges éternelles et, par les transitions de la pluie, du brouillard, de l'orage, du cours d'eau, elle est arrivée des antipodes sur notre table. Quelle circulation indescriptible que celle de l'eau dans l'immense organisme de la planète !

La goutte de pluie qui tombe sur le sol pénètre plus ou moins profondément, suivant la nature du terrain et son état de sécheresse ; les premières gouttes d'une pluie d'orage sur un terrain nu et brûlant ne pénètrent même pas du tout et se vaporisent aussitôt ; mais, en général, nous pouvons suivre la goutte d'eau descendant obliquement suivant les pentes. On appelle *bassin* un ensemble de pentes qui aboutit à une ligne de plus grande profondeur, à un fleuve dans lequel arrivent les eaux tombées sur la surface de cet ensemble. Entre les bassins, il y a les crêtes, ou ligne de partage : deux gouttes d'eau voisines tombant sur un point de ces lignes de faîte descendront, celle-ci dans un bassin, celle-là dans un autre ; elles retourneront au grand collecteur par des chemins bien différents. Trois gouttes d'eau voisines tombant, par exemple, sur un même district du plateau de Langres, descendront, l'une par la Marne dans le bassin de la Seine, la Manche et l'océan Atlantique, l'autre par la Meuse dans le bassin du Rhin et dans la mer du Nord, la troisième par la Saône dans le bassin du Rhône et dans la Méditerranée.

L'eau naturelle, l'eau des océans, est salée, le chlorure de sodium faisant partie de sa composition. L'eau douce de la pluie, des sources et des rivières est de l'eau de mer distillée par l'évaporation de la chaleur solaire qui donne naissance aux nuages.

Toute source, tout ruisseau, toute rivière, tout fleuve provient de la pluie. Les eaux minérales elles-mêmes ont la même origine ; leurs propriétés chimiques et leur chaleur proviennent des terrains profonds à travers lesquels les eaux météoriques sont descendues, terrains qu'elles traversent aussi pour revenir au niveau de leur réservoir primitif, comme dans le siphon. Le Soleil, en évaporant l'eau des mers, y laisse le sel, qui n'est pas volatil. Voilà pourquoi l'eau de la pluie est douce, et par conséquent celle des cours d'eau. Le sel reste constamment dans la mer, et sa quantité est telle qu'il pourrait couvrir la surface entière du globe sur une épaisseur de 10 mètres.

L'eau n'est jamais absolument pure, car elle renferme les substances qu'elle a rencontrées dans les airs et dans la terre, notamment des carbonates et des sulfates de chaux et de magnésie, de la silice, des chlorures de sodium et de potassium, des substances organiques, des germes, des microbes. Pour être bonne, saine, potable, l'eau doit être aérée, comme celle des sources, par exemple ; contenir de l'oxygène (l'eau distillée est indigeste) et ne pas renfermer plus de 30 centigrammes de matières solides par litre ; elle doit bien cuire les légumes et dissoudre le savon sans former de grumeaux : ce qu'elle ne peut faire quand le sulfate et le carbonate de chaux y sont abondants ; dans ce cas, on la corrige en précipitant la chaux, sous forme de carbonate insoluble, au moyen d'une certaine quantité de carbonate de soude. Les bonnes eaux ne renferment pas plus de 1 à 2 dix-millièmes de matières fixes.

L'eau est le véhicule des transmissions des maladies infectieuses (choléra, fièvre typhoïde). On ne saurait nier sans doute que les germes de ces maladies ne puissent être transmis par l'air, par la poussière et par le vent ; mais toutes les observations prouvent que *c'est surtout par l'eau* que la contagion se propage. Il ne faut jamais boire l'eau d'un pays contaminé.

De même que la couleur bleue du ciel est due à la vapeur d'eau, de même aussi la couleur de l'eau elle-même, prise en grand, est bleue ; ses nuances descendent jusqu'au vert, suivant l'action de la lumière.

Nous avons vu précédemment qu'en outre de l'oxygène et de l'azote, l'Atmosphère contient un élément fondamental : la *vapeur d'eau*. Cette vapeur d'eau, nous l'avons dit aussi, est *de la plus haute importance dans la distribution des températures*, car sa formation comme sa marche représentent une *force formidable en action permanente dans la grande usine aérienne*. L'air contient d'autant plus de vapeur d'eau qu'il est plus chaud et un refroidissement suffisant l'amène à son point de saturation, sans rien ajouter à la quantité de vapeur qu'il renferme, mais simplement en vertu du refroidissement. Pour connaître

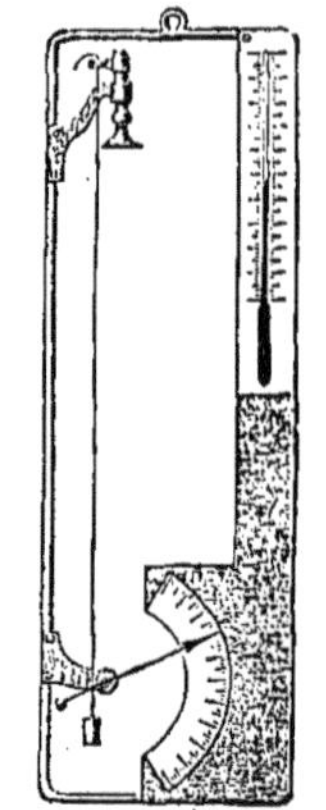

Fig. 125. — Hygromètre à cheveu.

la quantité de vapeur d'eau que contient l'air à un moment donné, on pourrait donc, par exemple, refroidir un thermomètre suspendu dans l'air jusqu'au moment où il indiquerait le degré de saturation, c'est-à-dire jusqu'au moment où sa boule serait recouverte de vapeur condensée, de rosée. En cherchant dans une table quelle quantité de vapeur d'eau correspond à ce degré thermométrique de saturation, on obtient la quantité réelle qui est en suspension dans l'air au moment de l'expérience. Cette méthode, inventée par Dalton et perfectionnée par Daniell, est toutefois un peu compliquée.

Pour mesurer l'humidité de l'air, on se sert d'instruments qui ont reçu le nom d'*hygromètres* (*hugros*, humide, *metron*, mesure). Le plus simple est celui qui a été inventé par Saussure, et qui est fondé sur l'allongement d'un cheveu. Les cheveux s'allongent en raison de l'humidité. La variation n'est pas apparente à l'œil nu ; mais, en attachant l'une des extrémités du cheveu à la petite branche d'une aiguille, on peut faire décrire à la grande branche un arc de cercle dont les divisions sont assez sensibles pour montrer la proportion de l'humidité. Malgré le soin avec lequel il est construit, cet appareil n'est pas d'une précision absolue. Les hygromètres populaires le sont encore beaucoup moins. Ils font plutôt *voir* l'humidité qu'ils ne la mesurent : c'est pourquoi on les nomme *hygroscopes*. Chacun connaît les moines dont le capuchon s'abaisse quand le temps est humide. Une corde à boyau fixée au bonhomme se termine vers la charnière du capuchon mobile. L'humidité la rétrécit et, par ce fait, elle tire plus ou moins le capuchon.

Dans les observations, on se sert d'un hygromètre dont la variation n'est plus causée par l'absorption, comme celui de Saussure, mais par l'évaporation. Cet hygromètre, très précis, est dû à Leslie et a été perfectionné par August. Comme il se base sur le refroidissement d'un thermomètre, on lui a donné le nom de *psychromètre*.

L'eau s'évapore sans cesse, et à tous les degrés, même à l'état de glace. C'est cette

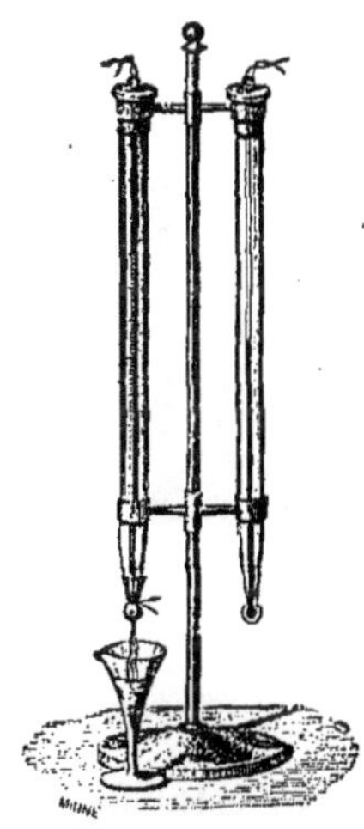

Fig. 126. — Psychromètre.

évaporation qui alimente l'humidité de l'air. A la surface des mers, l'air est saturé d'humidité ; sur les continents, elle varie suivant les lieux. A Cumana, il s'évapore annuellement une couche d'eau de 3 m. 52; à Madère une couche de 2 mètres, à Paris une couche de 60 à 90 centimètres, suivant la température, l'eau tombée, les vents, l'état du ciel. L'évaporation est d'autant moins grande que l'on s'avance davantage dans les climats froids.

L'air saturé ne peut plus gagner d'humidité; l'évaporation est d'autant plus grande que l'air est plus sec et plus renouvelé par le vent. L'acte de l'évaporation entraîne avec lui le refroidissement. Un linge mouillé étendu au vent est plus froid qu'un objet sec. Notre peau est toujours plus froide qu'elle ne le serait sans l'évaporation.

L'état hygrométrique de l'Atmosphère n'est pas le même dans toute sa hauteur, comme la proportion d'oxygène et d'azote. En général, il augmente depuis la surface du sol jusqu'à une certaine hauteur, où l'on trouve une zone d'humidité maximum ; puis il décroît à mesure qu'on s'élève davantage, de telle sorte qu'en s'élevant à une hauteur assez grande, on arriverait dans une région absolument dépourvue de vapeur d'eau, absolument sèche.

Cette humidité asmosphérique invisible, qui ne révèle sa présence que par les appareils délicats imaginés pour la mesurer, et qui cependant donne aux paysages toute leur valeur, — l'émeraude aux prairies de la verte Érin, l'azur au ciel de la Méditerranée, la corpulente splendeur aux végétaux des tropiques, — cette humidité invisible devient visible aussitôt qu'un abaissement de température l'amène à son point de saturation. Si c'est l'air lui-même qui subit un refroidissement, il devient opaque par le passage de la vapeur à l'état liquide, et nous avons le brouillard. Si c'est un corps solide qui soit à ce degré de froid, l'humidité se condense à sa surface, et nous avons la rosée.

La *rosée* ne descend pas du ciel, comme on le dit souvent. Sa production n'a rien de commun avec celle de la pluie. Elle *se forme* dans l'endroit même où on l'observe.

Si l'on place en plein air, dans une nuit calme et sereine, de petites masses d'herbes, de coton, d'édredon ou de toute autre substance filamenteuse, on trouve après un certain temps que leur température peut descendre à 6, 7 et même 8 degrés au-dessous de la température de l'Atmosphère ambiante.

Dans les lieux où la lumière du Soleil ne pénètre pas et d'où l'on découvre une grande étendue du ciel, cette différence entre la température des objets et celle de l'Atmosphère commence à se faire sentir vers quatre heures de l'après-midi, c'est-à-dire dès que la température diminue ; le matin, elle persiste plusieurs heures après le lever du Soleil. Les observations du physicien Wells, continuées par Arago, ont montré que, dans une nuit sereine, l'herbe d'un pré peut être de 6 à 7 degrés plus froide que l'air ; si des nuages surviennent, aussitôt l'herbe se réchauffe de 5 à 6 degrés sans que pour cela la température de l'Atmosphère change.

Un thermomètre en contact avec un flocon de laine déposé sur une planche élevée de 1 mètre au-dessus du sol marquait, par un temps calme et serein, 5 degrés de moins qu'un second thermomètre dont la boule touchait un flocon de laine tout pareil, mais qui se trouvait placé sous la face inférieure de la même planche. Un thermomètre posé à plat sur une table, à ciel ouvert, pendant la nuit, ne donne pas la température de l'air ; il est toujours plus bas quand le ciel est pur et sans vent.

Fig. 127. — Gouttes de rosée.

Ce refroidissement est dû au rayonnement nocturne. Lorsqu'aucun obstacle ne s'oppose à ce que la chaleur d'un corps se disperse, il rayonne cette chaleur à distance et la perd petit à petit. L'air transparent ne suffit pas pour s'opposer à cette déperdition de chaleur. Un nuage, un écran de bois, de toile, de papier, ou même de fumée suffirait. Sans obstacles, le corps se refroidit selon son pouvoir rayonnant, qui diffère d'ailleurs suivant le corps (il est, par exemple, très fort pour le verre et très faible pour les métaux) ; et, lorsque la température du corps ainsi exposé est descendue au degré de saturation, l'humidité atmosphérique se dépose sur lui, revêtant d'abord la forme de gouttelettes sphéroïdales, car telle est la forme que prend tout ensemble de molécules livré à ses forces intimes de cohésion ; puis, lorsque ces gouttes sont assez lourdes et assez rapprochées, elles s'étendent comme une mince nappe d'eau à la surface du corps.

La rosée n'est abondante que pendant les nuits calmes et sereines. On en aperçoit quelques traces dans des nuits couvertes s'il ne fait pas de vent, ou malgré le vent si le temps est clair, mais il ne s'en forme jamais sous les influences réunies du vent et d'un ciel couvert.

Les circonstances favorables à une précipitation abondante de rosée se trouvent réunies au printemps et en automne plutôt qu'en été parce que les différences entre les températures du jour et celles de la nuit ne sont jamais plus grandes qu'en ces deux saisons.

Les phénomènes de la précipitation de la rosée sur un corps dense et poli, sur une plaque de verre par exemple, ressemblent parfaitement à ceux qu'on observe lorsqu'une vitre est exposée à un courant de vapeur d'eau plus chaud qu'elle : une couche légère et uniforme d'humidité ternit d'abord la surface ; il se forme ensuite des gouttelettes irrégulières et aplaties qui se réunissent après avoir acquis un certain volume et qui ruissellent alors dans toutes sortes de directions.

Si l'on apporte dans une chambre échauffée des objets très froids, on voit tous ces objets se couvrir d'humidité. C'est ainsi que les riches cristaux apportés au dessert sur une table servie dans une pièce dont l'air est plein de vapeur par l'évaporation des mets, la respiration des convives et la combustion des lumières de toute sorte, sont immédiatement ternis par une épaisse couche de rosée fournie par la vapeur invisible de l'air environnant. Souvent, en entrant dans une salle de spectacle, les verres des jumelles, froides de la température extérieure, sont obscurcis par un semblable dépôt d'humidité, qui est un véritable dépôt de rosée.

Par les froids d'hiver, si l'on ouvre une fenêtre dans la salle à manger où un certain nombre de personnes viennent de faire un long repas, un nuage se forme instantanément au passage de l'air froid, et le plafond se mouille d'une longue tache de vapeur condensée. Parfois même, en Russie, on a vu un nuage de neige se former instantanément à l'ouverture d'une fenêtre.

La rosée est un phénomène considérable, non seulement par la quantité absolue qu'en reçoit un point du globe, mais encore par l'étendue des surfaces où elle se manifeste. C'est principalement dans les régions tropicales qu'elle exerce les effets les plus marqués et les plus favorables sur la végétation. Lorsque l'air, saturé de vapeur à la température d'un beau jour ensoleillé, se refroidit à la disparition du Soleil, la rosée se dépose abondamment pendant la nuit ; elle ruisselle des feuilles, et le matin parfois l'herbe est aussi mouillée qu'elle eût pu l'être par la pluie. D'ailleurs, elle remplace souvent la pluie pour l'arrosement des plantes, qui sans elle périraient de sécheresse.

Mais si la rosée qui se répand en perles transparentes sur la feuille ou sur la fleur exerce une action bienfaisante sur la végétation, elle peut, en certains cas, lui devenir tout à fait funeste : c'est lorsqu'elle se gèle par la même cause qui l'a formée, c'est-à-dire par la radiation nocturne.

La douce rosée devient alors de la gelée blanche.

On impute souvent à la Lune la destruction des frêles pousses au printemps, mais notre satellite est bien innocent de ces gelées tardives. C'est ainsi que l'on a fait une très mauvaise réputation à la Lune rousse qui, pourtant, n'est pour rien dans ces dégâts.

Seulement, quand les nuages sont absents, la Lune fait acte de présence, et l'on s'imagine que ses blancs rayons refroidissent la terre.

En vérité la pureté du ciel est la seule cause de tout le mal, car une légère vapeur, une mince couche nuageuse suffirait à protéger la terre de la trop grande radiation nocturne et éviterait la formation de la gelée blanche.

A propos de la vapeur d'eau répandue dans l'Atmosphère, ajoutons, en terminant, que sa quantité totale a été évaluée à 85 millions de milliards de kilogrammes. Ce nombre énorme ne représente pourtant qu'une épaisseur de 108 millimètres sur toute la surface du globe ; mais néanmoins, si toute cette vapeur venait à se condenser en eau au-dessus du bassin d'un fleuve, la Seine par exemple, celle-ci devrait couler, avec une crue d'un mètre au-dessus de son niveau moyen, pendant 13.500 ans pour l'épuiser.

CHAPITRE II

LES NUAGES

L A vapeur d'eau *invisible*, répandue dans l'Atmosphère, devient *visible* lorsqu'un abaissement de température ou un surcroît d'humidité l'amène au point de saturation. Supposons, par exemple, qu'une certaine quantité d'air à 30 degrés contienne 31 grammes de vapeur d'eau ; cet air est parfaitement transparent. Si, par une cause quelconque, cet air se rafraîchit à 25 degrés ou reçoit de l'humidité nouvelle, il se troublera et deviendra opaque. Cinq degrés de moins de chaleur lui enlèveront 7 grammes de vapeur d'eau qui, en se condensant, devient visible. Voilà tout ce que c'est qu'un nuage.

A cette cause élémentaire s'en ajoute une autre : il semble aujourd'hui démontré que les fines poussières atmosphériques ont la propriété d'attirer et de condenser autour d'elles la vapeur d'eau, et d'être ainsi l'origine des brouillards et des nuages. Cependant les sphères d'eau creuses existent, mais en tout cas leur diamètre doit être excessivement petit.

Ce passage de l'état gazeux à l'état liquide peut s'opérer partout et à toutes les hauteurs. Lorsqu'il s'exécute au niveau du sol, on lui donne le nom de brouillard. Mais il n'y a pas de différence essentielle entre un nuage et un brouillard. Lorsqu'on traverse les nuages en ballon, comme cela m'est arrivé maintes fois, on n'éprouve aucune résistance ; l'air est seulement plus ou moins opaque, plus ou moins froid, plus ou moins humide, variété que l'on rencontre également à la surface du sol suivant la diversité des brouillards. Il en est de même lorsqu'on traverse les nuages sur les montagnes.

Quoiqu'il n'y ait pas de différence *essentielle* entre les brouillards et les nuages, il y en a cependant une de fait : c'est qu'un brouillard est un *lieu* dans lequel la vapeur d'eau passe de l'état invisible à l'état visible, tandis qu'un nuage est un *objet* individuel, un groupement de vapeurs visibles suivant une forme déterminée. Le premier est *stationnaire*, le second se laisse emporter par le vent.

L'automne est, comme le printemps, la saison des rosées abondantes ; le refroidissement de la terre dans les nuits claires et l'humidité de l'air plus voisine de la précipitation que dans l'été font déposer l'eau atmosphérique sur les objets terrestres refroidis.

Souvent, en automne, le refroidissement de la Terre se communique de proche en proche à la couche d'air qui la recouvre immédiatement, et de là les brouillards peu élevés que les rayons du Soleil levant dissipent promptement. Si le terrain est coupé de vallées, l'air froid du brouillard y tombe et forme pour l'observateur, placé sur la plaine élevée, une *mer* blanche parfaitement de niveau. Bien souvent dans mon enfance je contemplais avant le lever du Soleil, du haut des remparts de la ville de Langres, cet océan de vapeurs grises étendu sur la vallée de la Marne, et dont les vagues venaient baigner les remparts à quelques mètres au-dessous de moi. La hauteur des remparts

Fig. 128. — Mer de nuages couvrant la France centrale, observée à l'Observatoire du puy de Dôme. Horizon nord.

Le puy de Dôme est au premier plan (1.465 mètres d'altitude). — 1. Puy de Pariou, 1.223 mètres. — 2. Puy des Goules, 1.157 mètres.— 3. Puy de Sarcouy, dit le Chaudron, 1.158 mètres. — 4. Puy du Grand-Suchet, 1.249 mètres.— 5. Puy de Côme, 1.272 mètres. — 6. Puy de Clierzou, 1.217 mètres.— 7. Puy de Fraisse, 1.130 mètres.— 8. Puy Chopine, dit l'Écorché, 1.192 mètres. — 9. Puys de Jume et de la Coquille, 1.165 mètres et 1.535 mètres. — 10. Puy de Louchadière, 1.206 mètres.

(D'après un dessin de M. Plumandon.)

de cette capitale antique des Lingons est de 480 mètres au-dessus du niveau de la mer. Parfois en hiver, la vue s'étend, au lever du Soleil, au-dessus du brouillard de la plaine, dans un ciel absolument pur, jusqu'à une distance si considérable qu'on distingue parfaitement à l'œil nu la silhouette du mont Blanc. Impressions lointaines qui frappez nos premiers regards d'enfants curieux, avec quelle fidélité vous restez sur la rétine de notre pensée, au delà des années et des troubles de la vie !

Pour avoir le spectacle dans sa plus imposante majesté, il faut du haut d'une montagne élevée embrasser un vaste horizon au lever du Soleil, après un jour où les nuages ont couvert le ciel de la contrée inférieure. Les nuages tourmentés de mille manières par les rayons du Soleil et les vents légers qui en sont la conséquence, n'offrent pas dans le jour une surface bien plane. Mais pendant la nuit tout se nivelle, tout s'équilibre, et une mer de vapeurs aériennes s'étend à perte de vue sous les pieds du contemplateur. Les sommets élevés des montagnes qui l'environnent percent çà et là l'océan nébuleux, au-dessus duquel il arrive rarement qu'un aigle matinal n'apparaisse, non point pour admirer le spectacle pittoresque et saluer l'aurore, mais bien pour y trouver quelque proie plus facile à atteindre en ce moment qu'au milieu du jour. Au premier rayon du Soleil, du sein de la masse nuageuse on voit s'é'ever des colonnes arrondies de matière fumeuse, qui se fondent ensuite dans l'air environnant, comme la fumée blanche des locomotives se fond dans l'air où elle est portée. Si l'on est dans la vallée, au milieu du brouillard, les rayons du Soleil qui se tamisent au travers du feuillage des arbres dessinent de brillantes traînées lumineuses, dont l'ensemble forme ce qu'on appelle une *gloire*, à quelques mètres seulement au-dessus de la tête de l'observateur. Cette gloire, qui émane de l'arbre plongé dans le brouillard, rappelle le buisson ardent de Moïse. Nous reproduisons ici un beau dessin fait par M. Plumandon du haut du puy de Dôme, qui montre cette surface supérieure des nuages vue d'un point plus élevé.

Mais il n'est pas nécessaire d'occuper le sommet d'une montagne pour avoir sous les yeux la surface supérieure d'une couche de brouillards. Parfois quelques dizaines de mètres d'élévation verticale suffisent. Souvent, en octobre, avant le lever du Soleil, j'ai contemplé, de l'Observatoire de Juvisy, dont la terrasse ne domine pourtant que de 66 mètres le niveau de la Seine, une véritable mer de nuages analogue à celle que l'on peut voir du puy de Dôme ou de Langres, s'étendant sur toute la vallée de la Seine et de l'Orge, bouleversée parfois d'éruptions fantastiques lancées par les locomotives invisibles qui passent sous cette couche nuageuse dont la surface est blanche comme de la neige.

Quelquefois la surface seule des rivières se couvre de brouillard, parce que l'eau émet des vapeurs qui se condensent dans l'air qui les recouvre et qui se refroidit après le coucher du Soleil. L'air prend en peu d'instants la température des corps avec lesquels il est en contact. Durant une nuit calme et sereine, la portion de l'Atmosphère qui reposera sur l'eau sera donc plus chaude que celle qui s'appuiera sur le rivage. Par un temps calme, là où l'eau abonde, les couches inférieures de l'Atmosphère se chargent de toute l'humidité que leur température comporte. La quantité d'humidité, nous l'avons déjà remarqué, que l'air renferme quand il est saturé, est constante pour chaque température. Si de l'air saturé se refroidit par le contact d'un corps solide, il dépose sur la surface de ce corps une portion de son humidité ; mais, quand le refroidissement s'opère au sein même de la masse gazeuse, l'humidité abandonnée se précipite en petites vésicules flottantes qui troublent sa transparence : ce sont ces vésicules qui constituent les nuages et les brouillards.

Ainsi, tandis que pour donner naissance à la rosée il faut que l'air chaud humide rencontre des objets froids, pour produire du brouillard ou un nuage il faut que de l'air chaud soit arrêté par de l'air froid. Le brouillard se forme quand le sol a été plus chaud que l'air, condition inverse de celle de la production de la rosée. Toutes les fois qu'une quantité d'air quelconque est refroidie au-dessous de son point de saturation, la vapeur d'eau transparente de l'air se transforme en nuage.

Supposons qu'une circonstance quelconque, un léger souffle de vent, amène, la nuit, l'air du rivage à se mêler avec l'air qui repose sur une rivière ou sur un lac : le premier, qui est le plus froid, refroidit le second ; celui-ci abandonne aussitôt une partie de l'humidité qu'il renfermait et qui d'abord n'altérait pas sa transparence ; mais cette humidité tombant à l'état de vapeur vésiculaire, l'air se trouble et, quand le nombre des vésicules flottantes devient très considérable, il en résulte un brouillard épais. Les particules en suspension dans l'air, notamment les fumées d'usines, aident beaucoup à la formation du brouillard.

En certaines circonstances, le brouillard, très épais, se termine par une surface plane comme une nappe d'eau et s'élève lentement dans un air calme, enveloppant tout dans sa viscosité froide et humide. L'ingénieux et hardi marin qui fit naufrage en 1864 sur le récif des îles Auckland, aux Antipodes, M. Raynal, en a observé et subi un exemple rare. C'était le 9 août. Ayant fait l'ascension d'une montagne de l'île, il redescendait avec l'un de ses compagnons et suivait une mince arête entre deux précipices, quand le brouillard les enveloppa tout à coup. « Impossible de faire un pas, dit-il (*Le Tour du Monde*, 1869, t. II, p. 35) ; nous ne voyions pas où poser le pied. Nous passâmes ainsi une grande heure, immobiles, nous tenant par la main, sentant le froid pénétrer nos membres que l'engourdissement gagnait de plus en plus... Heureusement une bise s'éleva, qui déchira le brouillard et l'emporta par lambeaux. » Dans l'état de délabrement où ils se trouvaient, ils avaient à peine de quoi se couvrir.

Mais où les brouillards sont le plus épais, c'est dans les latitudes glacées. Au Spitzberg, les brumes sont presque continuelles, et d'une épaisseur telle qu'on ne distingue pas les objets à quelques pas devant soi. Ces brumes humides, froides, pénétrantes, mouillent souvent comme la pluie. Les orages sont inconnus dans ces parages, même pendant l'été ; jamais le bruit du tonnerre ne trouble le silence de ces mers désertes. Aux approches de l'automne, les brumes augmentent, la pluie se change en neige.

Dans les contrées où le sol est humide et chaud, l'air humide et froid, on doit s'attendre à des brouillards fréquents : c'est le cas de l'Angleterre, dont les côtes sont baignées par une mer à température élevée. C'est aussi le cas des mers polaires et de Terre-Neuve, où le Gulf-Stream, qui vient du sud, a une température plus haute que celle de l'air.

A Londres, les brouillards ont quelquefois une densité extraordinaire. Chaque année, on lit plusieurs fois dans les journaux anglais qu'on a été forcé d'allumer les becs de gaz en plein jour, dans les rues et dans les maisons. Ainsi, pour en donner un seul exemple, le 24 février 1832, le brouillard était si intense qu'on ne voyait pas clair à midi dans les rues, et le soir la ville ayant été illuminée en réjouissance du jour anniversaire de la naissance de la reine, des gamins se promenaient dans la ville avec des torches, en criant qu'ils étaient à la recherche de l'illumination. On cite des brouillards analogues qui ont régné à Paris et à Amsterdam, et quelquefois à une petite distance de ces villes le ciel était parfaitement serein. Nous avons eu un brouillard de cette intensité en décembre 1868, à Paris. Le 30 novembre 1908, nous avons été littéralement plongés dans l'eau pendant vingt-quatre heures et nos poumons ont dû faire l'office de branchies ;

de six heures à huit heures du soir surtout, l'opacité du brouillard était telle que la lumière du gaz et même l'étincelant foyer électrique ne pouvaient plus le pénétrer, et que c'est à peine si les torches secouées de distance en distance jetaient à quelques mètres autour d'elles une lueur blafarde et sinistre. Les tramways durent suspendre leur service, les feux des lanternes ne se distinguant même plus. La vie semblait avoir abandonné les quartiers les plus mouvementés.

Les brouillards épais deviennent parfois *odorants* en s'imprégnant des exhalaisons diverses qui peuvent arriver dans les couches inférieures de l'Atmosphère. L'ammoniaque s'y laisse deviner assez souvent. En Belgique et dans le Nord, il n'est pas rare qu'il aient une odeur de tourbe. A Londres, l'odeur de la houille domine.

Dans les villes très peuplées, où brûlent d'innombrables foyers, où fonctionnent d'importantes usines, les produits gazeux et poussiéreux résultant de l'activité humaine se répandent dans l'Atmosphère et deviennent, comme on l'a vu plus haut, des noyaux de condensation pour la vapeur d'eau. On peut comprendre, d'après cela, que les brouillards formés de la concentration de miasmes et de germes malsains sont dangereux pour nos poumons, puisqu'ils y introduisent, par la respiration, des légions d'impuretés. Aussi conçoit-on l'intérêt qu'il y aurait à combattre le brouillard. Dans ce but, quelques tentatives ont été faites. En 1884, Sir Oliver Lodge montra que les décharges à haut potentiel ont le pouvoir de grouper les poussières autour des électrodes et de les faire déposer sur les corps avoisinants. Au moyen d'un appareil alimenté par une machine électrostatique fonctionnant sous un potentiel de 140.000 volts, M. Dibos, à Wimereux (Pas-de-Calais), est parvenu, en 1908, à obtenir des éclaircies de 150 à 160 mètres de rayon à travers un brouillard épais. De son côté, M. Lodge, ayant repris ses expériences à l'aide de dynamos à courants alternatifs, a pu disperser de fortes brumes sur une largeur de 100 à 110 mètres.

Les nuages qui s'élèvent le long des pentes des montagnes pendant le jour, en vertu des courants ascendants diurnes, se dissolvent fréquemment en atteignant les sommets sous l'influence d'un vent supérieur comparativement sec et chaud. C'est le soir surtout que cet effet est le plus sensible ; c'est principalement sur les cols, au sommet des couloirs qui viennent y aboutir, qu'il est facile d'observer ce phénomène. La brume paraît alors cheminer à l'encontre du vent, et cependant la surface qui la termine de ce côté reste stationnaire.

Souvent de sombres nuages, passant rapidement sous l'hospice du Saint-Gothard, se précipitent en masses épaisses dans la gorge profonde du val Tremola. On pourrait croire qu'en peu d'instants la Lombardie tout entière va être ensevelie sous une mer de brouillard ; mais, à la sortie du val Tremola, il est déjà dissous par les courants chauds ascendants.

Le 8 septembre 1868, après le lever du Soleil, je descendais du Saint-Gothard à Andermatt, où je devais prendre la diligence venant d'Italie pour Altdorf. Un brouillard si épais nous environnait, mes compagnons et moi, que nous ne pouvions distinguer à quelques mètres les rochers de granit qui bordent cette route si accidentée. Parfois l'espace s'éclaircissait et l'on voyait les nuages, emportés par une brise rapide, tourbillonner sous nos pieds et se précipiter dans les abîmes dc l'immense vallée. Au moment du départ du Saint-Gothard, nous nous trouvions dans le ciel bleu et les sommets granitiques dénudés, les pentes stériles où toute végétation est inconnue, les glaciers du massif déployaient sous nos regards leur panorama silencieux, tandis qu'à quelques centaines de mètres au-dessous de nous les nuées grises voilaient la descente. Nous traversâmes les nuages et, pendant une heure de marche, nous descendîmes au milieu des vapeurs amoncelées. Mais, à mesure que nous approchions de la limite de la végétation supérieure et du versant plus échauffé, les nuages diminuaient d'intensité et, quoique emportés par une brise descendant sur le flanc des Alpes, ils se dissolvaient insensiblement et ils finirent par disparaître autour de nous. A l'heure où nous arrivâmes au Pont-du-Diable, quelques nuées reparurent dans la froide et profonde vallée, au fond de laquelle se précipite le sinistre torrent de la Reuss ; d'autres, élevées par un courant d'air ascendant léchant la pente orientale du gigantesque massif, étaient allées s'accrocher aux cimes et se mêlaient singulièrement aux glaciers, de telle sorte que les glaciers paraissaient tout à coup multipliés.

Un jour, me rendant, au lever du Soleil, de Lucerne à Flüelen par le bateau, je fis des remarques analogues sur la formation des nuages. Le versant nord des hautes et splendides montagnes qui bordaient, à gauche de ma route, le lac des Quatre-Cantons, était en maint endroit tapissé d'un duvet de brouillards ; les régions qui déjà recevaient le Soleil en étaient affranchies, et les cols traversés par des courants d'air venant de l'autre côté (du sud) de nos montagnes de gauche ne gardaient pas non plus la moindre trace de brouillards.

Fig. 129. — Le brouillard dans nos climats.

C'est dans ces pays admirables, où la nature a déployé à la fois ses forces les plus énergiques et ses flatteries les plus caressantes, c'est dans la Suisse aux Alpes argentées et aux lacs d'azur, que l'œil contemplateur peut le mieux observer la production des œuvres de l'Atmosphère. Tandis que l'homme s'agite en ses villes bruyantes, tandis que, livré aveuglément au travail et au plaisir, il oublie la merveilleuse nature pour les artifices de ses mains, cette nature, éternellement active, élève sans cesse de la terre au ciel, du sol où nous végétons jusqu'aux régions bleues supérieures, les sphères invisibles de la vapeur aqueuse, hydrogène marié à l'oxygène, qui, en silence, emportées par la puissance solaire, vont dominer les régions inférieures où se livrent les combats de l'ambition et de la faim, règnent dans les hauteurs célestes, créent le monde fantastique des nuages, donnent au Soleil un lit de pourpre et d'or, distribuent les beaux flocons de neige aux noires campagnes de l'hiver, versent l'ombre et la fraîcheur sur les plaines altérées de l'été, et en certains jours d'inquiétudes et de tourmentes bouleversent tout d'un coup le monde et renversent l'homme lui-même dans le fracas de la foudre et le tourbillon des tempêtes.

Les anciens croyaient qu'il y avait au-dessus de l'Atmosphère un réservoir d'*eaux supérieures*. On n'imaginait pas que l'eau tombée dans les pluies remontait au ciel à l'état de vapeur d'eau invisible. Les auteurs de la Bible, les Pères de l'Église, notamment le doux saint Basile, pensaient qu'il y avait de l'eau là-haut pour jusqu'à la fin du monde. Telle était l'opinion générale de ceux qui en avaient une, c'est-à-dire des plus instruits. Aujourd'hui nous savons que l'eau des nuages est formée par l'ascension de la vapeur d'eau émanée des mers, des lacs, des régions humides, et qu'une circulation perpétuelle ramène à la formation des nuages l'eau versée par les pluies.

Le 15 juillet 1867, je voguais entre 1.500 et 2.000 mètres de hauteur, avant le lever du Soleil. C'est une des rares circonstances où j'ai pu assister directement à la formation des nuages et me trouver dans l'officine même de la nature. C'était au-dessus de la plaine du Rhin, entre Aix-la-Chapelle et Cologne. L'Atmosphère était restée pure, quand de petits flocons blancs apparurent çà et là dans la zone d'humidité maximum. Puis, se soudant, ils formèrent des flocons plus gros, et ceux-ci des mamelons. Parfois ils se groupaient en grand nombre ; parfois ils se dissolvaient aussi facilement qu'ils naissaient. Les petites nuées blanches réunies en masses arrondies formèrent des cumulus. Cette formation des nuages s'effectuait à plusieurs centaines de mètres au-dessous de nous. Avec le Soleil, l'humidité nocturne du ballon s'évapora, et nous nous élevâmes lentement jusqu'à 2.400 mètres. Il en fut de même des nuages, qui s'élevaient même un peu plus vite que l'aérostat et finirent par nous envelopper et nous dépasser.

Peltier et Rozet ont assisté sur les montagnes à la formation des nuages et ils rendent compte également de ce même mode de production.

La surface supérieure des nuages est diversifiée, bombée au-dessus des courants ascendants qui les élèvent, creusée plus loin, et donne l'aspect d'une série de montagnes et de vallées souvent fort pittoresques et accidentées de formes étranges. La surface inférieure, au contraire, est plane, souvent horizontale, et elle flotte sur l'atmosphère de vapeur comme sur un lac.

Les vésicules des nuages s'attirent les unes les autres et se groupent en masses condensées.

Les nuages sont ordinairement entraînés par le vent, suivant exactement son cours, étant comme immergés et relativement immobiles dans le courant au sein duquel ils flottent. La mesure de leur vitesse donne même la mesure du vent supérieur. Mais ce n'est pas là une règle sans exception. Il y a aussi des *nuages qui ne marchent pas*, lors même qu'un vent plus ou moins fort les traverse et semblerait devoir les entraîner.

Un jour que je passais en ballon au-dessus de la forêt de Villers-Cotterets, j'ai été fort surpris de voir pendant plus de vingt minutes un petit nuage qui pouvait avoir 200 mètres de long sur 150 de large, et qui était suspendu *immobile* à 80 mètres environ au-dessus des arbres. En approchant, nous en vîmes bientôt cinq ou six plus petits, disséminés et également immobiles. Cependant l'air marchait à raison de 8 mètres par seconde ; quelle ancre invisible retenait ces petits nuages? En arrivant au-dessus, nous reconnûmes que le principal était suspendu au-dessus d'une pièce d'eau et que les autres marquaient le cours d'un ruisseau. — C'était un courant ascendant d'air humide qui s'élevait de là, et dont l'humidité invisible atteignait son point de saturation et devenait visible en traversant le vent frais qui soufflait au-dessus du bois.

Près de Wiesbaden, Kaemtz a été témoin d'un fait analogue après une forte pluie. « Les nuages s'étant divisés, dit-il, le Soleil parut et je vis une colonne de brouillard s'élever constamment d'un même point. J'y courus : c'était une prairie fauchée, entourée de pâturages couverts d'une herbe très haute qui, s'échauffant moins que la surface fauchée, donnaient lieu à une évaporation moins active. » En Suisse, le phénomène se montre sur une moins grande échelle ; tandis que le plus beau temps règne sur le Faulhorn, les lacs de Suisse sont souvent couverts de brouillards d'une densité fort différente.

Babinet a observé ce même fait d'un nuage immobile au sommet du Canigou, le pic le plus élevé des Pyrénées orientales. « Un vent violent poussait l'air de France vers l'Espagne, dit-il ; nulle part de nuages, excepté un petit filet à peine épais de quelques mètres et pas beaucoup plus large, qui, malgré la violence du vent qui semblait devoir l'emporter, restait obstinément fixé sur le point où je l'observais. Ce filet de nuage était si nettement terminé que je pouvais y mouiller la moitié seulement d'un crayon que je tenais à la main. Le secret de ce curieux phénomène, c'est que l'air était juste assez humide pour devenir nuage à la hauteur en question. Plus bas, c'est-à-dire avant comme après avoir atteint cette hauteur, il reprenait sa transparence. C'est pourquoi, avant et après ce passage, le nuage disparaissait. Ce n'était point, en réalité, une masse d'air fixe qui formait le nuage ; c'était l'air, transparent partout ailleurs, qui en atteignant ce sommet perdait momentanément sa transparence par le froid dû à la dilatation, et remplacé par un nouvel air qui, subissant la même influence, semblait perpétuer le petit filet nuageux. »

Il nous reste maintenant à nous rendre compte de la cause de la suspension des nuages dans l'Atmosphère.

Lorsqu'on voit un nuage se résoudre en pluie et verser des millions de litres d'eau, on s'étonne qu'un tel poids d'eau puisse se tenir suspendu dans l'espace aérien. La cause de sa suspension réside simplement dans son extrême divisibilité. Nous avons dit que les vésicules des nuages ont un diamètre excessivement petit. Abandonnées à elles-mêmes, ces vésicules tombent. Le calcul montre qu'elles emploieraient plus d'une demi-heure pour descendre de 2 kilomètres dans l'Atmosphère, c'est-à-dire que leur vitesse de chute n'est pas de 1 mètre par seconde ; elle n'est souvent que de 3 décimètres. Mais, pendant le jour, l'air est constamment traversé par des courants chauds *ascendants*, qui s'élèvent avec une vitesse de plusieurs mètres par seconde. Ainsi les nuages sont incapables de descendre pendant le jour, à moins de circonstances exceptionnelles. Il n'est pas nécessaire de supposer que leurs vésicules soient remplies d'air dilaté et plus léger, comme autant de petits aérostats. Cependant, la chaleur solaire absorbée par le nuage doit aider encore à sa suspension. Pendant la nuit, les nuages se rapprochent du sol. Mais nous avons vu que les conditions de divisibilité de la vapeur d'eau dépendent de la température et du point de saturation. Il en résulte que les nuages se dissolvent par leur surface inférieure à mesure qu'ils descendent dans un air plus chaud, et assez souvent aussi par leur surface supérieure lorsqu'ils s'élèvent sous l'action du Soleil. De sorte qu'en définitive ils changent constamment d'épaisseur, de forme, de substance même.

Les nuages, n'étant qu'un état particulier de l'air, nous semblent immobiles, lors même que les particules qui les composent descendent sans cesse dans leur sein pour disparaître à leur surface inférieure, au-dessous de laquelle elles se dissolvent. Ils reposent d'ailleurs sur la zone de vapeur invisible dont nous avons parlé. La marche horizontale des courants représente un effort considérable pour soutenir les nuages à la même hauteur, lors même que toutes les particules aqueuses seraient pleines.

Habitantes de l'espace aérien, métamorphoses incessantes et impérissables, les nuées s'élèvent vers des hauteurs inaccessibles et peuplent l'azur de leurs formes sans nombre. « Dominons la Terre, leur faisait dire le brillant Aristophane dans sa comédie des *Nuées* contre Socrate, montrons pendant quelques minutes aux regards des hommes notre face qui change à chaque instant et qui cependant durera autant que l'Éternité ! Élançons-nous frémissantes du sein de notre père Océan ! Gravissons sans perdre haleine le sommet neigeux des montagnes ! Soutenons-nous à ces hauteurs d'où nous ne pouvons plus apercevoir notre image réfléchie sur le miroir azuré des mers ! Si nous cessons d'entendre le son grave murmuré par les flots, nous commençons à écouter la sublime harmonie des cieux. Que notre rôle est merveilleux ! N'est-ce point nous qui avons reçu de Jupiter la mission de faire briller aux yeux des hommes toutes les richesses du firmament? C'est en même temps de notre sein fécond que tombent les pluies qui mettent en mouvement le cycle de la vie terrestre. Enfin, n'est-ce point nous encore qui protégeons toute la nature vivante contre la plus cruelle des destinées? Et n'est-ce pas notre enveloppe légère qui sépare le monde vivant du froid impitoyable de la mort éternelle? »

Après avoir observé la formation des nuages et leur situation dans les airs, considérons leurs formes variées et caractéristiques.

Celles-ci sont diversifiées à l'infini, depuis le brouillard épais qui baigne la surface du sol, jusqu'aux filaments lumineux si déliés qui planent dans les hauteurs de l'Atmosphère. Certains nuages ressemblent à des montagnes de neige d'une blancheur éblouissante ; d'autres se précipitent comme une masse de vagues émouvantes sous la tempête. On en voit aussi se dessiner dentelés de lumière ou frangés d'or sous les rayons du Soleil.

Ce sont là divers aspects qui charment notre contemplation. Cependant la nécessité d'une classification scientifique s'imposait et l'on eut l'idée de distinguer, pour mettre quelque clarté dans cette étude souvent nébuleuse, des formes générales, des types auxquels on peut rapporter la majorité des formes présentées. C'est le météorologiste Howard qui le premier a donné des noms à ces types principaux pour les reconnaître. Sa classification n'est pas parfaite, mais on peut l'adopter comme base générale.

Les nuages dont la forme est la plus fréquente dans nos climats ont leurs contours arrondis, ils semblent posés les uns devant les autres, et leurs bords nettement définis se dessinent en courbes blanches sur l'azur du ciel. On a donné à cette forme

Fig. 130. — Cumulus.

Fig. 131. — Stratus.

Fig. 132. — Nimbus.

Fig. 133. — Cirrus.

de nuages le nom de *cumulus*. Les marins les appellent *balles de coton*. Ils s'élèvent et grossissent le matin, atteignent leur plus grande hauteur au moment de la plus forte chaleur et redescendent ensuite pour disparaître, lorsqu'ils ne sont pas nombreux. Leur épaisseur varie de 400 à 500 mètres et leur hauteur de 500 à 3.000 mètres.

Quelquefois, ces demi-sphères s'entassent les unes sur les autres et forment ces gros nuages accumulés à l'horizon qui ressemblent de loin à des montagnes neigeuses. Ce sont les nuages qui se prêtent le plus au jeu de l'imagination, car leur légèreté et l'extrême variabilité de leurs contours leur donnent toutes les métamorphoses. On y reconnaît un peu ce que l'on veut, des hommes, des animaux, des dragons, des arbres, etc., etc. Ils fournissent des comparaisons aux poètes, et Ossian leur a emprunté ses plus belles images. Les traditions populaires des pays de montagnes sont remplies d'événements étranges où ces nuages jouent un grand rôle.

Cette forme fréquente correspond ordinairement au vent chaud du sud-ouest et du sud, c'est-à-dire au courant équatorial. Lorsque ce courant humide souffle pendant longtemps, les cumulus deviennent plus nombreux et plus denses, et s'étendent comme des couches qui peuvent couvrir entièrement le ciel. C'est là une seconde forme presque aussi fréquente que la première dans nos climats si variables, et qui caractérise l'hiver comme la première caractérise l'été ; sa différence principale avec celle-ci consiste dans sa densité, de sorte que la condensation, ou la pluie, arrive plus vite dans cet état du ciel que dans le premier. On distingue cette forme de nuages sous le nom de *cumulo-stratus*. Les nuages moutonnés, le ciel pommelé la représentent sous des aspects bien connus.

Lorsque les nuages ne sont plus dessinés et ne forment plus qu'une vaste nappe étendue par sillons horizontaux jusqu'à l'horizon, on leur donne le nom de *stratus*.

Fig. 134. — Ciel pommelé ou agglomération de cirro-cumulus.

Lorsqu'un nuage va se résoudre en pluie, il acquiert une plus grande densité, devient plus sombre et, à moins qu'il ne s'agisse d'une grêle ou d'une giboulée partielle, s'étend sur une vaste étendue. L'eau qui s'en détache tomberait verticalement si l'Atmosphère était calme et les gouttes d'eau assez lourdes ; mais deux causes, dont l'une au moins existe toujours, le vent et la légèreté des gouttes de pluie, font que la quantité d'eau qui tombe du nuage forme une traînée oblique, généralement précédée par le nuage que le vent pousse avec rapidité. On donne le nom de *nimbus* à cette situation spéciale du nuage qui se résout en pluie.

Tous ces nuages sont formés de vésicules aqueuses plus ou moins grosses et plus ou moins serrées. Mais les nuages ne résident pas seulement dans les couches aériennes dont la température est supérieure à zéro ; ils flottent également dans les régions dont la température est glaciale. Alors, l'eau se congèle en filaments minuscules de glace et forme ainsi des nuages de glace ou de neige, qui déjà nous ont servi à expliquer les phénomènes optiques tels que les halos, parhélies, etc. Ces nuages de glace sont ceux qui atteignent les régions les plus élevées. Quelle que soit la hauteur à laquelle on soit monté en ballon, ils dominent toujours à une telle élévation qu'il ne semble pas qu'on s'en approche, tandis qu'une ascension même fort modeste fait vite traverser les cumulus et les formes diverses dont nous venons de parler. A 9.000 mètres de hauteur au-dessus de l'Angleterre, M. Glaisher les a encore vus dominant toujours plus haut, *excelsior* !

Ils se composent de filaments déliés dont l'ensemble ressemble tantôt à des traînées blanches faites par un balai, tantôt à des barbes de plume, tantôt à des cheveux ou à un réseau léger et inégal. Leur hauteur moyenne est de 6.000 à 7.000 mètres.

Ces nuages sont désignés sous le nom de *cirrus*.

Parfois leur blancheur se ternit, les stries s'entre-croisent, et ils deviennent plus denses parce que l'air supérieur devient plus humide. Dans ce cas, ils prennent l'apparence du coton cardé et ordinairement cette modification annonce la pluie. En cet état de plus grande densité, ils reçoivent la désignation de *cirro-stratus*.

Parfois aussi, ils se transforment en légers nuages transparents de vapeur vésiculaire, si transparents qu'on peut distinguer au travers les étoiles et les taches de la Lune. Ce sont ces nuages qui donnent naissance aux couronnes. Lorsqu'ils sont bien éclairés, ils paraissent arrondis et moutonnés. Quand le ciel en est couvert, on dit qu'il est pommelé. Leur hauteur moyenne est de 3.000 à 4.000 mètres. On les distingue sous le nom de *cirro-cumulus*. — Les cumulus et les cirro-cumulus sont ceux qui donnent les plus belles nuances aux couchers du Soleil, en réfractant et colorant ses rayons par leur transparence et leur réflexion lointaine. Les beaux couchers de Soleil que l'on

Fig. 135. — Formation d'un nuage d'orage.

admire à Paris sont dus en partie à ce que ces nuages, situés au-dessus du Havre pour l'horizon de Paris, nous renvoient une douce image des effets lumineux produits sur la mer.

Parmi les nuages formés de vésicules liquides, nous devons maintenant porter notre attention sur des formes particulières, caractéristiques, correspondant à la production des météores aqueux qu'elles amènent ou qu'elles annoncent.

Chacun se souvient de la forme des nuages qui donnent les longues pluies. Le ciel est entièrement couvert d'une immense nappe grise, et la pluie tombe inlassablement de couches horizontales légèrement ondulées, qui se distinguent à peine du fond sombre général. Les jours et les nuits se succèdent, et le ciel reste assombri de ce couvercle opaque dont l'épaisseur atteint parfois plusieurs milliers de mètres, occupés par plusieurs couches successives, dans lesquelles la lumière du Soleil d'automne est absorbée et presque éteinte. L'astre du jour ne semble-t-il pas nous abandonner pour toujours

en ces interminables jours de tristesse? Ce sont là des nuages de pluie continentale,
qui s'étendent sur de vastes contrées et ne laissent pas distinguer leurs contours.

Les *nuages de pluie partielle* les rappellent par leur extension en couches horizontales ; mais ici la forme est plus définie, elle ressort sur le fond du ciel, non plus obscurci
par l'immensité des nappes superposées, mais partiellement couvert de cumulus qui
tapissent l'azur sous une densité variable. La pluie s'échappe des flancs du nuage
pour arroser les villes et les campagnes ; elle se dessine sur le fond pâle du ciel en stries
grises obliques, dont l'ensemble se modèle au gré du vent. Le nuage ne se résout pas
toujours entièrement. Certaines régions semblent, après avoir donné leur trop-plein,
se tarir et se replier, en quelque sorte, dans le sein du nuage, comme ramenées par
l'affinité moléculaire qui donne aux nuées leurs changeants contours.

Bien différent est le *nuage de giboulée*. Isolé souvent dans l'air bleu, le Soleil arrive
jusqu'à lui et fait ressortir sa blanche surface sur le fond du ciel. De ses flancs couverts
tombe la pluie froide, le grésil, la giboulée de mars que le vent disperse et fouette au
visage. Quant aux funestes nuages qui recèlent dans leurs flancs la *grêle* dévastatrice,
fléau de nos campagnes, et la foudre si redoutée des hommes, ils présentent l'aspect
d'une singulière adhérence de molécules, comme si l'attraction tendait à les réunir en
masses condensées de forme globulaire. On pourrait les comparer à d'énormes choux-
fleurs bien que leur couleur soit d'un gris cendré très caractéristique.

Le plan inférieur de cette espèce de nuées est horizontal, et de cette sorte de table
s'élèvent des panaches, des fuseaux, qui rappellent l'idée de boules de laine plus ou
moins énormes, plus ou moins étirées, attachées à un même système. Ce sont là d'ailleurs des types, par conséquent des formes très accentuées, qui exagèrent plutôt
qu'elles n'atténuent les aspects remarqués. La couleur, la blancheur ou l'obscurité des
nuées ne peuvent être prises comme caractères, car elles dépendent de leur position
relativement à celle du Soleil et relativement aussi à celle de l'observateur. Si nous
voyons un nuage d'orage à une grande distance de nous et que nous soyons placés
entre lui et le Soleil, il nous paraîtra blanc. Si nous l'observons, au contraire, lorsqu'il
arrive au-dessus de nos têtes, nous le voyons par sa région inférieure, que la lumière
solaire n'atteint pas, et il nous paraîtra noir.

Dans mes divers voyages aéronautiques, j'ai souvent mesuré la hauteur et l'épaisseur des nuages en les traversant. J'en ai trouvé de très bas, par exemple commençant
à 630 mètres d'altitude et s'arrêtant à 810 mètres, ne mesurant pas 200 mètres d'épaisseur et pourtant ne laissant pas percer le Soleil. Cette couche de nuages, mesurée à
cinq heures du soir au mois de juin, était encore plus basse deux heures plus tard,
s'étendant alors de 590 à 760 mètres. En d'autres circonstances, ces cumulus planaient
à 1.200 mètres, à 1.800, à 2.400 et plus haut encore. Leur hauteur dépend beaucoup de
la température de l'air et de l'heure du jour. En général, les nuages s'élèvent jusque
vers une heure ou deux de l'après-midi et ils s'abaissent le soir.

CHAPITRE III

LA PLUIE

LES gouttelettes de pluie, souveraines bienfaitrices du monde végétal, ces larmes tombées des cieux, lorsque l'azur s'assombrit et s'attriste de la présence des nuages, proviennent de la désagrégation des nuées elles-mêmes.

Quelles sont les conditions nécessaires à la production de la pluie?

Pour que la vapeur d'eau se précipite, c'est-à-dire forme des gouttes pleines qui, par leur poids, tombent à travers l'Atmosphère et produisent la pluie, il faut que l'état moléculaire du nuage soit modifié par une cause extérieure. Cette modification est souvent produite tout simplement par l'influence des nuages supérieurs. Il y a des situations telles que la moindre circonstance les trouble profondément et les détruit. C'est le cas des cumulus saturés; le moindre refroidissement les condense et précipite en pluie une partie plus ou moins grande de la vapeur vésiculaire qui les compose.

D'autres causes peuvent également être en jeu, notamment l'électricité. Il est maintenant reconnu que l'Atmosphère est *ionisée* et que la pluie est presque toujours plus ou moins radioactive. Les *ions*, ces petits sylphes tourbillonnants, qui forment un nouveau monde dans les théories modernes, doivent agir dans la dissolution des nuées, ainsi que dans leur formation.

Quoi qu'il en soit, la pluie tombe dès que les gouttes formées par la condensation de la vapeur d'eau des nuages deviennent trop lourdes. Des gouttes très fines peuvent ne pas tomber ou se dissoudre en arrivant dans un air très sec.

Très souvent, surtout en hiver et au printemps, la pluie que nous recevons a commencé par être de la neige, dans les hauteurs glacées.

Le transport des masses nuageuses joue un rôle fondamental dans la dissolution de ces masses, dans l'abondance et la distribution des pluies. Le vent de sud-ouest, qui domine dans nos contrées, amène le plus souvent la pluie, parce qu'il entraîne avec lui les couches nuageuses formées sur l'Océan, ces couches d'humidité pouvant d'ailleurs être invisibles.

Les vents alizés, qui soufflent à la surface de la mer sous les tropiques, emportent cette vapeur d'eau jusqu'aux calmes équatoriaux, où ils s'élèvent, atteignent les froides hauteurs et s'en retournent vers les contrées tempérées, chargées d'humidité. En s'élevant à travers l'Atmosphère des régions équatoriales, ils laissent se condenser une partie de leurs vapeurs et, comme ce fait arrive tous les jours, il y a là une zone constante de nuages et de pluies. C'est l'anneau de nuages (*cloud-ring*) des marins anglais, ou le *pot au noir* des marins français. Le même fait se produit dans la planète Jupiter, dont on distingue si bien les bandes équatoriales d'ici, malgré les 800 millions de kilomètres qui nous en séparent.

Les nuages océaniques venus du sud et du sud-ouest sèment leur eau selon leur marche, selon leur hauteur, leur température, les couches de nuages plus ou moins épaisses et plus ou moins froides qui les surplombent, selon les vents accidentels qui viennent les influencer et selon le relief du sol qui modifie leur cours. Toutes choses égales d'ailleurs, la proportion des pluies décroît de l'équateur aux pôles, puisque, d'une part, l'évaporation se fait presque tout entière sur les chaudes latitudes, et que, d'autre part, la quantité de vapeur que l'air peut dissoudre augmente rapidement avec le degré thermométrique. Ainsi, par exemple, il tombe plus de 2 mètres de hauteur de pluie par an à la Guyane, à Panama, tandis qu'il n'en tombe pas 20 centimètres à Arkhangel.

Une seconde loi a été remarquée dans la proportion des pluies : c'est leur diminution suivant la distance à la mer, mesurée sur la direction des vents dominants. Il est facile de comprendre que les nuages, ne pouvant plus se reformer dans l'intérieur des continents, deviennent d'autant plus rares et donnent d'autant moins de pluie qu'on est plus éloigné des côtes de l'Océan. L'évaporation produite sur les fleuves, les lacs, les marais, les plaines humides, donne bien naissance à des nuages, mais ce n'est là qu'une source insignifiante de pluie comparée à celle de l'Océan. Ainsi, il tombe 1 m. 24 de pluie à Bayonne, 1 m. 20 à Gibraltar, 1 m. 30 à Nantes ; seulement 42 centimètres à Francfort, 45 à Pétersbourg, 45 à Vienne. En Sibérie, il n'en tombe plus que 20 centimètres, et moins encore en s'avançant à l'est. — Nous voyons à Alger une moyenne de 200 millimètres d'eau, et une moyenne de 100 millimètres à Oran et à Mostaganem. Pour peu qu'on descende vers le sud, la quantité de pluie diminue rapidement, et Biskra, sur les confins du désert, ne reçoit plus que 5 millimètres d'eau, quantité tout à fait insignifiante.

Enfin, le relief du sol apporte une variation dans les deux éléments de distribution que nous venons de considérer. Si une masse d'air saturée d'humidité, une couche de nuages, rencontre une chaîne de montagnes, cette proéminence du sol l'arrêtera en partie ; mais les nuages ne s'arrêteront pas longtemps. Les courants d'air qui s'élèvent sur les pentes des montagnes les élèveront en même temps ; ils se refroidiront à raison de 1 degré pour 120, 150, 200 mètres, suivant la saison et la température, subiront une condensation progressive, de telle sorte que, lorsqu'ils arriveront à la crête de la chaîne de montagnes, ils pourront passer par-dessus ; mais une bonne partie de leur eau sera tombée sur cette crête. Le ralentissement de l'air les dépouille aussi de leur eau, un peu comme le ralentissement d'un fleuve ou d'une rivière favorise la chute des dépôts qu'il tient en suspension. Il pleut donc davantage sur un pays hérissé de montagnes qu'il ne pleuvrait si celles-ci n'existaient pas et si les nuées nageaient sans obstacle au-dessus de plaines immenses ; il tombe plus d'eau également sur le versant tourné du côté du vent marin que sur le versant opposé.

Il y a des régions où ces conditions sont si bien réunies que les pluies s'y arrêtent

Fig. 136. — Coupe de l'Atmosphère pendant une pluie.

comme attirées d'une manière permanente. Ainsi la haute chaîne de l'Himalaya retient les nuages venus de l'immense évaporation de l'océan Indien. A Cherrapunji, dans l'Inde, une pluie diluvienne, qui dura cinq jours, donna une quantité d'eau de 2 m. 80. A la Jamaïque, en novembre 1909, il est tombé 3 m. 30 de pluie en huit jours !

Au contraire, une zone sans pluie se déroule le long du Sahara, de l'Égypte, de l'Arabie et de la Perse, pour s'étendre jusqu'à la Mongolie et même la Sibérie, à part la région de l'Asie centrale, sur laquelle les mois d'hiver versent un peu de pluie.

Si nous considérons l'Europe en particulier, nous remarquons des pluies relativement abondantes, de 1 à 2 mètres, dans les zones marines de Portugal, de Bretagne, d'Irlande et de Suède. La proportion des pluies diminue graduellement de l'ouest à l'est avec des zones de condensation produites par les reliefs du sol. Il y a, en certains points des régions où les pluies sont fort rares, en Grèce par exemple ; le climat de l'Attique est sec, le ciel y est généralement clair et l'air très pur; un papier peut être exposé à l'air toute la nuit et l'on peut tout aussi bien écrire dessus le lendemain matin. On attribue même à cette grande sécheresse de l'air l'étonnante conservation des monuments athéniens.

Certains pays sont tellement « privilégiés » au point de vue de l'abondance des pluies qu'ils ont ce qu'on appelle une *saison de pluies*. Ce sont les contrées situées entre les tropiques, et où le Soleil, deux fois l'an, passe perpendiculairement sur la tête des habitants, occasionnant en ces jours un excès de chaleur qui, naturellement, doit se traduire par une raréfaction énergique des couches qui reposent sur le sol, par l'élévation de ces couches devenues trop légères pour porter les couches supérieures, et enfin par le refroidissement et la pluie qui suivent toujours ces effets. Il est difficile de se faire une idée de la masse d'eau que versent les pluies de saisons dans les bassins de l'Amazone et de l'Orénoque. Après les débordements de ces fleuves et de leurs affluents à plusieurs dizaines de mètres de hauteur, toute une contrée vaste comme l'Europe devient, à la lettre, une mer d'eau douce, dont l'écoulement dans l'Océan le dessale à une grande distance des côtes, et près de laquelle les immenses lacs de l'Amérique septentrionale ne sont que de petits étangs. Dans ce grand déploiement des forces physiques, où la nature supérieure et irrésistible dans son action commande l'attention à l'homme dont l'existence est menacée, la science d'observation progresse forcément, et les meilleurs physiciens sont les habitants eux-mêmes, dont la conservation dépend de la connaissance des vicissitudes des saisons.

Ainsi, aux États-Unis, sur l'Atlantique, en Espagne, dans le sud de la France, en Italie, en Grèce, en Turquie, en Asie, en Chine, au Japon, dans le Pacifique, sous les mêmes latitudes, les pluies tombent presque entièrement en hiver, à part la région des moussons périodiques, et, sur certains pays méridionaux, des mois entiers se passent en été sans qu'un seul nuage apparaisse dans le ciel. Il en est de même à Buenos-Ayres, au Cap, à Melbourne.

D'après les calculs de Fritsche (1908), il tombe en une année : 1.421 millimètres de pluie dans l'Amérique du Sud, 807 millimètres en Afrique, 631 millimètres dans l'Amérique du Nord, 607 millimètres en Asie, 595 millimètres en Europe et 475 millimètres en Australie. La quantité totale d'eau que la Terre reçoit annuellement est d'environ 112.000 kilomètres cubes, ce qui représente un poids de 112 milliards de tonnes.

L'état du ciel exerce une influence constante, non seulement sur la vie des humains, trop matériellement rattachée aux productions de la Terre, mais encore sur le caractère et sur l'esprit. Avez-vous jamais remarqué, comme elles le mériteraient, ces sombres journées de novembre, pendant lesquelles un rideau impénétrable reste constamment étendu à quelques centaines de mètres au-dessus de nos têtes? Le Soleil ne le traverse point. Au lieu de lumière, nous n'avons qu'une clarté grise, monotone et attristante ; au lieu de la riante couleur des rayons solaires, nous n'avons qu'un manteau sépulcral. La lumière, la gaieté, la vie semblent exclues de la Terre. Les pavés des rues sont glissants, l'humidité est pénétrante, la terre est boueuse, les chemins sont sales, le jour ne se lève pas, le brouillard tombe, un couvercle immense est posé sur la Terre, et nous gisons dans l'obscurité sinistre des régions inférieures !

Ah ! quelle différence lorsque nous pénétrons à travers cette couche de nuages obscurs et que nous la traversons pour planer dans l'Atmosphère éclairée et joyeuse! Là-haut règnent constamment la joie et la beauté ; le Soleil ne s'éteint pas, l'azur des cieux ne se laisse point voiler, l'air est sec et transparent, et, en songeant à la tourbe des humains qui, depuis des milliers d'années, consentent à se traîner comme des limaçons sur le sol gluant à travers la brume et l'odeur grossière du noir brouillard, on ne peut s'empêcher de s'étonner que le génie de l'homme n'ait pas encore conquis définitivement les pures régions aériennes et n'y réside pas plus souvent.

Si nous imaginons une coupe de l'Atmosphère pendant une pluie, nous voyons le bas séjour des humains criblé d'une averse diluvienne, bouleversé par le vent, sali de boue, tourmenté par un ridicule désordre, tandis qu'au-dessus de la double couche de nuages l'aérostat plane dans sa tranquillité lumineuse.

La quantité de pluie qui tombe annuellement sur deux points voisins appartenant au même canton est souvent très différente. La cause de ces différences réside dans le relief du sol, dans l'existence de collines ou de vallées dirigeant et accumulant les nuages en des points particuliers qui sont inondés de pluie, tandis que les localités séparées des premières par des collines de 60 ou 70 mètres d'élévation ne reçoivent qu'une quantité d'eau insignifiante. Ces remarques sont probablement la cause pour laquelle certaines cultures réussissent dans des cantons spéciaux et ne donnent que des résultats médiocres dans les cantons voisins. L'agriculture a donc un intérêt considérable à ce que la distribution des pluies soit étudiée et connue dans ses moindres détails.

La quantité d'eau qui tombe dans une pluie se mesure à l'aide de l'instrument appelé *pluviomètre* ou *udomètre*. Cet instrument consiste essentiellement en un entonnoir destiné à recevoir l'eau de pluie et en un réservoir qui permet de la mesurer. Dans certains pluviomètres, l'eau se mesure directement elle-même en passant dans un tube gradué adhérent au réservoir ; dans d'autres, un système de bascule fait tomber l'eau, aussitôt qu'elle atteint une certaine quantité, dans un déversoir latéral, et enregistre automatiquement la quantité d'eau tombée.

Mais si certaines pluies sont bienfaisantes, en apportant à la terre un état d'humidité très favorable à la germination, d'autres sont de véritables fléaux pour les contrées sur lesquelles elles s'abattent. De même aussi, une trop grande parcimonie de la part des nuages amène des troubles parfois désolants dans le bon fonctionnement du grand organisme de la Terre.

«Le Soleil, écrivait Louis-Napoléon Bonaparte avant d'être au pouvoir, le Soleil absorbe les vapeurs de la Terre pour les répartir ensuite à l'état de pluie sur tous les lieux qui ont besoin d'eau pour être fécondés et pour produire. Lorsque cette restitution s'opère régulièrement, la fertilité s'ensuit; mais, lorsque le ciel, dans sa colère, déverse partiellement en orages, en trombes et en tempêtes les vapeurs absorbées, les germes de production sont détruits, il en résulte la stérilité, car il donne aux uns beaucoup trop et aux autres pas assez. Cependant, quelle qu'ait été l'action bienfaisante ou malfaisante de l'Atmosphère, c'est presque toujours au bout de l'année, *la même quantité d'eau* qui a été prise et rendue. La *répartition* seule fait donc la différence. Équitable et régulière, elle crée l'abondance; prodigue et partiale, elle amène la disette.

Fig. 137. — Pluviomètre de la terrasse de l'Observatoire de Paris.

« Il en est de même des effets d'une bonne ou mauvaise administration. Si les sommes prélevées chaque année sur la généralité des habitants sont employées à des usages improductifs, comme à créer des places inutiles, à élever des monuments stériles, à entretenir au milieu d'une paix profonde une armée plus dispendieuse que celle qui vainquit à Austerlitz, l'impôt dans ce cas devient un fardeau écrasant; il épuise le pays, il prend sans rendre ; mais si, au contraire, ces ressources sont employées à créer de nouveaux éléments de production, à rétablir l'équilibre des richesses, à détruire la misère en activant et organisant le travail, à guérir enfin les maux que notre civilisation entraîne avec elle, alors certainement l'impôt devient pour les citoyens, comme l'a dit un jour un ministre à la tribune, le meilleur des placements. » (*Extinction du paupérisme*, 1844, chap. I.)

Il faut croire que c'est là un équilibre idéal bien difficile à réaliser, car du coup d'État à Sedan, la France a continué de s'endetter et la guerre de 1870-71, elle seule, a coûté plus de dix milliards !

La pluie, en effet, verse le bien ou le mal, la fécondité ou la stérilité, l'abondance ou la misère. Elle couronne dignement le travail du cultivateur, ou bien elle le paye d'ingratitude et trompe ses plus chères espérances.

Ce n'est pas seulement par l'humidité qu'elle répand dans le sol que la pluie alimente les végétaux, elle leur apporte avec elle une certaine quantité d'ammoniaque d'où ils tirent de l'azote, gaz indispensable à leur progrès ; elle introduit avec elle dans la terre végétale les détritus des animaux et des végétaux, qui se consument sans utilité pour la végétation dans les pays où il ne pleut pas ; en humectant les engrais que le cultivateur enfouit dans le sol, elle facilite leur absorption par les plantes ; enfin, il est probable que c'est par la décomposition de l'eau qu'ils aspirent que les végétaux se procurent une grande partie de leur hydrogène.

Et maintenant, jetons un coup d'œil sur la marche des eaux pluviales à la surface du sol. Ou le terrain est perméable, ou il est imperméable. Dans le premier cas, l'eau pénètre plus ou moins profondément et imbibe la terre comme une éponge. Dans le second, elle pénètre à peine, ne mouille que la surface et glisse suivant les pentes en

Fig. 138. — L'inondation dans la banlieue parisienne (1910).

inondant tout sur son passage. Les terrains perméables toutefois ne s'imbibent pas profondément, car une grande partie de l'eau tombée dans les fleuves se vaporise de nouveau ou descend obliquement pour glisser suivant les pentes. Il faut, d'après Rozet, plus d'une journée de pluie continuelle pour mouiller à 2 décimètres le sol arable cultivé de la Touraine ; et, après les fortes pluies continuées pendant plusieurs jours de suite, le sol n'est pas mouillé au delà de 1 mètre. Les réservoirs souterrains qui criblent la terre de conduits d'eau semblables à des veines ne proviennent pas des eaux pluviales qui ont traversé les terres, mais de celles qui, tombées sur les rochers, passent entre les fissures des pierres sans être absorbées.

Le régime des cours d'eau est bien différent suivant qu'ils coulent sur des terrains perméables ou sur des terrains imperméables. La Seine et la Saône, par exemple, ont un cours lent et tranquille ; leurs eaux montent lentement et descendent plus lentement encore, car les terrains de leurs bassins sont perméables dans presque toute leur étendue. La Loire, au contraire, est un fleuve essentiellement torrentiel dans toute sa partie supérieure, où les terrains imperméables par nature ou par position l'emportent beaucoup sur les terrains perméables. Toute la région nord-ouest de la France présente une homogénéité de climat remarquable ; le bassin de la Seine, en particulier, est soumis tout entier aux mêmes influences atmosphériques sous le rapport de la pluie. Il en résulte que le niveau de tous les cours d'eau monte et baisse aux mêmes époques et que l'on peut prévoir une crue d'un ruisseau du Morvan au moyen d'observations faites sur un ruisseau de Normandie. La Loire, la Saône, la Meuse, la Seine entrent toujours en crue en même temps pendant la saison humide. Pendant la saison sèche, les pluies sont plus locales, et les crues qu'elles produisent sur un bassin peuvent manquer entièrement sur un autre.

Pour mesurer la hauteur des eaux, on a coutume de placer aux piles des ponts des échelles métriques graduées de bas en haut. Le point de départ ou zéro de ces échelles se place en France au niveau des eaux prises à l'époque des plus grandes sécheresses connues : c'est ce que l'on nomme l'étiage ou niveau des plus basses eaux d'été. Ce point n'est pas rigoureusement fixé, et il n'est pas très rare qu'à Paris, par exemple, les basses eaux descendent au-dessous. L'étiage forme la base de l'échelle du pont de la Tournelle ; au Pont-Royal, le zéro se trouve 60 centimètres au-dessus.

La hauteur moyenne de la Seine à Paris est de 1 m. 24 ; cette hauteur s'élève en moyenne, en hiver, à 2 m. 01 ; au printemps, à 1 m. 51 ; en été, à 0 m. 65, et en automne à 0 m. 83. Les inondations de la Seine sont malheureusement trop fréquentes ; les années des plus grandes inondations ont été :

1196, 1206, 1236, 1280, 1296, 1306, 1315, 1373, 1407, 1427, 1497, 1505, 1595, 1616, 1649, 1651, 1658, 1677, 1679, 1690, 1693, 1697, 1711, 1740, 1751, 1764, 1802, 1807, 1817, 1819, 1836, 1876, 1883, 1910.

La dernière a été, comme on s'en souvient, forte et désastreuse, car le niveau de la Seine a dépassé 8 mètres au-dessus de l'étiage. Voici, du reste, les différentes hauteurs mesurées à l'échelle classique du pont de la Tournelle.

1649... 7ᵐ,66	1690... 7ᵐ,55	1740... 7ᵐ,90	1802... 7ᵐ,45	1876... 6ᵐ,69
1651... 7ᵐ,83	1697... 7ᵐ,30	1751... 6ᵐ,70	1807... 6ᵐ,70	1883... 6ᵐ,24
1658... 8ᵐ,81	1711... 7ᵐ,62	1764... 7ᵐ,33	1836... 6ᵐ,40	1910... 8ᵐ,42

On voit que l'inondation de 1910 a été la plus considérable de toutes, avec celle de 1658.

CHAPITRE IV

LA GRÊLE

I L n'est aucun de nos lecteurs qui n'ait été surpris par une de ces averses prodigieuses qui accompagnent les lourds orages de nos contrées. Une température suffocante règne à la surface du sol, plusieurs couches de nuages noirs et gris volent dans l'Atmosphère sous des directions différentes. Des éclairs blafards embrasent le ciel, la foudre éclate, et des millions de kilogrammes de grêlons nous sont lancés du haut des nues, comme précipités des cataractes entr'ouvertes d'un réservoir immense. Pendant plusieurs minutes, la grêle sillonne l'espace, crible les jardins et les arbres, roule avec fracas dans les tourbillons de la pluie orageuse ; puis elle s'éloigne avec le vent, la chaleur étouffante fait place aux fraîches senteurs des plantes mouillées, la lumière revient, l'arc-en-ciel brille et l'azur céleste reparaît au sein de la nature calmée.

La grêle se produit pendant les orages, aux heures où la température est très élevée à la surface du sol et décroît rapidement avec la hauteur. Ce décroissement rapide est dû surtout à l'évaporation. Le froid causé par l'évaporation de l'eau est bien connu de tous les observateurs. Les alcarazas poreux exposés en plein soleil arrivent à rafraîchir la température de l'eau de 20 degrés. Un thermomètre mouillé peut descendre, par un vent qui l'évapore, à 10 degrés au-dessous de son voisin sec. L'Atmosphère a, dans les heures d'orage, des couches très hétérogènes. L'eau ou la neige qui tombe des nuages élevés à 4 ou 5.000 mètres traverse des couches d'air tour à tour sèches et humides, chaudes ou glacées. La goutte d'eau se gèle instantanément et le nuage noir que nous voyons est comme le réceptacle des globules glacés qui arrivent là, emportés par le tourbillon d'orage. Ces gouttes glacées ont le temps de se grossir d'une grande quantité d'eau qu'elles s'attachent sur leur passage, et souvent de s'agglomérer entre elles.

A l'action du froid, qui joue certainement un rôle essentiel dans la formation des grêlons, s'ajoute celle de l'électricité qui favorise les condensations.

L'arrivée de la grêle est précédée parfois d'un bruit caractéristique. On voit, dès l'antiquité, Aristote et Lucrèce rapporter le fait. Les météorologistes Kalm et Tissier disent l'avoir entendu, le premier en France, le 13 juillet 1788, le second à Moscou, le 30 avril 1744. Un jour, Peltier étant à Ham, dont la forteresse est devenue célèbre, entendit un bruit tellement fort, à l'approche d'un orage, qu'il pensa qu'un escadron de cavalerie arrivait au galop sur la place de la ville. Il n'en était rien ; mais, vingt secondes après, une averse de grêle épouvantable tomba sur la ville. En 1871, à Doulevant-le-Château (Haute-Marne), M. Pissot, correspondant de l'Observatoire de Montsouris, rapporte avoir entendu, dans l'orage du 14 août, un roulement continu suivi d'une chute de grêle abondante à quelques kilomètres de lui. Le 28 juillet 1872, à six heures du soir, on a constaté le même roulement précurseur de la grêle à Semur (Côted'Or). Ce n'est peut-être là qu'un bruit de tonnerre analogue à celui dont je parlerai tout à l'heure, ou, plus simplement encore, le bruit même de la chute des grêlons qui tombent déjà à quelque distance.

Les grêlons ne nécessitent pas, pour se développer, des variations considérables de température. La grêle, en effet, n'est pas un phénomène aussi extraordinaire qu'elle le paraît. Elle est, tout simplement, la conséquence de la forme solide qu'affecte l'eau dès que sa température descend au-dessous de zéro.

Des variations énormes de température, si elles s'opèrent au-dessus de zéro et au-dessous de 100 degrés, ne changent pas l'apparence de l'eau. Au contraire, de faibles variations de 2 ou 3 degrés et souvent moins suffisent, lorsqu'elles s'opèrent autour de zéro, pour former ou pour fondre des quantités notables de glace ; à plus forte raison suffisent-elles pour transformer en grêlon un petit flocon de neige ou une goutte de pluie pendant leur chute vers le sol.

Quelquefois il tombe des averses de grêle assez violentes pour détruire toutes les récoltes, témoin celle qui ravagea les environs d'Angoulême, le 3 août 1813. On était à la veille de la récolte, et tout annonçait au cultivateur qu'elle serait aussi belle qu'abondante. La journée fut superbe et le vent souffla plein nord jusqu'à trois heures après midi ; puis il tourna, en un moment, du côté opposé ; le ciel se couvrit de nuages, qui bientôt s'amoncelèrent d'une manière effrayante. Le vent, qui avait été assez violent depuis midi jusqu'à cinq heures, cessa tout à coup de souffler. Le tonnerre se fit entendre dans le lointain, mais bientôt ses éclats redoublèrent ; ils devenaient à chaque instant plus forts et plus fréquents ; le ciel s'obscurcit enfin tout à fait et d'épaisses ténèbres remplacèrent le jour. A six heures, une grêle horrible se précipita sur la terre avec fracas ; les grêlons étaient gros comme des œufs. Plusieurs personnes en furent grièvement blessées et un enfant fut tué dans l'arrondissement de Barbézieux. Le lendemain 4 août, la terre présentait le triste aspect de l'hiver le plus rigoureux ; les grêlons s'étaient accumulés dans les vallons et dans les chemins à une hauteur de 8 à 10 décimètres ; les arbres étaient entièrement dépouillés de leurs feuilles ; les vignes étaient comme hachées, les moissons écrasées ; les bestiaux, et surtout les moutons et les porcs, qu'on n'avait pas eu le temps de rentrer, furent mutilés. Ces cantons restèrent dépeuplés de gibier, et l'on trouva même des louveteaux que la grêle avait tués. En 1818, on se ressentait encore de ce désastre ; les vignes surtout n'avaient pas repris leur force productive et l'on fut obligé d'en arracher une grande partie.

L'orage qui éclata le 17 juillet 1852, vers six heures du soir, sur le territoire de Chaumont, dans la Haute-Marne, parcourut 96 kilomètres de long sur 8 de large ; les blés, les vignes et presque tous les arbres furent détruits par des grêlons d'une grosseur énorme. Le même ouragan fondit avec impétuosité sur le département de l'Aisne, déracina les arbres, renversa les chaumières, tua plusieurs personnes ; en quelques secondes, les champs, bouleversés par la violence du vent et de la grêle, ne présentaient plus trace de moissons.

Le 17 juillet 1868, vers huit heures du soir, une forte grêle dévasta plusieurs communes des environs de Reims : les grêlons avaient le volume d'une petite noix, et l'orage a duré environ quarante-cinq minutes. On remarqua après l'orage, dans les parties sablonneuses et en pente, des empreintes comparables à celles que laisserait un tir à la cible. Ces cavités, dans lesquelles les grêlons étaient d'abord enchâssés, constituent de véritables empreintes de grêle, qui ressemblent beaucoup aux empreintes du même genre observées par des géologues.

Les grêles désastreuses sont peu fréquentes dans nos climats ; cependant on voit que de temps en temps elles exercent de grands ravages. Le 18 juin 1839, un orage commença à Bruxelles vers sept heures du soir ; des nuages épais allaient du sud-sud-ouest au nord, tandis que la girouette indiquait un courant inférieur venant du nord-ouest. Jusqu'à sept heures et demie, on n'entendit qu'un roulement continu, pendant lequel les éclairs se succédaient avec une étonnante rapidité. Bientôt après, un gros nuage, remarquable par une nuance cendrée, et dont la direction était ouest-nord-ouest au sud-est, plongea Bruxelles dans une obscurité presque complète et creva avec une épouvantable chute de grêle qui causa les plus grands dégâts. La plupart des grêlons avaient une grosseur qui variait de 12 à 20 millimètres ; on a en trouvé qui avaient jusqu'à 30 millimètres. Quelques-uns étaient à peu près sphériques ; mais le plus grand nombre présentaient un aplatissement plus ou moins grand. La hauteur de l'eau tombée pendant l'orage a été de 37 mm. 4. Le thermomètre centigrade s'était élevé jusqu'à 33°,4, qui est son maximum pour Bruxelles.

La chute de la grêle a une tendance à suivre les vallées et les rivières lorsque les nuages ne sont pas très élevés ; car, on le voit par les cas précédents, les orages suivent alors des courants généraux originaires de l'Atlantique et continuent leur marche des régions du sud-ouest vers celles du nord-est. Mais, dans tous les orages secondaires partiels, qui sont les plus nombreux et se bornent à quelques départements, on remarque une déviation évidente le long des vallées. Il semble aussi qu'ils évitent les forêts. Depuis que les écoles normales de France s'attachent à constater les faits météorologiques, les témoignages de l'influence des terrains sur la distribution des orages et de la grêle abondent. Tels et tels pays sont grêlés chaque année, tandis que d'autres ne le sont qu'une fois en dix ans.

Les orages à grêle sont ceux où le développement de l'électricité atteint les plus grandes proportions. Les nuages épais où s'élabore le météore sont chargés d'une forte dose du mystérieux agent, dont une partie s'épuise dans leur propre sein ou dans les décharges réciproques avec leurs voisins. Le tonnerre n'est plus seulement alors un bruit succédant à l'éclair: c'est un roulement continu, pendant lequel on n'aperçoit souvent pas les éclairs, soit qu'ils n'aient que de très petites dimensions, soit qu'ils agissent exclusivement dans l'intérieur du mouvement des nuées. Ainsi, le 4 septembre 1871, entre autres, j'ai remarqué, en suivant l'orage à grêle qui se développa sur Paris entier, qu'à trois heures trente-six minutes, après que la grêle fut passée sur le quartier de l'Observatoire, et lorsqu'elle se trouvait sur Ménilmontant, un roulement de *tonnerre sans éclairs* dura pendant six minutes, et recommença plusieurs fois. — Le 7 mai 1865, un violent orage éclate sur le département de l'Aisne et cause un désastre de plusieurs millions. Au-dessus des couches de nuages, on voyait un épais cumulus, d'un blanc livide, dans lequel se produisait un pétillement continu d'éclairs ; le roulement du tonnerre se prolongeait sans intensité ni fracas ; un fourmillement non interrompu d'éclairs engendrait une espèce de crépitation sans intermittence, et

Fig. 139. — Grêlons recueillis à l'Observatoire Flammarion, et dessinés en grandeur naturelle par M. Quénisset.

les explosions semblaient se concentrer dans l'intérieur de la plus forte nuée. Lorsque la nuée eut franchi lentement les hauteurs de Rousoy, au faîte du bassin de la Somme et de l'Escaut, elle fondit avec une effrayante rapidité dans la vallée de ce dernier fleuve, cribla Vend'huile, le Câtelet, Beaurevoir, de grêlons en nombre si considérable qu'ils couvrirent certaines déclivités sur une épaisseur de 5 mètres ; ils y étaient encore six jours après et formaient par endroits des bancs si compacts que les eaux en furent endiguées; lorsqu'on se mit à les déblayer, ils glissaient comme des banquises ;

Il est intéressant pour nous de nous demander ici jusqu'à quelles dimensions les grêlons peuvent atteindre. Un choix de documents authentiques nous permet de donner à ce sujet des comparaisons assez curieuses.

La grosseur la plus ordinaire de la grêle est à peu près celle d'une noisette ; souvent même il en tombe de la grosseur d'un gros pois seulement. Dans les averses ordinaires, les grêlons pèsent de 3 à 8 grammes.

Mais ce n'est pas un fait absolument extraordinaire de recevoir des grêlons de 10 à 70 grammes. On comprend que de pareils projectiles puissent lapider, tuer en quelques instants les personnes qui y sont exposées. Ainsi, le 13 octobre 1886, un homme et une femme ont été tués par des grêlons gros comme des œufs, sur le territoire des Ouled-Iddir, près de Kairouan (Tunisie). Le 4 mai 1887, une jeune fille, surprise par la grêle au milieu des champs, près d'une station du chemin de fer de Varsovie-Tarnspol, a été littéralement lapidée et tuée. A Gravigny (Eure), le 12 juillet 1908, deux enfants sont grièvement blessés à la tête par des grêlons dont certains étaient aussi gros que des œufs de pigeon et pesaient jusqu'à 100 grammes. Le 26 juillet 1887, une tempête d'une violence inouïe jeta sur le village de Saint-Anthême (Puy-de-Dôme) des grêlons dont plusieurs étaient de la grosseur d'œufs de poule.

Dans une grêle qui fit de grands dégâts sur les bords du Rhin, le 13 avril 1832, le grêlon le plus lourd trouvé par Vogel, à Heinsberg, pesait 90 grammes.

La grêle ravagea, pendant quarante-cinq minutes, une partie du Morbihan, le 21 juin 1846, les grêlons présentèrent toutes les dimensions comprises entre des noix et des œufs de dindon. On en a mesuré un de 22 centimètres de circonférence.

Au mois d'août 1879, les grêlons qui dévastèrent la ville de Queenstown (Cap de Bonne-Espérance), trouèrent des toits de tôle et tuèrent des moutons, avaient la grosseur de mandarines.

Le 23 juillet 1904, dans le département des Bouches-du-Rhône, on en a recueilli dont le poids était de 300 grammes. Certains égalaient, en volume, des œufs de poule.

Le 29 avril 1697, on ramassa dans le Flintshire, suivant Halley, des grêlons pesant

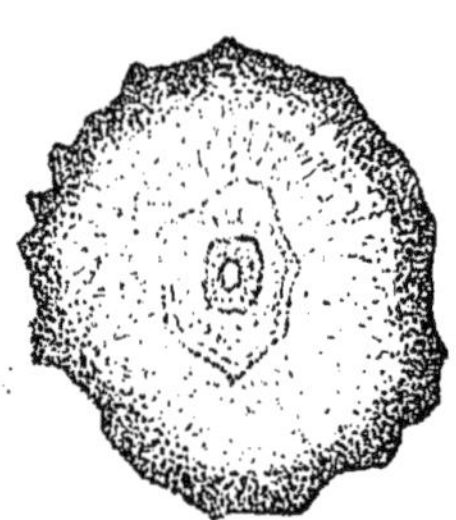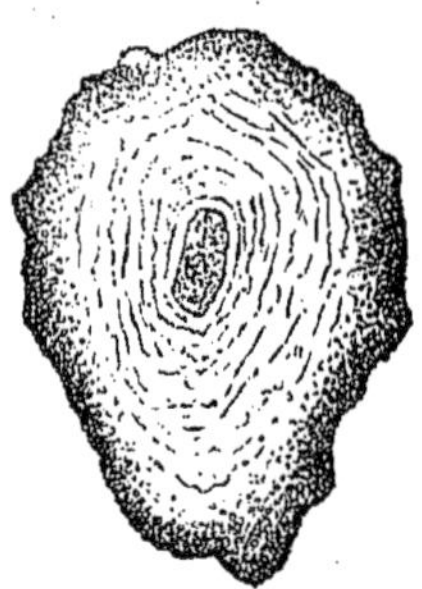

Fig. 140. — Coupe de grêlons, montrant leur structure intérieure ordinaire.

130 grammes et, le 4 mai de la même année, Taylor mesura, dans le Staffordshire, des grêlons qui avaient 30 centimètres de tour. — Montignot et Tressan en ramassèrent à Toul, le 11 juillet 1753, qui avaient la forme de polyèdres irréguliers et un diamètre de 8 centimètres.

Volney raconte que, pendant l'orage du 13 juillet 1788, il était au château de Pont-chartrain, à seize kilomètres de Versailles. Les rayons du Soleil étaient d'une chaleur insupportable, l'air calme et étouffant, c'est-à-dire très raréfié ; *le ciel était sans nuages,* et cependant on entendait des coups de tonnerre. Vers sept heures un quart parut un nuage au sud-ouest, suivi par un vent très vif. « En quelques minutes, dit-il, le nuage remplit l'horizon et accourut vers notre zénith avec un redoublement de vent alors frais, et tout à coup commença une grêle, non pas verticale, mais lancée obliquement comme par 45 degrés, d'une telle grosseur que l'on eût dit des plâtres jetés d'un toit que l'on démolit. Je n'en pouvais croire mes yeux ; nombre de grains étaient plus gros que le poing d'un homme, et je voyais qu'encore plusieurs d'entre eux n'étaient que les éclats de morceaux plus gros. Lorsque je pus avancer la main en sûreté hors de la porte de la maison où, fort à temps, je m'étais réfugié, j'en pris un, et les balances qui servaient à peser les denrées m'indiquèrent le poids de plus de 6 onces (153 grammes).

Sa forme était très irrégulière : trois cornes principales, grosses comme le pouce et presque aussi longues, prédominaient du noyau qui les rassemblait ! »

Volta assure que, dans la nuit du 19 au 20 avril 1787, parmi les énormes grêlons qui ravagèrent la ville de Côme et ses environs, on en trouva qui pesaient 9 onces (280 grammes).

Parent, de l'Académie des Sciences, rapporte qu'il tomba, le 15 mai 1703, dans le Perche, des grêlons de la grosseur du poing. Ils pesaient de 300 à 400 grammes.

Le 28 juillet 1872, on reçut à Semur (Côte-d'Or) des grêlons de 300 à 400 grammes. Le 5 octobre 1831, il tomba à Constantinople des masses plus grosses que le poing et pesant 500 grammes. On cite des grêlons analogues ramassés en mai 1821 à Palestrina (États romains).

Au mois de juin 1874, l'orage de grêle qui s'abattit sur Lyon lança des grêlons pesant jusqu'à 500, 600 et même 700 grammes. Pendant les premières secondes, leur congélation n'était pas complète, car ils s'aplatissaient comme des boules de neige ; mais bientôt ils devinrent plus durs et ce fut un véritable bombardement : tuiles cassées, toits démolis et arbres brisés par la violence du vent.

Mais voici des constatations plus extraordinaires encore :

Le 15 juin 1829, une grêle fut assez forte pour enfoncer les toits des maisons à Cazorta (Espagne) : les blocs de glace pesaient jusqu'à 2 kilogrammes.

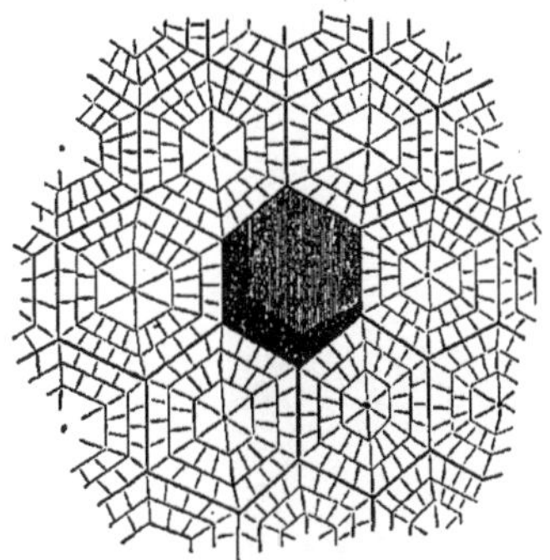
Fig. 141. — Coupe d'un grêlon, grossie.

De telles proportions ne peuvent être atteintes que par des grêlons agglomérés, soudés ensemble, soit là où ils tombent, soit même pendant leur chute. C'est ce que l'observation a toujours constaté du reste. Telle est, à plus forte raison, l'explication des faits suivants, si toutefois ils sont bien réels :

Dans les derniers jours d'octobre 1844, au milieu d'un ouragan épouvantable qui dévasta le midi de la France, on ramassa des grêlons de 5 kilogrammes ; la ville de Cette, en particulier, éprouva les plus grands désastres : des hommes furent lapidés, des cloisons renversées et des vaisseaux coulés bas.

Il paraît que dans une grêle fantastique arrivée le 8 mai 1802 on ramassa une masse de glace qui mesurait 1 mètre en long et en large et 7 centimètres d'épaisseur.

Le docteur Foissac, qui cite ce fait, ne le tient pas pour exagéré, et il lui ajoute le suivant : « M. Huc, de la congrégation de Saint-Lazare, missionnaire apostolique dans la Tartarie, le Tibet et la Chine, rapporte que la grêle tombe fréquemment dans la Mongolie, et souvent, dit ce vénérable ecclésiastique, elle est d'une grosseur surprenante : nous y avons vu des grêlons du poids de douze livres ; il suffit quelquefois d'un instant pour exterminer des troupeaux entiers.

« En 1843, pendant un grand orage, on entendit dans les airs comme le bruit d'un vent terrible, et bientôt après il tomba dans un champ, non loin de notre maison, *un morceau de glace plus gros qu'une meule de moulin.* On le cassa avec des haches, et, quoiqu'on fût au temps des plus fortes chaleurs, il fut trois jours à se fondre entièrement. »

Si le fait est réel, rien n'empêche d'admettre la chronique du temps de Charlemagne qui parle de grêlons de 15 pieds de large sur 6 de long et 11 d'épaisseur, et celle de Tippo-Saïb, qui met en scène un grêlon de la grosseur d'un éléphant !... Mais

Fig. 142. — Différentes formes de grêlons.

il est bon de se souvenirs parfois que l'exagération n'est pas rare dans les récits des chroniqueurs.

Les formes des grêlons sont très diverses. Ordinairement ils sont ronds, sphériques, plus ou moins irréguliers, comme des pois, des grains de raisin, des noisettes. Un grand nombre aussi sont allongés comme des grains de blé, des cornouilles, des olives. Lorsqu'ils sont très gros, ils sont formés par la juxtaposition de parcelles cristallisées. Le 19 mars 1909, M. Quénisset a recueilli et dessiné quelques gros grêlons tombés sur la pelouse de l'Observatoire Flammarion, à Juvisy. La figure 139 montre leurs dimensions exactes. Ils avaient tous la forme d'un cône à base plus ou moins sphérique et étaient constitués par des couches de glace alternativement opaques et transparentes, mais sans noyau central. Le 4 juillet 1819, pendant un orage de nuit qui désola une grande partie de l'ouest de la France, Delcros ramassa plusieurs grêlons sphériques entiers, dans lesquels on remarquait un premier noyau sphérique d'un blanc assez opaque, offrant des traces de couches concentriques ; autour de ce noyau était une enveloppe de glace compacte, rayonnée du centre à la circonférence et terminée extérieurement par douze grandes pyramides, entre lesquelles des pyramides moindres étaient intercalées. Le tout formait une masse sphérique de près de 9 centimètres de diamètre.

Des grêlons, ramassés le 12 septembre 1863 dans un chemin situé au sud-ouest de Tiflis, et dessinés dans le Bulletin de l'Académie des sciences de Saint-Pétersbourg, avaient la forme ellipsoïdale et leur surface était recouverte d'un grand nombre de petits mamelons. Le tissu polyédrique, examiné à la loupe, montrait l'aspect d'une série de pyramides à six pans, et une section faite dans l'intérieur montrait aussi l'existence d'un réseau à mailles hexagonales représenté par la figure 141.

Le 29 juillet 1871, à six heures du soir, par un beau soleil, avec quelques nuages d'apparence très innocente, on entendit à Auxerre un bruit caractéristique, comparable à la marche d'un train lourdement chargé. Quelques éclats de foudre précédèrent la chute de la grêle. Celle-ci ne tarda pas à tomber sans tempête, sans bouleversement atmosphérique, en miroitant au soleil dans sa descente tranquille. Les grêlons gardèrent leur forme en tombant sur le sol. M. Naudin a dessiné quelques-unes de leurs physionomies les plus caractéristiques. Les voici, dans leurs dimensions exactes (*Bulletin international* de l'Observatoire de Paris, du 27 août 1871). Ils occupent les quatre angles de la figure 142. Les deux grêlons taillés placés au centre sont ceux dont nous avons parlé plus haut et qui ont été dessinés pour l'Académie de Pétersbourg. Nous avons ajouté quelques grêlons moins gros et de forme plus ordinaire. Il n'y a que l'embarras du choix, car on peut remarquer que ces morceaux de glace offrent toutes les formes imaginables, depuis la simple goutte d'eau sphérique qui se gèle en tombant jusqu'aux agglomérations, réunions, cassures, soudures, fusions et transformations les plus fantastiques.

Dans ce même orage, à Montargis, M. Parant a remarqué qu'à six heures quarante-cinq minutes du soir, il tomba, pendant une grêle abondante, des morceaux de glace de 3 à 5 centimètres de longueur, de forme ovoïde, et aussi transparents que le cristal.

Pendant l'orage du 22 mai 1870 à Paris, M. Trécul, de l'Institut, remarqua que plusieurs grêlons étaient coniques ou plutôt piriformes, c'est-à-dire plus larges à leur partie inférieure qu'à leur partie supérieure ; il y en avait qui atteignaient environ 2 centimètres de longueur et 1 centimètre et demi de largeur. L'un d'entre eux présentait des caractères dignes d'attention. Le tiers supérieur (la partie la plus étroite du grêlon) était opaque et blanc, tandis que la partie inférieure ou la plus large était d'une translucidité parfaite, comme la glace la plus pure. En outre, ce grêlon, vu par le gros bout, montrait manifestement la figure d'un rhombe à angles obtus, et des côtés partaient des facettes obliques qui convergeaient et s'effaçaient vers le sommet obtus du grêlon.

Le 21 août 1877, des grêlons tombés près du mont Dore avaient la grosseur d'œufs de pigeon et se composaient d'un noyau central blanc, entouré d'une couche de glace transparente.

Le 27 septembre 1876, le P. Secchi ramassa à Grotta-Ferrata, près de Rome, un grêlon formé de cristallisations rhomboédriques parfaites, soudées entre elles : il pesait 60 grammes.

Des grêlons tombés le 4 avril 1877, à la Chapelle-Saint-Mesmin (Loiret), avaient tous la forme pyramidale arrondie.

Quant aux époques de la grêle, chacun a pu remarquer qu'elle tombe principalement en été et dans l'après-midi, c'est-à-dire dans les circonstances où sont réunies les conditions météorologiques rapportées plus haut : chaleur intense à la surface du sol, diminution rapide avec la hauteur, forte évaporation des nuages sous l'action du Soleil, grande électrisation de l'air. La grêle tombe parfois en hiver et aussi pendant la nuit ; mais ce sont là des exceptions. En général, c'est au moment où la Terre s'orne de ses plus riches parures, lorsque les blés se dorent et les pampres se courbent sous le poids des grappes, que l'épidémie des orages fait son apparition, avec son cortège de troubles : grêle, foudre, etc..., dont les coups sont souvent mortels pour les récoltes. Afin de les protéger, on expérimente, depuis plusieurs années, le tir au canon, qui n'est qu'une application d'une idée déjà fort ancienne, et les fusées paragrêles. Il résulterait de ces expériences que le tir de ces fusées peut s'opposer à la production de la grêle, en occasionnant, dans le sein des nuages orageux, des déchirures considérables. Aussitôt après, le bleu du ciel réapparaît, annonçant la désagrégation du nuage réduit. Cependant, ces observations étant relativement peu nombreuses, on attend les résultats de nouvelles expériences pour se prononcer définitivement sur l'infaillibilité de ce procédé.

CHAPITRE V

LES PRODIGES

A part les pluies ordinaires plus ou moins intenses, d'eau, de neige ou de grêle que nous avons étudiées jusqu'ici, l'histoire des météores nous offre parfois des pluies extraordinaires qui, bien souvent, ont jeté la terreur parmi les âmes faibles et ignorantes, qui croyaient y voir des signes directs de la colère céleste.

Nous ne parlerons pas des pierres tombées du ciel, des uranolithes, dans lesquels les philosophes grecs voyaient des fragments détachés de la voûte céleste et qui sont des corpuscules cosmiques circulant dans l'espace. Nous ne parle ons pas non plus des pluies de briques, de planches, de poteries, qui sont dues à des trombes. Mais nous devons jeter un coup d'œil critique sur certains phénomènes essentiellement atmosphériques. Et d'abord commençons par les *pluies de sang*.

Homère fait tomber une pluie de sang sur les héros grecs, présage de mort pour de nombreuses et vaillantes têtes, que Zeus doit précipiter dans Hadès. Obsequens cite les suivantes : après la prise de Fidènes, an de Rome 14, des gouttes de sang tombèrent du ciel, au grand étonnement de tous. En 538, pluie de sang abondante sur le mont Aventin et à Aricie. En 570 et 572, sur la place de Vulcain et sur celle de la Concorde, il pleut du sang pendant deux jours ; en 585, pendant un jour. En 587, ce prodige apparut en plusieurs endroits de la Campanie, au territoire de Préneste ; en 626, à Céré ; en 648, à Rome; en 650, à Duna ; en 652, aux environs de l'Anio. Il plut du sang lors du meurtre de Tatius....

Plutarque parle de pluies de sang après de grands combats : dans la guerre Cimbrique, par exemple, après le massacre de tant de milliers de Cimbres dans les plaines de Marseille. Il admet que les vapeurs sanguines distillées des corps et diluées dans l'humeur des nuages communiquaient à ceux-ci leur coloration rouge.

Voici les pluies de sang que nous avons pu relever depuis le commencement de notre ère jusqu'à présent, en mettant surtout à profit les recherches de M. Grellois sur ce curieux sujet.

On lit d'abord dans Grégoire de Tours que, l'an 582 de notre ère, « une pluie de sang tomba sur le territoire de Paris. Beaucoup de gens la reçurent en leurs vêtements, et elle les mouilla de telles taches qu'ils s'en dépouillèrent avec horreur ».

L'histoire de Constantinople rapporte une pluie analogue sur cette ville en 652.

En 754, le ciel parut embrasé dans les Gaules, du sang s'échappa des nuages en abondance.

En 787, Fritsch signale, en Hongrie, une pluie de sang suivie d'une peste. On en vit d'autres, en 869, à Brixen, et en 929, à Bagdad.

En 1117, des phénomènes extraordinaires, pluies de sang, bruits souterrains, jetèrent l'épouvante en Lombardie pendant la lutte de l'affranchissement des communes, et l'on provoqua à cet effet une réunion d'évêques à Milan. Le même phénomène fut observé à Brescia pendant trois jours et trois nuits, avant la mort du pape Adrien II.

En 1144, il plut du sang sur plusieurs points de l'Allemagne ; en 1163, à la Rochelle.

En 1181, au mois de mars, il plut constamment du sang pendant trois jours en France et en Allemagne; une croix lumineuse (halo) parut dans le ciel.

Vers la fin de 1543, il tomba du sang au château de Sassembourg, près de Barendorf, en Westphalie; en 1560, à Louvain. Dans les environs d'Eiden (Frise orientale), en 1571, il tomba pendant la nuit une si grande quantité de sang que, sur un espace de 5 à 6 milles, l'herbe et les vêtements exposés à l'air prirent une couleur pourpre. Plusieurs personnes en conservèrent dans des vases. On chercha, mais en vain, à expliquer ce prodige par la supposition que la vapeur du sang de nombreux bœufs abattus s'était élevée dans les nuages.

Nous en remarquons aussi en 1623 à Strasbourg, en 1638 à Tournai, et en 1640 à Bruxelles.

On lit dans l'histoire de l'Académie des sciences que, le 17 mars 1669, à quatre heures du matin, il tomba en plusieurs endroits de la ville de Châtillon-sur-Seine une espèce de pluie ou de liqueur roussâtre, épaisse, visqueuse et puante, qui ressemblait à une pluie de sang. On en voyait de grosses gouttes imprimées contre les murs, et même un mur en était fouetté de côté et d'autre : « ce qui fait croire que cette pluie était formé d'eaux stagnantes et bourbeuses, enlevées par un tourbillon de vent de quelques mares des environs ».

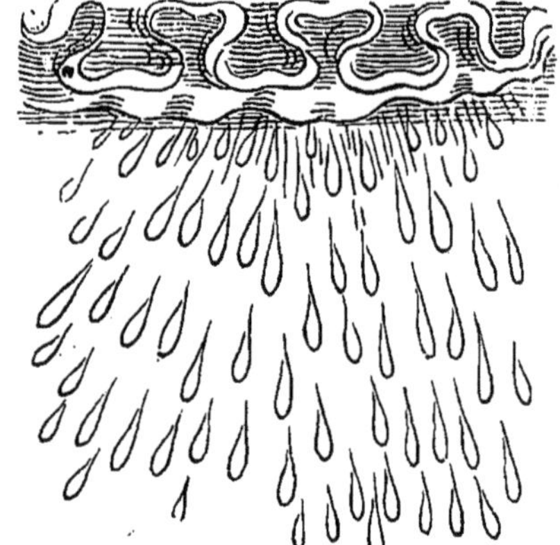

Fig. 143. — Les pluies de sang, d'après un dessin du moyen âge.

Venise en reçoit une en 1689.

En 1744, il tomba une pluie rouge au faubourg Saint-Pierre-d'Arena de Gênes, que les horreurs de la guerre, qui était alors sur les terres de la République, rendirent très effrayante pour le peuple, et l'on vérifia ensuite que cette teinte résultait d'une terre rouge qu'un vent impétueux avait enlevée d'une montagne voisine.

Les pluies colorées en rouge ont été assez souvent observées à notre époque pour qu'on ne puisse émettre aucun doute sur la réalité du phénomène; la seule erreur des anciens porte sur la nature de cette coloration, qui lui donnait une apparence de prodige. Bède pensait qu'une pluie plus épaisse et plus chaude qu'à l'ordinaire pouvait devenir rouge comme du sang et faire illusion aux ignorants. Kaswini, Al Hazen et d'autres savants du moyen âge racontent que, vers le milieu du IXe siècle, il tomba une poudre rouge et une matière semblable à du sang coagulé. Ces philosophes étaient donc entrés déjà dans la voie d'une saine explication. « Ce que le vulgaire appelle pluie de sang, dit G. Schott, n'est ordinairement que la chute de vapeurs teintes par du vermillon ou de la craie rouge; mais, quand il tombe du sang véritable, ce qu'on pourrait difficilement nier, c'est un miracle dû à la volonté de Dieu. » La lueur de vérité s'était bientôt évanouie ! On lit dans Eustache, commentateur d'Homère, qu'en Arménie les nuages laissent échapper des pluies de sang, parce que cette contrée renferme des mines de cinabre, dont la poussière, mêlée à l'eau, vient colorer les gouttes de pluie.

Conrad Lycosthènes, dans son *Livre des prodiges*, dont nous avons déjà donné un fac-similé à propos des parhélies, représente les pluies de sang et les pluies de croix en des dessins enfantins qui nous donnent une idée de la naïveté d'autrefois.

Au commencement de juillet 1608, une de ces prétendues pluies de sang vint à tomber dans les faubourgs d'Aix, en Provence, et cette pluie s'étendit à 2 kilomètres de la ville. Quelques prêtres, trompés ou désireux d'exploiter la crédulité du peuple, n'hésitèrent pas à voir dans cet événement des influences sataniques. Heureusement un homme instruit, Peiresc, se livra sur ce soi-disant prodige à des recherches assi-

Fig. 144. — Pluie de sang en Provence. Juillet 1608.

dues. Il reconnut bientôt que ces gouttes n'étaient autre chose que les excréments de papillons qu'on avait observés en abondance dans les premiers jours de juillet.

Aucune tache de ce genre n'existait au centre de la ville, où les papillons n'avaient point paru, et de plus on n'en observait pas au-dessus de la partie moyenne des maisons, niveau auquel s'arrêtait le vol de ces animaux. D'ailleurs, la présence de ces gouttes dans des lieux couverts ne pouvait permettre qu'on leur supposât une origine atmosphérique.

Il s'empressa de montrer le fait aux amis du miracle. Il constata et fit constater que les prétendues gouttes de sang ne se trouvaient que dans des cavités, des interstices, sous le chaperon des murs, jamais à la surface des pierres tournées vers le ciel. Il prouva par ces diverses observations que les prétendues gouttes de sang étaient des gouttes de liqueur rouge déposées par les papillons.

Cependant, en dépit des remarques rassurantes de Peiresc, le peuple des faubourgs d'Aix continua de ressentir une véritable terreur à la vue de ces larmes sanglantes qui tachaient le sol de la campagne.

Réaumur signale le papillon nommé «grande tortue» comme le plus capable de répandre ces sortes d'alarmes. « Il y en a des milliers, dit-il, qui se transforment en chrysalides vers la fin de mai ; elles quittent les arbres, vont souvent s'appliquer contre les murs, entrent même dans les maisons de campagne et pendent aux cintres des portes, aux planchers. Si les papillons qui en sortent vers la fin de juin volaient ensemble, il y en aurait assez pour former de petites nuées et, par conséquent, il y en aurait assez pour couvrir les pierres de certains cantons de taches d'un rouge couleur de sang, et pour faire croire à ceux qui ne cherchent qu'à s'effrayer et qu'à voir des prodiges que pendant la nuit il a plu du sang. »

Ces faits pourraient être multipliés, et nous verrons tout à l'heure qu'ils ont été observés en notre siècle. On a attribué à des pluies de sang les résidus colorés en rouge et à des pluies de soufre les résidus colorés en jaune ; mais il n'y a pas plus de sang dans les premiers que de soufre dans les seconds. La cause précédente de cette coloration (papillons) est très rare ; en général, elle est due à de la poussière rougeâtre emportée parfois de très loin dans le vent et les nuages, ou à du pollen jaune de pins.

Ce n'est qu'au XIXe siècle qu'on a reconnu cette origine générale.

Le 14 mars 1813, l'une de ces étranges pluies rouges tomba dans le royaume de Naples et dans les deux Calabres. Un savant, Sementini, l'examina et en rendit compte dans les termes suivants à l'Académie des sciences de Naples :

« Un vent d'est soufflait depuis deux jours, lorsque les habitants de Gerace (l'ancienne Locres) aperçurent une nuée dense s'avancer de la mer. A deux heures après midi, le vent se calma ; mais la nuée couvrait déjà les montagnes voisines et commençait à intercepter la lumière du Soleil ; sa couleur, d'abord d'un rouge pâle, devint ensuite d'un rouge de feu. La ville fut alors plongée dans des ténèbres si épaisses que vers les quatre heures on fut obligé d'allumer des chandelles dans l'intérieur des maisons. Le peuple, effrayé et par l'obscurité et par la couleur de la nuée, courut en foule dans la cathédrale faire des prières publiques. L'obscurité alla toujours en augmentant et *tout le ciel parut de la couleur du fer rouge* ; le tonnerre se mit à gronder, et la mer, quoique éloignée de six milles de la ville, augmentait l'épouvante par ses mugissements. Alors commencèrent à tomber de grosses gouttes de pluie rougeâtres, que quelques-uns regardaient comme des gouttes de sang, et d'autres comme des gouttes de feu. Enfin, aux approches de la nuit, l'air commença à s'éclaircir, la foudre et le tonnerre cessèrent, et le peuple rentra dans sa tranquillité ordinaire. »

Cette pluie laissa une couleur d'un jaune de cannelle ; on y découvrit à la loupe de petits corps durs ressemblant au pyroxène. La chaleur la brunissait, puis la rendait tout à fait noire et enfin la rougissait en devenant plus intense. Après l'action de la chaleur, elle laissa apercevoir, même à l'œil nu, une multitude de petites lames brillantes qui étaient du mica jaune. On y reconnut de la silice, de l'albumine, de la chaux, du fer et du chrome.

D'où venait cette poussière? C'est ce que l'on ne put encore déterminer.

Il faut arriver à l'année 1846 pour avoir un examen général de ces pluies, qui les suivra dans l'espace jusqu'à leur origine.

Le 16 mai de cette année-là, une pluie de terre salit toutes les eaux de Syam (Jura). L'automne de la même année vit se reproduire une pluie de terre, qui fut accompagnée d'un cortège d'orages désastreux. Des cyclones bouleversèrent l'Atlantique : au milieu d'épouvantables rafales, de tourmentes de grêle, des vaisseaux furent démâtés, rasés comme des pontons ; d'autres naviguaient entre des débris flottants. Des tempêtes éclatèrent en France, en Italie, à Constantinople, et plus loin, vers l'est, les typhons exercèrent leurs fureurs sur les mers de Chine.

Les vents furent assez intenses pour détacher une couche de terre dans les régions où la surface du sol offrait des sables ou de la terre friable facile à enlever. Transportée au loin, cette terre devait nécessairement se déposer quelque part, et c'est ce qui arriva pour le sud-est de la France. Toutefois l'abondance du précipité variait suivant les localités : à Lyon même, il fut peu apparent, quoiqu'il se montrât sous la forme d'un limon rougeâtre, que les croyances populaires qualifièrent de pluie de sang. Mais, à Meximieux, les soldats d'un bataillon qui se rendait à la frontière suisse ont été couverts de boue : leurs fourniments en étaient tellement imprégnés qu'il fallut les soumettre à un lavage soigné. Le château de Chamanieu reçut un crépi qui le rendit méconnaissable, et à Valence la couche se trouva si épaisse que les habitants furent forcés de curer les gouttières des toits et de dégager les tuyaux de descente. Fournet a calculé que, pour le département de la Drôme, les nuées ont dû charrier et répandre sur la contrée le poids énorme de 7.200 quintaux métriques qui représentent la charge de cent quatre-vingt charrettes, attelées de chevaux vigoureux et portant chacune 40 quintaux métriques de cette terre.

Ehrenberg, auquel on fit parvenir des échantillons de ce produit, y constata soixante-treize formes organiques, dont quelques-unes sont propres à l'Amérique méridionale. Cette terre venait du Nouveau Monde !

L'intervalle de temps écoulé entre la sortie de l'Amérique, 13 octobre, et l'arrivée sur la France, 17 octobre, fut d'environ quatre jours : c'est une vitesse de 17 m. 15 par seconde.

Une autre pluie colorée remarquable fut observée, le 13 mars 1847, dans les environs de Chambéry. Elle était troublée par une matière laiteuse qui avait l'apparence d'une argile tenue en suspension. Les vêtements des passants qui reçurent quelques gouttes de cette pluie restèrent parsemés de taches blanchâtres assez visibles. Mais bientôt après, les nouvelles venues de la Savoie et surtout celles du Grand Saint-Bernard apprirent qu'il y tomba une *neige rouge terreuse* poussée par le sud-ouest, et qui recouvrit le sol sur une épaisseur de plusieurs centimètres.

Cette coloration de la neige par de la poussière ne doit pas être confondue avec sa coloration plus fréquente par un petit animal qui vit sur son sein glacé, l'*Uredo nivalis*, espèce d'infusoire qui se développe sur une étendue parfois considérable dans les Alpes et dans les régions polaires.

Lors de la pluie rouge de 1847 dont nous parlons, les neiges s'étendaient sur une bonne partie de la France : à Paris, à Orléans, dans les Vosges, dans la Bresse, et les ouragans sévirent à la Havane, aux Bahamas, aux Açores, à Terre-Neuve, aux Sorlingues, dans le Portugal et l'Espagne. Des tourbillons atmosphériques bouleversaient le nord, l'ouest, le Havre, Paris ; à Grignan, vingt-quatre cigognes descendaient des nues, asphyxiées ou brûlées par la foudre. Dans Nantua, une trombe, enlevant à 3 mètres de hauteur une guérite avec la sentinelle, couvrait les rues de débris de tuiles, de vitres, de cheminées.

Nous devons ensuite signaler la pluie de terre du 27 mars 1862, remarquable par ses résultats. A l'état humide, le résidu possédait, comme celui de 1846, une couleur rouge assez marquée pour raviver les préjugés populaires sur les pluies de sang; en séchant, c'était une terre fine et jaunâtre. Ehrenberg y découvrit quarante-quatre formes diverses, parmi lesquelles ces *galionelles* microscopiques dont un pouce cube en peut contenir 466.000.

Dans la nuit du 30 avril au 1er mai 1863, vers trois heures du matin, un orage violent avec tonnerre éclata sur Perpignan ; ensuite on reconnut sur plusieurs points de la ville aussi bien qu'à la campagne une poussière rougeâtre dont on ignora d'abord l'origine ; mais il fut bientôt constaté qu'elle était tombée avec la pluie. La même chute s'est étendue dans la plaine du département des Pyrénées-Orientales, comme sur les points élevés, à cette différence près qu'il s'agissait pour ceux-ci d'une neige rouge. L'apparition de ces flocons que l'on crut teints de sang causa une certaine terreur aux habitants.

Enfin, le même phénomène se manifesta sur plusieurs points du littoral de la Méditerranée. On y trouva une poussière de marnes argileuses, ferrugineuses, mêlées de sables très fins, qui, en traversant l'Atmosphère, la dépouillèrent d'une partie des matières organiques qui s'y trouvaient en suspension. En ce sens, ces pluies deviennent des chutes d'un limon fertilisateur, des *pluies d'engrais.*

Naturellement, chaque vent un peu énergique est capable de soulever des flots poussiéreux ; le fait se remarque encore plus particulièrement quand, animé d'un mouvement giratoire, il possède l'espèce de force d'aspiration qui lui permet de composer les petits follets ou tourbillons de sable que l'on rencontre si souvent sur les routes.

Toute l'étendue de la vaste zone des déserts qui se prolonge sur les pays intertropicaux et subtropicaux de l'Ancien comme du Nouveau Monde, est capable de livrer aux vents des éléments terreux transportables au loin. L'Europe peut également livrer aux vents des sables et de la poussière, aussi bien que les contrées lointaines de l'Asie, de l'Afrique et de l'Amérique.

Nous avons apprécié plus haut la puissance des trombes. Pour ne rappeler que celle de 1780, remarquable au point de vue actuel, elle se développa près de Carcassonne, sur les bords de l'Aude, éleva très haut d'énormes quantités de sable, découvrit quatre-vingts maisons, emporta et dispersa au loin les gerbes qu'elle rencontra sur les champs. De gros frênes furent déracinés; leurs plus puissantes branches furent lancées jusqu'à 40 mètres de distance, etc., etc. Une telle puissance suffit pour expliquer les transports les plus lointains de sable et de terre. La pluie de sang tombée à Sienne du 28 au 31 décembre 1860, et analysée avec soin par le docteur Campani, a paru être d'origine organique.

Le 10 mars 1869, le siroco soufflait à Naples. Ses rafales emportaient cette espèce de nébulosité qui lui est propre et qui ressemble à un léger brouillard ; le baromètre avait beaucoup baissé et marquait 737 millimètres; il faisait très chaud et, de temps à autre, de brusques et courtes averses tombaient tantôt en pluie fine et serrée, tantôt en larges gouttes d'orage. Chaque goutte de cette pluie laissait une trace boueuse là où elle était tombée.

Ces taches, vues de près, avaient une teinte brun jaunâtre très prononcée et ressemblaient fort à l'empreinte produite par une eau ferrugineuse ; les gouttes laissaient une trace sur les vêtements et marquaient sur la soie du chapeau comme les éclaboussures d'une boue renfermant de l'oxyde de fer. Une feuille de papier blanc, préalablement mouillée et exposée au vent, a présenté au bout de quelques minutes un assez grand nombre de petits grains rougeâtres, de forme sensiblement sphérique, dont le diamètre pouvait varier de $\frac{1}{10}$ à $\frac{1}{100}$ de millimètre.

Si l'on se demande d'où provenait ce sable, la réponse n'est pas douteuse : en suivant la direction tracée par le vent, on arrive directement à l'Afrique sans rencontrer aucune terre d'où l'on puisse supposer que ces matières auraient été enlevées ; c'est donc le simoun du Sahara qui les a semées sur la Méditerranée et projetées jusque sur l'Italie.

Comme on l'avait présumé, ce sable venait, en effet, du Sahara. On voit par une autre relation que, le 3 mars 1869, l'Algérie a été le théâtre d'un ouragan de la plus grande violence [1].

En même temps, le 23 mars, on observe en Sicile que l'Atmosphère est chargée de nuages épais et d'une poussière jaunâtre qui donne au ciel un aspect insolite. La pluie étant venue à tomber, chaque goutte laisse un résidu jaune qu'on ne peut séparer entièrement qu'après deux ou trois filtrations. Cette substance contenait de l'argile, du sable calcaire, du peroxyde d'hydrate de fer, du chlorure de sodium, de la silice et des matières organiques azotées.

Le 7 février 1870, une forte dépression barométrique se produit sur l'Angleterre : le baromètre marque 745 millimètres à Penzance ; le 9, elle descend sur la Méditerranée ; le 10, elle est sur la Sicile, où le baromètre est plus bas qu'à Rome. Cette baisse barométrique est accompagnée d'une violente tempête. Le 11 et le 12, le temps se calme et le baromètre remonte ; le cyclone est sur l'Afrique, où il soulève les sables du Sahara. Le 13 février, à deux heures de l'après-midi, la présence d'un sable rougeâtre dans l'eau de pluie est constatée dans les environs de Rome, à Subiaco, à Tivoli et à Mondragone. Dans la nuit du 13 au 14, il tombe à Gênes une matière terreuse et rouge, et, à Moncalieri, le P. Denza, directeur de l'Observatoire, recueille de la *neige rouge* contenant ce même sable. Le 25 février 1903, une pluie rouge est tombée à Swansea et dans d'autres localités du sud du Pays de Galles. Le rouge était si vif que toute la contrée paraissait baignée d'une lumière rouge. Cette eau a été recueillie en assez grande quantité et examinée. On a constaté qu'elle renfermait de la poussière fine absolument identique à celle provenant de l'éruption de la Martinique, ce qui

---

[1] Près d'El-Outaïa, nos soldats ont été surpris par le vent au milieu d'une mer de sable. Ils ont dû employer quatre heures et demie pour parcourir 11 kilomètres. «Depuis dix-sept ans que je suis en Algérie, dit un témoin oculaire, je n'avais jamais été témoin d'une pareille tourmente. Toute notre petite colonne dut s'arrêter, et les précautions les plus grandes durent être prises pour la grouper et éviter de perdre des hommes. A la seconde halte forcée, nous tournâmes le dos à la rafale, et pendant une heure et demie il nous fut impossible d'apercevoir le Soleil et le ciel, quoique nous n'eussions remarqué antérieurement que de très légers nuages au-dessus de nos têtes. Pendant des quarts d'heure entiers, on cessait d'entrevoir son voisin, couché à 2 ou 3 mètres de distance. »

La pluie rouge tombée à Naples avait certainement été prise, la veille sans doute, dans les sables du Sahara, aussi bouleversé par une tempête, qui du reste s'étendit sur l'Europe entière, la Méditerranée et l'Afrique.

fait supposer qu'il y a eu transport aérien de cendres volcaniques de la Martinique au Pays de Galles.

D'ailleurs un phénomène analogue s'est produit lors de l'éruption du Vésuve, en 1906. Les cendres volcaniques ont été transportées par les vents au-dessus de presque toute l'Europe. A Paris, dans la matinée du 11 avril, elles formaient une brume sèche et dense, dont l'odeur âcre rappelait celle de la brique brûlée. En différents pays, ces poussières jaunâtres tombaient mélangées à la pluie.

C'est surtout au printemps et à l'automne, à l'époque des tempêtes équinoxiales, que ces pluies singulières se produisent le plus souvent. Quant aux pluies jaunes, dites *de soufre*, elles sont dues à des transports de pollen. Y a-t-il eu jamais de véritables pluies de soufre ? Peut-être dans certaines contrées riches en matières bitumineuses ; peut-être à Sodome et à Gomorrhe.

Olaus Wormius rapporte que, le 16 mai 1646, il tomba à Copenhague une pluie très

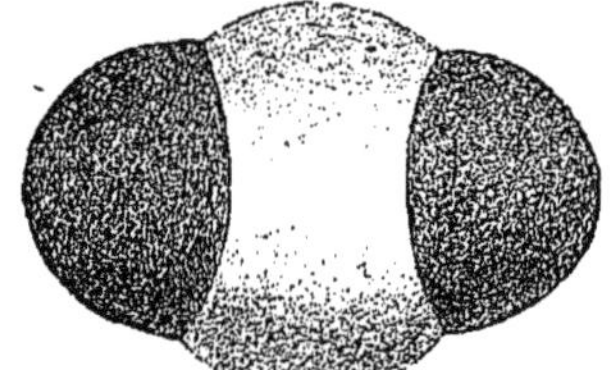

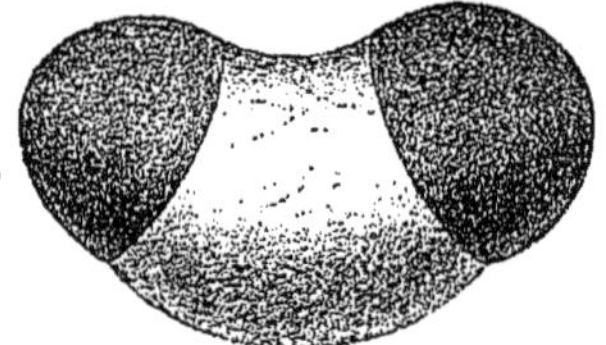

Fig. 145. — Grain de pollen formant la pluie, dite de soufre, tombée le 7 mai 1887.
Grossi 600 fois en diamètre.

abondante qui inonda toute la ville et qui contenait une poussière exactement semblable au soufre par sa couleur et son odeur. Au dire de Simon Paulli, le 19 mai 1665, on reçut en Norvège, par une tempête horrible, une poussière tout à fait pareille au soufre, qui, jetée dans le feu, donna la même odeur, et qui, mêlée avec de l'esprit de térébenthine, produisit une liqueur dont l'odeur ressemblait parfaitement à celle du baume de soufre. Le voisinage des volcans de l'Islande peut suffire à l'explication de ces faits. Des phénomènes de même nature ne sont pas rares à Naples. Sigesbeck fait mention dans les *Mémoires* de Breslaw d'une pluie de soufre tombée dans la ville de Brunswick, *et qui était un vrai soufre minéral.*

Le fait demanderait confirmation.

D'après les observations critiques les plus récentes, ce n'est pas de soufre qu'il s'agit. Le 7 mai 1887, une pluie de ce genre est tombée à Cahors et sur les environs. Le surlendemain, je recevais un échantillon de la poussière jaune qui lui avait donné cet aspect. Cette substance ne brûlait pas. Grâce à l'obligeance de MM. Laroussilhe et Bourrières, de Cahors (le premier m'avait envoyé cette poussière, et le second l'avait examinée au microscope solaire avec un grossissement de 600 fois), il a été absolument constaté que cette poussière n'est autre chose que du pollen de conifères de la tribu des abiétinées (pins). Ces grains de pollen mesuraient huit centièmes de millimètre. Une pluie de soufre, tombée le mois suivant à Fontainebleau, avait la même origine [1].

Voici maintenant une série d'autres pluies prodigieuses rapportées par les chroniques anciennes, exagérées et interprétées de manières diverses, et dont les explications ne sont pas toujours faciles à trouver.

Les *pluies de lait* sont assez souvent mentionnées. Ainsi Obsequens rapporte plusieurs pluies de lait et d'huile. L'absence de tout renseignement positif sur les faits de cette nature autorise tout au plus à hasarder quelques conjectures empruntées aux éruptions volcaniques ou à l'enlèvement de terres blanches, crayeuses, par un ouragan. Ces prétendus ruisseaux de lait sont un phénomène commun dans certaines contrées ; le lavage des terres blanches par les pluies suffit pour donner naissance à cette illusion.

Le 7 mai 1902, une pluie noirâtre, dite *pluie d'encre* s'est abattue sur les environs du Parc-Saint-Maur.

A l'Observatoire, l'eau recueillie dans le pluviomètre présentait une teinte très foncée, que l'on n'avait encore jamais observée depuis la fondation de la station météorologique.

Le linge blanc, étalé au dehors, était maculé de larges taches noirâtres; les flaques d'eau des rues étaient aussi noircies. Cette teinte paraissait due à la présence de poussières charbonneuses.

Dion Cassius et Glycas signalent des *pluies de mercure.*

Nous pouvons rapprocher de ces pluies un phénomène qui a été trop souvent observé dans ces circonstances pour que sa réalité puisse être révoquée en doute. Nous voulons parler de l'apparence de *croix* sur les vêtements. En voici quelques exemples.

En 764, à Tours, les désordres des moines de l'église Saint-Martin attirèrent la colère de Dieu. Du sang tomba du ciel sur la terre et des croix parurent sur les vêtements des hommes (Grégoire de Tours).

Fritsch signale, en 783, une pluie de sang et de croix sur les vêtements.

En 1094, des croix tombent du ciel sur les vêtements des prêtres, sans doute pour les avertir de leur impiété, dit G. Schott.

L'an 1354, en Suède, il tomba une pluie qui laissait sur les vêtements l'apparence de croix rouges. Cardan explique ce phénomène en disant que des poussières rouges étaient délayées dans l'eau de pluie et que les croix étaient formées par les gouttes tombant sur la trame des tissus.

Cette explication est sans aucun doute la véritable ; ce ne seraient là que des pluies de poussières analogues aux précédentes.

Du sang à la chair, la transition est directe. Rapportons le fait suivant, cité par Obsequens : « En l'an de Rome 273, la chair tombait du ciel comme de la neige, en morceaux plus ou moins gros. Celle qui ne fut pas dévorée par les oiseaux ne répandit pas d'odeur et ne subit aucune altération. » Cette dernière caractéristique démontrerait avec évidence, s'il en était besoin, qu'il ne s'agit point ici de véritable chair animale, la chair étant essentiellement putrescible. Quelle était donc cette substance ainsi tombée du ciel? Pourrait-on établir quelque analogie entre la chute de cette matière solide et celle de la manne des Hébreux? Très probablement, il s'agit là d'une espèce de lichen. Au siècle dernier, en 1824 et en 1828, on vit dans une contrée de la Perse tomber une pluie de ce genre, si abondante en quelques points qu'elle couvrait le sol à plu-

---

sieurs centimètres de hauteur. C'était une espèce de lichen déjà connue ; les troupeaux, et surtout les moutons, s'en nourrirent avec avidité ; on en fit même du pain.

On peut rapprocher des faits précédents la chute de matières molles signalée par Muschenbroeck et qu'on vit en Irlande, en 1675. C'était une pluie de substance grasse comme du beurre, glutineuse et qui se ramollissait dans la main, mais se détachait au feu et prenait une mauvaise odeur.

Les annales de la météorologie conservent d'autres exemples du même ordre, tels que des pluies de grains de blé, d'avoine, de feuilles, de fleurs, le tout emporté par le vent, parfois de fort loin.

Quant aux *pluies de fleurs* et de feuilles, elles ont été authentiquement constatées.

A Autrèche (Indre-et-Loire), le 9 avril 1869, à midi dix minutes, l'air était très calme et sans aucun nuage. Une pluie de feuilles sèches de chêne tomba des régions élevées de l'Atmosphère. On les voyait apparaître comme des points brillants sur l'azur du ciel à une très grande hauteur et tomber en suivant une trajectoire presque verticale. Une pièce d'eau voisine sur laquelle ces feuilles surnageaient en montrait au moins une par mètre carré.

Ce phénomène paraît être une conséquence d'une très forte bourrasque arrivée le 3 avril ; les feuilles de chêne, soulevées par un tourbillon et transportées dans les hautes régions de l'Atmosphère, auraient été soutenues par le vent pendant six jours et seraient tombées lorsque le calme s'est rétabli.

Le 8 juillet 1833, une trombe qui s'était formée sur la mer, à la pointe du Pausilippe, près de Naples, fit irruption sur le rivage et vida complètement deux grandes corbeilles d'oranges ; quelques instants après, et à une assez grande distance de là, une jeune fille qui se trouvait sur une terrasse vit une pluie d'oranges tomber autour d'elle : phénomène beaucoup plus gracieux qu'une pluie de grenouilles et de crapauds, mais plus étonnant encore, puisque les oranges sont bien plus volumineuses et plus lourdes que ceux de ces animaux qu'on a vus figurer dans les pluies d'orage.

Après les pluies de végétaux, voici maintenant des observations plus curieuses encore et constatées d'une manière irréfutable. Ce sont des *pluies d'animaux vivants.*

Déjà nous avons vu au chapitre des Trombes, page 274, que ces météores peuvent soulever l'eau des étangs avec les poissons qu'elle contient. Le météorologiste Peltier raconte qu'il reçut un jour sur la tête des grenouilles apportées par une trombe. C'était à Ham, en 1835, et le fait fut dûment constaté.

Dans la nuit du 29 au 30 janvier 1869, vers quatre heures trente du matin, après un violent coup de vent, la neige est tombée jusqu'au jour à Arache (Haute-Savoie) et, le matin, on a trouvé sur cette neige une grande quantité de larves vivantes. C'étaient, pour la plupart, celles du *Trogosita mauritanica*, qui est commun sur les vieux bois dans les forêts du midi de la France. On a trouvé aussi quelques chenilles d'un petit papillon de la tribu des noctuéliens, probablement du *Stibia stagnicola*. Cette chenille parvient à toute sa grosseur dans le courant de février et habite le centre et le midi de la France. Cette pluie d'insectes à Arache, à une altitude de 1.000 à 2.000 mètres, ne peut s'expliquer que par un vent violent qui les a transportés de quelque localité du midi de la France.

En novembre 1854, par un vent violent, plusieurs milliers d'insectes, en grande partie vivants, vinrent s'abattre sur un bosquet des environs de Turin. Les uns étaient à l'état de larve, et les autres à l'état d'insecte parfait ; ils appartenaient tous à une espèce de l'ordre des hémiptères qui n'a jamais été trouvée que dans l'île de Sardaigne.

Les auteurs anciens ont rapporté plusieurs exemples de ces chutes d'insectes.

Dans Athénée, Philarcus raconte avoir vu tomber du ciel des poissons et des grenouilles en grande quantité et en plusieurs lieux. Le même auteur fait la citation suivante : « Héraclide Lembus, au vingt et unième livre des Histoires, dit que Dieu fit pleuvoir des grenouilles autour de la Pœnie et de la Dardanie en si grande quantité que les maisons et les chemins en étaient remplis. On ferma les habitations et l'on en tua un grand nombre ; on en trouvait mêlées aux aliments et cuites avec eux; les eaux en étaient emplies; on ne pouvait poser le pied à terre. La décomposition de leurs cadavres donna une odeur tellement infecte qu'il fallut déserter le pays. »

Fromond prétend qu'aux portes de Tournai, en 1685, étant avec plusieurs de ses amis, une pluie subite tomba sur une poussière sèche et fit paraître tout à coup une telle armée de grenouilles que, de tous côtés, on ne voyait presque autre chose, toutes de même grandeur et de même couleur.

Porta dit avoir vu souvent, entre Naples et Pouzzoles, des grenouilles prendre naissance au milieu de la poussière sèche subitement détrempée par la pluie. Cette particularité, ajoute-t-il, est connue de beaucoup d'habitants de ces deux villes.

Il y a eu une *pluie de crapauds* à Cahors, en 1818 et en 1847.

Ces apparitions subites de grenouilles et de crapauds sont dues la plupart du temps à ce que ces animaux sortent volontiers de leurs bas-fonds après les pluies d'orage, et peuvent facilement traverser des routes. Ce n'est qu'en des circonstances extrêmement rares que des trombes peuvent enlever des poissons ou des grenouilles. Plus extraordinaire encore est cette étrange *pluie de rongeurs*, observée non loin de Bougie (Algérie), au mois de mai 1902. Au cours d'une sorte de cyclone qui parcourut toute la région et causa d'énormes dégâts, les indigènes des Beni-Ismaël assistèrent avec terreur à une véritable pluie de souris et de rats. Ces animaux tombaient en si grande quantité qu'en moins d'un quart d'heure, durée du phénomène, les champs en furent infestés.

Les *pluies de sauterelles*, d'ailleurs assez fréquentes, sont dues à des caravanes volantes de ces orthoptères, du criquet nomade surtout. Ces insectes deviennent le fléau de l'agriculture. Ils arrivent, soutenus par les vents, ils s'abattent et changent en désert aride la contrée la plus fertile. Vues de loin, leurs bandes innombrables ont l'aspect de nuages orageux. Ces nuées sinistres cachent le Soleil. Aussi haut et aussi loin que les yeux peuvent porter, le ciel est noir et le sol inondé de ces insectes. Le bruissement de ces millions d'ailes est comparable au bruit d'une cataracte. Quand l'horrible armée se laisse tomber à terre, les branches des arbres cassent. En quelques heures, et sur une étendue de plusieurs kilomètres, toute végétation a disparu. Les blés sont rongés jusqu'à la racine, les arbres dépouillés de leurs feuilles. Tout a été détruit, scié, haché, dévoré. Quand il ne reste plus rien, le terrible essaim s'enlève, comme à un signal donné, et repart, laissant derrière lui le désespoir et la famine.

Il arrive souvent qu'après avoir tout ravagé, ils périssent de faim avant l'époque de la ponte. Leurs cadavres, amoncelés et échauffés par le Soleil, ne tardent pas à entrer en putréfaction. Par les exhalaisons infectes qui s'en dégagent, des maladies épidémiques se déclarent qui déciment les populations.

En 1749, ces criquets arrêtèrent l'armée de Charles XII, roi de Suède, en retraite dans la Bessarabie, après sa défaite de Pultava. Le roi se croyait assailli par un orage de grêle lorsqu'une nuée de ces insectes s'abattit brusquement sur son armée. L'arrivée des criquets avait été annoncée par un sifflement pareil à celui qui précède une tempête, et le bruissement de leur vol couvrait la voix de la mer Noire. Toutes les campagnes furent bientôt désolées sur leur passage.

Dans le midi de la France, les criquets se multiplient quelquefois si prodigieusement qu'on peut remplir en peu de temps plusieurs barils de leurs œufs. Ils ont causé, à diverses époques, d'immenses dégâts.

Au mois de janvier 1613, les sauterelles firent invasion dans les campagnes d'Arles. En sept ou huit heures, les blés et les fourrages furent dévorés jusqu'à la racine, sur une étendue de 15.000 arpents. Elles passèrent ensuite le Rhône, vinrent à Tarascon et à Beaucaire, où elles mangèrent les plantes potagères et la luzerne. Puis elles se transportèrent à Aramon, à Monfrin, à Valabrègues, etc., où elles furent heureusement détruites en grande partie par les étourneaux et d'autres oiseaux insectivores, accourus par bandes immenses à cette curée formidable. Les consuls d'Arles et de Marseille firent ramasser les œufs. Arles dépensa pour cette chasse 25.000 livres, et Marseille 20.000. Trois mille quintaux d'œufs furent enterrés ou jetés dans le Rhône. En comptant 1.750.000 œufs par quintal, cela donnerait un total de 5 milliards 250 millions de sauterelles détruites en germe et qui, sans cela, auraient bientôt renouvelé les ravages dont le pays venait d'être victime.

En 1825, dans les territoires des Saintes-Maries, non loin d'Aigues-Mortes, au bord de la Méditerranée, 1.518 sacs de blé furent remplis de sauterelles mortes, d'un poids de 68.851 kilogrammes ; 165 sacs, ou 6.600 kilogrammes, furent ramassés à Arles.

L'Algérie est parfois dévastée par des invasions de sauterelles. Il y a là, en grand, des années à sauterelles, comme il y a chez nous des années à hannetons et à chenilles, etc. Ces fléaux sont heureusement assez rares. Du 25 au 31 mai 1887, on ramassa, dans le seul arrondissement de Sétif (Algérie), 10.282 doubles décalitres d'œufs de criquets : ce qui ne représente pas moins de 7 milliards 257 millions de sauterelles !

On a vu aussi de véritables *pluies de hannetons* descendre comme d'un nuage épais et couvrir les campagnes, les routes et les chemins.

Comme pour les sauterelles, ce sont aussi des essaimages d'une province à une autre. Des troupes de ces coléoptères, non pas soulevées par une trombe, mais ordinairement aidées par le vent, émigrent d'un pays lorsqu'elles ont tout dévasté et qu'elles ont fait table rase.

Pour donner une idée du nombre prodigieux auquel les hannetons arrivent dans certaines circonstances, nous rapporterons quelques dates historiques.

En 1574, ces insectes furent si abondants en Angleterre qu'ils empêchèrent plusieurs moulins de tourner sur la Severn.

En 1688, dans le comté de Galway, en Irlande, ils formaient un nuage si épais que le ciel en était obscurci sur un espace de 4 kilomètres et que les paysans avaient peine à se frayer un chemin dans les endroits où ils s'abattaient. Ils détruisirent toute la végétation, de sorte que le paysage revêtit l'aspect désolé de l'hiver. Leurs mâchoires voraces faisaient un bruit comparable à celui que produit le sciage d'une grosse pièce de bois, et le soir le bourdonnement de leurs ailes ressemblait à des roulements lointains de tambours. Les malheureux Irlandais furent réduits à faire cuire leurs envahisseurs et à les manger à défaut d'autre nourriture.

En 1804, d'immenses nuées de hannetons, précipitées par un vent violent dans le lac de Zurich, formèrent sur le rivage un banc épais de corps amoncelés, dont les exhalaisons putrides empestaient l'Atmosphère.

En 1832, le 18 mai, à neuf heures du soir, une légion de hannetons assaillit une diligence, sur la route de Gournay à Gisors, à sa sortie du village de Talmontiers, avec une telle violence que les chevaux, aveuglés et épouvantés, refusèrent d'avancer et que le conducteur fut obligé de rétrograder jusqu'au village pour y attendre la fin de cette grêle d'un nouveau genre (Figuier, *Les Insectes*).

Les pluies d'insectes, plus ou moins abondantes, ne sont pas très rares. Le 21 juillet 1887, une nuée de grosses fourmis volantes est venue s'abattre sur les rues et les places de Nancy ; le 30 juillet suivant, la population de Mazamet (Tarn) a été surprise par une pluie analogue. Un phénomène semblable s'est produit à Bruxelles, le 16 juillet 1901, et à Montauban, le 5 septembre de la même année.

Telle est la série des pluies de sang, de terre, de végétaux et d'animaux que l'histoire de la météorologie peut enregistrer. Nous nous arrêterons ici. De même que, dans le chapitre précédent, nous avons vu des écrivains parler de grêlons de la grosseur d'un éléphant, de même ici l'exagération a parfois décuplé et centuplé les effets authentiques. Rappelons-nous cependant ce que nous avons dit plus haut à propos des trombes, qui peuvent enlever et transporter plus ou moins loin des animaux assez lourds.

LIVRE SIXIÈME

L'ÉLECTRICITÉ

LES ORAGES ET LA FOUDRE

CHAPITRE I

L'ÉLECTRICITÉ SUR LA TERRE ET DANS L'ATMOSPHÈRE

ÉTAT ÉLECTRIQUE DU GLOBE TERRESTRE. — DÉCOUVERTE DE L'ÉLECTRICITÉ ATMOSPHÉRIQUE. — EXPÉRIENCES D'OTTO DE GUÉRICKE, WALL, NOLLET, FRANKLIN, ROMAS, RICHMANN, SAUSSURE, ETC. — ÉLECTRICITÉ DU SOL, DES NUAGES, DE L'AIR. — FORMATION DES ORAGES. — LES ÉCLAIRS ET LE TONNERRE.

DANS les premiers Livres de cet ouvrage, nous avons appris à apprécier l'air considéré en lui-même, son œuvre dans la nature, son importance dans la vie terrestre. Nous avons ensuite étudié la distribution de la chaleur sur le globe et dans l'Atmosphère, et reconnu l'action permanente de cette force colossale qui meut sans cesse la grande usine au fond de laquelle nous respirons. Plus tard, notre attention s'est portée sur un élément non moins considérable, sur l'eau, examinée dans sa répartition à la surface du globe et dans l'Atmosphère unissant toujours dans notre contemplation le globe solide et le fluide vital qui l'entoure, puisque leur action réciproque s'enchaîne étroitement et qu'en étudiant l'Atmosphère nous n'avons pas d'autre but ni d'autre résultat, en définitive, que d'étudier la vie terrestre elle-même dans son ensemble général. Nous arrivons maintenant à l'agent le plus merveilleux et le plus singulier qui existe, dont l'étude complétera et fermera l'immense panorama que nous avons développé dans cet ouvrage. Voici l'*électricité*, les orages et la foudre. Son étude n'est pas la moins compliquée ; mais nous serons récompensés de notre attention par les spectacles prodigieux qui se révéleront à nos regards. Examinons d'abord, suivant notre méthode générale, sa distribution sur la Terre et dans l'Atmosphère.

Mais, en entrant dans son domaine, rendons-nous compte d'abord de son histoire, assez curieuse.

Nous pourrions sans doute remonter jusqu'à Numa Pompilius, qui paraît avoir, comme les Étrusques, connu l'affinité de la foudre pour les pointes, sa conductibilité par le fer, et essayé lui-même de détourner la foudre comme nous le faisons aujourd'hui par les paratonnerres. Nous pourrions mettre en scène son successeur le roi Tullus Hostilius, foudroyé comme le fut le physicien Richmann au siècle dernier, pour avoir manqué à certains rites, c'est-à-dire à certaines précautions sans lesquelles il est dangereux de jouer avec la foudre. Nous pourrions enfin raconter comment les Romains avaient interprété les différentes espèces d'éclairs et de coups de tonnerre, en les divisant en foudres nationales, foudres individuelles, foudres de famille, foudres de conseil, foudres d'autorité, foudres monitoires, postulatoires, confirmatoires, auxiliaires, foudres désagréables, perfides, pestiférées, menaçantes, meurtrières. Mais nous devons rester dans les limites que nous nous sommes imposées, et pourtant voir le plus possible comme nous avons essayé de le faire en embrassant le spectacle de la nature, depuis les resplendissantes œuvres du Soleil d'été jusqu'aux clartés mortes du silencieux clair de lune [1]. Cependant, nous n'aurions pas apprécié l'œuvre de l'Atmosphère dans son étendue, si nous ne voyions un orage fondre sous nos yeux, éclater dans sa fureur au sein des nuages déchirés, précipiter la foudre dans ses convulsions étourdissantes, et disparaître épuisé par des décharges multipliées. De tous les phénomènes atmosphériques, nul ne met en jeu des forces à la fois plus subtiles et plus formidables, plus brusques d'une part, et, semble-t-il, plus singulièrement méticuleuses, d'autre part. C'est à n'y rien comprendre : depuis Robert-Houdin jusqu'aux somnambules extralucides, aucun tour de prestidigitation, aucun phénomène hypnotique peut-être, n'est plus stupéfiant que les actes de la foudre.

Nous disions qu'il serait superflu de remonter aux anciens dans la relation qui va nous occuper. Nous ne pouvons omettre aussi facilement les modernes. Résumons en deux mots cette histoire.

Otto de Guéricke, bourgmestre de Madgebourg et célèbre inventeur de la machine pneumatique, fut le premier

Fig. 146. — Le physicien Richmann foudroyé pendant une expérience.

qui découvrit, vers 1650, quelque apparence de lumière électrique. Le docteur Wall, presque à la même époque, en excitant l'électricité sur un grand cylindre d'ambre, observa une étincelle plus vive et un bruit beaucoup plus fort ; et, chose digne de remarque, cette première étincelle produite par la main des hommes fut à l'instant comparée aux éclats de la foudre. «Cette lumière et ce craquement, dit Wall dans son Mémoire (*Trans. philos.*), paraissent en quelque façon représenter l'éclair et le tonnerre.» L'analogie était frappante, il ne fallait que l'imagination pour la saisir ; mais, pour en démontrer la vérité, pour trouver dans une manifestation si légère les causes

---

[1] Voyez notre ouvrage : *Les Caprices de la Foudre*.

et les lois du plus grand phénomène de la nature, il manquait une série de preuves que l'on ne pouvait attendre que d'un génie supérieur. Cependant plusieurs physiciens cherchaient ces preuves dans des rapprochements plus ou moins ingénieux : les uns remarquaient que l'étincelle est *crochue* comme l'éclair ; d'autres pensaient que la foudre est entre les mains de la nature ce que l'électricité est entre les nôtres. « J'avoue que cette idée me plairait beaucoup, disait l'abbé Nollet, si elle était bien soutenue ; et, pour la soutenir, combien de raisons spécieuses ! »

Pendant que l'on raisonnait ainsi en Europe et dans tout l'ancien monde savant sur cette grande question, l'on expérimentait en Amérique, chez un peuple nouveau dans les sciences, et ces expériences s'attaquaient directement à la foudre. Franklin trouvait le moyen de la faire descendre du ciel pour l'interroger elle-même sur son origine.

Eripuit cælo fulmen sceptrumque tyrannis.

Après avoir fait plusieurs découvertes électriques, particulièrement sur la bouteille de Leyde et sur le pouvoir des pointes, Franklin eut la pensée hardie d'aller chercher l'électricité au sein des nuages ; il avait conclu de quelques expériences décisives qu'une tige de métal pointue, élevée à une grande hauteur, au sommet d'un édifice, devait recevoir l'électricité des nuées orageuses. Il attendait avec une grande anxiété la construction d'un clocher que l'on devait à cette époque élever à Philadelphie ; mais, lassé d'attendre et impatient d'exécuter une expérience qui devait lever tous les doutes, il eut recours à un autre moyen plus expéditif et non moins sûr pour les résultats. Comme il ne s'agissait que de porter un corps dans la région du tonnerre, c'est-à-dire à une assez grande hauteur dans les airs, Franklin imagina que le cerf-volant, dont s'amusent les enfants, pourrait lui servir aussi bien qu'aucun clocher que ce pût être. Il prépara donc deux bâtons en croix, un mouchoir de soie, une corde d'une longueur convenable, et, profitant du premier orage, il s'en alla dans les champs tenter l'expérience. Une seule personne l'accompagnait : c'était son fils. Craignant le ridicule dont on ne manque pas de couvrir les essais infructueux, comme il dit avec ingénuité, il n'avait voulu mettre personne dans sa confidence. Le cerf-volant était lancé. Un nuage qui promettait beaucoup n'avait produit aucun effet ; d'autres nuages s'avançaient et l'on peut juger de l'inquiétude avec laquelle ils étaient attendus. Tout paraissait tranquille, on ne voyait aucune étincelle, aucun signe électrique ; à la fin cependant quelques filaments de la corde commencèrent à se soulever comme s'ils eussent été repoussés ; un petit bruissement se fit entendre : encouragé par ces apparences électriques, Franklin présenta le doigt à l'extrémité de la corde et vit paraître à l'instant une vive étincelle, qui fut bientôt suivie de plusieurs autres. Ainsi, pour la première fois, le génie de l'homme put se jouer avec la foudre et surprendre le secret de son existence.

L'expérience de Franklin eut lieu en juin 1752 ; elle fut répétée dans tous les pays savants, et partout avec le même succès. Un magistrat français, de Romas, assesseur au présidial de Nérac, profitant de la première pensée de Franklin, qui avait été publiée en France, avait imaginé aussi de substituer le cerf-volant aux barres élevées; et dès le mois de juin 1753, avant d'avoir connaissance des résultats de Franklin, il avait obtenu des signes électriques très énergiques, parce qu'il avait eu l'heureuse idée de mettre un fil de métal dans toute la longueur de la corde, qui mesurait 260 mètres. Plus tard, en 1757, de Romas répéta ces expériences pendant un orage, et cette fois il obtint des étincelles d'une grandeur surprenante. « Imaginez-vous de voir, dit-il, des lames de feu de neuf ou dix pieds de longueur et d'un pouce de grosseur, qui faisaient autant ou plus de bruit que des coups de pistolet. En moins d'une heure, j'eus certainement trente lames de cette dimension, sans compter mille autres de sept pieds et au-dessous. » Un grand nombre de personnes, des dames auxquelles l'orage ne faisait pas peur, assistaient aux expériences, dont la nature faisait elle-même les frais.

Ces essais n'étaient pas sans danger, comme on le devine facilement. Romas fut une fois renversé par une décharge trop forte, mais sans recevoir de blessure grave. Il n'en fut pas de même de Richmann, membre de l'Académie des sciences de Saint-Pétersbourg, qui perdit la vie dans une de ses expériences. Il avait fait descendre du toit de sa maison dans son cabinet de physique une tige de fer isolée qui lui amenait l'électricité atmosphérique, dont il mesurait chaque jour l'intensité. Le 6 août 1753, au milieu d'un violent orage, il se tenait à distance de la barre pour éviter les fortes étincelles et attendait le moment de la mesurer, quand, son graveur étant entré inopinément, Richmann fit vers lui quelques pas qui l'approchèrent trop du conducteur. Un globe de feu bleuâtre, gros comme le poing, vint le frapper au front et l'étendit raide mort.

Depuis cent ans, l'étude de l'électricité, doublement poursuivie par des expériences faites dans les laboratoires d'une part, et dans l'Atmosphère, d'autre part, est devenue l'une des branches les plus importantes de la science moderne. C'est grâce à elle que la galvanoplastie reproduit fidèlement les chefs-d'œuvre de la statuaire et de la gravure ; que la télégraphie électrique relie tous les peuples du monde par son réseau de fils métalliques aériens et de câbles sous-marins qui enveloppe le globe tout entier, et que le téléphone transporte la voix avec la presque instantanéité de l'éclair et permet de causer à de grandes distances. Par elle, les véhicules de toute sorte courent sur les routes, mûs par la force invisible des électro-aimants ; les moteurs ronflent, les turbines marchent, la lumière jaillit, la chaleur irradie dans toutes les directions.

En tout et partout, pouvons-nous dire, cette puissance mystérieuse agit et trouve des applications, jusque dans la médecine (électrothérapie, radioscopie, etc.) et dans l'agriculture (électroculture).

Par la propagation des ondes électriques dans l'air, par la radiotélégraphie, la pensée humaine s'envole et se transmet à des milliers de kilomètres à travers l'espace, sans être portée par des fils. On se souvient qu'en 1888, le physicien Hertz découvrit que les décharges électriques oscillantes engendrent dans l'éther des ondulations analogues à celles produites par la chute d'un corps dans l'eau. Ces ondes, dont les plus petites sont cent fois plus longues que les plus grandes ondes lumineuses, se propagent, se réfractent, se polarisent comme la lumière ; elles se transmettent avec la même vitesse et produisent sur les corps conducteurs qu'elles rencontrent des courants d'induction. Captées au moyen de dispositifs spéciaux, les ondes hertziennes constituent la base même de la télégraphie sans fil.

A ces merveilleuses applications de l'électricité, se rattachent les admirables découvertes de l'*ionisation* des corps ou dissociation électrique des substances ; des *rayons cathodiques* ; des *rayons X* ou Roentgen ; et de la *radioactivité*.

Il y a moins d'un siècle que Faraday démontra que, sous l'influence d'un courant électrique, certaines substances se décomposent en deux éléments électrisés inversement, l'un *négativement*, l'autre *positivement*.

Cette opération de dissociation électrique est connue sous le nom d'*électrolyse*. L'*ion* est la particule *positive* ; l'*électron*, le corpuscule *négatif*.

Les recherches effectuées en ces dernières années ont prouvé que l'ionisation des corps n'est pas un phénomène exceptionnel, mais au contraire extrêmement répandu dans la nature. Les belles expériences de Crookes avec les tubes de Geissler, les résultats obtenus avec les rayons X et les radiations des substances radioactives, les remarquables observations de J.-J. Thomson sur les corps gazeux, ont ouvert de nouveaux horizons aux physiciens. Sans exagération, on peut dire désormais que des profondeurs de la Terre aux profondeurs du Ciel, voltige tout un monde invisible, incommensurable, d'ions et d'électrons, qui semble régir le monde visible. Ils sont si petits, ces farfadets du XXe siècle, que nous pouvons difficilement nous représenter leurs dimensions ; l'électron, l'atome d'électricité dont la physique s'est emparée, et qui a modifié toutes nos théories, est mille fois plus minuscule que l'atome d'hydrogène, considéré jusqu'en ces derniers temps comme le plus petit des atomes.

Les rayons cathodiques, qui illuminent d'une lueur verdâtre les tubes dans lesquels on a fait le vide (tubes de Crookes), résultent de la projection des électrons groupés autour de la *cathode* ou pôle négatif de l'appareil, tandis que les ions s'en vont vers l'*anode* ou pôle positif. Lorsque les rayons cathodiques frappent un obstacle, ils donnent naissance à des rayons X, découverts par Roentgen en 1895, et qui possèdent la curieuse propriété de traverser certains corps opaques pour les rayons ordinaires. Ils excitent la phosphorescence de diverses substances et impressionnent la plaque photographique.

D'autre part, les phénomènes de radioactivité, produits par des corps radioactifs tels que le radium, l'uranium, le thorium, etc., sont dus à des dégagements de radiations invisibles et pénétrantes, qui offrent des caractères analogues à ceux des rayons cathodiques et des rayons X.

Ces différentes radiations existent à l'état libre dans l'Atmosphère, et c'est à ce point de vue surtout qu'elles nous intéressent ici. Le Soleil en bombarde constamment la Terre, et de son côté notre globe projette dans l'air des émanations radioactives.

Le globe terrestre et l'Atmosphère sont deux grands réservoirs d'électricité, entre lesquels il y a des échanges perpétuels qui jouent dans la vie des plantes et des animaux un rôle complémentaire de l'œuvre de la chaleur, de la lumière et de l'humidité.

Les ions forment la trame de l'électricité atmosphérique. En effet, le résultat général des recherches sur l'état de l'électricité à la surface du globe et dans l'Atmosphère est que dans l'état normal le globe terrestre est chargé d'électricité négative, tandis que l'Atmosphère est occupée par l'électricité positive. A la surface du sol, où s'opèrent des échanges continuels, l'électricité est à l'état neutre, ainsi que dans la couche d'air inférieure en contact avec la surface, sur les continents comme sur les mers. *L'électricité positive augmente dans l'Atmosphère avec la hauteur.*

L'évaporation considérable que nous avons vue s'effectuer à la surface des mers, dans les régions équatoriales, charge d'électricité positive les nuages, qui, transportés par les courants supérieurs, marchent vers les régions polaires et chargent leur Atmosphère d'une accumulation de cette électricité. L'influence de cette électricité positive détermine dans le sol des régions polaires une condensation contraire d'électricité négative. Les aurores boréales sont dues surtout à ces deux tensions opposées : c'est une reconstitution d'équilibre (silencieuse, mais visible) par les deux tensions contraires de l'Atmosphère et du sol ; aussi l'apparition des aurores boréales est-elle accompagnée de courants électriques circulant dans le sol à une distance assez grande pour que les mouvements de l'aiguille aimantée indiquent à l'Observatoire de Paris, par exemple, une aurore qui se produit en Suède et en Norvège.

De l'électrisation positive de l'Atmosphère résulte un état analogue pour les nuages. Cependant on voit parfois des nuages négatifs. Il n'est pas rare de remarquer aux sommets des montagnes des nuages qui y adhèrent comme s'ils y étaient attirés, s'y arrêtent, puis s'en détachent pour suivre le mouvement général des vents. Il arrive souvent que, dans ce cas, les nuages ont perdu leur électricité positive en se mettant en contact avec les montagnes et ont pris en revanche l'électricité négative de celles-ci, qui, loin de continuer à les retenir, a une tendance à les repousser. D'autre part, une couche de nuages située entre le sol, négatif, et une couche supérieure, positive, est presque neutre ; son électricité positive s'accumule vers sa surface inférieure, et les premières gouttes de pluie la feront disparaître. Cette couche se comportera dès lors comme la surface du sol, c'est-à-dire qu'elle deviendra négative sous l'influence de la couche supérieure, douée d'une forte tension positive. Mais, en général, les nuages sont chargés d'électricité positive.

L'électricité atmosphérique subit, comme la chaleur, comme la pression atmosphérique, une double oscillation annuelle et diurne, et des oscillations accidentelles plus considérables que les régulières. Le maximum arrive de six à sept heures du matin en été et de dix heures à midi en hiver ; le minimum arrive entre cinq heures et six heures du soir en été, et vers trois heures en hiver. On remarque ensuite un second maximum au coucher du Soleil, puis une diminution pendant la nuit jusqu'au lever du Soleil. Cette oscillation est liée à celle de l'état hygrométrique de l'air — dans la variation annuelle, le maximum arrive en janvier, et le minimum en juillet — : elle est due à la grande circulation atmosphérique ; l'hiver est l'époque où les courants équatoriaux ont le plus d'activité dans notre hémisphère : alors les aurores boréales sont le plus nombreuses.

Comme les états positifs ou négatifs de l'électricité, accusés aux appareils construits pour mesurer l'intensité de cet agent, ne sont qu'un rapport en plus ou en moins entre deux charges différentes, il en résulte que, lorsqu'un nuage électrisé positivement passe au-dessus de nos têtes et se résout en pluie, l'air peut accuser de l'électricité négative avant et après la pluie, et même pendant, selon l'intensité de la charge du nuage.

Nous avons vu , dans notre livre IV, que les conflits des grands courants de l'Atmosphère dans les régions tropicales, que l'évaporation des océans causée par la chaleur solaire en ces foyers de condensation, que la variation de la pression atmosphérique, etc., engendrent les mouvements cycloniques, les ouragans, les tempêtes,

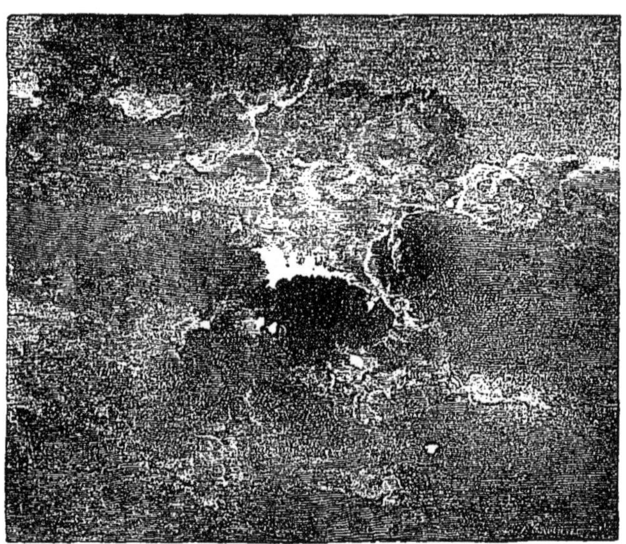

Fig. 147. — Éclair diffus.

dont la marche tourbillonnante arrive jusqu'en nos latitudes tempérées. Ces mouvements énergiques développent l'électricité en d'immenses proportions, et il est rare que l'orage, les éclairs et le tonnerre n'accompagnent pas ces météores. D'autre part, il est reconnu que les ions possèdent la propriété de provoquer autour d'eux, sous forme de gouttelettes, la condensation de la vapeur d'eau, lorsque, par l'effet d'un refroidissement de l'Atmosphère, l'air est saturé d'humidité.

Mais toutes les nuées n'ont pas la même charge électrique ; il peut exister entre elles de notables différences de potentiel. Lorsque la tension atteint son maximum, l'équilibre électrique se rétablit brusquement ; une violente décharge éclate, suivie par d'autres explosions électriques, et l'orage se déchaîne.

En un mot, il y a orage lorsque l'électricité des nuages, au lieu de s'échanger et de s'écouler tranquillement, s'amoncelle en certains points, se condense, sature en quelque sorte les nuées et finit par éclater brusquement pour se réunir à l'électricité négative amoncelée en même temps, soit sur le sol, soit dans d'autres nuages.

Certains orages proviennent des cyclones et nous arrivent tout formés de l'Atlantique ; les nuages qui les portent sont généralement à une hauteur supérieure à 1.000 et 1.500 mètres, marchant du sud-ouest au nord-est, sans paraître dérangés par le relief du sol. D'autres se forment dans nos contrées mêmes, sont portés par des nuages dont la hauteur est inférieure à la précédente et parfois même rasent presque le sol, si bien qu'ils subissent son influence, ne passent qu'avec peine par-dessus les montagnes et suivent les vallées, auxquelles ils distribuent sans parcimonie les coups de foudre et les averses de grêle. On a remarqué des orages stationnaires qui se forment et s'épuisent sur place : tel celui du 17 juillet 1885 dans les Alpes, si bien étudié par M. Colladon.

La formation des orages est précédée d'une baisse lente et continue du baromètre.

Fig. 148. — Éclair en zigzag.

Le calme de l'air et une chaleur étouffante, qui tient au manque d'évaporation de la surface de notre corps, sont des circonstances tout à fait caractéristiques. Les variations de l'état électrique du sol et de l'Atmosphère, jointes aux précédentes, agissent puissamment sur notre organisation. Une anxiété singulière, indépendante de toute crainte motivée, s'empare de certaines constitutions nerveuses qui font de vains efforts pour s'en défendre. C'est surtout dans ces circonstances que l'on reconnaît combien le physique et le moral de l'homme sont intimement associés.

Une température élevée au moment d'une dépression barométrique est la circonstance la plus favorable pour la formation d'un orage ; une température élevée sans dépression, une forte dépression avec basse température, ne sont pas accompagnées d'orages. La température moyenne des jours d'orage dépasse notablement la valeur normale pour ces mêmes jours, et les orages sont d'autant plus violents que les différences sont plus grandes.

Les recherches de la thermodynamique ont établi d'une manière incontestable que la chaleur n'est qu'un mode de mouvement : c'est un mouvement moléculaire des particules des corps. On peut l'engendrer par le frottement. Le mouvement peut se transformer en chaleur, et réciproquement. La chaleur, à son tour, peut se transformer en lumière. Il en est de même de l'électricité. Le mouvement peut engendrer de l'électricité, comme il engendre de la chaleur, et c'est ce qu'on produit dans certaines machines électriques. La chaleur peut se transformer en électricité ; les conditions habituelles des orages sont un indice de cette transformation.

Nous pouvons penser que l'électricité terrestre et atmosphérique vient du Soleil, comme la chaleur et tous les mouvements qui existent à la surface de notre planète. Comment se transmet-elle du Soleil à la Terre? Par des ondes éthérées, de même que

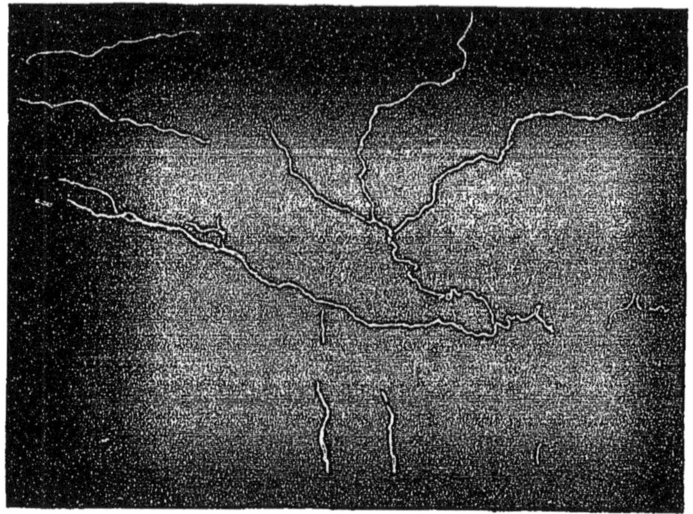

Fig. 149. — Éclair photographié le 26 mai 1886.

la lumière et la chaleur. M. Becquerel a proposé d'admettre que c'était par les protubérances solaires, qui seraient projetées jusqu'ici ; mais cette hypothèse est inutile.

Lorsque l'électricité se dégage d'un nuage surabondamment chargé et se précipite soit sur un autre nuage, soit sur un point du sol chargé d'électricité contraire, il y a production de la lumière électrique, étincelle rapide que nous faisons apparaître en petit dans nos expériences de physique. Cette étincelle franchit instantanément la distance quelconque qui sépare les deux points électrisés. C'est cette étincelle électrique qui constitue l'*éclair* ; c'est par elle que la foudre se manifeste pendant les orages.

Malgré la soudaineté du phénomène, on peut constater que les éclairs n'ont pas tous la même forme.

Les uns, comme une clarté diffuse, nous apparaissent sous la forme d'une lueur subite, illuminant le ciel et la terre qui retombent immédiatement dans une ombre plus épaisse qu'auparavant, à cause du contraste.

Ces éclairs diffus sont les plus communs de tous. On en voit des centaines dans une nuit d'orage.

D'autres déroulent une ligne sinueuse semblable au cours d'un beau fleuve de feu.

Ces fugaces apparitions disparaissent avec une inconcevable rapidité.

L'éclair en boule, qui est peut-être la manifestation la plus étrange de la foudre, est le seul dont le mouvement soit relativement lent.

Les éclairs effectuent leur trajet généralement en zigzag, rarement en ligne droite. Le subtil fluide nous prouve, par ses faits et gestes à travers nos habitations, qu'il saute subitement d'un point à un autre, puis à un autre encore, comme par caprice, mais évidemment en obéissant aux lois de la distribution et de la conductibilité de l'électricité.

Les éclairs ne sont pas toujours d'un blanc éblouissant, ils offrent parfois une teinte jaune, rouge, bleue, même violette et pourpre ; cette couleur dépend de la quantité d'électricité qui traverse l'air, de la densité de celui-ci, de son humidité et des substances qu'il tient en suspension. Les éclairs violets annoncent, en général, une grande hauteur pour les nuages orageux, d'où ils descendent à travers un air raréfié qui rappelle celui des tubes de Geissler.

Grâce aux progrès de la photographie, on fixe aujourd'hui sur les plaques au gélatino-bromure l'éclair fugitif lui-même, qui s'imprime dans tous ses détails et que l'on peut ensuite examiner à loisir.

Que de mystères se cachent encore dans un seul jet d'éclair !

Ces rubans de feu se déroulent parfois sur de grands espaces : on en mesure de 1, 5, 10, 15 et même 17 kilomètres.

C'est dans les montagnes surtout, dans les gorges des Alpes et des Pyrénées que les éclairs lancent leurs flèches les plus terribles et que le tonnerre jette ses clameurs les plus épouvantables. Il semble que les roulements se précipitent en cascades à travers les abîmes terrifiés.

Le tonnerre n'est autre chose que le bruit de l'étincelle électrique opérant un échange d'électricité, une neutralisation entre deux points plus ou moins éloignés.

Les causes qui le provoquent sont encore assez mystérieuses.

CHAPITRE II

LES FAITS ET GESTES DE LA FOUDRE

Nous entrons ici dans un monde merveilleux, plus féerique que celui des *Mille et une nuits*, plus profond que l'antre de Cerbère, plus compliqué que le labyrinthe de Crète..., monde immense et fantastique, que nous ne pourrions décrire et dépeindre qu'en un volume aussi gros et aussi condensé que celui-ci. Jusqu'alors nous avons eu d'énormes difficultés pour ne choisir que les faits les plus capitaux de l'observation météorologique et éliminer, bien malgré nous, une multitude de constatations et remarques curieuses qui auraient développé nos chapitres sur une étendue démesurée. Désormais les difficultés redoublent encore ; car, sur les *milliers* de faits merveilleux produits par la foudre, lesquels devons-nous recevoir avec hospitalité? Lesquels devons-nous renvoyer impitoyablement? Quelle classification, quelle méthode employer pour faire la part de toutes ces diversités et rendre, sans trop de longueur, une idée exacte et suffisante des tours de force inimaginables que le subtil fluide électrique est capable d'effectuer en se jouant et avec la rapidité de l'éclair?...

Nulle pièce de théâtre, comédie ou drame, nulle scène de prestidigitation, n'est capable de rivaliser avec ces jeux inconcevables. Il semble que la foudre soit un être subtil, qui tienne le milieu entre la force inconsciente qui vit dans les plantes, et la force consciente qui vit dans les animaux : c'est comme un esprit élémentaire, fin, bizarre, malin ou stupide, clairvoyant ou aveugle, volontaire ou indifférent, passant d'un extrême à l'autre, et d'un caractère unique et effrayant. Il n'y a pas d'explication à avoir avec lui. Être mystérieux, il ne se livre point. Il *agit* ; voilà tout. Sans doute ses actions, comme les nôtres, tout en paraissant personnelles et capricieuses, sont soumises à des lois supérieures invisibles. Mais jusqu'à présent il n'est pas encore possible de les rattacher à une cause directrice.

L'une des fantaisies les plus étranges de la foudre est assurément celle de déshabiller ses victimes.

Ne croirait-on pas, parfois, que cet agent s'amuse?

L'un des exemples les plus curieux de ce genre est celui-ci rapporté par Morand :

Les habits et les chaussures d'une femme qui, au moment du foudroiement, était déguisée en homme, furent coupés et déchirés en bandes et jetés à cinq ou six pieds autour de son corps, en sorte que, dans l'état de nudité où elle se trouva, on fut obligé de l'envelopper dans un drap pour l'emporter au village voisin.

Le 1er octobre 1868, sept personnes s'étaient mises à l'abri pendant un orage sous un énorme hêtre, près du village de Bonello, dans la commune de Perret (Côtes-du-Nord), lorsque tout à coup la foudre vint à éclater sur cet arbre et tua net l'une d'entre elles. Les six autres personnes ont été terrassées sans être grièvement blessées. Les vêtements de la foudroyée ont été mis en lambeaux très petits ; plusieurs de ceux-ci ont même été retrouvés accrochés aux branches de l'arbre.

Le 11 mai 1869, un cultivateur des Ardillats était à labourer avec ses deux bœufs, à peu de distance de son habitation, vers quatre heures du soir ; le temps était lourd et le ciel couvert de nuages noirs. Tout à coup la foudre gronde et, fendant la nue, vient frapper le laboureur et ses bœufs, qui furent foudroyés. Ce malheureux a été complètement déshabillé par la foudre, et ses sabots furent lancés à 30 mètres de lui.

Le 11 août 1855, un homme fut foudroyé sur un chemin, près de Vallerois (Haute-Saône) et complètement dépouillé de ses vêtements. On n'a même pu retrouver que quelques morceaux de brodequins ferrés, une manche de chemise et des lambeaux de vêtements. Dix minutes après la décharge, il reprit connaissance, ouvrit les yeux, se plaignit du froid et demanda comment il se trouvait là tout nu.

Au mois de juin 1903, un domestique de ferme fut foudroyé sous un chêne. Son cadavre fut trouvé complètement nu.

En certains cas, les vêtements sont réduits en miettes sans que la surface de la peau soit lésée.

Th. Neale cite, au contraire, un exemple où les mains auraient été brûlées jusqu'aux os dans les gants restés intacts.

Quelquefois aussi, les vêtements intérieurs sont brûlés, tandis que les vêtements extérieurs sont respectés. Enfin, phénomène encore plus singulier, la doublure seule peut être brûlée, l'étoffe extérieure étant épargnée.

Autres bizarreries :

Les objets que l'on porte à la main sont parfois enlevés et lancés au loin.

Un gobelet que tenait un buveur fut enlevé de ses mains et porté dans une cour sans être cassé et sans que le buveur fût blessé. — Un jeune homme de dix-huit ans chantait l'épître ; le missel lui fut arraché des mains et mis en pièces. — Une cravache fut enlevée des mains d'un cavalier et projetée au loin. — Deux dames tricotaient tranquillement : la foudre passe et leur vole subtilement leurs aiguilles. — Un garçon de ferme emportait une fourche de fer sur ses épaules : la foudre lance cette fourche à 50 mètres en tordant ses deux branches d'acier en tire-bouchons, formant une spirale géométrique. Etc., etc.

Le 22 juillet 1868, à Gien (Nièvre), une femme, qui faisait des aspersions d'eau bénite pendant l'orage, vit tout d'un coup sa bouteille cassée entre ses mains par le « feu du ciel », qui démolit en même temps le carrelage de la pièce.

Le 28 juin 1885, la foudre est tombée sur la coupole de l'Observatoire de Juvisy, qui alors n'était pas munie d'un paratonnerre, a arraché avec une violence inouïe un énorme morceau de chêne d'un angle de construction, l'a réduit en lanières, à lancé le tout au loin et a enfoncé l'un de ces morceaux dans la charnière d'une fenêtre, en arrière du pivot, dans un intervalle entre le pivot et la monture, qui ne mesure pas 1 millimètre ! Le tout sans même fendre la vitre.

En d'autres cas, on voit la foudre fendre un homme en deux, comme d'un grand coup de hache. Ainsi, le 20 janvier 1868, le tonnerre est tombé, à Groix, sur le moulin à vent de Kerlard. Le garçon meunier a été atteint mortellement. Il était des pieds à la tête comme séparé en deux.

Le 23 août 1904, à Pouydesseaux, non loin de Mont-de-Marsan, deux bœufs abrités dans un bâtiment atteint par le tonnerre ont été foudroyés. L'une des malheureuses bêtes a eu la tête partagée en deux.

Très souvent, les victimes de l'électricité atmosphérique sont entièrement brûlées. Ainsi, le 21 août 1904, dans les environs de Tunis, une femme qui se tenait sur le seuil de la porte de sa maison, regardant l'eau tomber, fut foudroyée. Son corps a été entièrement carbonisé.

De tous les effets de la foudre, l'un des plus extraordinaires est assurément de laisser sa victime dans l'attitude même où la mort subite l'a surprise. On en a plusieurs exemples.

Vers la fin du siècle dernier, dit l'abbé Richard, le procureur du séminaire de Troyes revenait à cheval lorsqu'il fut frappé par la foudre. Un frère qui le suivait, ne s'en étant point aperçu, crut qu'il s'était endormi, parce qu'il le voyait vaciller. Ayant essayé de le réveiller, il le trouva mort.

Fig. 150. — Moissonneurs tués raide par un coup de tonnerre.

Un des faits les plus curieux de ce genre est peut-être celui d'un homme qui fut tué par la foudre pendant qu'il était à cheval. L'animal continua sa route et ramena son maître à la maison, dans l'attitude d'un homme à cheval, après avoir fait huit kilomètres à partir de l'endroit où la foudre l'avait frappé.

Dans le courant de juillet 1844, quatre habitants d'Heiltz-le-Maurupt, près de Vitry-le-François, se réfugièrent, trois d'entre eux sous un peuplier, et le quatrième sous un saule contre lequel, sans doute, il s'appuya. Bientôt après, ce malheureux fut frappé par la foudre ; une flamme claire jaillissait de ses vêtements, et, toujours debout sous le saule, il paraissait ne s'apercevoir de rien : *Tu brûles ! mais tu ne vois donc pas que tu brûles* ! lui criaient ses camarades. N'obtenant pas de réponse, ils s'approchèrent de lui et restèrent muets de terreur en s'apercevant qu'il n'était plus qu'un cadavre.

Le pasteur Butler a été témoin du fait suivant. A Everdon, en Angleterre, dix moissonneurs s'étaient réfugiés sous une haie à l'approche d'un orage. La foudre éclata et tua raide quatre d'entre eux, qui restèrent immobiles et comme pétrifiés. L'un fut trouvé tenant encore entre ses doigts une prise de tabac qu'il allait prendre. Un autre avait un petit chien mort sur ses genoux, une main sur la tête de l'animal ; de l'autre main, il tenait un morceau de pain comme prêt à le lui donner ; un troisième était assis, les yeux ouverts et la tête tournée du côté de l'orage.

A Castellane, au mois d'août 1898, pendant un violent orage, la foudre est tombée sur un troupeau de moutons traversant la montagne de Peyresy ; 74 moutons ont été tués ; le berger a été sauvé. Le même mois, une mare de la ferme de Vauxdîmes (Côte-d'Or), contenant un millier de poissons, a été foudroyée. Tous les poissons furent tués du même coup. Sans doute les moutons étaient mouillés par la pluie et serrés les uns contre les autres, ne formant qu'une seule masse ; l'eau de la mare a été foudroyée par la décharge.

Récemment, pendant un orage, un jeune homme de Franxault (Côte-d'Or), rentrant de travailler aux champs, a été tué par la foudre. Les anneaux de sa chaîne de montre ont été fondus ensemble et comme amalgamés. Tous les clous de ses souliers ont été arrachés. La chaleur de fusion de l'argent est de 954 degrés.

Le 5 juillet 1883, à Buffon (Côte-d'Or), une femme a eu sa *boucle d'oreille fondue* ; mais elle n'a pas été tuée !

Le même jour, à Void (Meuse), deux ouvriers abrités sous un saule ont été lancés à 4 mètres sans être tués.

Le 10 août de la même année, à Chanvres (Yonne), un vigneron a été tué ; mais *son cœur a encore battu pendant trente heures.*

Le 4 septembre 1898, la foudre a allumé toutes les lampes électriques de la Préfecture de Lyon.

A Linguy (Eure-et-Loir), deux époux dormaient profondément quand, soudain, un bruit épouvantable les éveille en sursaut. Ils se croient à leur dernière heure. La cheminée désagrégée, émiettée de la base au sommet, s'est écroulée, remplissant l'appartement de ses débris, le pignon est disloqué, le toit tombe. A l'intérieur, les effets de la foudre ne sont pas moins terrifiants. Ainsi, presque à la hauteur du plafond, au-dessus d'une herse où sont accrochés divers ustensiles de cuisine, tels que casseroles, entonnoirs, gaufriers, etc., les pierres de la muraille sont projetées horizontalement avec une telle force qu'elles s'incrustent dans le mur opposé.

Pendant que les vitres de l'appartement volent en éclats, une glace est descellée de la muraille et posée délicatement à terre, absolument intacte.

Une chaise garnie d'effets d'habillement, placée auprès du lit, est enlevée et transportée à l'entrée de la pièce. Une petite lampe, une boîte d'allumettes, sont retrouvées à terre sans dommage. Un vieux fusil suspendu à la poutre, est violemment secoué, et sa baguette est enlevée.

La foudre en boule frôle le lit des occupants, plus morts que vifs, mais sans leur faire aucun mal, passe à quelques centimètres de leur tête et pénètre dans la laiterie contiguë par une légère fissure de la cloison. Alors, elle transporte d'un côté à l'autre, sans les casser, une rangée de pots à lait vides, découvre une autre rangée de pots pleins de lait sans en renverser aucun, mais casse tous les couvercles. Dans une pile d'assiettes (une douzaine), elle en casse quatre et laisse les autres intactes.

Enfin, elle s'enfuit par la fenêtre en la brisant.

Quel farfadet ! Quelles bizarreries !

Ici, la foudre tue. Là, elle passe inoffensive. Plus loin, elle semble absolument s'amuser. J'ai sous les yeux des centaines d'exemples. Impossible de conclure aucune loi.

Au mois de septembre 1898, à Ramaines, près Ramerupt (Aube), un certain M. Finot, aubergiste, était sur le pas de sa porte, regardant l'orage, lorsqu'un éclair, suivi aussitôt d'un coup de tonnerre, le fit culbuter et l'envoya au fond de sa chambre. Il est resté un certain temps sans connaissance et sa vue a été obscurcie pendant dix heures. Ce qu'il y a de singulier, c'est que ce brave homme, atteint de rhumatisme aux jambes, ne pouvait marcher que péniblement avec une canne. Depuis cet accident, il ne se sert plus de bâton et vaque à ses occupations avec facilité. Il ne paraît point fâché de ce qui lui est arrivé, et cependant ne désire pas que l'expérience recommence. Ce genre de phénomène électrique pourrait être appelé le cas du *tonnerre médecin*.

Terminons cet exposé par un fait observé il y a quelques années aux États-Unis. Une grange immense venait d'être construite par un nommé Abner Millikan, qui, ardent républicain, avait élégamment décoré la façade de sa ferme avec de grandes lithographies représentant les portraits de Mac Kinley et de Hobart. Pendant un violent orage, la foudre frappa à plusieurs reprises le bâtiment qui parut enveloppé d'une large nappe de flammes. Le propriétaire, alarmé, se précipita, et, à son grand étonnement, ne constata aucun dommage. Seulement, il s'aperçut que les portraits de ses candidats avaient disparu et que la foudre les avait retracés sur la muraille.

CHAPITRE III

FEUX SAINTE-ELME ET FEUX FOLLETS

Les feux Saint-Elme sont une manifestation lente de l'électricité, un écoulement léger et pacifique, comme celui de l'hydrogène dans un bec de gaz, qui rayonne doucement sur les points élevés des paratonnerres, des édifices, des navires, pendant les temps d'orage, où la tension électrique terrestre est fortement sollicitée par celle des nuages.

Sénèque écrivait déjà, il y a deux mille ans, que, pendant les violents orages, on voit des étoiles se poser sur les voiles des navires. Il ajoutait que les marins en péril croient alors que les divinités bienfaisantes *Castor* et *Pollux* viennent à leur secours. On lit dans Tite Live que le javelot dont Lucius venait d'armer son fils, récemment enrôlé, jeta des flammes pendant plus de deux heures, sans être consumé. Au moment où la flotte de Lysandre sortait du port de Lampsaque pour attaquer la flotte athénienne, les feux de Castor et Pollux allèrent se placer des deux côtés de la galère de l'amiral lacédémonien. Chez les anciens, ces météores lumineux étaient regardés comme des présages et recueillis scrupuleusement par les historiens. Une seule flamme, considérée comme un signe menaçant, portait le nom d'Hélène ; les feux doubles présageaient le beau temps et d'heureuses entreprises. « Les gens de mer, dit le fils de Christophe Colomb, tiennent pour certain que le danger de la tempête est passé lorsque *Saint-Elme* paraît. Pendant le second voyage de l'amiral, dans une nuit d'octobre 1493, il tonnait et il pleuvait à verse, lorsque Saint-Elme se montra sur le mât de perroquet avec sept cierges allumés. A cette apparition merveilleuse, les hommes de l'équipage se répandirent en prières et en actions de grâces. » Herrera rapporte que les matelots de Magellan avaient les mêmes superstitions : « Pendant les grandes tempêtes, dit-il, Saint-Elme se montrait au sommet du mât de perroquet, tantôt avec un cierge allumé, tantôt avec deux. Ces apparitions étaient saluées par des acclamations et des larmes de joie. » Le passage suivant, emprunté aux mémoires de Forbin, présente un exemple du même phénomène avec des proportions extraordinaires. C'était en 1696, par le travers des Baléares. « La nuit devint tout à coup d'une obscurité profonde, dit-il, avec des éclairs et des tonnerres épouvantables. Dans la crainte d'une grande tourmente dont nous étions menacés, je fis serrer toutes les voiles. Nous vîmes sur le vaisseau plus de *trente feux Saint-Elme*. Il y en avait un, entre autres, sur le haut de la girouette du grand mât, qui avait *plus d'un pied et demi de hauteur:* J'envoyai un matelot *pour le descendre.* Quand cet homme fut en haut, il cria que ce feu faisait un bruit semblable à celui de la poudre qu'on allume après l'avoir mouillée. Je lui ordonnai d'enlever la girouette et de venir ; mais à peine l'eut-il ôtée de sa place que le feu la quitta et alla se poser sur le bout du grand mât, sans qu'il fût possible de l'en retirer. Il y resta assez longtemps et puis se consuma peu à peu. »

Les feux Saint-Elme se montrent le plus souvent sur les navires, et il ne se passe guère d'année sans qu'on en soit témoin sur un point ou sur un autre de l'Océan.

Ils se montrent également sur les clochers.

Le 8 juin 1886, vers dix heures du soir, on a observé à Gratz (Styrie) un feu Saint-Elme, qui s'est produit pendant qu'une pluie très forte tombait sur la ville ; aucun phénomène orageux ne l'accompagnait, quoique cependant un orage se fût déclaré quelques heures auparavant. Le feu Saint-Elme affectait la forme d'une langue de feu pointue, et resta pendant longtemps visible de très loin, à l'extrémité de la croix qui surmonte la tour de l'église Sainte-Marie. La flamme était immobile, d'une couleur rougeâtre et d'au moins 50 centimètres de hauteur ; elle se raccourcissait par moments, puis elle disparut subitement.

A Brück (Carinthie), on observa, le 2 juin de cette même année, un phénomène analogue. Un orage sévissait à environ 3 ou 4 kilomètres de la ville, lorsqu'on vit une lueur violette apparaître sur la croix qui surmonte la tour de la cathédrale. Cette flamme, en quelques instants, neuf minutes environ, devint de plus en plus grande, jusqu'à atteindre la longueur du bras ; en même temps elle était animée de mouvements rapides et sa couleur passait du violet à un blanc éclatant. Au centre de la flamme on distinguait un noyau rouge sombre, qui disparut peu après. Elle n'était accompagnée d'aucun bruit, ou du moins, s'il y en avait, la distance empêchait de l'entendre. A chaque coup de tonnerre, cette flamme était rejetée vers le sol et ne reprenait ensuite que graduellement sa position première.

Dans les environs de la même ville de Brück, à Poleaschnig, sur le Johannserberg, le 13 août 1883, on a observé un feu Saint-Elme assez curieux. Il se montra tout à coup au sommet d'un toit couvert en chaume, sous la forme d'une flamme à large base, semblable à celle d'un grand foyer au gaz ; sa couleur était blanche et elle était en mouvement. Les habitants de la maison, mis en émoi, crurent que le feu s'était déclaré dans le grenier ; on apporta des échelles, et un valet de ferme y grimpa ; mais, lorsqu'il avança la main pour écarter le feu, celui-ci s'éteignit subitement avec un grand bruit, et le valet reçut dans le bras une violente secousse, qui l'instruisit en même temps de la nature du phénomène. A l'endroit où la flamme s'était montrée, on n'observa aucune trace de combustion. Comme, au moment du phénomène, un orage régnait à l'horizon nord, le valet de ferme raconta qu'il avait été la victime « d'un éclair en retard ».Cette même maison semblait mal vue des feux du ciel, car, le 29 juin 1885, elle fut réduite en cendres par la foudre.

On a remarqué plusieurs fois les aigrettes lumineuses de l'électricité sur la flèche de Notre-Dame de Paris, pendant certains orages du soir, en été.

Les feux Saint-Elme peuvent se produire *sur l'homme lui-même,* sur ses vêtements, sur les objets qu'il tient à la main.

Jules César raconte qu'un certain mois de février, vers la deuxième veille de la nuit, il s'éleva subitement un nuage épais, suivi d'une pluie de pierres, et que, la même nuit, les pointes des piques de la cinquième légion parurent s'enflammer.

Suivant Procope, un phénomène semblable apparut sur les lances et les piques des soldats de Bélisaire dans sa guerre contre les Vandales.

Tite Live rapporte que les piques de quelques soldats, en Sicile, et une canne que tenait un cavalier, en Sardaigne, parurent être en feu. Les cottes furent elles-mêmes lumineuses et brillèrent de feux nombreux.

Lorsque, en 1769, au milieu d'un violent orage, de brillantes aigrettes apparurent sur la croix du clocher de Hohen-Gebrachim, deux voisins, accourus pour éteindre le feu qui leur paraissait envahir le clocher, furent aussi surpris qu'effrayés de se voir la tête couverte de feu et de lumière.

Le 8 mai 1831, après le coucher du Soleil, toute l'Atmosphère était en feu et annonçait un violent orage ; on aperçut à l'extrémité des mâts de pavillon, à Alger, une lumière blanche en forme d'aigrette, qui persista pendant une demi-heure. Des officiers d'artillerie et du génie se promenaient sur la terrasse du fort Bab-Azoun ; chacun, en regardant son voisin, remarqua avec étonnement que les extrémités de ses cheveux étaient tout hérissées de petites aigrettes lumineuses. Quand ces officiers levaient les mains, des aigrettes se formaient aussi au bout de leurs doigts.

Dans quelques cas, le feu Saint-Elme s'est présenté sous forme de flammes ; d'autres fois, on a vu le corps de l'homme tout rayonnant de lumière.

Peytier et Hossard, dans les Pyrénées, ont été enveloppés dans des foyers d'orage tellement formidables, vus de la plaine, qu'on les croyait perdus. Plusieurs fois leurs cheveux, les glands de leurs casquettes, se dressèrent et répandirent une vive lumière, accompagnée d'un sifflement prononcé. — Letestu, en 1786, resta dans son aérostat pendant trois heures de la nuit, au milieu d'un orage ; il entendait un bruit étourdissant ; sa nacelle s'emplissait de neige et de grêle, les dorures de son drapeau étaient scintillantes.

Fig. 151. — Feux Saint-Elme sur la flèche de Notre-Dame de Paris.

Le dégagement de l'électricité du sol dans l'Atmosphère est parfois accompagné de phénomènes singuliers, d'une espèce de *bourdonnement* électrique au sommet des montagnes.

M. Henri de Saussure se trouvait avec quelques touristes sur le sommet du pic Sarley (3.200 mètres de hauteur), près de Saint-Moritz, dans les Grisons, le 22 juin 1867, vers une heure de l'après-midi. Les ascensionnistes avaient traversé une pluie de grésil et venaient d'appuyer leurs bâtons ferrés contre un rocher, pour se disposer à prendre leur repas, lorsque M. de Saussure éprouva dans le dos, aux épaules, une douleur fort vive, comme celle que produirait une épingle enfoncée lentement dans les chairs.

Supposant, dit-il, que mon pardessus de toile contenait des épingles, je le jetai ; mais, loin de me trouver soulagé, je sentis que les douleurs augmentaient, envahissant tout le dos, d'une épaule à l'autre ; elles étaient accompagnées de chatouillements, d'élancements douloureux, comme ceux qu'aurait pu produire une guêpe qui se serait promenée sur ma peau en me criblant de piqûres. Otant à la hâte mon second paletot, je n'y découvris rien qui fût de nature à blesser les chairs.

La douleur, qui persistait toujours, prit alors le caractère d'un brûlure. Sans y réfléchir davantage je me figurai, sans pouvoir l'expliquer, que ma chemise de laine avait pris feu. J'allais donc jeter le reste de mes vêtements, lorsque notre attention fut attirée par un bruit qui rappelait les stridulations des bourdons. C'étaient nos trois bâtons qui, appuyés au rocher, *chantaient* avec force, émettant un bruissement analogue à celui d'une bouilloire dont l'eau est sur le point d'entrer en ébullition. Tout cela pouvait avoir duré quatre ou cinq minutes.

Je compris à l'instant que mes sensations douloureuses provenaient d'un écoulement électrique très intense qui s'effectuait par le sommet de la montagne. Quelques expériences improvisées sur nos bâtons ne laissèrent apercevoir aucune étincelle, aucune clarté appréciable de jour. Ils vibraient avec force dans la main et rendaient un son très prononcé ; qu'on les tînt dirigés verticalement, la pointe de fer soit en haut, soit en bas, ou bien horizontalement, les vibrations restaient identiques, mais aucun bruit ne s'échappait du sol.

Le ciel était devenu gris dans toute son étendue, quoique inégalement chargé de nuages. Quelques minutes après, je sentis mes cheveux et les poils de ma barbe se dresser, en me faisant éprouver une sensation analogue à celle qui résulte d'un rasoir passé à sec sur des poils raides. Un jeune Français qui m'accompagnait s'écria qu'il sentait se dresser tous les poils de sa moustache naissante et que du sommet de ses oreilles il partait des courants très forts. En élevant la main, je sentais des courants non moins prononcés s'échapper de mes doigts. Bref, une forte électricité s'échappait des bâtons, habits, oreilles, cheveux, et de toutes les parties saillantes de nos corps.

Un seul coup de tonnerre se fit entendre vers l'ouest dans le lointain. Nous quittâmes la cime de la montagne avec une certaine précipitation, et nous descendîmes une centaine de mètres. A mesure que nous avancions, nos bâtons vibraient de moins en moins fort, et nous nous arrêtâmes lorsque leur son fut devenu assez faible pour ne plus être perçu qu'en les approchant de l'oreille.

L'écoulement de l'électricité par les rochers culminants se produit souvent par un ciel chargé de nuages bas, enveloppant les cimes en passant à une faible distance au-dessus d'elles ; cet écoulement soulage assez la tension électrique pour empêcher la foudre de se former.

Dans la nuit du 11 août 1854, M. Blackwell stationnant sur les Grands-Mulets (altitude, 3.455 mètres), le guide F.-I. Couttet sortit de la cabane vers onze heures du soir et vit les crêtes de ces montagnes tout en feu. Il parla aussitôt de son observation à ses compagnons ; tous voulurent s'assurer du fait, et effectivement ils virent qu'en vertu d'un effet d'électricité produit par la tempête chacune des saillies rocheuses des alentours semblait illuminée. Leurs vêtements étaient littéralement couverts d'étincelles et, lorsqu'ils levaient les bras, les doigts devenaient phosphorescents.

Le 10 juillet 1863, M. Watson, accompagné de plusieurs touristes et de guides, visitait le col de la Jungfrau. La matinée avait été très belle ; mais, en approchant du col, la caravane fut assaillie par un fort coup de vent accompagné de grêle.

Une formidable explosion de tonnerre retentit et, bientôt après, M. Watson entendit une espèce de sifflement qui partait de son bâton : ce bruit ressemblait à celui que fait une bouilloire dont l'eau en ébullition chasse vivement la vapeur au dehors. On fit une halte et l'on remarqua que les cannes ainsi que les haches dont chacun était muni émettaient un son pareil. Ces mêmes objets, enfoncés dans la neige par l'une de leurs extrémités, n'en continuèrent pas moins à produire ce singulier sifflement. Alors, un des guides ôta son chapeau, en s'écriant que sa tête brûlait. En effet, ses cheveux étaient hérissés comme ceux d'une personne que l'on électrise sous l'influence d'une puissante machine, et chacun éprouva des picotements, une sensation de chaleur au visage aussi bien que sur d'autres parties du corps. Les cheveux de M. Watson se tenaient droits et raides ; le voile qui garnissait le chapeau d'un voyageur se dressa verticalement, et l'on entendait le sifflement électrique au bout des doigts agités dans l'air.

La *neige elle-même* émettait un bruit analogue à celui qui se serait produit par la

Fig. 152. — Feux follets des fédérés (Issy, juin 1872).

chute d'une ondée de grêle. Cependant aucune apparition de lumière ne se manifesta ; il n'en eût certainement pas été ainsi durant la nuit.

Des observations non moins curieuses ont été faites au pic du Midi le 30 septembre 1910, par MM. Baldet et Labayle. On en trouvera la description complète au Bulletin, de janvier 1911, de la Société Astronomique de France.

Ces divers phénomènes sont dus uniquement à des dégagements d'électricité. Il ne faut pas confondre avec les feux Saint-Elme des lueurs qui offrent avec eux la plus grande ressemblance, les *feux follets*. Ceux-ci n'ont pas l'électricité pour cause.

Le feu follet est une flamme errante et légère, produite par les émanations de gaz *hydrogène* phosphoré qui s'élèvent des endroits où des matières animales ou végétales se décomposent, tels que les cimetières, les voiries, les marais, et qui s'enflamment spontanément en se combinant avec l'oxygène de l'air.

Ces lueurs vacillantes ont toujours frappé tristement l'esprit superstitieux des populations. L'imagination effrayée les a souvent regardées comme des âmes errantes au-dessus des ruines, et plus d'une fois elles ont terrifié et jeté à genoux, dans le silence de la nuit, ceux qui les voyaient glisser entre les tombes sinistres du cimetière.

Il s'en dégage quelquefois subitement à l'ouverture des anciens sépulcres ; et, comme autrefois on plaçait au fond des tombeaux des lampes allumées, les esprits crédules s'imaginèrent que leur clarté était inextinguible. On rapporte que, sous le pontificat de Paul III, élu pape le 13 octobre 1534, on trouva, dans la voie Appienne, un ancien tombeau avec cette inscription : *Tulliolæ filiæ meæ.* Au premier souffle d'air, le corps de la fille de Cicéron fut réduit en poussière, et *une lampe encore allumée s'éteignit*, dit-on, *après avoir brûlé plus de quinze cents ans.* Certains corps ensevelis depuis longtemps furent même trouvés (Raulin, *Observ. de médecine*, p. 393) brillant dans leur cercueil d'une lumière phosphorescente. Le criminel d'État, Freburg, ayant été condamné au gibet par suite de ses longues prévarications, on vit pendant plusieurs nuits sa tête environnée d'une auréole lumineuse, et quelques Danois, trompés par cette sorte de prodige dont ils ne connaissaient pas la cause naturelle, la regardèrent comme une preuve d'innocence. Il n'est pas impossible que, parmi les nombreux martyrs chrétiens des premiers siècles, plusieurs n'aient offert autour de leur tête cette auréole que les anciens peintres avaient coutume de représenter autour de la tête des saints.

La Commune de Paris, en 1871, qui s'est éteinte au milieu du sang et de l'incendie, tandis que ses principaux chefs, prétendus démocrates, s'étaient enfuis en laissant fusiller tant d'hommes du peuple, dont un grand nombre ne la soutenaient que pour donner du pain à leurs familles, a jeté dans la fosse commune des milliers de pauvres gens qui pourrirent ensemble sous l'action dissolvante de la pluie et de la chaleur de juin. Avant l'entrée des troupes du gouvernement dans Paris, l'ouest de la capitale, théâtre de tant de combats, était déjà criblé de fosses, et les ravins d'Issy et de Meudon avaient servi de dernière demeure aux bataillons fédérés. Comme rien ne se perd dans la nature, l'hydrogène de ces corps décomposés s'élevait le soir dans les airs sous la forme de légères flammes bleuâtres. Feux follets éphémères ! c'est tout ce qui devait survivre à une inspiration empoisonnée dès son début par sa constitution même.

CHAPITRE IV

LES AURORES BORÉALES

Nous sommes arrivés au complément le plus curieux, le plus grandiose des diverses manifestations de l'électricité dans l'Atmosphère. Nous l'avons vu, le globe terrestre est un immense réservoir de cette force si subtile qui existe dans tous les mondes de notre système et dont le foyer rayonne dans le Soleil lui-même. Comme l'attraction, comme la lumière, comme la chaleur, l'électricité est une force générale de la nature. Ses palpitations entretiennent la vie des mondes et, sur notre planète elle-même, des courants circulent constamment de l'équateur aux pôles, des pôles à l'équateur.

L'aiguille aimantée, la boussole, nous montre de son doigt délicat cette circulation perpétuelle dirigée vers le nord. Elle oscille et s'agite lorsque des perturbations dérangent l'équilibre général. Elle s'affole lorsque ces perturbations deviennent violentes. La foudre qui tombe sur un navire influence souvent pour toujours le caractère de la boussole et, tandis qu'on prend le nord qu'elle indique pour point de repère, on est tout surpris d'aller se jeter sur des écueils ou vers des côtes inhospitalières. Si une forte aurore boréale illumine le ciel de Stockholm ou de Reikiawik, la boussole de l'Observatoire de Paris se trouble à des milliers de kilomètres de distance, semble se demander ce qui arrive et invite le physicien à s'informer des troubles arrivés dans les régions du Nord.

L'aurore boréale est un écoulement en grand de l'électricité atmosphérique. Au lieu d'un orage borné à quelques kilomètres en gémissant de fureur, c'est une douce et lente recomposition du fluide négatif du sol avec le fluide positif de l'Atmosphère, qui s'accomplit dans les hauteurs aériennes.

Cet écoulement de l'électricité en vaste nappe fluide n'est visible que pendant la nuit et revêt toutes les formes imaginables, selon la manière même dont il s'accomplit et selon la perspective causée par la distance de l'observateur. Tantôt l'œil étonné saisit à peine des ondoiements rapides, blancs et roses, parcourant le ciel comme un frémissement. Quelquefois c'est une draperie de moire d'or et de pourpre qui semble tomber des célestes hauteurs. Parfois c'est une rosée de feu accompagnée d'un étrange bruissement. D'autres fois ce sont des gerbes de zones enflammées, s'élançant du nord dans les différentes directions du compas. C'est surtout vers les cercles polaires, où les orages sont si rares, que ces manifestations de l'électricité terrestre déploient leur douce splendeur.

Rien de plus solennel. La terre entière y assiste, on peut le dire : elle est spectateur et acteur. La veille, ou plusieurs heures d'avance, sa préoccupation est partout constatée par l'aiguille aimantée.

Mais voilà que dans l'arc majestueux d'un jaune pâle, dans sa paisible ascension,

Fig. 153. — Aurore boréale observée à Bossekop (Spitzberg) le 21 janvier 1839.

éclate comme une effervescence. Un flux et reflux de lumière se promène, aérienne draperie d'or qui va, vient, se plie, se replie.

Le spectacle s'anime. De longues colonnes lumineuses, des jets, des rayons sont dardés, impétueux, rapides, changeant du jaune au pourpre, du rouge à l'émeraude.

Les lumières paraissent s'entendre. Elles montent ensemble dans la gloire. Elles se transfigurent en sublime éventail, en coupole de feu, sont comme la couronne d'un divin hyménée.

Le Spitzberg est une région favorite pour les aurores boréales. Dans son voyage scientifique de 1839, M. Ch. Martins en a observé et analysé patiemment un grand nombre, qu'il décrit sous les formes suivantes (voyez *Le Tour du Monde*, t. II, p. 10).

Tantôt ce sont de simples lueurs diffuses ou des plaques lumineuses, tantôt des rayons frémissants d'une éclatante blancheur, qui parcourent tout le firmament, en partant de l'horizon comme si un pinceau invisible se promenait sur la voûte céleste ; quelquefois il s'arrête ; les rayons inachevés n'atteignent pas le zénith, mais l'aurore se continue sur un autre point ; un bouquet de rayons s'élance, s'élargit en éventail, puis pâlit et s'éteint. D'autres fois, de longues draperies dorées flottent au-dessus de la tête du spectateur, se replient sur elles-mêmes de mille manières et ondulent comme si le vent les agitait. En apparence, elles semblent peu élevées dans l'Atmosphère et l'on s'étonne de ne pas entendre le frôlement des replis qui glissent l'un sur l'autre.

Le plus souvent un arc lumineux se dessine vers le nord ; un segment noir les sépare de l'horizon et contraste par sa couleur foncée avec l'arc d'un blanc éclatant ou d'un rouge brillant qui lance les rayons, s'étend, se divise et représente bientôt un éventail lumineux qui remplit le ciel boréal, monte peu à peu vers le zénith, où les rayons en se réunissant forment une couronne qui, à son tour, darde des jets lumineux dans tous les sens. Alors le ciel ressemble à une coupole de feu ; le bleu, le vert, le jaune, le rouge, le blanc se jouent dans les rayons palpitants de l'aurore. Mais ce brillant spectacle dure peu d'instants ; la couronne cesse d'abord de lancer des jets lumineux, puis s'affaiblit peu à peu ; une lueur diffuse remplit le ciel ; çà et là, quelques plaques lumineuses, semblables à de légers nuages, s'étendent et se resserrent avec une incroyable rapidité, comme un cœur qui palpite. Bientôt elles pâlissent à leur tour, tout se confond et s'efface, l'aurore paraît être à son agonie ; les étoiles, que sa lumière avait obscurcies, brillent d'un nouvel éclat, et la longue nuit polaire, sombre et profonde, règne de nouveau en souveraine sur les solitudes glacées de la terre et de l'océan. Devant de tels phénomènes, le poète, l'artiste s'inclinent et avouent leur impuissance : le savant seul ne désespère pas ; après avoir admiré ce spectacle, il l'étudie, l'analyse, le compare, le discute, et il arrive à prouver que ces aurores sont dues aux radiations électriques des pôles de la Terre, aimant colossal dont le pôle boréal se trouve dans le nord de l'Amérique septentrionale, non loin du pôle du froid de notre hémisphère, tandis que son pôle austral est en mer, au sud de l'Australie, près de la Terre Victoria.

Quelques indications suffiront pour prouver la nature électro-magnétique de l'aurore boréale. Au Spitzberg, une aiguille aimantée suspendue horizontalement à un fil de soie non tordu est tournée vers l'ouest ; dès le début de l'aurore, le physicien qui observe cette aiguille s'aperçoit qu'au lieu d'être sensiblement immobile, elle semble en proie à une inquiétude inusitée. A mesure que l'aurore devient plus brillante, l'agitation de l'aiguille augmente et, sans sortir de son cabinet, l'observateur juge de l'intensité de l'aurore boréale par l'amplitude du déplacement de l'aiguille ; enfin, quand la couronne boréale se forme, son centre se trouve précisément sur le prolongement d'une aiguille magnétique librement suspendue sur une chape et orientée dans le sens du méridien magnétique ; elle n'est point horizontale, mais inclinée vers le pôle magnétique, et se nomme aiguille d'inclinaison. Les aurores boréales sont donc intimement unies aux phénomènes magnétiques du globe terrestre.

Quel étrange monde que celui des pôles ! Presque toutes ses nuits sont éclairées par ces lueurs électriques plus ou moins brillantes ; à partir du milieu de janvier, on voit à midi un crépuscule d'une heure ; l'aurore, annonçant le retour du Soleil, s'agran-

dit en montant vers le zénith ; enfin, le 16 février, un segment du disque solaire, semblable à un point lumineux, brille un moment, pour s'éteindre aussitôt ; mais, à chaque
midi, le segment augmente, jusqu'à ce que le disque tout entier s'élève au-dessus de
la mer : c'est la fin de la longue nuit d'hiver. Alors le jour et la nuit se succèdent pendant soixante-cinq jours jusqu'au 21 avril, commencement d'un jour de quatre mois,
pendant lesquels le Soleil tourne au-dessus de l'horizon, s'abaissant de plus en plus, et
finit par disparaître.

Dans l'Amérique septentrionale, à l'est du détroit de Behring, il y a un grand terri-

Fig. 154. — Aurore boréale sur la mer polaire.

toire, peu connu des Français : le pays de l'Alaska, traversé par le cercle arctique.
C'était, il y a peu de temps encore, l'Amérique russe, et il ne mesure pas moins de
180.000 kilomètres carrés ; les États-Unis l'ont acheté le 18 octobre 1867. Frederick
Whymper y fit en 1865 l'observation rare d'une aurore boréale en forme de ruban,
déployé en ondoiements dans les hauteurs aériennes.

« C'était le 27 décembre, écrit le voyageur lui-même. Au moment où nous sommes
sur le point de nous coucher, on nous annonce une aurore boréale dans la direction
de l'ouest. Cette nouvelle chasse le sommeil ; nous grimpons en toute hâte sur le toit
le plus élevé du fort pour contempler le splendide phénomène. Ce n'est pas l'arc si
souvent décrit, mais un serpent de lumière souple, ondoyant, variant sans cesse de
forme et de couleur : tantôt il a la teinte pâle et douce des rayons de la Lune ; tantôt
de longues bandes bleues, roses, violettes se roulent sur ce fond argenté ; les scintil-

lations vont de bas en haut et mêlent leur clarté à celle des étoiles brillantes, qu'on aperçoit à travers la vaporeuse spirale. »

Parfois l'aurore boréale revêt la forme d'une coupole d'où tombent des pendentifs de pluie lumineuse impalpable. Au moment de terminer son voyage en Islande, le 20 août 1886, M. Noël Nougaret en observa de fort intéressantes de ce genre.

« Après avoir donné notre grand bal sur la *Pandore*, dit-il, nous appareillâmes pour le départ, et nos bons amis d'Islande répétaient, en voyant partir la *Pandore* : « Voilà le Soleil de l'Islande qui s'en va ! » En effet, la frégate française arrive avec la belle saison, avec le Soleil ; elle s'en va dès qu'on aperçoit la première étoile, qui est comme le signal de la première aurore boréale. A partir de ce moment, on a ordinairement deux aurores par nuit : la première s'allume de onze heures à onze heures trois quarts ; la seconde, plus brillante que la première, paraît à minuit et éclaire le ciel et la mer pendant de longues heures. Quand l'aurore va se former, on aperçoit comme un nuage noir à l'horizon, dans la direction du nord-nord-est ; les bords du nuage s'éclairent, puis, tout d'un coup, du fond de cette cuvette noire part une fusée rapide qui est immédiatement suivie de plusieurs autres. Ces fusées laissent dans le ciel une traînée lumineuse ; peu à peu elles arrivent jusqu'au zénith et finissent par s'étendre sur la totalité de la voûte céleste. L'aurore est alors dans tout son éclat ; du ciel se détachent de longues franges qui descendent mollement et que l'observateur croit pouvoir saisir avec les doigts. Une blanche clarté envahit tout le ciel et la mer. C'est dans ce milieu magique qu'il fallait voir la belle *Pandore* au moment où elle s'éloignait des côtes d'Islande. Sa gracieuse mâture, ses vergues élancées se découpaient franchement sur cette « lumière du nord », comme ils l'appellent dans leur langage pittoresque, et qui doit être désormais leur unique Soleil. »

Les aurores boréales sont assez rares en France, et la vie entière peut se passer sans qu'on ait eu le plaisir d'en admirer une seule un peu complète. Nous avons été gratifiés à Paris de quatre de ces phénomènes, avec un déploiement d'intensité bien remarquable, les 15 avril et 13 mai 1869, le 24 octobre 1870 et le 4 février 1872.

Celle du 15 avril fut double en quelque sorte. Le premier acte se montra à huit heures dix minutes sous la forme d'un large faisceau de colonnes lumineuses, rougeâtres, dirigées des gardes de la Grande Ourse vers l'est, comme un éventail. Le fond du ciel sur cette région était également coloré d'une lumière rougeâtre. L'apparition ne dura que quelques minutes. Le second acte se joua à dix heures et demie. Des rayons partirent d'un petit arc lumineux situé au nord. Ces rayons, d'une couleur verdâtre très prononcée à la base inférieure, présentaient au contraire, à leur extrémité supérieure, une nuance pourpre magnifique. Puis, à certains moments, le phénomène changeait subitement d'aspect : la lumière s'agglomérait sur plusieurs points, formant des amas ou plaques très denses, très brillantes, blanches au centre de l'aurore, rouge sang à la circonférence. Un nombre infini de stries lumineuses, presque parallèles entre elles, parcouraient la bande dans la direction du méridien magnétique. Le phénomène dura une demi-heure avec des variations d'intensité.

Celle du 13 mai a été plus remarquable et plus remarquée. Je l'ai observée attentivement, et voici la description que j'en ai donnée dans *le Siècle* du lendemain :

Grande aurore boréale sur Paris. — Hier soir jeudi 13 mai, une magnifique aurore boréale s'est déployée sur le ciel de Paris.

Tandis qu'un grand tumulte régnait dans les quartiers et que des milliers de voix grondaient sourde-

Fig. 155. — Aurore boréale observée à Bossekop (Spitzberg) le 6 janvier 1839.

ment comme la tempête aux abords des réunions électorales, des flammes immenses partant du nord rayonnaient dans le ciel étoilé.

En certaines rues dirigées du sud-est au nord-ouest, on voyait, occupant le ciel dans cette dernière région, une lueur rouge sombre donnant l'impression de la réverbération d'un lointain incendie.

Sur un horizon découvert, le spectacle était splendide.

A onze heures, une immense gerbe de rayonnements lumineux s'élevait d'un segment obscur, montant verticalement dans le nord, dépassant l'étoile polaire et la Petite Ourse, et portant jusqu'au zénith sa lueur jaune orange.

Une autre gerbe s'élevait, obliquement à gauche, du même pied que celle-ci, et, comme un immense et large jet de rosée lumineuse, allait éteindre les étoiles de la Grande Ourse, dont les deux dernières, *zêta* et *êta*, venaient de passer à leur point culminant et étaient voisines du zénith. *Delta* surtout resta longtemps éclipsée par cet immense rayonnement à l'aspect cométaire.

Un troisième faisceau de lumière, obliquant à droite, traversait la Voie lactée, passait entre *alpha* de Céphée et *alpha* du Cygne, et s'étendait jusqu'à la tête du Dragon, laissant la brillante étoile de première grandeur, Véga, rayonner plus à droite dans les hauteurs de l'est.

A ces trois faisceaux principaux s'en sont joints ou substitués d'autres pendant les différentes phases du phénomène : l'un, entre autres, vers le centre et un peu à droite de la verticale abaissée de l'étoile polaire sur l'horizon ; l'autre, qui ne parut qu'à onze heures vingt minutes et s'éleva à l'ouest, à gauche de la Grande Ourse et dans la direction d'Arcturus.

L'immense colonne du centre-nord, qui éclipsa complètement l'étoile polaire dans ses variations lumineuses, transforma insensiblement sa lumière, d'abord jaune orange, et apparut à onze heures cinq minutes avec une teinte rouge sang, comme les lueurs nébuleuses du feu de Bengale.

Dans le même temps, la colonne oblique de droite, qui d'abord n'avait que l'intensité d'un faisceau de lumière électrique projetée dans l'air, s'accentua dans une clarté plus vive et brilla comme un long cylindre de lumière verte, pâle, et cependant assez intense pour éclipser les étoiles de Cassiopée, alors posées au-dessus de l'horizon comme un W gigantesque, et la belle étoile *alpha* du Cygne.

En dessinant cette auréole boréale, j'ai observé que les traînées lumineuses variaient d'intensité et de position aussi bien que de couleur.

A la hauteur de 20 degrés environ au-dessus de l'horizon, un segment obscur était formé par des nuages noirs, minces, étendus horizontalement, cachant l'origine des gerbes lumineuses, lesquelles du reste étaient moins intenses en bas qu'à leur hauteur moyenne. Ces nuées noires n'étaient pas très épaisses, car je n'ai pas tardé à distinguer parfaitement Cassiopée, en partie voilée par elles, et la rayonnante étoile Capella, si peu élevée au-dessus de l'horizon.

Quelques étoiles filantes ont signalé cette période. Un bolide est parti du voisinage du zénith à onze heures trente-cinq minutes, pour s'éteindre en arrivant à la hauteur de la Grande Ourse. Un autre a semblé tomber de Véga à onze heures quarante-cinq minutes.

Le ciel avait été couvert pendant la journée ; le soir, le vent soufflait du nord avec intensité, et l'atmosphère était sensiblement refroidie.

Celle du 24 octobre 1870 a été bien plus magnifique encore.

On sait, que, pendant le siège de Paris, les astronomes étaient transformés en officiers du génie, et que M. Laussedat avait eu l'ingénieuse idée d'installer des lunettes astronomiques sur tout le périmètre des fortifications pour observer les mouvements de l'ennemi et surtout détruire leurs batteries à mesure qu'elles étaient faites. J'habitais le secteur de Passy pendant ce mémorable hiver et, le soir de l'aurore, ayant remarqué à six heures et demie une lueur rouge très singulière et persistante sur Cassiopée, je devinai l'imminence d'une aurore boréale et jugeai utile de me rendre sur un point entièrement découvert : au Trocadéro. Il n'y avait pas une âme quand j'y arrivai, et un vent du nord glacial n'invitait guère à s'y arrêter. La lueur rouge persistait toujours. Bientôt une vague lumière blanche éclaira le nord, à l'exception d'un segment obscur, et confirma mes prévisions. Cependant je dus attendre une demi-heure avant de voir apparaître la manifestation électrique.

Elle commença à sept heures trente minutes par un accroissement de la lumière blanche, assez intense pour éclipser les deux étoiles les plus basses de la Grande Ourse, *bêta* et *gamma*. Les cinq autres restaient visibles malgré la lumière : c'était un vaste foyer lumineux occupant le quart du ciel. La nuée rougeâtre, ayant un peu changé de place, était alors sur Andromède. Tout à coup, à sept heures quarante minutes, de larges jets de lumière rouge ondoyante s'élancent jusqu'au zénith. Puis une admirable manifestation se produit. A environ 50 degrés au-dessus de l'horizon, et sur un tiers du ciel, avec plus de 20 degrés de large, une *draperie de moire rouge lumineuse* se déroule avec des ondulations dorées (un peu vertes par contraste) et reste calme dans le ciel

Fig. 156. — Aurore boréale observée dans l'Alaska le 27 décembre 1865.

silencieux, pendant une minute entière. Ses plis semblent ensuite ondoyer et se fondre. Dans le centre de l'aurore s'ouvre un foyer de lumière profonde, comme un fuseau dirigé au zénith, lumière blanche qui se dissémine à ses bords comme une rosée d'argent. Quelque temps après, un immense jet rouge part de la gauche et s'élève presque au zénith. Les hauteurs du ciel restèrent dès lors illuminées jusqu'après huit heures, comme par l'incendie d'un immense feu de Bengale.

Cette aurore, on le voit, différait beaucoup de la précédente. La première était surtout formée de jets lumineux, droits, lancés du nord ; celle-ci fut surtout remarquable par la forme de draperie qu'elle déploya dans le ciel et par la vague lumière qu'elle laissa dans les hauteurs. Elle faisait, dirai-je, plus d'impression ; elle fut beaucoup plus belle.

Des milliers de personnes l'ont remarquée, à cause des circonstances surtout. Le Trocadéro, désert à sept heures, était couvert à huit heures d'une multitude compacte, et j'ajouterai même que force me fut de faire une petite conférence en plein air, les avis ayant été partagés dès l'abord si c'était un incendie ou la lumière électrique du mont Valérien. Les gardes nationaux en faction sur les remparts eurent, cette soirée-là, un spectacle dont ils se souviendront longtemps. Le ciel offrait le même spectacle à l'armée prussienne, qui autrefois y aurait reconnu le doigt de Dieu lui ordonnant de rentrer au nord.

Le lendemain, l'aurore boréale du siège de Paris jetait ses derniers feux vers six heures du soir, avec moins d'intensité et à travers un ciel nuageux.

Le 4 février 1872, la brillante aurore, qui est apparue sur l'Europe centrale et méridionale, l'Asie et l'Amérique, consista d'abord en une traînée lumineuse rose, traversant le ciel entier de l'est à l'ouest. Je l'ai observée de la demeure hospitalière de mon ami regretté Henri Martin, et en compagnie de Suédois qui n'en avaient pas vu de si curieuses en leur pays. Son foyer se forma bientôt sous les Pléiades, et ce fut comme une aile immense disloquée, couvrant le ciel de son envergure. Aldébaran en fut entièrement éclipsé. Cette aurore magnétique était plutôt australe que boréale.

Commencée vers sept heures, elle se termina vers onze heures par une clarté diffuse répandue dans le ciel entier.

Les aurores se passent à toutes les hauteurs. D'après les mesures de Bravais, leur élévation ordinaire serait comprise entre 100 et 200 kilomètres. D'après celles de Loomis, le point extrême d'où les fusées sont dardées atteindrait 700 et 800 kilomètres! Elles s'effectueraient ainsi dans l'Atmosphère supérieure dont nous avons parlé au commencement de cet ouvrage. On en a mesuré toutefois qui étaient beaucoup plus basses et descendaient à la hauteur des nuages.

Leur étendue est très variable. Ainsi, une aurore, observée à Cherbourg le 19 février 1852, n'a pas été visible à Paris, c'est-à-dire de 370 kilomètres. Elle ne devait pas être, dit M. Liais, à plus de 7.000 mètres de hauteur. Par contre, il y a des aurores qui se déploient au-dessus d'immenses horizons. Celle du 3 septembre 1839 a été vue en Amérique et en Europe, ainsi que celle du 5 janvier 1769. Celle du 2 septembre 1859 a été visible depuis New-York jusqu'en Sibérie, et *aux deux côtés de la Terre*, dans l'autre hémisphère comme dans le nôtre, au cap de Bonne-Espérance et à Édimbourg ! On vérifia alors *de visu* ce que la théorie avançait, que les aurores boréales et australes se produisent en même temps dans les deux hémisphères, sous l'influence d'un même courant. Les extrémités du globe sont en rapport intime l'une avec l'autre. En certains moments solennels, le magnétisme augmente d'intensité et semble ranimer la vie de la planète.

Les aurores boréales sont, pour Humboldt, l'un des témoignages les plus frappants de la faculté qu'a notre planète d'*émettre de la lumière*. « De ce phénomène, dit-il, il résulte que la Terre émet une lumière distincte de celle que lui envoie le Soleil. L'intensité de cette lumière surpasse un peu celle du premier quartier de la Lune ; parfois elle est assez forte pour permettre de lire des caractères imprimés ; son émission, qui ne s'interrompt presque jamais vers les pôles, nous rappelle la lumière de Vénus, dont la partie non éclairée par le Soleil brille souvent d'une faible lueur phosphorescente. Peut-être d'autres planètes possèdent-elles aussi une lumière née de leur propre substance. Il y a dans notre Atmosphère d'autres exemples de cette production de lumière terrestre. Tels sont les fameux brouillards secs de 1783 et de 1831, qui émettaient une lumière très sensible pendant la nuit ; tels sont ces grands nuages brillant d'une lumière calme ; telle est enfin cette lumière diffuse qui guide nos pas au milieu des nuits d'automne et de printemps, alors que les nuages cachent les étoiles et que la neige ne couvre point la terre. »

Nous avons montré, dans notre *Astronomie populaire*, que les aurores boréales et les manifestations du magnétisme terrestre par l'aiguille aimantée sont soumises à une périodicité de onze ans, correspondant à celle des taches du Soleil.

Tels sont les derniers et les plus grandioses phénomènes que nous devions contempler dans cette galerie des œuvres de l'Atmosphère.

CHAPITRE V

LA PRÉVISION DU TEMPS

Nous venons de terminer, chers lecteurs, la description de ce merveilleux ensemble météorologique qui constitue la vie et la beauté de la Terre. Nous avons vu comment le fluide atmosphérique accompagne le globe dans son cours, comment le Soleil y déploie les splendeurs de la lumière, comment il y distribue les bienfaits de la température, des saisons et des climats ; nous avons vu comment naissent les vents et les tempêtes, comment la circulation aérienne s'accomplit en tout lieu, comment les nuages s'élèvent aux sommets des airs et versent la pluie sur les plaines altérées. Nous avons entendu les orages gronder sur nos têtes, et nous avons suivi la capricieuse électricité, depuis l'étincelle subtile qui s'amuse à bouleverser une chaumière jusqu'aux déploiements grandioses de l'aurore boréale dans les profondeurs des cieux. Maintenant notre esprit est meublé de notions exactes sur les grands phénomènes de la nature, sur l'état et l'entretien de la vie du globe que nous habitons, et nous ne sommes plus, au fond de cette Atmosphère, comme des aveugles-nés ou des végétaux, qui respirent sans se rendre compte de ce qui les entoure, sans savoir où ils sont ni comment ils vivent. Au moins, le théâtre sur lequel nous sommes venus jouer un rôle plus ou moins brillant, plus ou moins utile, n'est-il plus un monde obscur pour nous, et savons-nous apprécier notre situation, ainsi que l'agencement des décors variés qui se succèdent autour de nous pendant notre jeu, pendant notre vie. Désormais la nature aura pour chacun de nous incomparablement plus d'intérêt, incomparablement plus de charmes. Désormais aussi, malheureusement, les humains nous paraîtront en général infiniment plus ignorants et plus nuls que nous ne le supposions jusqu'ici ; car, au lieu de consacrer leurs loisirs à éclairer et développer leur intelligence, ils perdent leur temps à se tourmenter sous les aiguillons de l'envie et de la jalousie, à se critiquer perpétuellement entre eux, à s'agiter en des intrigues d'ambitions éphémères, à courir à travers les chimères politiques et à jouer sottement aux soldats pour l'amusement de quelques potentats et de leurs états-majors, qui les mènent comme autant de troupeaux.... Singulière race !

Il serait intéressant maintenant pour nous de compléter ces données par un aperçu général de l'histoire de la météorologie et d'apprécier la valeur de son état actuel d'organisation, afin de pouvoir la classer dans notre esprit au rang qu'elle se conquiert de jour en jour parmi les sciences exactes. C'est ce que nous allons essayer de faire aussi succinctement que possible.

Les origines de la météorologie remontent, comme celles de l'astronomie, à la plus haute antiquité. Les premiers âges durent longtemps confondre dans une même observation les phénomènes de la voûte céleste et ceux qui s'accomplissent dans l'enveloppe aérienne de la Terre ; les limites du ciel et de l'Atmosphère étaient trop mal déterminées pour que l'étude des astres et celle des météores ne fissent pas partie d'un même ensemble. Les comètes, la Voie lactée étaient de sublimes météores ; les feux qui traversent les hautes régions de l'air étaient des astres qui se détachaient de la voûte céleste et tombaient. La météorologie reconnaît donc les mêmes origines que l'astronomie.

En ces temps reculés, où les phénomènes de la nature échappaient à toute explication physique, les hommes ne pouvaient voir dans ces grandes mani estations que des témoignages de la colère ou de la bonté divine ; mais, tandis que les régions supérieures de la voûte céleste n'offraient à leurs yeux éblouis qu'un splendide tableau d'harmonie et n'éveillaient en eux que des sentiments d'admiration, les régions inférieures leur présentaient surtout des phénomènes irréguliers, capricieux, sans liaison apparente, tantôt propices, tantôt funestes. Les hommes peuplèrent le ciel des héros qui avaient mérité leur reconnaissance ; mais ils soumirent l'Atmosphère à l'empire de génies, bons ou mauvais, dont les combats incessants étaient, par la victoire des uns ou des autres, des sources de richesse et de joie, ou de misère et de chagrin.

Aucun peuple n'a échappé à ces superstitions. Les Chaldéens considéraient les éclipses, les tremblements de terre, les météores en général, comme des présages heureux ou malheureux. Le peuple hébreu, adorant un Dieu unique, lui donnait pour demeure le *firmament*, la voûte étoilée ; mais le Seigneur descendait parfois de son trône pour entrer en communication avec les hommes, au milieu du prestige des météores. Chez les Étrusques et à Rome, les météores étaient considérés, suivant l'explication des livres sibyllins et selon les circonstances, comme de bons ou de funestes présages. Etc., etc.

La science météorologique, telle qu'elle existe aujourd'hui et telle que nous l'avons exposée dans cet ouvrage, est due à peu près tout entière aux travaux du XIXe siècle, avant lequel on n'avait que les éléments, importants sans doute, mais incomplets, établis par les travaux divers de Galilée, Otto de Guéricke, Torricelli, Descartes, Réaumur, Franklin, Dampier, Halley, Hadley, Lavoisier, etc. C'est surtout par le grand nombre des observations, par l'étendue embrassée et analysée, que les travaux du siècle qui vient de finir auront élevé la science des météores à la dignité de science exacte. Ces observations intelligentes et discutées, nous les devons à un nombre remarquable de savants, disséminés à la surface de l'Europe et de l'Amérique, et dont la plupart vivent encore.

La prévision du temps présente un problème du plus haut intérêt pour tout le monde. Le voyageur qui se confie aux incertitudes de l'Océan, le touriste qui commence un voyage, l'agriculteur penché sur son sillon, le vigneron devant les promesses de l'automne, le jardinier devant ses fleurs et ses fruits, le médecin à l'approche d'une saison nouvelle, le patient pêcheur aussi bien que le chasseur infatigable, l'architecte sur le point de construire, chacun de nous, d'ailleurs, pour un projet ou pour un autre, tout le monde, en un mot, est plus ou moins intéressé aux variations de la température et de l'état du ciel, et le problème de la prévision du temps est un de ceux qui ont le plus vivement exercé la sagacité des chercheurs.

Aussi n'existe-t-il pas de science qui ait donné naissance, comme la météorologie, à tous ces nombreux dictons, maximes et proverbes qui depuis la plus haute antiquité (car il en est déjà question dans Hésiode) se sont perpétués à travers les siècles malgré toutes les vicissitudes historiques. Un grand nombre de ces proverbes sont fondés sur l'observation et ne doivent pas être dédaignés. C'est à ce légitime désir de connaître d'avance le temps qu'il peut faire que l'on doit attribuer l'immense succès des anciens almanachs, depuis Nostradamus, Mathieu Laensberg et Francis Moore jusqu'à nos jours. Dans l'état actuel de l'instruction publique, chacun devrait savoir que la météorologie n'est pas comparable à l'astronomie, et qu'il est impossible d'annoncer un an d'avance le temps qu'il fera chaque jour de l'année. Cependant il y a encore aujourd'hui une quantité considérable de personnes, surtout dans le fond des campagnes, qui croient à la prédiction du temps par les almanachs ; s'ils ne suivent plus, comme autrefois, leurs bizarres indications pour « se saigner, se purger, sevrer les enfants ou couper les cheveux », ils les consultent encore pour l'état du ciel et s'y fient plus ou moins, parce qu'ils n'y regardent pas de bien près dans la réalisation des prédictions, oubliant dix d'entre elles qui n'arrivent pas pour une qui les satisfait.

L'état local de l'Atmosphère, en quelque lieu que ce soit, est la conséquence de l'état général, et pendant bien longtemps il a été absolument impossible de se former aucune idée de la marche générale du temps à la surface de la planète. Cette connaissance, du reste, serait impossible sans l'intervention du télégraphe et sans le réseau de fils électriques qui enveloppent aujourd'hui le monde. L'organisation des services météorologiques qui fonctionnent actuellement dans les différents pays date de 1855 et a été provoquée par la grande tempête du 14 novembre 1854, qui, après être passée sur l'Europe, assaillit dans la mer Noire les flottes alliées de France et d'Angleterre et amena des désastres considérables. S'il eût existé alors une communication télégraphique avec la Crimée, nos flottes, prévenues à temps, auraient pu se mettre en garde contre l'arrivée de la tempête. Le Verrier, directeur de l'Observatoire de Paris, soumit à l'empereur le projet d'un vaste réseau météorologique, lequel fut organisé en 1857, et depuis le 1er janvier 1858 le *Bulletin international* de l'état de l'Atmosphère sur l'Europe entière paraît tous les jours à Paris.

En 1872 le service météorologique de l'Observatoire de Paris fut transporté à Montsouris, dont l'observatoire avait été créé spécialement pour la météorologie dans le cours de l'année 1868. Mais, dans notre beau pays de France (il en est peut-être de même dans les autres), les questions d'intérêt personnel ont toujours, dans le monde officiel, dominé et souvent écrasé la science pure et le véritable progrès. Il en résulta que l'établissement scientifique de Montsouris ne réalisa nullement le but de sa fondation, et lorsque, en 1878, après la mort de Le Verrier, on décida de fonder sur une large base le service de la météorologie française, on ne s'occupa pas plus de cet observatoire que s'il n'eût pas existé, et l'on créa le Bureau central sur des bases absolument nouvelles. (Le budget spécial de cette fondation exclusivement météorologique est de deux cent mille francs ; celui de l'observatoire astronomique est de trois cent dix-sept mille francs.) Depuis 1878, le *Bulletin international* est publié par ce « Bureau central météorologique de France », pour lequel on créa comme annexe l'observatoire du parc de Saint-Maur. Des services analogues existent en Angleterre, aux États-Unis, en Allemagne, en Belgique, et à peu près maintenant dans tous les pays.

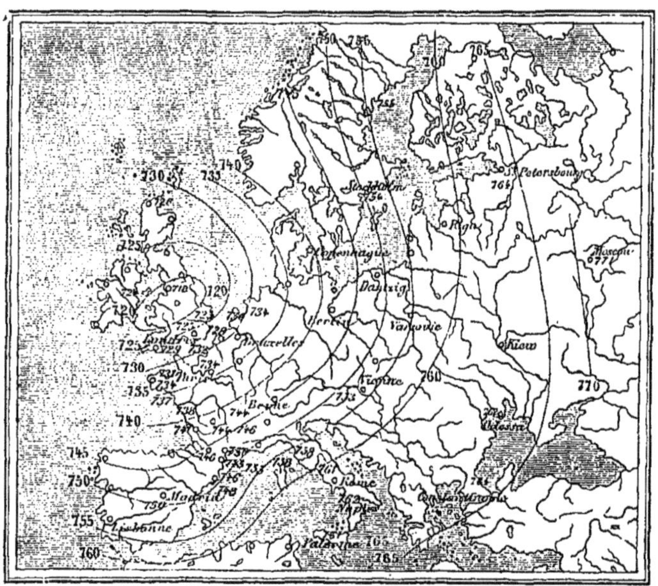

Fig. 157. — Spécimen d'une carte barométrique.

Les variations du temps sont principalement et presque exclusivement dues à celle de la pression atmosphérique, comme nous l'avons constaté au chapitre des tempêtes. Nous avons vu, de plus, que ces variations de la pression barométrique nous arrivent toujours de l'océan Atlantique et marchent en général soit de l'ouest à l'est, soit du sud-ouest au nord-est. C'est surtout d'après l'inspection de la marche du baromètre à l'ouest de l'Europe, c'est-à-dire en Irlande, en Espagne et en Portugal, puisqu'il n'existe pas de stations plus occidentales, qu'il est possible de prévoir douze ou quinze heures d'avance l'arrivée d'une bourrasque sur nos régions. Quelquefois on peut les annoncer de plus loin, car il arrive assez souvent qu'elles sont déjà formées sur les États-Unis avant de traverser l'Atlantique ; le journal américain *The New York Herald* télégraphie toujours le passage de ces bourrasques à New-York ; mais souvent le cyclone se consume lui-même avant d'atteindre nos régions ou subit dans sa marche une légère déviation qui l'élève jusqu'à la mer du Nord ou l'abaisse jusqu'en Espagne, au lieu de le laisser arriver directement sur la France.

Nous avons déjà vu plus haut comment la marche des nuages de l'ouest à l'est et la baisse du baromètre annoncent le mauvais temps, et nous avons démontré en même temps pourquoi le centre de la tempête ou la dépression barométrique est toujours à gauche de la direction du vent : tournez le dos au vent, comme si vous marchiez avec lui, étendez le bras gauche, il indique la direction du centre de la tempête.

C'est d'après ces règles que sont construites, tous les matins, au Bureau central, les cartes qui annoncent la probabilité du temps, lequel est en somme, comme on le voit, toujours lié à la marche du baromètre. La figure 157 donnera à nos lecteurs une idée de ces cartes quotidiennes qui sont, peut-on dire, les bulletins de santé du temps.

Dès l'invention du baromètre, du reste, les observateurs avaient remarqué cette connexion permanente de l'état du ciel avec la variation barométrique. Étant donné qu'au niveau de la mer la hauteur moyenne du baromètre est de 760 millimètres et correspond, par conséquent, à l'état moyen du temps, on a adopté depuis longtemps les indications suivantes :

Une hauteur de 79 centimètres correspond à	. . . . .	TRÈS SEC.
—	78	—	—	. . . . . .	BEAU FIXE.
—	77	—	—	. . . . . .	BEAU TEMPS.
—	76	—	—	. . . . . .	VARIABLE.
—	75	—	—	. . . . . .	PLUIE OU VENT.
—	74	—	—	. . . . . .	GRANDE PLUIE.
—	73	—	—	. . . . . .	TEMPÊTE.

En effet, ces indications se rapportent généralement à l'état de l'Atmosphère, pourvu que l'on habite une région qui ne soit pas très élevée au-dessus du niveau de la mer. Mais nous avons vu que plus on est élevé, moins on a d'air au-dessus de soi, moins la pression barométrique est forte et, par conséquent, plus la colonne barométrique est basse, toutes choses égales d'ailleurs : 10 m. 50 d'élévation donnent 1 millimètre de moins dans la hauteur barométrique ; 21 mètres = 2 millimètres ; 32 mètres = 3 millimètres ; 43 mètres = 4 millimètres ; 54 mètres = 5 millimètres ; 110 mètres = 10 millimètres ; 165 mètres = 15 millimètres ; 222 mètres = 20 millimètres ; 297 mètres = 25 millimètres ; 337 mètres = 30 millimètres ; 400 mètres = 35 millimètres ; 500 mètres = 44 millimètres de diminution, etc., avec de faibles variations suivant la température. Par conséquent, pour que les indications barométriques soient exactes, le premier soin doit être de placer le mot *variable* au point de la hauteur moyenne du lieu. Ce point n'est à 760 millimètres qu'au niveau de la mer. Ainsi, un baromètre qui, à l'Observatoire de Paris (altitude, 67 mètres), a son point moyen ou variable à 756 millimètres, l'a à 742 millimètres à Dijon (altitude, 245 mètres) et à 728 à Clermont, élevé de 400 mètres. Plus on monte, plus cette hauteur moyenne est basse. A Bogota (Étas-Unis de Colombie), dont l'altitude est de 2.640 mètres (observatoire Flammarion), la hauteur moyenne du baromètre est de 562 millimètres. Mais il faudrait aussi corriger l'échelle des variations inscrites de l'amplitude de ces variations, car cette amplitude n'est pas la même pour les différents climats. On peut toutefois la considérer comme uniforme pour toute la France.

Le principe essentiel pour interpréter les indications du baromètre n'est pas, d'ailleurs, de lire tout simplement ses chiffres absolus. Comme on l'a compris au chapitre des tempêtes, ce sont ses *variations* qu'il importe de considérer. Quelle que soit sa hauteur, la baisse d'heure en heure est l'indice d'une dépression barométrique dont le centre passera plus ou moins loin ; la hausse, celle du beau temps. Les variations du baromètre sont une sorte de balance extrêmement sensible de l'équilibre de l'Atmosphère, et celui qui les suit avec intelligence ne s'y trompe guère.

Quand le beau temps existe depuis plusieurs semaines, par exemple, et doit persister encore, le baromètre est élevé et reste élevé. S'il commence à baisser lentement et régulièrement, un changement de temps est probable, mais le centre de dépression peut passer au loin, et l'on peut n'avoir qu'un ciel nuageux sans pluie. Si la baisse est forte et rapide, c'est l'indice d'une perturbation voisine et prochaine et de l'arrivée du mauvais temps.

Généralement les dépressions, qui, pendant l'été, causent des orages en France, prennent naissance vers le golfe de Gascogne ou nous arrivent de l'Atlantique. Les orages ne se produisent jamais qu'après une baisse barométrique, et il faut de plus que cette baisse soit lente et que le centre de dépression se trouve au sud-ouest et non au sud-est. Les orages, même locaux, sont liés à l'ensemble général des mouvements atmosphériques.

Fig. 158. — Les indications barométriques.

La direction du vent se rattache, comme nous l'avons vu, à l'état de la pression barométrique. Les vents du nord et du nord-est correspondent aux grandes hauteurs barométriques, c'est-à-dire au beau temps durable, tandis que ceux du sud, du sud-ouest et de l'ouest correspondent aux faibles hauteurs, c'est-à-dire au mauvais temps. Les vents nord-ouest et sud-est sont l'indice d'un temps variable et indécis.

A l'observation du baromètre et de la direction du vent, on adjoindra avec avantage celle des nuages. Plusieurs jours avant l'arrivée du mauvais temps, et même avant que le baromètre ait commencé à baisser d'une manière sensible, on voit apparaître dans le ciel, en longues bandes parallèles, des cirrus fins, déliés, délicats, qui sont les premiers avant-coureurs du mauvais temps. Ils forment souvent de longues bandes étroites qui s'étendent d'une extrémité à l'autre de l'horizon. Ils se dirigent ordinairement dans le sens perpendiculaire à leur longueur, ce qui étonne toujours l'observateur, disposé à les voir marcher dans le sens de leur longueur. Tant que ces nuages restent nets et déliés, le centre de dépression est loin de nous ; au contraire, lorsqu'ils se joignent entre eux par un léger voile et que le ciel prend cet aspect laiteux favorable à la production des halos, mais fort nuisible aux observations astronomiques, c'est un signe que le mauvais temps ne tardera pas. Bientôt on voit apparaître les cumulus ou

balles de coton, d'abord isolés, dans les éclaircies desquels on aperçoit par intervalles les cirrus des couches supérieures. Ces cumulus s'abaissent de plus en plus,
l'horizon se couvre et le·ciel devient gris ardoise, ton caractéristique de l'imminence
de la pluie. Pendant cette succession, l'humidité de l'air a augmenté et l'hygromètre
monte.

L'humidité des couches inférieures de l'air n'est pas toujours une indication exacte
de celle des couches supérieures, et il faudrait pouvoir observer l'état de ces couches
où se forment les nuages. C'est ce qu'on essaye de faire depuis quelques années à
l'aide du spectroscope. Si l'on prend un petit spectroscope de poche et qu'on regarde
le ciel au travers, on voit un spectre solaire avec ses principales raies d'absorption.
Or on a remarqué (principalement les observateurs anglais Piazzi Smyth et Rand
Capron) que, lorsqu'il doit pleuvoir, le spectre solaire montre à gauche de la double
raie D une bande diffuse produite par l'état de la vapeur d'eau dont l'air est alors
presque saturé et qui, plus exactement que l'hygromètre, annonce l'arrivée très prochaine de la pluie. En même temps le spectre solaire paraît, dans son ensemble, un
peu plus voilé que d'habitude.

Ce serait ici le lieu de parler des influences de la Lune, si elles avaient la valeur
qu'on leur attribue dans le public. Mais les observations les plus rigoureuses ont absolument démontré : 1º que le temps ne change pas plus les jours des quatre quartiers
de la Lune que les autres jours du mois ; 2º que les hauteurs du baromètre aux nouvelles et pleines lunes n'indiquent aucune marée atmosphérique ; 3º qu'il ne pleut pas
plus en moyenne au jour déterminé de la lunaison que tout autre jour. Il serait donc
superflu de nous perdre ici dans les détails de ces comparaisons.

D'après les expériences faites, la chaleur émise par la Lune est insensible ; mais
ses rayons chimiques agissent avec efficacité sur la plaque du photographe. Peut-être
l'astre des nuits exerce-t-il une influence chimique sur les délicates réactions qui
s'opèrent pendant la nuit dans les feuilles et les organes des végétaux. On peut admettre
aussi que, dans les hauteurs aériennes, en certaines situations des nuages où il suffit
d'une cause extrêmement faible pour modifier l'état vésiculaire, la Lune peut les manger,
comme dit le proverbe populaire. J'ai moi-même remarqué plusieurs fois dans mes
voyages en ballon que certaines nuées se dissolvent rapidement sous l'influence de
la pleine Lune. A ce point de vue, notre satellite n'est pas tout à fait sans influence
sur l'Atmosphère ; mais son action ne peut pas être comparée à celle du Soleil et ne
règle point le temps, comme quelques théoriciens le supposent.

Dans l'état actuel de nos connaissances, on ne peut absolument rien baser sur les
phases de la Lune. Ce qui fait qu'un grand nombre de cultivateurs et de marins donnent la première place aux quatre phases de la lunaison pour la réglementation du
temps, c'est qu'ils n'y regardent pas à un ou deux jours près, avant ou après, font
attention à une coïncidence et n'en remarquent pas dix qui n'arrivent pas.

La prévision du temps à longue échéance ne saurait donc inspirer aucune confiance,
en tant que fondée sur les mouvements de l'astre des nuits. Cette prévision ne peut du
reste être basée davantage sur d'autres documents. Il est absolument stérile d'aven-

turer des conjectures sur le beau ou le mauvais temps, une année, un mois, une semaine même à l'avance.

Il ne sera possible de prévoir la marche du temps qu'à l'époque où des observations multipliées sur la surface entière du globe auront permis d'analyser les divers mouvements météorologiques mensuels et diurnes. Lorsque l'homme tiendra sous son regard l'ensemble de la circulation atmosphérique, comme il tient déjà le globe terrestre géologique, climatologique et astronomique, il suivra la marche des ondes qui passent d'un méridien à l'autre, les fluctuations qui traversent les latitudes, les directions de courants déterminées par la différence des terres et des mers, par le relief du sol, par les chaînes de montagnes, — la distribution des pluies suivant les mouvements atmosphériques, les saisons et les contrées, — la succession des vents, etc., etc.; la science arrivera à dominer les lois invariables et les forces constantes qui régissent ces mouvements, quelque compliqués et obscurs qu'ils nous paraissent encore ; car, comme l'a écrit Laplace, *la moindre molécule d'air est soumise dans ses mouvements à des lois aussi invariables que celles qui régissent les corps célestes dans l'espace.*

En dehors des prévisions scientifiques qui précèdent, il y a des remarques populaires qui ne sont pas à dédaigner, et qui rendent souvent les prévisions des habitants des campagnes plus sûres, au point de vue local, que celles des savants des observatoires. Signalons ces principaux pronostics.

Les *halos* et *couronnes* qui apparaissent autour de la Lune annoncent que le ciel sera couvert le lendemain et probablement pluvieux, d'une pluie fine d'assez longue durée.

Le Soleil couchant derrière des nuées écarlates et vaporeuses, qui donnent ces merveilleux effets de *pourpre foncé* et colorent tout le paysage, annonce la pluie. Couchant rose ou orangé, beau temps; couchant jaune brillant, vent. Si le Soleil, se couchant derrière un rideau de nuages, ne brille pas un instant en arrivant à l'horizon, « ne soulève pas son chapeau », c'est signe de pluie pour le lendemain.

La *transparence* de l'air, qui rapproche les objets lointains et permet de distinguer de singuliers détails à plusieurs kilomètres de distance, annonce également la pluie.

Les mauvaises odeurs qui s'exhalent de certains lieux, égouts, citernes, etc., sont dues à la diminution de la pression atmosphérique et à des conditions hygrométriques qui annoncent également la pluie.

Si le brouillard descend, il fera beau temps ; s'il s'élève, il pleuvra.

Certains animaux offrent des pronostics rarement trompeurs. Aux approches de la pluie, le chat fait sa barbe, l'hirondelle vole bas, les oiseaux lustrent leurs plumes, les poules se couvrent de poussière, les canards bavardent, les poissons sautent hors de l'eau, les mouches piquent plus fortement.

Les nuages qui marchent en un sens différent de celui du vent soufflant à la surface du sol annoncent généralement un changement prochain de direction du vent dans le sens indiqué.

Deux vents de direction opposée qui se succèdent amènent ordinairement la pluie.

Ciel gris, le matin, beau temps. Si les premières lueurs du jour paraissent au-dessus d'une couche de nuages, vent. Si elles se montrent à l'horizon, beau temps.

De légers nuages à contours indécis annoncent du beau temps et des brises modérées; des nuages épais, à contours bien définis, du vent. Des nuages légers, courant rapidement en sens inverse de masses épaisses, indiquent du vent et de la pluie.

Un ciel pommelé précède ordinairement un ciel couvert et de la pluie.

Enfin, pour chaque pays, la direction du vent, combinée avec l'état du ciel et de la température, trompe rarement, même vingt-quatre heures à l'avance, les prévisions d'un observateur exercé ; on remarque surtout cette sûreté de sensation chez certaines personnes qui, à défaut de baromètre, sont douées de cette sensibilité nerveuse ou maladive qui souffre aux moindres variations de la pression atmosphérique.

A ces données générales nous ajouterons, à titre de documents plus ou moins curieux, quelques dictons en usage dans nos campagnes :

> Printemps sec, été pluvieux.
> Hiver doux, printemps sec.
> Hiver rude, printemps pluvieux.
> Été sec, hiver rigoureux.
> Été orageux, hiver pluvieux.
> Bel automne, printemps pluvieux.
> Été humide, automne serein.

On a remarqué qu'une giboulée subite, lorsqu'elle se produisait après un grand vent, était un indice certain de la fin de la tempête, d'où le proverbe :

> Petite pluie abat grand vent.

On sait que, lorsque le brouillard semble s'élever, c'est un signe de pluie ; si même il paraît monter plus vite que de coutume, c'est une pluie prochaine. Un proverbe l'exprime en ces termes :

> Brouillard dans la vallée,
> Pêcheur, fais ta journée.
> Brouillard sur les monts,
> Reste à la maison.

Comme nous l'avons vu tout à l'heure, l'aspect du Soleil est un signe de beau temps, lorsque cet astre se lève dans un ciel clair légèrement vaporeux et que les nuages se dissipent à son lever ; s'il se lève dans un ciel très transparent et cru, il y a probabilité de pluie ; s'il se couche au milieu de nuages rouges ou rosés sans rayonnements empourprés à travers l'Atmosphère, c'est un indice de beau temps, que l'on retrouve indiqué dans ce dicton :

> Rouge soirée et grise matinée
> Sont signes certains d'une belle journée.

On connaît le vieil adage :

> Ciel pommelé, femme fardée
> Ne sont pas de longue durée.

Il s'appuie sur la remarque que l'on a faite au sujet de ces petits nuages moutonnés que l'on appelle cirro-cumulus. On a observé une baisse barométrique sensible, lorsque le ciel est couvert de ces nuages. Or, une baisse dans la colonne mercurielle annonce le mauvais temps.

Nous avons vu aussi que les animaux peuvent servir de pronostics, et nous avons cité l'hirondelle :

> Quand l'hirondelle
> A tire-d'aile
> Vole en rasant la terre et l'eau,
> Le mauvais temps viendra bientôt.

DICTONS RELATIFS AUX DIFFÉRENTS MOIS

JANVIER

Sécheresse de janvier,
Richesse du fermier.

Janvier d'eau chiche
Fait le paysan riche.

Poussière de janvier,
Abondance au grenier.

A la Saint-Laurent
L'hiver s'en va ou reprend.

FÉVRIER

Pluie de février
Remplit le grenier.

Pluie de février
Vaut jus de fumier.

Février doit remplir les fossés,
Mars après les rendre séchés.

La veille de la Chandeleur,
L'hiver repousse ou prend vigueur.

Saint Mathias.
Casse la glace ;
S'il n'y en a pas,
Il en fera.

MARS

Mars pluvieux,
An disetteux.

Mars venteux, avril pluvieux
Font le mai gai et gracieux.

Pluie de mars ne profite pas.

AVRIL

Avril a trente jours ;
S'il pleuvait durant trente-un
Il n'y aurait mal pour aucun.

En avril s'il tonne,
C'est la nouvelle bonne.

Tonnerre en avril,
Apprête ton baril.

En avril et mai
On connaît les biens de l'année.

En avril
Ne te découvre pas d'un fil.

MAI

Mars aride,
Avril humide,
Mai le gai, tenant les deux,
Présagent l'an plantureux.

Mai frais et chaud juin
Amènent pain et vin.

Les trois saints de glace :
Saint Gervais, saint Mamers, saint Pancrace.

JUIN

Pluie de Saint-Jean ôte le vin,
Elle ne donne pas de pain.

S'il pleut le jour de Saint-Médard,
Il pleut quarante jours plus tard.

Le soleil à Saint-Barnabé.
A saint Médard casse le nez.

Beau temps en juin,
Abondance de grain.

JUILLET

En canicule, beau temps,
Bon an.

AOUT

Quand il pleut en août,
Il pleut miel et moût.

Quand il pleut en août,
Les truffes sont au bout.

S'il pleut à Saint-Laurent,
Cette pluie arrive à temps.

SEPTEMBRE

Pluie de Saint-Michel
Ne demeure au ciel.

Pluie de Saint-Michel sans orage
D'un hiver doux est le présage.

OCTOBRE

Bel automne vient plus souvent
Que beau printemps.

NOVEMBRE

A la Toussaint
Commence l'été de la Saint-Martin.

En novembre s'il tonne
L'année sera bonne.

DÉCEMBRE

Noël au jeu, Pâques au feu;
Noël au feu, Pâques au jeu

A Noël les moucherons,
A Pâques les glaçons.

Si l'hiver ne fait son devoir
Aux mois de décembre et janvier,
Au plus tard il se fera voir
Dès le deuxième février.

Ces dictons et pronostics populaires, quoique résultant, pour la plupart, de remarques réelles, n'ont pas fait beaucoup avancer la science et ne la feront pas avancer d'un seul pas dans l'avenir. La météorologie ne peut être fondée que sur l'observation, non d'un événement particulier, de quelques années spéciales ou de quelques localités, mais de l'ensemble de l'état de l'Atmosphère sur de vastes étendues et surtout sur la synthèse générale de ses incessantes modifications d'équilibre.

Grâce aux services météorologiques organisés maintenant dans tous les pays vivant de la civilisation moderne, nous pouvons être assurés que de jour en jour la science pénétrera mieux le mécanisme atmosphérique et vital de cette planète, et qu'enfin la météorologie s'établira comme une science exacte, interprète absolue de la nature.

Pour moi, j'ai essayé de représenter dans cet ouvrage l'état actuel de nos connaissances sur l'Atmosphère. Malgré de laborieuses recherches, je ne suis pas encore parvenu à décrire le temps comme on décrit les mouvements des astres, à prédire le caractère météorologique des jours à venir, comme nous annonçons par des règles invariables la marche astronomique de la Terre et des mondes, l'arrivée d'une éclipse ou la position d'une planète dans le ciel.

Cet ouvrage vient de nous faire vivre pendant quelques heures dans la contemplation et dans l'étude de la nature ; il nous a appris à connaître, à apprécier ce monde merveilleux qui nous environne, cette Atmosphère qui entretient notre vie, qui forme elle-même notre propre chair, ces phénomènes lumineux, calorifiques, électriques, qui agissent sans cesse autour de nous, ces mouvements aériens qui, à travers les métamorphoses des saisons, par les bons et les mauvais jours, par les lumières et les ombres, par les vents et les pluies, les chaleurs ou les glaces, les calmes ou les tempêtes, constituent l'organisme de notre planète errante. Dans cette contemplation et dans cette étude, nous avons vécu intellectuellement, nous avons appris à observer et à penser, nous nous sommes élevés au-dessus de tous ceux qui, trop nombreux encore, ont des yeux pour ne pas voir et un cerveau pour ne pas s'en servir, et surtout nous avons senti qu'il est plus agréable d'être instruit qu'ignorant, et qu'en vivant ainsi intellectuellement nous doublons, nous décuplons pour nous le plaisir de vivre : nous laissons aux autres la matière et ses appétits ; nous choisissons pour nous l'esprit et ses jouissances.

TABLE DES MATIÈRES

LIVRE QUATRIÈME

LE VENT

LIVRE CINQUIÈME

L'EAU — LES NUAGES — LES PLUIES

LIVRE SIXIÈME

L'ÉLECTRICITÉ — LES ORAGES ET LA FOUDRE

13779-11. — CORBEIL. IMPRIMERIE CRÉTÉ.

www.ingramcontent.com/pod-product-compliance
Ingram Content Group UK Ltd.
Pitfield, Milton Keynes, MK11 3LW, UK
UKHW020118130726
13696UKWH00001B/106